1,200+
SUDOKU

EASY
MEDIUM
HARD

PUZZLES

Collin   Deloach

Contents

Your Mission	:	5
Easy Puzzles	:	7
Medium Puzzles	:	43
Hard Puzzles	:	79
Solutions	:	115

Your mission

is to solve the puzzle by filling in the empty cells with numbers from 1 to 9 without repetition in each row, column, and sub-grid.

The goal is to use logic and deduction to find the missing numbers and complete the puzzle.

Without repetition in each sub-grid

						3		2
				8		4	9	1
		1			3			
2			7	4	1	9		6
6			8	9	2			7
9		1	6	3	5			4
			4			7	8	
8	4	6		7				
7		9						

Without repetition in each column

						3		2
				8		4	9	1
		1			3	5		
2						9		6
6			8		2	1		7
9		1				8		4
			4			7	8	
8	4	6		7		2		
7		9				6		

Without repetition in each row

						3		2
				8		4	9	1
		1			3			
2						9		6
6			8		2			7
9		1						4
1	2	3	4	5	6	7	8	9
8	4	6		7				
7		9						

enjoy !

EASY

Puzzles

Easy # 1

8	4						1	
		6	8					2
3	5		2			6		
6		8		7		1		4
	3		9		1		5	
5		1		2		9		6
		5			9		6	7
7				6	3			
	6					9	1	

Easy # 2

	8		9			2		
4	2			3	7		8	6
	1			8	5			
			9	4	3		2	
1								4
9		2	3	6				
			6	7			2	
5	6		4	2			7	9
		7			8		4	

Easy # 3

	8		5	9			3	
7	2						8	4
			7		2			
2	4		6		7		9	5
		5		4		1		
6	9		2		5		4	8
			4		1			
5	1						2	9
	3			2	6		5	

Easy # 4

5				9	3	2		
			2		9			8
	3	2		8	6		4	
1				3				
6		8	7	1	2	4		5
		9						7
	5		2	9		8	1	
8		9		5				
	2	7	1					9

Easy # 5

	3		9			6	8	1
		1						6
			2	1	8	4		
4		3	6			2		9
			8	4			2	3
9		2			1	7		6
		9	5	6	3			
	7					6		
	4	6	1		7		9	

Easy # 6

9	7	4		6	3		5	
6	3	5						7
2					7			6
	4		9	5				
			2		6			
				4	1		8	
7			3					4
4						8	7	9
		8	4	7		6	3	1

Easy # 7

	2		6	8		9		
		8		5	2		3	
		6	3		7	4		
		5		1	6	7	2	
6								8
	8	2	5	4		3		
		3	9		8	1		
	6			4	7		2	
		4		3	1		7	

Easy # 8

		1	8	6	3	9	5	7
6	9		2				3	
				7				6
	7			2				
8		4	9		6	5		2
				8			9	
1				4				
	8				2		1	5
5	4	9	6	1	7	8		

Easy # 9

			4	7			8	
2		1	9			4	5	
			4	3		1	9	2
			8					6
5	1	3				7	4	8
6						9		
8	2	9		1	6			
	6	7				4	2	9
		4				9	8	

Easy # 10

4	7		1	3		5		6
				2				
			4	5		3		
7		4			9			8
1	6		8		2		4	5
5			4			3		2
	4		6	2				
		8						
6		1		8	7		2	3

Easy # 11

	3	9	6				4	
2					5		8	
	5		2	4	3	7	6	
5	1			9	7			
	2						7	
			5	6			1	4
	6	5	8	1	4		9	
	7		3					8
	8				9	6	3	

Easy # 12

			6	7	9	2	1	
				5		8	7	9
	9	1		2	4			6
8		6					2	
	5					6		1
5			1	6		9	3	
	6	9	2			1		
	7	8	9	4	3			

Easy # 13

```
6 . . | 9 3 2 | 7 . .
. . 3 | . . . | . . .
9 . . | 1 8 . | 3 4 .
------+-------+------
5 6 . | 4 . . | . . 8
8 . 2 | 3 . 1 | 5 . 4
3 . . | . . 9 | . 6 7
------+-------+------
. 3 1 | . 9 8 | . . 2
. . . | . . . | 8 . .
. . 8 | 7 4 5 | . . 3
```

Easy # 14

```
. 9 . | 5 7 . | 2 8 .
. 5 . | 8 3 . | . 9 4
3 . . | . . 4 | 1 . .
------+-------+------
9 . 8 | 6 5 . | . . .
. . . | . . . | . . .
. . . | 8 2 5 | . . 6
------+-------+------
. . . | 4 7 . | . . 9
6 1 . | . 2 9 | . 4 .
7 9 . | . 6 5 | . 1 .
```

Easy # 15

```
8 . . | 6 . . | 4 5 .
. . 6 | . 9 1 | . 2 3
. 9 . | 8 . . | . 7 .
------+-------+------
1 8 . | . . . | 6 . 7
. . 9 | . . . | 2 . .
4 . 7 | . . . | . 9 1
------+-------+------
. 1 . | . . 4 | . 6 .
6 3 . | 2 7 . | 9 . .
. 5 8 | . . 3 | . . 2
```

Easy # 16

```
. 9 1 | . 8 . | . . 5
. . . | . 7 6 | . . .
. 8 6 | . . 4 | . 3 9
------+-------+------
. . 2 | 1 . . | 8 5 .
2 . 8 | 4 5 . | 7 . .
5 8 . | . 7 6 | . . .
------+-------+------
9 1 . | 5 . . | 3 8 .
. . 4 | 7 . . | . . .
8 . . | . 3 . | 9 2 .
```

Easy # 17

```
. 2 . | . . 5 | . 4 .
3 4 7 | . . . | . 5 .
9 8 5 | . 4 7 | 3 . .
------+-------+------
. . 9 | 8 3 . | . . .
. . . | 2 . 4 | . . .
. . . | . 9 6 | 1 . .
------+-------+------
. . 1 | 9 5 . | 7 6 4
. 9 . | . . . | 5 8 1
. 5 . | 7 . . | . 9 .
```

Easy # 18

```
3 . 8 | 4 . . | . 9 .
6 . 7 | . . . | 2 . .
. . 9 | . 6 . | . . 4
------+-------+------
9 6 . | . 5 . | . 2 7
. . 3 | 1 . . | 2 8 .
8 2 . | . 4 . | . 1 9
------+-------+------
5 . . | . . 9 | . 3 .
. . 9 | . . . | 1 . 2
. . 8 | . . 1 | 9 . 5
```

Easy # 19

```
4 5 . | 9 . . | 3 . 2
. . . | 5 4 1 | 7 . .
9 1 . | 2 . . | 5 . .
------+-------+------
. 4 5 | 7 . 2 | . . .
. 3 . | . . . | 6 . .
. . 2 | . 6 7 | 9 . .
------+-------+------
. 2 . | . . 5 | . 1 6
. 9 1 | 6 2 . | . . .
8 . 6 | . . 9 | . 2 3
```

Easy # 20

```
8 1 . | 7 . . | . . .
. . . | 6 1 . | 8 9 .
. . . | . 8 2 | . 3 .
------+-------+------
4 2 . | 9 . . | . 8 3
. . 5 | . 2 . | 6 . .
7 9 . | . . 6 | . 4 2
------+-------+------
. 4 . | 8 9 . | . . .
. 7 1 | . 6 4 | . . .
. . . | . . 1 | . 5 4
```

Easy # 21

```
4 . . | 5 . 6 | . . .
. . . | . 9 . | . 3 .
3 . . | 1 . 8 | 5 6 .
------+-------+------
6 7 . | 8 . . | 4 . .
. 3 4 | . 1 . | 8 7 .
. . 1 | . . 7 | . 5 3
------+-------+------
. 8 2 | 4 . 5 | . . 9
. 4 . | . 7 . | . . .
. . . | 2 . 1 | . . 5
```

Easy # 22

```
. 5 2 | . 8 . | 1 . .
. . . | 1 5 . | . 3 .
. . . | 6 . 2 | 7 5 8
------+-------+------
. 9 3 | . 6 5 | 4 1 .
. . . | . . . | . . .
. 1 5 | 3 7 . | 9 8 .
------+-------+------
5 6 4 | 9 . 8 | . . .
. 2 . | . 1 3 | . . .
. . 1 | . 4 . | 8 9 .
```

Easy # 23

```
3 . 1 | 9 . . | . 8 .
. . 7 | 1 8 . | 9 . 2
8 2 . | . 7 . | . . .
------+-------+------
. . . | 8 . . | . 3 .
2 6 . | 3 9 1 | . 7 4
. . . | . 5 . | . . .
------+-------+------
. . . | 1 . . | 2 8 .
1 . 5 | . 2 6 | 4 . .
. 7 . | . . 8 | 1 . 5
```

Easy # 24

```
. . 4 | 9 8 . | 1 7 .
. . 6 | . 4 9 | 5 . .
. . . | 8 . . | . 9 .
------+-------+------
1 5 . | . . 8 | . 7 6
. . 7 | . 5 . | 6 . 4
8 3 . | 9 . . | . 5 1
------+-------+------
. . 8 | . . . | 3 . .
. . . | 7 8 2 | . 1 .
. . 1 | 3 . 9 | 6 8 .
```

Easy # 25

```
. . 7 | . 1 6 | 8 . .
4 . 8 | . . . | 5 . 3
. . . | 5 . 3 | . . .
------+-------+------
6 . 1 | 3 . 2 | 4 . 5
. 9 . | . 4 . | . 6 .
8 . 4 | 6 . 5 | 1 . 2
------+-------+------
. . . | 9 . 4 | . . .
1 . 5 | . . . | 9 . 6
. . 6 | 2 5 . | 7 . .
```

Easy # 26

```
. . 9 | . . . | . . .
3 5 7 | . 9 . | . . 1
7 . 4 | 6 . 1 | . . 9
------+-------+------
. . 8 | 5 . . | 9 3 .
9 5 . | 2 . 4 | . 7 6
. 7 2 | . . 3 | 1 . .
------+-------+------
8 . . | 3 . 5 | 6 . 7
5 . . | 1 . 7 | 2 8 .
. . . | . . . | 5 . .
```

Easy # 27

```
8 9 . | . . 7 | 5 . .
. . . | . . . | . 6 7
6 7 . | . 1 4 | . 8 .
------+-------+------
. . . | 1 7 . | 3 4 .
7 . . | 8 5 3 | . . 2
. 5 3 | . 4 9 | . . .
------+-------+------
. 2 . | 4 3 . | . 7 1
4 6 . | . . . | . . .
. . 9 | 7 . . | . 2 6
```

Easy # 28

```
9 . . | . . 4 | 7 1 .
. . 1 | 2 7 . | . . .
. 4 . | 8 3 1 | . 2 .
------+-------+------
8 1 . | 4 5 . | . . .
6 5 . | . . . | 8 7 .
. . . | 8 6 . | 9 4 .
------+-------+------
. 8 . | 9 1 5 | . 7 .
. . . | 2 3 8 | . . .
. 7 5 | 6 . . | . . 1
```

Easy # 29

```
. 7 . | . . . | . . 6
. . 6 | 1 7 . | 3 . 4
4 . . | 2 6 . | . . .
------+-------+------
. 9 8 | 5 . . | 4 . 2
. 3 4 | 7 . 8 | 9 6 .
5 . 1 | . . 2 | 7 3 .
------+-------+------
. . . | . 5 7 | . . 1
6 . 7 | . 8 4 | 2 . .
8 . . | . . . | 4 . .
```

Easy # 30

```
. 6 . | . 3 8 | 4 . .
. . 9 | 2 7 . | . . .
. . 1 | 6 4 . | 5 2 .
------+-------+------
3 . . | . . . | . 9 .
2 . 7 | 9 8 3 | 6 . 5
. 9 . | . . . | . . 2
------+-------+------
4 6 . | . 2 7 | 9 . .
. . . | . 9 4 | 1 . .
. . 8 | 1 5 . | . 3 .
```

Easy # 31

```
. 7 6 | . . . | 3 8 .
8 9 . | . . 4 | . . .
. . 3 | . . 1 | . . 6
------+-------+------
3 . . | . 9 6 | 4 . .
. 5 2 | 4 . 7 | 9 1 .
. 4 7 | 1 . . | . . 5
------+-------+------
2 . . | 6 . 1 | . . .
. . . | 7 . . | 6 3 .
. 6 4 | . . 8 | 5 . .
```

Easy # 32

```
. . 7 | 6 2 . | 1 4 .
. 9 . | 1 3 . | . . .
6 . . | . . . | . 2 .
------+-------+------
5 . 1 | 7 . . | 9 3 .
4 . 8 | 2 . 1 | 6 . 5
. 7 6 | . . 3 | 2 . 8
------+-------+------
. 4 . | . . . | . . 1
. . . | . 4 7 | . 6 .
. 6 5 | . 1 9 | 4 . .
```

Easy # 33

```
. . . | 8 . . | . 6 .
6 9 . | 7 . . | 8 . 3
. 3 . | . . 6 | 4 . 7
------+-------+------
. . 7 | . . . | 3 9 2
. 2 4 | . . . | 1 7 .
8 1 3 | . . . | 5 . .
------+-------+------
3 . 9 | 2 . . | . 5 .
4 . 2 | . . 7 | . 3 9
. 7 . | . . 9 | . . .
```

Easy # 34

```
. . . | 4 . 5 | . . .
1 . . | 3 6 . | . . 7
6 8 . | . . . | . 1 4
------+-------+------
5 9 . | 1 . 6 | . 3 8
. . 4 | . 5 . | 1 . .
8 1 . | 2 . 3 | . 6 5
------+-------+------
9 5 . | . . . | . 2 6
7 . . | . 8 1 | . . 9
. . . | 6 . 2 | . . .
```

Easy # 35

```
. . . | 4 5 . | 6 3 8
8 . 6 | 3 . . | . 2 4
4 . . | 7 . . | . 9 .
------+-------+------
9 . . | . . . | 1 . .
5 8 2 | . . . | 9 4 7
. . 1 | . . . | . . 3
------+-------+------
. 4 . | . . 3 | . . 9
7 1 . | . . 4 | 3 . 6
3 6 9 | . . 8 | 1 . .
```

Easy # 36

```
3 . 8 | . 7 2 | 9 . .
. . 1 | 2 . 6 | 9 8 .
. 4 . | 3 . . | . . 7
------+-------+------
. . . | . . 9 | 5 . 2 8
5 9 . | 1 2 . | . . .
8 . . | . . . | 6 . 3
------+-------+------
. . 4 | 9 5 . | . 2 8
. . . | . . . | 6 . 3
. 3 8 | 1 . . | 4 . 5
```

Easy # 37

6	3		9			1		
	2	9		8	4	3		1
5						2		4
	6				7	9		2
	9						1	
2		1	6			4		
8		6						9
9		3	2	6		1	7	
			7		9		3	8

Easy # 38

				1	9	6		
3	8			6	4			5
		4			2			9
3	8			9		5		
1		7	8		5	2		3
		9		3			1	6
7			4			3		
5			1	7		9	8	
		1	9	5				

Easy # 39

	7	2	6	1			3	4
	1	5				2		
			4		2	5		7
	3	6	1					8
2								3
1					4	6	2	
7		1	2		3			
		9				8	6	
6	2			5	8	3	7	

Easy # 40

3				1		9		8
9			3	6			2	
	6		7					1
	4	5	6			8		
7			5		1			3
	8				2	1	5	
8				5		9		
	3			9	6			2
5		9		3				6

Easy # 41

	4		9	3			2	
3		2			6	1	9	
				4		8		6
4	5							8
2			8		4			1
9							4	7
5		9		8				
7	3	5				4		9
	6				1	9		7

Easy # 42

1			7	6				
					8	1		5
2	8			4	1			
6		2			4	9		1
	5			9			4	
9		1	6			3		7
			4	8			7	6
8		7	2					
				7	9			3

Easy # 43

7	5			9	4			2
			2		5	9		
		9			7		3	4
		3			9			
	6	2	4	7	3	8	5	
		1			7			
4	1		9			2		
	9	5		4				
6			8	5			4	1

Easy # 44

9	5		3			4		6
	6			4	5		7	
2		3		7				
		2				7	1	
	9	7			2	6		
	7	8					5	
			2			1		5
	8		5	9			3	
7		5			1		8	4

Easy # 45

	9		4		8		1	
				7				
	8	5	1		9	4	3	
3			6		4	2		7
		1		9		3		
6		4	2		3			9
	3	8	9		1	5	7	
				4				
	6		3		2		4	

Easy # 46

9		1			6			
		5		6	1	4		
4		6	3	9			5	2
2		3	9				7	
	6						2	
	9				5	3		6
6	3			1	7	2		4
	4	9	6		2			
		8				7		3

Easy # 47

		1	9				7	3
	6		2				8	
5				4	1	6	9	
	5	8				2		4
1								5
6		4				8	3	
	1	9	8	5				6
	4				3		5	
2	7				6	3		

Easy # 48

		2		3	7	5		
9		1	6	2	5	7		
					9		1	
		7		5				1
5		8				4		7
1				8		3		
	3			6				
	4	9	7	3	8			5
	5	2	4		6			

Easy # 49

	5	1	3			6		4
	7	4	9				5	
				5	4		3	7
8	3		4					5
	4						1	
5					8		2	9
7	8		2	9				
	9				5	3	7	
1		5			3	2	9	

Easy # 50

				5	3		2	
						1		
5	7		4	2		3		6
7		5			9			8
4	6		8		1		5	3
3			5			2		1
6		4		8	7		1	2
		8						
	5			6	1			

Easy # 51

				8		5	3	
3	8		1	9		4		
		2	3		4			1
	3	1			8		7	
	9		1			6		
	6		5			2	1	
8			7		3	1		
	3			6	2		5	8
	7	5		4				

Easy # 52

		6	1	3		2	4	
2	3			5		6		
1					7			
	4			9	8		5	6
6	2						1	8
9	8		1	2		3		
		7						2
		2		4			6	9
8	7		5	6	2			

Easy # 53

7		8		1				
4	6		8			7		9
	5			3	7		6	
		7				6	9	
		2	1		9	3		
	8	9				1		
	9		7	4			2	
2		4			5		7	3
				9		5		1

Easy # 54

				9	3	4		
		1			6			2
	5	3		2	4			9
8	4			1		3		
1		7	9		5	2		4
	9		3				5	1
9			6	8		5	1	
3		7				6		
		8	3	4				

Easy # 55

4			8		1	3		
3		5		9	2		1	
	1				7			
	5		7			2	4	
7		6		1		9		5
	4	1		3		8		
		4				7		
	2		1	6		4		3
		7	4		9			8

Easy # 56

4			9			2	8	
		5	4		8		2	6
		8			6		1	4
				7		2		3
			3		5			
7		8		9				
8	7			4			9	
5	9		8		1	3		
		6	7		9			8

Easy # 57

			3		7			5
	3	7	4		2			6
	6			9				
		5			4		1	3
	1	4		2			5	6
6	7		1			2		
			1				5	
9			7		5	8	4	
7			2		8			

Easy # 58

			1					
	5	6	3		9	2	4	
		9	2		5	3		
1	7		5		8			6
	6			3			9	
3			6		7		5	8
		5	7		6	8		
	4	1	9		3	6	2	
				5				

Easy # 59

5	4		1			3	6	
			9	7		4		1
1	7			8			4	
7		1		4				
			6		5			
				7		2		6
		1		9			3	8
8			4		2	1		
		5	8		1		2	9

Easy # 60

6	4	2			3			
7			2					8
	8	5			7	6		
5	9			1				3
	7			8			9	
1				3			5	6
	4	5				3	8	
9				8				2
		9			7	6	5	

Easy # 61

```
. 6 . | . 7 . | . 5 .
. . . | 2 1 9 | . . 6
9 5 1 | 3 . . | . 2 7
------+-------+------
. . 9 | . 5 7 | . . 4
. . 7 | . . 6 | . . .
6 . . | 8 1 . | 7 . .
------+-------+------
8 2 . | . . 4 | 5 7 9
7 . 5 | 2 9 . | . . .
. 9 . | . 8 . | . 1 .
```

Easy # 62

```
7 . . | 1 9 . | . . .
. . 2 | 3 4 . | 1 . 5
. 3 . | . . . | . . 4
------+-------+------
. 8 1 | 2 . . | 7 . 9
. 5 6 | 4 . 1 | 3 8 .
2 . 3 | . . 9 | 4 6 .
------+-------+------
5 . . | . . . | . 1 .
3 . 8 | . 1 7 | 5 . .
. . . | . 5 2 | . . 3
```

Easy # 63

```
. 2 . | 4 . . | . . .
9 . 7 | 5 3 . | 6 2 4
6 . . | . . . | 3 . .
------+-------+------
7 . 4 | . . . | 3 9 8
. . 5 | 6 . 7 | 4 . .
. 9 2 | 8 . . | 1 . 6
------+-------+------
. . 8 | . . . | . . 7
2 3 6 | . 1 5 | 8 . 9
. . . | . 8 . | 1 . .
```

Easy # 64

```
3 . . | 1 5 . | 4 . .
8 . . | 4 . . | . . 3
. 2 5 | . 7 3 | 1 . .
------+-------+------
. 9 . | 5 . 4 | . . .
. 8 3 | . 4 . | 5 9 .
. . 4 | . . 1 | . 2 .
------+-------+------
. . 7 | 1 6 . | 2 8 .
2 . . | . 9 . | . . 1
. 5 . | 2 8 . | . . 4
```

Easy # 65

```
7 . . | 1 4 . | 9 . .
5 . 8 | . 7 9 | . . 2
. . . | 6 8 . | . . 3
------+-------+------
. . 3 | . . . | 4 . .
9 5 . | 4 1 3 | . 8 6
. 8 . | . . . | 3 . .
------+-------+------
2 . . | 7 3 . | . . .
3 . . | 6 8 . | 7 . 9
. . 4 | . 5 2 | . . 1
```

Easy # 66

```
. . 4 | 2 9 . | 8 5 .
. 9 . | . . 5 | . . 1
. . 8 | 4 6 . | 2 . 3
------+-------+------
2 8 . | 7 4 . | . . .
. . . | . . . | 2 3 .
. . . | . . . | . . .
------+-------+------
8 . 6 | . . . | 7 4 1
5 . . | 6 . . | . . 8
. 7 1 | . . 3 | 8 5 .
```

Easy # 67

```
. 7 . | 6 . 2 | 8 5 .
. . . | 4 5 8 | 1 . .
. . 5 | . . . | . 2 .
------+-------+------
1 . 7 | 2 . . | 4 . 6
. . 8 | 1 . 4 | 7 . .
6 . 4 | . . 5 | 3 . 2
------+-------+------
. 3 . | . . 2 | . . .
. . 6 | 9 2 7 | . . .
. 1 2 | 5 . 3 | . 6 .
```

Easy # 68

```
1 . 2 | . . . | 4 . 5
9 . . | . . 8 | . 3 1
4 . . | 1 3 . | . 9 .
------+-------+------
8 . . | . . 1 | . 2 .
. 9 7 | 2 . 4 | 1 5 .
. 5 . | 7 . . | . . 6
------+-------+------
. 4 . | . 1 9 | . . 2
7 1 . | 3 . . | . . 9
5 . 9 | . . . | 3 . 4
```

Easy # 69

```
8 6 3 | . 2 5 | . . 1
. . . | . . 1 | . 6 8
5 4 . | . . . | 2 . .
------+-------+------
. . . | 7 2 3 | 9 . .
7 . . | 1 . 3 | . . 4
. 3 2 | 4 9 . | . . .
------+-------+------
. 5 . | . . . | 4 7 .
1 7 . | 8 . . | . . .
2 . . | 6 3 . | 1 5 9
```

Easy # 70

```
1 . . | 3 4 . | 5 . .
5 . 3 | 1 8 . | . 2 6
. . . | 6 . . | 3 1 9
------+-------+------
6 4 1 | . . . | . . .
. 2 . | . . . | . 7 .
. . . | . . . | 8 6 1
------+-------+------
4 5 6 | . 2 . | . . .
8 1 . | . 7 3 | 6 . 2
. 3 . | 4 9 . | . . 5
```

Easy # 71

```
4 . . | . . 5 | 7 . .
. 2 . | 6 9 . | 4 5 .
. 7 . | 4 8 . | . 2 9
------+-------+------
9 . 6 | 8 1 . | . . .
. . . | . . . | . . .
. . . | . 6 9 | 1 . 4
------+-------+------
7 4 . | . 3 1 | . 6 .
. 1 8 | . 5 6 | . 4 .
. . 2 | 7 . . | . . 3
```

Easy # 72

```
4 . 5 | 9 . . | . 7 .
. . . | . 5 2 | 4 . .
2 . . | 4 1 6 | . . 9
------+-------+------
. . . | . 8 9 | . 6 4
6 5 . | . . . | . 3 8
7 9 . | 3 6 . | . . .
------+-------+------
5 . . | . 8 4 | 7 . 6
. . 6 | 1 2 . | . . .
. 4 . | . . . | 3 8 5
```

Easy # 73

```
7 5 . | . 9 3 | . 4 .
. . . | 2 7 . | 6 . .
. 9 . | 8 1 . | . . 3
------+-------+------
6 . . | . . . | 1 . .
. 3 5 | 1 8 6 | 7 2 .
. . 7 | . . . | . . 6
------+-------+------
1 . . | 5 4 . | 8 . .
. 4 . | 9 6 . | . . .
. 6 . | 2 7 . | 3 9 .
```

Easy # 74

```
. . . | 4 3 1 | . . .
. 1 . | 5 9 . | 6 4 .
5 . . | . . 1 | . 3 2
------+-------+------
. 2 . | 7 . 6 | 4 9 .
. . . | . 8 . | . . .
. 8 6 | 1 . 4 | . 5 .
------+-------+------
2 3 . | 4 . . | . . 1
. 4 8 | . 3 7 | . 6 .
. . 7 | 9 1 . | . . .
```

Easy # 75

```
4 . . | . 9 7 | . . 6
. . . | . 1 . | . 3 .
3 . 1 | 5 4 6 | . . 7
------+-------+------
7 . . | . 6 . | 3 . .
8 . 6 | . . . | 7 . 2
. . 3 | . 8 . | . . 9
------+-------+------
2 . . | 1 7 9 | 6 . 8
. 9 . | . 5 . | . . .
6 . . | 4 2 . | . . 5
```

Easy # 76

```
2 . 6 | . . . | 3 . 4
. . 2 | . 6 . | . . .
. . 3 | 9 5 . | 8 . .
------+-------+------
6 . 4 | 1 . 2 | 5 . 9
. 9 . | . 4 . | . 7 .
1 . 5 | 6 . 9 | 4 . 3
------+-------+------
. . 8 | . 6 1 | 9 . .
. . 4 | . 7 . | . . .
9 . 7 | . . . | 6 . 5
```

Easy # 77

```
1 . . | 3 5 4 | 7 . 6
3 . . | 1 8 . | . . 5
. 6 . | . 7 . | . . .
------+-------+------
. . 6 | . 3 . | . . 1
2 . 1 | . . . | 3 . 9
8 . . | . 9 . | 6 . .
------+-------+------
. . . | . 4 . | . 8 .
4 . . | . 2 5 | . . 3
9 . 3 | 8 1 7 | . . 2
```

Easy # 78

```
. . 4 | 2 7 . | 1 . .
7 1 . | . . 3 | 2 9 .
. . . | . 4 . | . 6 3
------+-------+------
4 . 5 | . . . | . . 6
1 . . | 6 . 4 | . . 9
2 . . | . . . | 4 . 8
------+-------+------
5 2 . | . 6 . | . . .
. 7 8 | 5 . . | . 4 2
. . 3 | . 9 2 | 8 . .
```

Easy # 79

```
. . 2 | . . 3 | . . 8
. 6 1 | 7 . 9 | . . .
7 8 . | . 4 3 | 9 . 6
------+-------+------
. 1 . | . 5 8 | . . 7
. 7 . | . . . | 9 . .
9 . 8 | 1 . . | 3 . .
------+-------+------
6 . 7 | 8 1 . | 5 9 .
. . 5 | . 7 4 | 6 . .
1 . 4 | . . 7 | . . .
```

Easy # 80

```
. 9 . | . 2 7 | 8 . 5
. 8 1 | . 6 . | . . .
5 . . | 1 . 9 | . 3 .
------+-------+------
. . 2 | 8 . . | 3 7 .
. 4 . | . 3 . | . . 2
3 9 . | . . 5 | 1 . .
------+-------+------
7 . . | 9 . 6 | . . 3
. . . | . 5 . | 9 8 .
9 . 5 | 3 4 . | . . 6
```

Easy # 81

```
2 . . | 3 9 5 | . . 4
4 . 5 | 8 . . | . 9 .
. . . | . 7 6 | 2 . .
------+-------+------
. . . | . 2 8 | . 1 3
5 8 . | . . . | . 4 2
9 2 . | 1 5 . | . . .
------+-------+------
. . 9 | 7 4 . | . . .
. 3 . | . . 1 | 4 . 9
1 . . | 2 6 9 | . . 7
```

Easy # 82

```
6 . 2 | . 8 . | . 1 3
. . . | . 5 9 | . . .
4 . . | 1 . 6 | . . .
------+-------+------
. 3 . | . 1 . | . 5 6
5 1 7 | . 2 . | 9 8 4
8 4 . | . 9 . | 2 . .
------+-------+------
. . 9 | . . 1 | . . 5
. . . | 5 7 . | . . .
1 3 . | . 6 . | 4 . 7
```

Easy # 83

```
8 1 . | . . . | 5 7 2
. . . | . . . | 8 4 .
. . 9 | . . 4 | 3 1 .
------+-------+------
1 . 3 | . 8 5 | . . .
. . 8 | 9 . 2 | 1 . .
. . . | 7 6 . | 2 . 3
------+-------+------
. 3 1 | 2 . . | 4 . .
. 9 2 | . . . | . . .
6 8 7 | . . . | . 2 1
```

Easy # 84

```
2 8 7 | 5 4 1 | . . 3
. . 4 | . . 8 | . . .
. . 5 | . . 9 | 2 4 .
------+-------+------
. . . | . 9 . | 8 . .
7 9 . | 4 . 2 | . 1 6
. . 2 | . 1 . | . . .
------+-------+------
. 7 3 | 9 . . | 1 . .
. . . | 6 . . | . 3 .
1 . . | 8 3 4 | 6 7 2
```

Easy # 85

		1	7	6			2	4
6	3			1	9			
					2		9	
4	1	7		2				
	6	3	9		7	1	5	
			3			7	4	8
	2		1					
			5	9			3	7
9	7			8	3	5		

Easy # 86

			8	5				
			8	1		2	3	
	4	5		3	9			1
				5		1	4	9
1		7	9		8	3		2
9	6	4		2				
7			2	6		9	8	
	9	2		8	7			
					1	5		

Easy # 87

4			3	9		8		
		9	3				6	4
	1		7		4		5	
6			8				7	
5	4						8	3
	8				1			5
	6		1		7		3	
7	2				6	1		
		2			9	7		6

Easy # 88

3			6		4	7	9	
	9			2		4	5	
		4	9		5			1
			9		5			4
		7		3				
8		3		5				
4			8		9	2		
	6	2		1			4	
	8	1	4		2			7

Easy # 89

3	6			5		2		9
			1	9				
		7			3			1
8	2			7		4		
1	3	9		4		7	8	2
		6		3			1	5
2			3			5		
				1	7			
5		4		8			3	6

Easy # 90

	7		3			6		
8	2		1			4	7	
			7	9		1	2	8
		6						5
4	9	2				7	3	6
5							1	
6	1	8		2	5			
	3	5			7		8	1
		7			1		6	

Easy # 91

8			7	9				
		4	3	1		7		5
	3							1
	6	7	4		8			9
	5	2	1		7	3	6	
4		3			9	1	2	
5								7
3		6		7	8	5		
			5	4				3

Easy # 92

5						3		1
1			9	5	3	7		
	9		7				6	4
	3			8				7
	1	9				8	2	
6				9				3
3	5				9		4	
		6	8	2	4			3
2		8						9

Easy # 93

1		6				2		
8	4		2		6		3	
2		3	8	7				
	3					1		6
			6	3	9			
7		8					4	
			1	7	3			5
	7		9		8		1	2
		5				8		4

Easy # 94

1	6			9	8			
	8	1	5				9	6
				4				2
3	5	6		1				
8		4	6		9	1		7
			2			6	3	4
9			2					
2	3			7	6	4		
			9	4			7	1

Easy # 95

	8		9	5		4		
		9	7		3	5		
		2		8	4		1	
		5		4	6	2	7	
7								1
	2	8	1	9		6		
	5		2	6		7		
	4	8		5	1			
		3		7	1		2	

Easy # 96

	5	6	4	2			9	3
			5	3	2			
								8
5	6				1		7	
	4	9	7		8	5	3	
	3		5				8	2
7								
		5	9	8				
4	9			7	6	8	2	

Easy # 97

		2	1		7			8
9	1	8			5		4	
3			4	8		5		
		7					3	2
		5			1			
4	6				8			
		4		5	1			6
	5		6			2	7	9
6			7		3	4		

Easy # 98

				1	2			3
			4	6			1	8
6		1	7					
2		5	8			3		1
	9			2			4	
8		7			4	2		5
					6	5		9
7	6			4	5			
5			1	8				

Easy # 99

			5	8			2	3
	6	5	3					
				9	1		5	
	5	4	8			2	9	
8				4				6
	1	7			9	5	4	
	7		4	1				
					2	1	3	
1	9			3	8			

Easy # 100

9			6					
	7		1	8			4	
	3				8	6	2	
	4	3	5					1
	6	9	3		1	2	5	
2					4	7	9	
4	9	6					2	
	1			4	6		3	
					5			6

Easy # 101

2	8							6
	7	9	5				8	
	9			1	8	2		
5			2			6	1	
	7	4		8		3	2	
	9	2			1			8
	3	8	6		1			
	1			7	5	9		
9							6	7

Easy # 102

3	4			2	8	6	1	
5	7	6			1			
8			7	9			5	
						4	3	6
1								2
7	6	3						
	3			8	7			5
				6		8	9	3
	5	8	3	4			6	1

Easy # 103

	8		4	6	7			
5	4							2
	2	9	5			8		
6		8			3	2		
3	7		6		1	5		
8	4			3				9
	6			9	2	5		
4						6	3	
		3	6	8		2		

Easy # 104

	4	2		1	9		7	6
6	3	5		7				
		9	3	8			5	
						6	2	4
		7				1		
2	6	3						
	2			9	3	5		
				6		2	8	9
9	5		2	4		7	6	

Easy # 105

	3		1		8			5
1		4	5	6			8	
				4		1	2	
5	1				4	7		
	6			5			9	
		9	2			5	3	
2	7			8				
	1			9	3	2		4
4			7		1		5	

Easy # 106

	8				3			
	2	3	5	4		6	1	9
4			3					
	6	4			3	1		2
		7	8		6	5		
3		2	9			7	8	
					7			1
1	7	6		9	5	8	2	
		9				6		

Easy # 107

1			6	7		4		
		6	9			3	7	
		8		1	4			5
		7		4	2	8		9
	9						5	
8		1	5	6		2		
7			8	2		9		
		4	1		7	5		
		3		9	5			8

Easy # 108

4							2	6
		6	2	7		8		
	2			5	8	3		
	7	4			6			5
	6	9		2			1	3
2			7			6	8	
		8	5	3			7	
		7		4	2	9		
3	4							8

Easy # 109

	7		9					3
			6	7				
4	6		8			1	9	
5			3			4	2	
3	4	2	5			9	7	6
	8	7	9					1
	1	9	2			8	5	
			3	7				
8					9		4	

Easy # 110

	9		1	8		7	3	5
1						9	8	6
8			3					1
				1	5		9	
			4		7			
	1		6	2				
4						8		7
7	3	2						8
6	8	1		7	3		2	

Easy # 111

7	6	2						1
1					4			2
9	5	4		2	1	6		
		6	9	1				
			5		8			
				3	7	1		
	3	4	5			2	1	7
5			2					8
2						4	3	5

Easy # 112

			9	8				7
		4		5	6	1	8	
8	5			6			9	
2	7		4	8			3	9
9	8		7	1			2	6
	9			3			6	2
4	3	8	2		6			
5				9	7			

Easy # 113

	5		8	4		3		
6	3						2	8
	8				6	4	7	
	1				7	2		
4		2	3		5	8		7
		5	4				9	
	4	6	9				8	
3	2						4	5
		8		6	4		3	

Easy # 114

			3	1				
	5		7	4			2	
	9					6	1	4
9	2		8			7		
3	1		9		7		8	6
		6			2		3	5
1	3	2					6	
	7			2	1		9	
						8	1	

Easy # 115

2		9		5				6
		2		9	3	1	5	
		8	6		7			
9		2	4	8	6			1
5		6	1	3		9		8
		8		1	6			
4	2	1	7		3			
6			2			1		7

Easy # 116

	9		8	5		6		
6				4		9	7	
1						3	4	
			3	7		9	2	
9		5		1		3		6
3	1		9	8				
5	3							7
	8	9		6				3
		6		2	1		5	

Easy # 117

3		1			9		5	
			6		5		9	3
	7	3		8	2			
		8			6			1
9		6				3		7
7			2			6		
		9	8		2	1		
1	8		5		4			
	2		1			4		8

Easy # 118

		8		7			2	6
	4		1	9				7
		5				4	8	
			2	6	8	1		
8		7		1		6		4
	6	9	5	8				
	8	3				1		
7				4	2		6	
6	5			3		7		

Easy # 119

		7		4	6		1	
	8		5	9			7	
1						9		4
	3	1			7			5
	2	4		5		3	8	
6			3			7	9	
3		5						9
	1			7	5		3	
	4		1	6		5		

Easy # 120

		9		3	1		2	4
5		4		8				
	2		5		9	6		
3			4			1		6
	7			6		3		
9		6			2			5
	1	9		8			6	
		2				4		9
2	9		6	7		8		

Easy # 121

```
. . . | 5 . . | 1 3 6
5 3 . | 2 7 . | 8 . 9
1 . . | 4 6 2 | . . .
------+-------+------
8 9 3 | . . . | . . .
. . 7 | . . . | 5 . .
. . . | . . . | 6 8 3
------+-------+------
. . 1 | 6 2 . | . . 8
3 . 5 | . 9 8 | . 2 1
4 2 8 | . 3 . | . . .
```

Easy # 122

```
. 6 8 | . 5 7 | . . .
. . 4 | 2 6 . | . . .
. . . | . . . | 1 5 6
------+-------+------
4 . 6 | . . 8 | 2 . 3
. 7 . | . 2 . | . 9 .
2 . 3 | 7 . . | 8 . 1
------+-------+------
3 . 9 | 5 . . | . . .
. . . | . 8 6 | 3 . .
. . . | 3 7 . | 1 5 .
```

Easy # 123

```
. . . | 7 . . | 3 5 9
. . 7 | . . 1 | 4 . .
. 8 . | 3 . . | . 6 1
------+-------+------
. 2 . | . 6 . | 9 . 3
5 . . | . 1 . | . . 7
7 . 3 | . 2 . | 6 . .
------+-------+------
1 3 . | . . 5 | . 9 .
. . 5 | 4 . . | 1 . .
8 4 9 | . . 6 | . . .
```

Easy # 124

```
. . . | . . . | . 9 1
6 . . | 7 5 . | 3 . .
3 . 5 | 9 8 . | 7 . .
------+-------+------
. 8 6 | . . 1 | 9 4 3
7 4 9 | 8 . . | 1 2 .
. . 1 | . 6 8 | 3 . 2
------+-------+------
. 6 . | 3 5 . | . . 9
4 7 . | . . . | . . .
. . . | . . . | . . .
```

Easy # 125

```
. 3 . | 8 1 . | 7 . .
6 . . | . 2 8 | . . .
8 2 . | . 3 . | . 1 .
------+-------+------
. . 6 | . . 7 | 2 . 5
. 4 . | 2 . 5 | . 3 .
2 . 9 | 1 . . | 6 . .
------+-------+------
. 3 . | . 5 . | . 6 8
. . 1 | 4 . . | . 5 .
. 8 . | 3 1 . | 7 . .
```

Easy # 126

```
. . . | 4 6 9 | . . 8
9 7 . | 5 . . | . . 4
4 6 . | 7 . . | 3 5 .
------+-------+------
6 . 4 | 8 . . | 5 . .
3 . . | . . . | . . 2
. . 5 | . . . | 2 8 7
------+-------+------
. 1 2 | . . 7 | . 3 5
5 . . | . . 4 | . 2 9
7 . 9 | 2 5 . | . . .
```

Easy # 127

```
8 . . | . . 7 | . . 5
. 3 . | . 8 . | 6 . .
. 9 . | . 5 3 | . . 8
------+-------+------
. 7 9 | 2 . . | 8 5 .
6 . . | 5 . 7 | . . 9
. 4 8 | . 3 . | 1 7 .
------+-------+------
9 . 6 | 2 . . | . 8 .
. 8 . | 4 . . | 2 . .
1 . 4 | . . . | . . 7
```

Easy # 128

```
. . . | . 4 7 | 3 . .
3 . . | 6 8 . | 1 . 4
. 6 . | . . 3 | . 2 7
------+-------+------
2 . . | 9 . 1 | 4 . 8
. . . | . 5 . | . . .
5 . 1 | 3 . 4 | . . 6
------+-------+------
7 2 . | 4 . . | . 3 .
4 . 5 | . 7 9 | . . 1
. . 9 | 8 3 . | . . .
```

Easy # 129

```
4 . . | 8 2 3 | . . 1
. 1 . | 7 5 . | . . .
. . 2 | . . 6 | . 8 4
------+-------+------
3 . 9 | 6 1 . | . . .
1 . 4 | . . . | 6 . 8
. . . | . 8 9 | 1 . 2
------+-------+------
2 4 . | 9 . . | 3 . .
. . . | . 4 5 | . 2 .
5 . . | 2 7 1 | . . 9
```

Easy # 130

```
8 . . | . 9 . | . . .
. 4 6 | 2 . 3 | . . .
. . 6 | 4 3 7 | 8 9 .
------+-------+------
. 8 . | . 4 . | 6 . .
. 6 1 | . . . | 5 4 .
. . 2 | . 5 . | . 8 .
------+-------+------
. 4 5 | 2 6 9 | 1 . .
. . 7 | . 1 3 | 4 . .
. . . | . 7 . | . . 2
```

Easy # 131

```
7 . . | . 5 2 | 6 . .
. . . | . 3 . | 7 8 2
3 8 . | 6 1 . | 4 . 9
------+-------+------
4 9 8 | . . . | . . .
. . 1 | . . . | 3 . .
. . . | . . . | 2 4 8
------+-------+------
8 . 3 | . 9 4 | . 6 7
5 6 4 | . 8 . | . . .
. . . | 7 2 6 | . . 4
```

Easy # 132

```
. . 3 | . . 7 | 1 . .
2 7 . | . 3 4 | . 1 9
. 4 . | 6 . . | 7 . .
------+-------+------
. . . | . 1 8 | 3 . 2
4 . . | . . . | . . 5
3 . 8 | 4 2 . | . . .
------+-------+------
. 3 . | . . 2 | . 6 .
1 6 . | 7 8 . | . 3 4
. . . | 9 6 . | . 5 .
```

Easy # 133

				5				8
	1		9	8	2	6	7	5
8		7	4			2		
		5		4				
9	3		7		8		6	4
				9		7		
		9			4	1		6
6	7	3	8	1	5		9	
1				3				

Easy # 134

4				3	7			
8	1		6	2			4	3
					7			
6							3	4
3	2	1	8		4	9	6	5
9	5							1
		6						
2	4			8	3		5	7
			7	4				9

Easy # 135

	7		6				5	1
		3	7	2	9			6
		2				3		9
	9			8		6		
7	3						4	8
		1		7			9	
8		4				7		
1			8	4	5	9		
	2	9			7		5	

Easy # 136

	6	5	1		4	8	2	
		4	8		6	1		
			9					
9	3		6		7			5
	5			1			4	
1			5		3		6	7
			6					
		6	3		5	7		
	2	9	4		1	5	8	

Easy # 137

		3	5	2				7
8			6		1	2		
2	6	9			7		5	
1						8	3	
7								6
	4	5						2
	7		4			9	1	8
		4	1		3			5
5				7	6	4		

Easy # 138

			1	2				
9	6		8			4	7	
7				4		9	5	
	8	7		2	3			
	5		7	1	8		2	
			5	6		7	8	
	9	6		7				8
	7	3			1		4	9
						2	3	

Easy # 139

9	8				7	6		3
				2		5		
4	6			8		9		
			1	2			9	7
2			7	5	9			4
7	9			3	4			
		7		9			3	6
	1		2					
8		6	5				1	9

Easy # 140

7			3	8	9		4	
	4							
5			4	2		7	1	
9		6	2					7
8	3		1		7		5	4
4					8	6		3
	7	8		4	1			2
							7	
	9			5	7	2		6

Easy # 141

9			3		7			6
3	1		4		5		8	2
				6				
	6	9	7		3	4		
	5			4			3	
		3	9		6	2	7	
			2					
1	8		5		4		6	3
4			6		1			5

Easy # 142

3		8	7			2		
1	6			9	2			7
	7		3	1				
9	1		6		4			8
				5				
2			1		7		6	5
			7	9		4		
6			4	3			5	1
		7			1	8		3

Easy # 143

7	3			5	2			6
1			8	4			9	
				6	3			8
	6				5			
2		5	6	1	9	4		7
		9					6	
6			5	2				
	7			9	1			3
8			7	3			5	4

Easy # 144

6		4			7		2	5
		9			3			6
5	2	7		1	6			
		8						9
3	9	6				5	4	1
7							8	
			8	5		2	9	7
9			7			6		
2	7		6			8		3

Easy # 145

				9				2
		3	7		1			
		2	5		8		7	1
6		1	8				3	
2	3			5			8	6
	5				6	2		7
8	4		3			7	9	
			4		5	7		
3				6				

Easy # 146

1	3	6		8	2			
5					6	3		
2		4			5	1	6	
	2					6		
8	9	7				4	3	5
		3					2	
	1	8	6			5		9
		5	4					3
			5	7		8	1	6

Easy # 147

4				2	8	9	3	
	7		4			5		6
		2	7			1		
	8	7					1	4
2								9
1	6					2	8	
		8			6	4		
7		5			3		9	
	4	3	9	1				2

Easy # 148

7						8		
			4	5				1
6		5		7	8	2		
4		1		2	5	9		
	9	8	5		7	3	6	
	3	7	4			8		2
		6	1	5		9		8
8			2	6				
	5							6

Easy # 149

	2	7		9	1			8
		4	7					
			4	8		5	9	
				7		8	2	1
8		3	1		4	9		5
1	6	2		5				
	1	5		4	3			
						8	7	
3			5	6		1	4	

Easy # 150

		6	8	7				1
		8			3	4		7
	3	1				2	8	
		9			4			2
2	7		1		6		4	8
6			7			5		
	1	2				7	6	
3		7	5			8		
8				3	7	1		

Easy # 151

4	5			7	2	8		
	2		3	1	9	4		
							2	
		4			7	3		6
	8	2	4		5	1	9	
6		9	1			2		
	4							
		6	7	4	8		3	
		7	5	2			4	1

Easy # 152

	6					1	7	
		2	3	8				9
	9			7		4		2
				1	4	2	5	
8	2			6			9	1
	1	6	2	3				
2		3		9				1
9				5	6	8		
	8	1					4	

Easy # 153

	3		6			7		2
6				5	8	1	9	
		5	3			4		
	8	3					4	6
5								1
4	2					5	8	
		8			2	6		
	6	9	1	4				5
3		7			9		1	

Easy # 154

		6	5		8	1		
	7	5	3		4	2	9	
			1					
6	1		8		5			3
	4			3			5	
5			6		1		8	2
			2					
	9	7	4		3	5	1	
		3	1		7	4		

Easy # 155

8	4				2			5
		6	4			9		
1	7	2			9			
	2	7		8		3		
	9			4			1	
		8		3		2	9	
			8			7	5	6
		4			6	1		
7			1				4	2

Easy # 156

1		6	9	4		5	2	
							3	
				6	2			4
	6	1				8	7	
5		9	7		3	2		6
		2	6			3	4	
6			5	3				
	7							
	9	5		7	1	4		3

Easy # 157

```
. . . 6 5 7 4 . 8
6 . . . . 4 . . .
2 . 5 . 9 . . 6 .
. . 1 . 6 3 8 . 2
8 . 3 . . . 6 . 5
5 . 7 8 2 . 9 . .
. 5 . . 7 . 1 . 6
. . . 4 . . . . 3
9 . 6 1 3 5 . . .
```

Easy # 158

```
5 . 3 . . 1 . 9 .
. 9 . 2 . 8 . . 5
1 . 2 9 . 5 . 6 .
7 2 . . 4 . . . .
. . . 6 . 7 . . .
. . . . 8 . . 9 4
. 7 . 3 . 9 8 . 6
9 . . 8 . 4 . 1 .
. . 8 . 5 . 4 . 9
```

Easy # 159

```
. . 2 . . . 3 1 .
8 . . 9 . . 4 . 5
. . 3 8 2 1 . 9 .
1 . . . 6 . 9 . .
3 8 . . . . . 6 7
. 5 . . 8 . . . 1
. 5 . 6 7 4 1 . .
2 . 1 . . . 8 . 4
. 6 7 . . . 8 . .
```

Easy # 160

```
. . . 7 . . 9 4 .
. 2 4 8 . 3 . . .
1 4 . . 9 2 . . 5
. 2 1 . . . 4 . .
. 8 . 1 . 7 . 6 .
. 7 . . . . 9 1 .
8 . 4 3 . . . 5 6
. . 6 . 5 4 1 . .
7 3 . . 1 . . . .
```

Easy # 161

```
. . 9 2 . 8 . . 3
5 . 3 . 4 6 . 8 .
. 8 . . . . . . 1
. 5 . 1 . . . 9 6
7 . 1 . 8 . 5 . 4
8 9 . . . 3 . . 2
9 . . . . . . . 1
. 6 . 8 7 . 3 . 9
1 . . 9 . 4 2 . .
```

Easy # 162

```
. 1 . . . 7 4 . 8
. 4 8 2 . . 6 . 7
. . . 8 . . . 2 .
1 . . . . . 3 9 4
9 2 . . . . . 7 6
4 8 7 . . . . . 2
. 5 . . . 3 . . .
3 . 4 . . 2 5 8 .
6 . 2 5 . . . 4 .
```

Easy # 163

```
. . 1 3 . . 7 . .
. 2 . . . . . . .
3 4 . 5 6 . 1 9 .
9 7 . . . . 8 . .
4 6 8 5 . 3 7 9 2
. 2 . . . . 3 6 .
8 5 . 2 4 . . 6 3
. . . . . 1 . . .
. 3 . . 6 1 . . .
```

Easy # 164

```
4 . . . 3 5 . 2 .
7 3 . . . . . 4 9
1 . 4 5 . 7 . . .
8 . . . 2 9 . . .
. 5 9 7 . 1 4 2 .
. . 1 5 . . . . 6
. 4 . . 3 5 . . 7
9 7 . . . . 1 5 .
5 . 3 6 . . . . 4
```

Easy # 165

```
. . . . 8 . . . .
5 . 1 2 . 7 . 3 9
. 7 . 3 . . 2 . .
2 3 . 4 . . 9 . 8
. 6 8 9 . 5 . 7 2
7 . 4 . 6 . . 5 1
. 3 . . 8 . 4 . .
4 8 . 6 . 3 5 . 7
. . . 4 . . . . .
```

Easy # 166

```
7 . 6 . 5 2 . 1 4
3 1 9 . 4 . . . .
. . 2 3 8 . . . 9
. . . . . . 1 7 6
. . 4 . . . 5 . .
1 6 3 . . . . . .
6 . . . 2 3 9 . .
. . . 1 . . 6 2 8
9 2 . 6 7 . 4 . 1
```

Easy # 167

```
. . 9 2 1 . 6 8 .
. 6 8 . . . . . .
5 . . 6 . . 7 9 .
3 . 2 . 6 1 . . .
. 4 . 3 5 9 . 6 .
. . . 7 2 . 5 . 3
. 8 4 . . 6 . . 7
. . . . . . 8 2 .
. 1 6 . 3 2 4 . .
```

Easy # 168

```
. 7 . . 4 6 . . 5
9 . 4 . 7 . . . 6
1 . . . . 9 . 4 .
. 1 . . . 5 8 9 .
3 . . 9 . 8 . . 7
. 2 9 6 . . . 1 .
. 6 . 3 . . . . 8
7 . . 8 . 4 . . 1
4 . . 7 6 . 5 . .
```

Easy # 169

7			2	1			3	
		8				7		5
		5		3			6	9
			9	6	5			2
	5	3		2		6	7	
6		1	8	5				
8	6			4		3		
5		4				2		
	3			7	9			6

Easy # 170

	3		1	8	6		5	
2	1		5			9		
				2	3			1
			4	5	6	1		
	6	2				7	4	
	9	5	7	6				
6			8	3				
		1			7		2	4
	2		4	1	9		6	

Easy # 171

				2	5			8
2							3	
8		4		3	7	2		
5		8			9	1	6	
	2	6	1		3	8	4	
	4	3	5			7		9
		5	8	1		3		2
	8							1
7			3	9				

Easy # 172

3	5	7	8	1	6		4	
		8			9	5		1
1				3				
			9		3			
9	7		1		5		2	6
		5		6				
			2					4
7		4	9			6		
	6		3	4	1	2	5	7

Easy # 173

	4			6	8	1		2
8			4		2		5	
	3	2		1				
		9	1			2	8	
7				8				6
	5	8			3	7		
			4			9	3	
	8		2		9			1
1		3	5	7			2	

Easy # 174

9			4	3		5	6	7
7		5	9					
		3				8		4
	6	1	3	2				
8			6		9			2
				1	8	6	3	
2		8				4		
					7	2		9
1	9	4		6	5			3

Easy # 175

8				9				
4	5		8	9		6		
			2	5				3
2	3			6	7	5		
	9	7	5		8	4	1	
	8	1	2			9	6	
9			6	4				
	4		3	5		7	9	
		5						4

Easy # 176

	1		6	8	4			3
						8		
	8	5		7	9			4
7				5	3			2
5	2		9		8		6	7
1		3	4					8
6			7	4		8	9	
	7							
8			2	5	1		7	

Easy # 177

	7			1	3		8	
			4		9			
6	8						4	9
3	1		9		2		6	4
		5		6		3		
8	6		3		4		1	2
1	4						5	3
			5		6			
	3		2	4			7	

Easy # 178

	5			9				
			8		7			2
	8	7	1		3			5
		2			1		6	8
	6	1		3		2	5	
5	7		6			3		
9			7		2	4	1	
7			3		4			
				6			2	

Easy # 179

1		4			3		8	6
	2		8	4			1	
				2		3		7
	5	2				7		
		1	7		2	6		
		8				9	2	
8		5		7				
	3			6	8		9	
4	9		5			8		2

Easy # 180

		5				2		4
	1		7		2		8	3
				8	1	6		5
1		2				4		
			9	6	7			
	6					8		9
3		6	2	1				
2	4		3		9		6	
8		9				3		

Easy # 181

```
. 6 . | . . . | . . 4
. . 1 | 4 . . | . . .
4 7 . | 5 1 . | 8 3 9
------+-------+------
1 9 . | . . 4 | 7 . 3
2 . . | 6 . 9 | . . 5
7 . 4 | 8 . . | . 6 2
------+-------+------
9 2 3 | . 8 5 | . 7 6
. . . | . . 2 | 3 . .
8 . . | . . . | 9 . .
```

Easy # 182

```
. 9 . | 2 1 . | 4 6 7
3 4 . | 5 . . | . . .
7 . . | . . . | . 3 8
------+-------+------
1 . 9 | 8 6 . | . . .
. 3 . | 4 . 1 | . 8 .
. . . | . 3 9 | 1 . 6
------+-------+------
8 7 . | . . . | . . 9
. . . | . . 4 | . 5 2
2 5 1 | . . 9 | 7 . 4
```

Easy # 183

```
3 . 9 | . 6 8 | 4 . .
. 2 4 | . 1 9 | 8 . .
5 . . | 2 . . | . 1 .
------+-------+------
. . . | . 8 7 | . 4 9
. . . | . . . | . . .
8 7 . | 3 9 . | . . .
------+-------+------
. 4 . | . . 6 | . . 2
. 2 4 | 3 . . | 5 7 .
. 5 8 | 7 . . | 6 . 4
```

Easy # 184

```
9 1 . | 6 8 . | 7 . .
3 . 5 | . . 7 | . 4 .
2 . . | . 4 . | . . 8
------+-------+------
. 2 7 | . . . | . 6 4
. . 9 | . . 8 | . . .
8 6 . | . . . | 2 5 .
------+-------+------
7 . . | 5 . . | . . 6
. 9 . | 1 . . | 4 . 3
. . 8 | . 2 9 | . 7 1
```

Easy # 185

```
. . 9 | 5 . 6 | 4 . .
5 . 7 | . . 8 | . 2 .
. . 1 | . . 2 | . 8 5
------+-------+------
. 6 . | . . 1 | . . 7
8 . 1 | . . . | 5 . 9
9 . . | 4 . . | 1 . .
------+-------+------
7 6 . | 2 . 3 | . . .
. 4 . | 7 . . | 3 . 6
. . 8 | 6 . 4 | 7 . .
```

Easy # 186

```
. . . | . . . | 2 6 .
2 9 6 | . 7 1 | . 5 8
. 7 . | . . . | . . 9
------+-------+------
. 8 4 | 7 . . | . 2 5
. 2 . | 5 . 9 | . 1 .
9 3 . | . . 4 | 8 6 .
------+-------+------
5 . . | . . . | . 4 .
8 4 . | 1 3 . | 7 9 6
. . 3 | 4 . . | . . .
```

Easy # 187

```
. . 8 | 5 6 . | . . .
. 2 . | . . 4 | . . .
9 . . | 2 4 . | 3 . 5
------+-------+------
5 1 . | 9 . . | 6 . 8
7 3 . | 4 . 5 | . 1 2
2 . 9 | . . 6 | . 7 4
------+-------+------
1 . 2 | . 5 8 | . . 3
. . 3 | . . . | 5 . .
. . . | . 3 9 | 2 . .
```

Easy # 188

```
. 2 . | . 8 4 | . . 3
. 3 8 | 2 5 . | . 1 7
. . . | . 1 . | 8 9 2
------+-------+------
4 1 2 | . . . | . . .
7 . . | . . . | . . 6
. . . | . . . | 5 2 1
------+-------+------
3 4 1 | . 7 . | . . .
2 5 . | . 6 8 | 1 7 .
8 . . | 4 9 . | . 3 .
```

Easy # 189

```
3 6 . | . . . | . . 4
. 5 . | 6 4 8 | . . 3
7 . 9 | . . 5 | 8 . .
------+-------+------
5 . . | . 2 . | 6 . .
. 2 1 | . . . | 3 8 .
. . 6 | . 8 . | . . 9
------+-------+------
. 7 8 | . . 4 | . . 6
6 . . | 7 1 2 | . 9 .
8 . . | . . . | . 2 1
```

Easy # 190

```
6 . . | 9 1 7 | . . .
9 . 3 | 8 . . | 1 . .
. 1 5 | . . 6 | 8 . .
------+-------+------
5 . . | 3 . 2 | . . .
1 3 . | 7 . 6 | . 9 5
. . 4 | . 9 . | . . 7
------+-------+------
. 7 9 | . . 5 | 6 . .
. . 1 | . 4 9 | . . 8
. . 6 | 9 8 . | . . 1
```

Easy # 191

```
. . . | 8 6 2 | . 4 1
2 8 . | . 9 5 | 3 . .
5 . . | . 7 . | 9 2 .
------+-------+------
9 . 5 | . . . | . 3 .
. . . | . . . | . . .
. 7 . | . . . | 1 . 9
------+-------+------
4 2 . | 1 . . | . . 3
. . 9 | 6 7 . | . 2 5
7 5 . | 2 4 9 | . . .
```

Easy # 192

```
1 6 . | . 8 . | . . .
. . 5 | . 2 1 | 4 . .
9 . 4 | 6 . . | . 1 3
------+-------+------
. 1 . | . . . | 3 4 .
. 7 . | 8 . 3 | . 2 .
3 6 . | . . . | . . 8
------+-------+------
7 9 . | . . 5 | 1 . 2
. 3 1 | 9 . 7 | . . .
. . 3 | . . . | 5 8 .
```

Easy # 193

```
5 . . | . . . | . . .
. 4 . | 5 2 . | 9 . 1
. 9 . | 8 7 6 | . . 5
------+-------+------
. 6 3 | 2 . . | 9 . .
8 7 . | 1 . 9 | . 5 4
. 5 . | . . 7 | 3 8 .
------+-------+------
6 . . | 4 9 2 | . 3 .
9 . 7 | . 5 1 | . 2 .
. . . | . . . | . . 9
```

Easy # 194

```
. . . | . 5 8 | . . 6
4 5 . | 3 . . | . . .
. . . | 2 4 . | 5 . 1
------+-------+------
8 7 . | 1 . . | 6 5 .
. . 9 | . 8 . | 2 . .
1 3 . | . . 2 | . 8 7
------+-------+------
3 . 4 | . 2 7 | . . .
. . . | . . 4 | . 7 9
7 . . | 5 1 . | . . .
```

Easy # 195

```
. . . | 2 8 7 | 6 1 .
. 7 2 | . 9 3 | . . 5
. 3 . | . . 4 | 9 7 .
------+-------+------
3 9 . | . . . | 5 . .
. . . | . . . | . . .
. . 4 | . . . | . 9 1
------+-------+------
. 6 7 | 1 . . | . 5 .
9 . . | 8 4 . | 7 3 .
. . 4 | 3 7 6 | 9 . .
```

Easy # 196

```
. . . | 7 . 3 | 2 . 4
. 4 3 | 8 5 . | . 9 7
. 5 2 | . . . | 3 . .
------+-------+------
. 9 8 | 5 . . | . . 6
3 . . | . . . | . . 9
5 . . | . . 7 | 8 3 .
------+-------+------
. . 1 | . . . | 6 8 .
8 3 . | . 2 6 | 9 4 .
4 . 5 | 3 . 9 | . . .
```

Easy # 197

```
3 5 . | 7 . . | . 2 .
7 . 6 | . 3 8 | . . 4
. . 8 | 9 2 . | . . .
------+-------+------
6 . 4 | 2 . 7 | . . 1
. . . | . 6 . | . . .
5 . . | 8 . 4 | 7 . 9
------+-------+------
. . . | 7 3 2 | . . .
2 . . | 1 9 . | 4 . 7
. 1 . | . . 2 | . 5 3
```

Easy # 198

```
8 7 . | 2 . . | 5 6 9
. . . | . 1 . | . . .
. . . | 5 6 . | . 2 .
------+-------+------
2 . . | 6 3 . | . 9 1
. . 1 | 4 9 . | 8 2 5
5 3 . | . . . | 4 8 7
------+-------+------
. . 6 | . . . | 1 3 .
. . . | . 3 . | . . .
3 . . | 1 4 . | 6 8 5
```

Easy # 199

```
1 . . | 3 5 . | . . 9
. . . | 4 . 3 | 7 . .
. 3 6 | . . 7 | 2 . 1
------+-------+------
6 1 . | . . . | 3 . .
. 5 . | 6 . 4 | . 8 .
. 4 . | . . . | 6 7 .
------+-------+------
3 . 5 | 9 . . | 8 2 .
. 9 4 | . 6 . | . . .
8 . . | . 2 3 | . . 6
```

Easy # 200

```
1 9 . | . 4 . | 8 . 5
. . 2 | 3 . 8 | . 1 .
. . . | 5 . . | . . 9
------+-------+------
. 1 4 | 2 5 . | . . .
7 2 . | . . . | . 9 1
. . . | 7 6 5 | 2 . .
------+-------+------
9 . . | . 7 . | . . .
. 6 . | 8 . 5 | 9 . .
8 . 7 | . 1 . | . 6 2
```

Easy # 201

```
7 2 . | . . 6 | 1 5 .
. . . | . . 3 | . . 7
4 1 . | . 2 . | 9 . .
------+-------+------
. . . | 8 4 . | . 9 2
. 8 . | 2 6 9 | . 3 .
2 9 . | . 3 7 | . . .
------+-------+------
. . 2 | . 5 . | . 8 1
6 . . | 3 . . | . . .
. 4 1 | 9 . . | . 2 5
```

Easy # 202

```
6 1 . | . . . | 3 7 .
7 . . | . 8 6 | . . .
. 2 3 | . 5 . | . . .
------+-------+------
. . 7 | . 2 . | 5 6 .
4 9 . | 5 . 1 | . 8 2
1 5 . | 8 . . | 9 . .
------+-------+------
. . . | 1 . . | 7 6 .
. . 4 | 6 . . | . . 8
5 6 . | . . . | . 9 3
```

Easy # 203

```
6 . . | 1 . 5 | 7 2 .
. 1 . | 8 . 7 | . . 5
. . 5 | . 2 . | 4 1 .
------+-------+------
. . . | . 9 . | . 3 7
. . . | 3 . 6 | . . .
5 9 . | . 8 . | . . .
------+-------+------
. 5 9 | . 1 . | 8 . .
2 . . | 9 . 8 | . 5 .
. 6 8 | 5 . 4 | . . 3
```

Easy # 204

```
. . 3 | . . . | 5 . 2
. 4 . | . . 5 | 3 . 1
1 . . | . 3 . | 6 . .
------+-------+------
4 2 . | . 8 . | . 5 3
. . 6 | 5 . 2 | 4 . .
3 9 . | . 1 . | . 2 7
------+-------+------
. . 3 | . 9 . | . . 8
6 . 4 | 8 . . | . 3 .
9 . 7 | . . 2 | . . .
```

Easy # 205

		9		4	7			
	2			8				
4	9		5		3	2		
7				5	9	1		
5	1		3			2	7	
	4	2	1					3
		8	4		7		5	6
				1			7	
		4	3		6			

Easy # 206

4		8	6	1		2	6	7
9				2	8		4	
	1	9			7	6	5	4
2	5	6	1			7	3	
	9		4	8				6
	7			9	1	4		3
5	2							

Easy # 207

		7	2	8				
3	2			1	5	8	9	
1								
	6		7				8	9
	3	2	1		8	7	6	
7	5				4		1	
								8
	7	5	3	9			2	6
				7	6	9		

Easy # 208

		2		4		3		
6	9		8	2				
	4	8			5	9	2	6
	7		4	3				9
9								7
2				6	9		5	
3	2	6	1			8	9	
			8	3			7	2
		7		9		6		

Easy # 209

				2				
	9				6			2
6		2	7		9	3	1	
	2	3			7	8		1
7	6		5		1		3	4
9		4	2			6	5	
	8	1	4		3	5		9
3			9				4	
				6				

Easy # 210

6			3				7	
	2	3				1	9	
			4			3		5
	4	2	7					1
	6	1	2		4	7	8	
5					8	2	3	
9		8			2			
	3	4				9	5	
	5				7			3

Easy # 211

9			8					5
	8	3			7	4		
7	1	6			5			
1	7		3					2
	5		8			6		
3			2				5	7
		3			9	4	1	
	1	6			7	8		
8					9			6

Easy # 212

2			4					1
	5	1			2		7	
7	4	6			3			
5		9		8				3
		2		1		9		
8				3		5		7
		9				7	2	5
	6		5			1	3	
9					1			4

Easy # 213

8			5		3	9		
	5		7	1		8		2
6							5	
7	9				6		2	
1		2		5		6		4
	3		8				9	5
	6							9
9		8		4	5		7	
		3	1		9			6

Easy # 214

		1	7		2	4	8	
	5							3
				4	1			5
	9	4		1		5	8	
5		8		6				4
2	4		5		9	7		
9		6	1					
	3					7		
	8	4	6		3	5		

Easy # 215

3	6			9		8		5
2		4	5	6				
7		9				2		
	7					9		5
			8	4	1			
1		6					4	
		3				1		6
			5	9	4			3
	4		1		3		7	9

Easy # 216

7		2		8	5		6	1
3	6	4		1				
		5	3	9				4
						6	7	2
		1				8		
6	2	3						
2				5	3	4		
			6			2	5	9
4	5		2	7			1	6

Easy # 217

9			3					
		8		1			7	5
	6	7	2				1	9
1	8			5	4			
	3		8	2	1		4	
			9	3			8	1
6	1				8	7	5	
7	4			6		1		
					3			2

Easy # 218

1	3		8	6		9		
	5	2			9			4
	7				4		6	
7		9					4	8
	3				6			
8	6					7		2
	9		2				8	
3			1			4	5	
	6			7	3		1	9

Easy # 219

				7		4		
7	4		1	2	9		5	
	2			8	5		9	
	5			9				4
9	3					6	5	
4				3			8	
	9		2	6			1	
	6		7	5	8		3	9
		8		1				

Easy # 220

			4			7	6	
	7			2				4
	4		7	6	1		9	
	3			7	8			6
7	1					4	2	
9			2	1			5	
	9		6	5	3		2	
2				9			3	
	5	1			2			

Easy # 221

1	5				3			7
	7			5			9	
	8	9		1				4
	4			7			1	2
	9	5	1		2	3	4	
2	3			4			6	
8				2		4	3	
	1			8			7	
9			7				8	6

Easy # 222

4	5			1	7			
6	8						4	
1			3	4		8	5	
		5					6	8
			8	5	2			
7	1					3		
		7	2			1	6	
	9						1	3
				6	7		5	9

Easy # 223

			1	6	5			
		5	7			3	2	
5		9	2					
8		5	7			1		3
	7			8			9	
4		6			1	8		5
				3	2			6
	6	1		2	7			
		4	8	6				

Easy # 224

2	4							6
	8	1	2		5	7		
3	6		7	1				
		4				7	2	
			5	3	9			
1	9					3		
			7	2		8	3	
	3	9		8	4	2		
8						1	9	

Easy # 225

1			4		9		8	
		3	1			4	2	5
	8			3	6			1
8		1					7	
	3						6	
	4					9		2
9			8	7			3	
5	7	6			3	8		
	2			6	4			7

Easy # 226

2		4						5
	9		3	8		4		
	3			7	4		2	
8			2			7	5	
	6	9		4		2	1	
	2	3			7			4
	1		4	5			7	
	7			9	8		3	
3						5		9

Easy # 227

		6		7		2		
2	3	5	1			9		7
				2	9		3	5
	5			6	7			8
	8						5	
1			5	3			2	
8	2		6	9				
5		9			4	3	6	2
		3		5		8		

Easy # 228

8			7	9				5
	7			6	5			4
		3				8	7	
3	9					8	6	
1	8			7			4	2
		7	9				5	8
	3	4				5		
5			6	4			9	
9				3	7			1

Easy # 229

	4			9		8		7
		2						4
1		2	5	8	4			
7		1	3	4		6		
8		4				3		1
		9		7	1	5		8
			8	3	6	4		9
3					2			
4		6		5			8	

Easy # 230

		9	4	6				1
	6			7	3		4	9
8		3						
9	3	5	8			7	1	
	8	2			7	5	3	6
						6		5
2	9		7	1			8	
3			4	9	1			

Easy # 231

9		2		8				
1			5	7		9	6	
	6		2		1			3
	5	9				3		7
4				3				5
3		1			6	2		
7			1		8		3	
	1	6	3	4				8
			6			1		9

Easy # 232

		6		3		8		
1	2	8	9			7		3
			7	2			1	6
	1		8	3				5
	3					6		
6			4	2			3	
3	8		7	1				
4		7			5	3	8	1
		1		4		2		

Easy # 233

	5		6	9				3
8			2		7			4
6				8	4		9	
3	7		1	6				8
		5				7		
1				4	5		3	9
	3		5	7				2
5			8		9			6
7				1	3		8	

Easy # 234

				8	9			7
		7	6	4	2	5		
2		5	1				4	
				7	1	6	3	
	1	2				7	5	
	7	4	3	2				
	6				3	4		5
		3	7	9	4	8		
4			8	5				

Easy # 235

1		2						
3			7	5		4		
	5			8	1	3	7	
6	1	3	2				4	8
9	2				8	5	1	6
	3	9	8	4			2	
	1			7	3			4
						6		5

Easy # 236

		4			9			
9			3			8	2	
	4	1	7	2	9			
1	8	6	9				5	
	9	2				1	6	
	3			8	1	2	7	
			2	6	5	3	9	
5	9			7				2
		6			4			

Easy # 237

1	8			2	3		4	
	2	6	8			7		
3			5	7				
4	1		7		8		9	
				1				
	6		3		4		5	8
				8	2			7
	9				7	6	2	
7			9	5			8	4

Easy # 238

8			2				9	
9	4			7		2		1
			3	6				
	1			2		3		9
3	5	2		4		7	6	8
7		8		6			4	
			3	5				
2		1		9			8	5
	6			2				3

Easy # 239

	5		8		4		2	7
					2	1	5	
1								9
	6		2		5	7		1
	7	1		3		2	4	
2		4	1		6		8	
9								8
	3	6	5					
7	2		3		9		1	

Easy # 240

	8	6	1			4		2
1		5		3				
	4			2	8		3	
5							7	3
6			3		5			4
9	3							8
	9		8	6			1	
			5			8		7
8		3			7	2	9	

Easy # 241

```
. 1 3 | . 4 7 | . 8 .
. . . | 8 2 3 | . . .
. . 8 | . . . | . . 4
------+-------+------
. 3 2 | . . 9 | . 6 5
8 5 . | 6 . 4 | . 3 1
1 4 . | 2 . . | 9 7 .
------+-------+------
3 . . | . . 6 | . . .
. . 7 | 4 9 . | . . .
. 2 . | 3 6 . | 8 4 .
```

Easy # 242

```
. 3 . | 8 . . | 9 . .
. . 2 | 1 3 . | . 5 .
. . 1 | . 5 . | 8 . 3
------+-------+------
4 8 . | 2 . . | . 9 .
. . 5 | 4 . 8 | 7 . .
. 9 . | . . 1 | . 6 8
------+-------+------
3 . 9 | . 4 . | 5 . .
. 2 . | . 1 5 | 3 . .
. . 4 | . . 7 | . 1 .
```

Easy # 243

```
. 6 . | . 4 9 | . . .
7 2 . | . 5 3 | . 4 8
. 4 . | 1 . . | 2 . .
------+-------+------
. . . | . 1 7 | 5 . 2
6 . . | . . . | . . 7
1 . 2 | 5 8 . | . . .
------+-------+------
. . 3 | . . 4 | . 7 .
9 8 . | 7 2 . | . 3 1
. . . | 8 3 . | . 2 .
```

Easy # 244

```
1 . . | 7 8 . | 2 . .
. 2 . | . . 1 | 5 . .
. 8 . | 2 4 . | . 7 6
------+-------+------
. 1 . | . . 7 | . . 9
9 7 . | . 1 . | . 2 5
6 . . | 8 . . | . 1 .
------+-------+------
5 6 . | . 3 8 | . 4 .
. . 8 | 9 . . | 6 . .
. . 1 | . 5 6 | . . 7
```

Easy # 245

```
6 . 3 | . . . | . . .
1 . . | 3 8 . | 4 . 5
. 9 . | 5 . . | 6 . 1
------+-------+------
2 8 . | . 3 9 | . . .
. . 5 | 7 2 8 | 1 . .
. . . | 4 5 . | . 8 3
------+-------+------
9 . 7 | . . 5 | . 2 .
5 . 6 | . 4 3 | . . 7
. . . | . . . | 5 . 6
```

Easy # 246

```
8 . 2 | . . 9 | 5 3 4
. 3 4 | 8 5 . | . . .
5 . . | . . 2 | . . 1
------+-------+------
. . 6 | 2 1 . | . 4 .
. 4 . | . . . | . . 6
. 5 . | . 3 4 | 9 . .
------+-------+------
6 . . | . 4 . | . . 3
. . . | 8 1 6 | 5 . .
3 1 5 | 7 . . | 4 . 8
```

Easy # 247

```
. 4 . | . . 1 | 5 7 .
. . . | . . . | 2 1 .
7 . 1 | . . . | 9 6 8
------+-------+------
5 1 . | . 8 6 | . . .
. 7 . | 1 . 2 | . 9 .
. . . | 3 9 . | . 5 7
------+-------+------
1 3 6 | . . . | 7 . 9
. 9 4 | . . . | . . .
. 5 7 | 4 . . | 2 . .
```

Easy # 248

```
. 3 8 | . 6 . | . 5 7
. 2 . | . . 5 | . . .
. 1 9 | . . 2 | 8 . 6
------+-------+------
. . . | . 7 9 | . 1 3
. 5 . | 6 . 4 | . 2 .
7 8 . | 5 2 . | . . .
------+-------+------
1 . 5 | 4 . . | 9 8 .
. . . | 2 . . | . 7 .
3 7 . | . 9 . | 6 4 .
```

Easy # 249

```
. 7 . | 6 . 8 | . . 1
9 . . | 4 . 7 | 6 5 .
. . 6 | . 3 . | 8 7 .
------+-------+------
. . . | . 6 . | . 8 7
. . . | 5 . 9 | . . .
2 9 . | . 8 . | . . .
------+-------+------
. 3 4 | . 1 . | 7 . .
. 1 2 | 7 . 3 | . . 5
7 . . | 2 . 6 | . 3 .
```

Easy # 250

```
5 . . | 9 . 6 | 8 . .
2 . . | 7 . . | . 5 3
. 4 . | . 5 . | . 7 .
------+-------+------
9 8 . | . 6 . | . 3 .
. 2 1 | 4 . 9 | 8 6 .
. 6 . | . 7 . | . 4 9
------+-------+------
. 7 . | . 1 . | . 2 .
4 1 . | . . 8 | . . 7
. 5 2 | . 4 . | . . 6
```

Easy # 251

```
9 4 . | 1 8 2 | . . 5
. . . | . 4 . | 9 . .
8 . . | . 3 5 | . . 2
------+-------+------
5 . . | . 2 . | . 9 .
6 2 . | . . . | . 5 7
. 9 . | . 6 . | . . 3
------+-------+------
2 . . | 8 7 . | . . 1
. . 3 | . 1 . | . . .
7 . . | 4 5 3 | . 2 6
```

Easy # 252

```
7 6 . | 4 . . | 5 1 8
. . . | . . 2 | . . .
. . 5 | 1 . . | . . 4
------+-------+------
. 4 1 | 3 . . | . 2 8
2 . 9 | 8 . 6 | 4 . 5
3 5 . | . . 9 | 6 7 .
------+-------+------
1 . . | . . 2 | 3 . .
. . . | . 3 . | . . .
. 3 2 | 9 . 1 | . 5 6
```

Easy # 253

1			3	5		4		
				7	8			3
9		8		2	6			7
		7					2	
6	2		7	1	4		5	9
	4					7		
3			9	8		2		5
7			2	6				
		9		4	1			8

Easy # 254

2				9			4	
			4			2		1
4			2	1	5			6
8				2	7	1		
5	2					9	4	
	6		9	5				3
6			1	3	8			9
3		5				9		
	9			6				8

Easy # 255

				1	9	5		
	8	9		4	5			1
	7				3			4
6	5			7		9		
7		2	1		8	4		5
	1		9				8	7
9			2			3		
1			3	6		8	7	
		6	9	5				

Easy # 256

	6			7	5			
5			3			7	9	
4	7	3	9		1			
2	5		7	1		8	6	
8	3		4	6		5	7	
			3		8	7	1	2
3	8		2					5
			6	5		9		

Easy # 257

			2	1		8	5	
5				9				7
7	8	1	3				9	2
		8		7	9		4	
			9			5		
	5		6	1		9		
2	6				4	7	8	9
8				6				1
			9	7	2	8		

Easy # 258

	2	4	9					5
3		9		4	1	6		
1			7	5				
6		3	5			9	8	
				3				
		2	1			6	7	9
						9	4	5
		5	8	7		9		6
		8			5	4	2	

Easy # 259

1			4		8			7
5			2	6	9			
		2	1	7				6
7			6	3	4			5
	4					9		
2		5	9	1				3
8				4	9	5		
		7	5	3				4
6			2		7			9

Easy # 260

	5		6	9		7		3
9		2		5	1			
						7	1	
3	6	5		7				
	2	9	1		6	4	5	
				2		3	6	8
		7	5					
			4	1		2		6
1		6		8	2		4	

Easy # 261

4			1	7	6			5
	5		8	2				
		7			3		1	4
6		9	3	5				
5		4				3		1
				1	9	5		7
7	4		9			6		
				4	2		7	
2			7	8	5			9

Easy # 262

	3		8		9	2		4
				5		9		
	8		7		4			
	6	8	5					7
2		5		7		6		9
9				2	5	1		
			1		8		9	
		6		3				
8			1	2		7		6

Easy # 263

1	5		9			2		4
			2	3				
	8			4		6		5
8		4		6	7			
3			8	9	4			7
			2	3		4		8
7		5		1			4	
					3	9		
4		1			8		5	6

Easy # 264

	7	1						
8	4	9					2	1
	2	5	7			6		
			9	1		5		2
		2	8			6	1	
5		8		3	4			
		7				8	2	5
2	8					4	1	3
						8	6	

Easy # 265

	4		6	9		5		
		3	8		1		9	
8	2	9			5			6
		1					3	4
		5			8			
7	6				9			
5			7			3	2	1
	7		1			4	6	
		6		5	8		7	

Easy # 266

1			8	5			2	
2				3	6			9
	3	5					1	
		6	2				1	4
9	4			6			5	7
3	2				4	8		
		3				4	6	
4			6	2				1
	6			8	1			5

Easy # 267

			7				1	
3	9		2	1	4			
		4		6			3	2
6	4		5	8				9
1	5						4	3
2				3	1		8	5
4	8			9		3		
			3	4	6		5	7
	3				7			

Easy # 268

3	8	4		5	9	1		
7		9						5
				1	4			3
			2	5		8	6	
		2	1		8	7		
8	5		7	6				
2		1	4					
9						2		7
		5	3	8		6	1	9

Easy # 269

3			2				8	
9	1			5		6		2
				9	3			
	4			8		1		7
1	8	7		4		2	9	3
5		3		2			6	
			8	3				
6		2		7			4	5
	5				2			1

Easy # 270

7				3	1			
						1		
4	5		6	9			7	3
6							3	7
3	9	5	4		7	2	6	8
2	8							5
9	7			4	3		8	1
		6						
			1	7				2

Easy # 271

9			1	4	6	7		2
	1				9			3
6		8	2					4
5	9			8	7			
1								7
			9	2			4	5
3					8	2		6
7			6				3	
2		9	3	5	4			8

Easy # 272

9		4			6	3	1	
6					8			
2		3		1			5	8
				5	4		2	9
8			1		7			6
3	5		8	6				
5	2			4		1		7
			6					5
		9	8	7			4	3

Easy # 273

2			3	1		5		8
		4	6	2		8		5
			8					
		9	6			8	4	
8	6		7		3		2	1
	2	7			4	5		
								6
6				5		2	7	9
9				4		6	1	2

Easy # 274

3			6			2		
	5	9	2		1		3	6
				3				
9	7		1			3	5	
8		5	9		4	6		1
	6	4			3		8	2
				6				
2	4		5		8	7	9	
		8		2				5

Easy # 275

						9		
1	2		7	3		5	8	
				2	5			3
	1	2			6		4	
8	7		4		9		5	2
	5		2			3	9	
2			8	9				
	8	7		4	1		3	9
		4						

Easy # 276

	8		1		9		4	
4		1	7		5			
		9	4			5	1	
6			9			2		
8	2						3	6
		1			2			4
3	4				8	7		
			2		7	8		3
	6		3		1		9	

Easy # 277

```
9 2 . | . 1 . | 7 . .
7 . . | . . 5 | . . .
. . . | 7 2 4 | . 5 6
------+-------+------
. 8 . | . 7 3 | . 6 9
6 3 . | . . . | . 7 2
2 4 . | 6 9 . | . 1 .
------+-------+------
1 7 . | 8 3 2 | . . .
. . . | 5 . . | . . 3
. . 2 | . 4 . | . 8 7
```

Easy # 278

```
. 8 . | . . . | 5 . .
5 . . | 7 8 . | 9 . 2
. . 9 | 3 5 . | . . .
------+-------+------
1 6 . | 4 . . | 3 . 9
9 2 . | 8 . 1 | . 5 6
7 . 4 | . . 3 | . 2 8
------+-------+------
. . . | . 4 8 | 7 . .
8 . 5 | . 1 9 | . . 3
. . 1 | . . . | . 9 .
```

Easy # 279

```
. . . | 3 . . | . 2 .
. 2 7 | . 9 . | . 1 4
6 . 8 | 1 . . | . 5 9
------+-------+------
. 5 2 | 6 3 . | . . .
. 6 . | 4 . 1 | . 3 .
. . . | 2 9 7 | 8 . .
------+-------+------
9 8 . | . . . | 3 4 5
5 7 . | . 4 . | . 2 6
. 3 . | . 6 . | . . .
```

Easy # 280

```
. . . | 9 . 6 | . . .
. 5 6 | . . . | 4 8 .
. . 1 | . 4 2 | 5 . .
------+-------+------
. 2 8 | 4 . 5 | 9 3 .
5 . . | . 9 . | . . 6
. 4 9 | 2 . 7 | 8 5 .
------+-------+------
. . 3 | 5 8 . | 1 . .
. 7 4 | . . . | 3 9 .
. . . | 7 . 4 | . . .
```

Easy # 281

```
. 4 . | . 1 6 | 5 . .
6 . 3 | . 2 4 | . . 1
. 8 . | 5 . . | . 4 .
------+-------+------
. . 9 | 6 . . | . . 5
4 . 8 | . 5 . | 9 . 6
5 . . | . . 1 | 3 . .
------+-------+------
. 3 . | . . 9 | . 1 .
2 . . | 1 7 . | 8 . 3
. . 6 | 3 8 . | . 5 .
```

Easy # 282

```
. . . | . 1 . | . 3 7
1 . 7 | 2 6 . | . 4 .
. 8 . | 7 . 4 | 2 . .
------+-------+------
7 2 . | . . 1 | . . 5
. 6 . | . 2 . | . 9 .
9 . . | 3 . . | . 8 2
------+-------+------
. . 1 | 5 . 7 | . 2 .
. 7 . | . 9 8 | 1 . 3
5 3 . | . 4 . | . . .
```

Easy # 283

```
6 9 . | . . 7 | . . .
. . 3 | . 6 . | 1 . .
4 . 8 | . . 2 | . 6 .
------+-------+------
. 4 . | . 3 7 | . 2 .
3 . 5 | 7 . 2 | 1 . 4
2 . 6 | 5 . . | 9 . .
------+-------+------
8 . 9 | . . 6 | . 7 .
. 6 . | 3 . 9 | . . .
. . . | 2 . . | 8 5 .
```

Easy # 284

```
2 9 3 | 7 . . | 1 . 8
1 . . | . . 6 | 9 . .
. . . | 4 9 . | 5 . .
------+-------+------
7 1 . | 8 6 . | . . .
. 8 . | . . . | . 5 .
. . . | . 2 7 | . 6 1
------+-------+------
. . 1 | . 3 2 | . . .
. . 8 | 9 . . | . . 3
. 6 3 | . 1 8 | 2 4 .
```

Easy # 285

```
. 5 7 | 6 3 . | . . 2
4 . . | 5 . 2 | . 6 .
. . . | . 7 . | 5 . 9
------+-------+------
6 . 5 | . . 7 | 8 . .
3 . . | . 6 . | . . 1
. . 1 | 9 . . | 6 . 4
------+-------+------
9 . 8 | . 2 . | . . .
. 7 . | 8 . 5 | . . 6
5 . . | . 1 4 | 9 7 .
```

Easy # 286

```
6 . . | 3 1 . | . . 9
. . . | 4 . 7 | . . .
1 5 . | . . . | 6 4 .
------+-------+------
7 8 . | 6 . 1 | . 3 5
. . 4 | . 7 . | 6 . .
5 6 . | 2 . 3 | . 1 7
------+-------+------
8 7 . | . . . | 2 1 .
. . . | 1 . 2 | . . .
9 . . | . 5 6 | . . 8
```

Easy # 287

```
7 . 1 | . . 5 | 3 8 .
3 9 8 | . 2 7 | . . .
5 . . | . . 8 | 9 . .
------+-------+------
. 7 . | . . . | 8 . .
2 4 6 | . . . | 1 9 5
. . 9 | . . . | . 7 .
------+-------+------
. . 5 | 1 . . | . . 9
. . . | 5 6 . | 2 3 8
. 3 2 | 8 . . | . 5 4
```

Easy # 288

```
7 . . | . . . | . . 1
. . 9 | 1 . 8 | 6 . 5
. . . | . . . | 4 8 2
------+-------+------
. . 7 | 2 . 9 | . 3 6
. 6 3 | . 8 . | 5 9 .
9 5 . | 4 . . | 6 2 .
------+-------+------
. 9 4 | 6 . . | . . .
5 . 6 | 3 . 7 | 4 . .
1 . . | . . . | . . 9
```

Easy # 289

```
. 2 1 | . 5 . | 4 . 8
4 . . | 2 . 7 | . 3 .
. 8 . | . . 1 | . . .
------+-------+------
. . . | 1 3 . | 5 4 .
8 . 4 | . . 9 | . . 3
3 1 . | 6 9 . | . . .
------+-------+------
. . . | 9 . . | 8 . .
. 8 . | 1 . 2 | . . 6
6 . 3 | . 4 . | 2 9 .
```

Easy # 290

```
. . 9 | . . . | 1 6 3
. 3 . | 9 6 . | 4 2 7
. . 6 | 2 . . | 9 . .
------+-------+------
. . . | . 9 4 | . 3 .
. . . | 8 . 7 | . . .
. 9 . | 1 5 . | . . .
------+-------+------
. . 8 | . . 6 | 7 . .
9 6 1 | . 7 2 | . 5 .
5 2 7 | . . . | 6 . .
```

Easy # 291

```
2 . 4 | . 1 . | . 5 8
. 7 . | 9 . 8 | 4 . .
. . . | 5 . . | . . 7
------+-------+------
. 9 2 | 4 5 . | . . .
1 . 7 | . . . | 2 . 5
. . . | 9 2 1 | 3 . .
------+-------+------
7 . . | . 9 . | . . .
. . 1 | 8 . 6 | . 2 .
9 8 . | . 3 . | 7 . 1
```

Easy # 292

```
. . 8 | 9 . 5 | . . .
2 9 7 | . . 4 | . . .
5 1 . | . 8 . | 7 . .
------+-------+------
3 . 1 | . 6 . | 4 . .
8 . . | 5 . . | . . 3
. 6 . | 4 . 7 | . . 1
------+-------+------
. 2 . | 1 . . | . 4 5
. . 3 | . . . | 1 8 7
. . 3 | . . 5 | 9 . .
```

Easy # 293

```
. . 6 | 4 . 2 | 3 . 9
. . . | . . . | . . 2
. 2 1 | . 3 . | . 6 5
------+-------+------
5 3 . | . . 4 | . . 1
. 2 7 | 5 . 8 | 9 3 .
6 . . | 2 . . | . 4 7
------+-------+------
2 4 . | 3 . 7 | 1 . .
7 . . | . . . | . . .
8 . 3 | 9 . . | 1 7 .
```

Easy # 294

```
. 3 . | 5 . 7 | . 6 .
. . . | . . 2 | . . .
1 7 . | 6 . 3 | . 8 5
------+-------+------
. . 8 | 4 . 5 | 2 . 9
6 . . | . . 3 | . . 8
5 . 4 | 9 . . | 8 3 .
------+-------+------
7 8 . | 3 . 6 | . 2 1
. . . | . 5 . | . . .
. 4 . | 8 . 9 | . 5 .
```

Easy # 295

```
5 6 9 | . . 1 | 3 . .
. 4 . | 2 . 9 | . . 1
1 . . | 7 3 . | 4 . .
------+-------+------
. 8 . | . . 1 | . . 4
. 7 . | . . . | 3 . .
6 . 2 | . . . | 9 . .
------+-------+------
. 3 . | . 8 4 | . . 2
8 . . | 9 . 7 | . 6 .
. . 4 | 3 . . | 7 8 5
```

Easy # 296

```
. 7 9 | 8 2 . | . 5 .
. . 1 | . 3 7 | . . 2
. . . | . . . | 4 . 6
------+-------+------
9 5 . | . . 8 | 6 1 4
. . . | . . . | . . .
4 1 7 | 5 . . | . 2 8
------+-------+------
1 . 5 | . . . | . . .
7 . . | 3 6 . | 2 . .
. 6 . | . . 8 | 1 7 3
```

Easy # 297

```
2 . . | 6 3 . | . 4 8
. 6 . | . . 7 | 2 . .
8 . . | 1 4 . | 6 . 7
------+-------+------
. 4 1 | 3 9 . | . . .
. . . | . . . | . . .
. . . | . 1 4 | 9 6 .
------+-------+------
9 . 3 | . 7 1 | . . 6
. . 8 | 2 . . | . 5 .
6 2 . | . 5 9 | . . 1
```

Easy # 298

```
. . 9 | . . 6 | 3 . .
1 . . | . 6 9 | 2 . .
. 2 . | . . 9 | . . 7
------+-------+------
3 1 . | . 4 . | 9 6 .
. . 7 | 6 . 3 | 1 . .
5 9 . | . 2 . | 8 3 .
------+-------+------
9 . . | 5 . . | 4 . .
. 7 1 | 4 . . | . . 9
. 5 8 | . . 3 | . . .
```

Easy # 299

```
4 . 2 | . . 1 | . . 5
. 1 . | 3 . . | . 2 .
3 5 7 | . . 6 | . . .
------+-------+------
. 4 9 | . 8 . | . 6 .
. . 1 | . 2 . | 9 . .
. 8 . | . 6 . | 4 5 .
------+-------+------
. . . | 9 . . | 5 4 1
. 9 . | . . 2 | . 3 .
7 . . | 4 . . | 2 . 6
```

Easy # 300

```
4 5 . | . . 8 | 3 . 6
. . 6 | . . 5 | . . .
8 1 . | 6 . . | 4 . .
------+-------+------
9 4 3 | . . . | . 8 .
. 7 8 | . . . | . 9 1
. 2 . | . . . | 7 4 5
------+-------+------
. . 2 | . 9 . | . 3 4
. . 3 | . . 8 | . . .
3 . 4 | 8 . . | . 9 1
```

Easy # 301

8			5	7		2	6	
	5							
2			3	1	4		5	
4		9	7					2
1	3		6		2		8	5
5					1	9		3
	4		8	2	7			9
						2		
	2	1		5	6			7

Easy # 302

9			6	1	7	8		
		8						
2			8	4		3	9	
7	5		4					9
1		6	3		9	2		8
8					1		5	6
	1	9		8	3			4
						9		
		7	2	9	4			5

Easy # 303

		2	1	5	3	4		
4				2		3		
	9	5			4			
2			4	9		5		
6		9				7		4
	3		6	8				1
		7			1	6		
	6		4					7
	7	6	1	9	2			

Easy # 304

4	1			6	9			
6		9		1				8
		4		5	1	6		
2				9		7		
3	7					8	2	
	6		2					1
	3	8	5		2			
9			1		3			7
		5	8			3	6	

Easy # 305

	4		8	7		2		1
	2		5	6	3			8
8								
	3	9	7				2	
5	6		1		2		8	4
	8				6	9	5	
								2
3			4	2	7		9	
2		6		8	1		7	

Easy # 306

2							8	
				2	7			1
1		9		8	6	2		
7		1			5	3	4	
	2	4	3		8	1	9	
	9	8	7			6		5
	7	1	3		8		2	
6			8	5				
	1							3

Easy # 307

			4			1	7	
	4	3	9		5			
5	9			1	3		6	
	4	2				7		
	5		7		4		6	
	3				4	8		
9		8	2			3	4	
	1		6	3	8			
3	2			7				

Easy # 308

	4				5		6	
3				8	9		7	
8				6		3		
5	4		2			6	3	
	9	4		1	7			
3	1		8			4	9	
7		3					2	
2		3	1			9		
4		1			3			

Easy # 309

5		8	4	7		3		9
							2	
6				3	5			
1						8		6
8	6	2	3		7	9	1	4
3		4						2
			5	4				3
	5							
4		3		9	2	1		7

Easy # 310

6		3			1	4		
4				6				5
2	5			3		7		
7			4		9			3
5	6		3		9		1	7
1		9		7				8
		2		9			7	1
3				2				4
		5	4			8		2

Easy # 311

8				7	3			
7		9		8	6	4		3
6			2				7	
				3	1	9	8	
		6				5		
	1	8	6	9				
	8				9			2
2		3	7	1		6		8
			4	2				5

Easy # 312

	7		6				3	8
4				8				6
	8			9		5		1
1	9			5				3
7		2	4		9	1		5
5				6			9	4
8		7		4			5	
6				2				7
2	4				1		6	

Easy # 313

	3		7	9	4			
5						9		
6	9		1		5			3
	2	3			1	9	5	
	8		6		2		4	
	4	6	9			3	2	
4			3		9		8	1
	1							9
			2	1	8		6	

Easy # 314

9	2							
		1	2				4	5
4			7	3			9	2
7		8		2	3			
	6		8	1	4		2	
			5	7		8		1
2	3			8	7			6
6	9				2	5		
							7	9

Easy # 315

	1		7		2		3	
6	2		3		1		8	7
				4				
		8	5		7	4		9
3				1				8
7		5	9			8	1	
				7				
2	8		1		3		4	6
	5		8		9		7	

Easy # 316

		1	8				9	
6	2			7	9			1
8		9		2	5			6
			4	7	5	2		
	9	4	2	5				
9			5	8		7		4
5			4	3			1	9
	3				1	6		

Easy # 317

4								
	7		4	8		2		3
	2		5	1	6			4
	6	9	8				2	
5	1		3		2		4	7
	4					1	9	5
6			7	2	8		9	
2		1		4	3		8	
								2

Easy # 318

	3			5			8	
	9	8		1				2
1	5				4			3
	2			3			1	6
	8	5	1		6	4	2	
6	4			2				7
8			3				9	7
9				6		2	4	
	1			9			3	

Easy # 319

	7	8	1				3	
6				5		9		
	5		6	3	7	4	1	
5	2			8	4			
	6					4		
			5	1			2	3
	1	5	9	2	3		8	
	4		7					9
	9				8	1	7	

Easy # 320

4	7	9			6	3	1	8
					9			4
	6						7	
2	1		6			8	9	
	9		8		7		3	
	5	7			2		4	1
		8					2	
5			2					
	2	1	3	5		4	7	6

Easy # 321

	1			6	8	4		
	6		7		2		8	
		3	1	4			5	
	5	2	9	1			6	
3								2
	9			8	3	5	4	
	2			9	5	6		
	3		6		4		1	
		5	3	2			7	

Easy # 322

		4	5	7		3	6	
	3	4	8			5		9
	7				6			1
5	3		2	4				
			5	9			2	4
6			8				3	
3		8		2	4	1		
	2	1		9	3	6		

Easy # 323

5					4	1		
	1	4	8		5		6	7
				1				
1	6				8	7	3	
4		8	2		7	9		6
	9	5	1				4	2
				4				
3	7		9		6	5	2	
		6	5					9

Easy # 324

6	7			5		2		
4		5				8		
	2			3	9			7
7		1	6	4				
	4	2		8		7	3	
			9	7	4			8
3			8	1		2		
	6					3		4
	4		2			7	9	

Easy # 325

		2	3					
	5							3
3	4		6	2		7	8	1
2	1				3	4		8
9			5		1			6
4		3	7				5	9
1	9	8		7	6		4	5
7						1		
				9	8			

Easy # 326

		4	3	2	7		5	9
			8		5			
3						1		8
5	7		9	8			6	4
	4						9	
9	2			7	4		3	1
4		9						
			5			9		
2	8		7	3	1	9		

Easy # 327

7	1		2					4
		4	3	7	6	5	1	8
					8		7	
5				4				
	2	1	6			5	8	4
				2				3
	6				3			
1	3	5	9		6	4	7	
9					2		6	5

Easy # 328

	9		1			2		5
7			8					4
		3		6	9		7	1
3	4					6	8	
		9				3		
	6	7					4	2
9	1		4	3		7		
6					2			3
5		8			7		2	

Easy # 329

		2		3	8		4	
	9	4		1				2
1	7							6
5	4		9	7				
2		7		6		3		4
				8	4		6	7
9							7	3
7				2		4	8	
	3		6	5		2		

Easy # 330

		2	6	1	8	4		
4				5		8		
	8	1			4			
1			9	8		3		
5		4				6		8
	7			6	5			2
			5			7	6	
		3		2				5
		5	3	7	1	2		

Easy # 331

3	8		5				9	
	4		7	9	8		5	6
		7			4		1	
	2	4		3	6			
	7							6
			4	5		9	2	
	6		8			1		
4	5		1	2	9		3	
	1			3			8	5

Easy # 332

				4				
5	2		8		1	7	9	
		1	7					8
	8	7	6				4	9
4		3	9		2	8		1
6	1				3	2	5	
7					4	6		
	6	4	3		7		1	2
				6				

Easy # 333

6		8		9	4	1		3
			5	6				8
	5							
8		6						4
2	7	4	8		3	9	1	6
1						2		7
							4	
7				8	5			
5		2	6	3		8		9

Easy # 334

	2	8		9			3	
		2		8	4	9	7	
		6	3		1			
	8	2		5	6	3	7	
	9	3	7	4		8	6	
		6		7	3			
2	5	7	1		4			
	3			2		7	1	

Easy # 335

	2		5	8		4		
4	6					8	7	
	8	5	3			2		
		7	8			3		
8		6	4		7	2		1
	9				1	6		
	2				5	8	1	
5	4					6	2	
	7		2	8		4		

Easy # 336

	2	3	1	8	9			
9			4	3		2	1	
		1	8	7		5		
	3					9		7
2		9					5	
		2			3	1	9	
	6	1		9	2			5
			6	4	1	7	8	

Easy # 337
```
. 8 . | 4 . . | . . .
. . 3 | . . . | . . 5
7 . 6 | 9 5 . | 4 8 3
------+-------+------
4 . 7 | . . 5 | . 1 6
9 . . | 3 . 7 | . . 4
8 6 . | 1 . . | 3 . 2
------+-------+------
3 5 8 | . 2 9 | 6 . 1
1 . . | . . . | 7 . .
. . . | . . 1 | . 2 .
```

Easy # 338
```
. . . | 3 . 5 | 6 8 7
7 5 . | . 6 . | . 2 .
. . . | 2 7 . | . . 1
------+-------+------
9 1 . | . 3 7 | . 4 2
. . . | . . . | . . .
2 7 . | 1 8 . | . 9 6
------+-------+------
5 . . | . 2 1 | . . .
. 2 . | . 4 . | . 6 9
3 4 7 | 9 . 6 | . . .
```

Easy # 339
```
. . . | . 8 . | 6 . .
8 6 . | 4 9 3 | . 5 .
. 9 . | . 2 5 | . 3 .
------+-------+------
. 5 . | . 3 . | . . 6
3 7 . | . . . | . 1 5
6 . . | . 7 . | . 2 .
------+-------+------
. 3 . | 9 1 . | . 4 .
. 1 . | 8 5 2 | . 7 3
. . 2 | . 4 . | . . .
```

Easy # 340
```
1 7 . | 9 . . | 4 . .
2 5 . | . . . | . . 6
. . 4 | 5 . . | 9 . .
------+-------+------
. 4 5 | . 3 . | 6 2 .
7 . . | 8 . 6 | . . 1
. 1 6 | . 9 . | 8 4 .
------+-------+------
. 3 . | . . 4 | 7 . .
4 . . | . . . | . 6 8
. . 1 | . . 8 | . 3 4
```

Easy # 341
```
. 4 1 | . 2 5 | 8 . .
. . 9 | 6 7 . | . 3 .
. . . | . 8 4 | 6 . .
------+-------+------
. 8 . | . . . | . . 2
2 . 5 | 8 9 3 | 1 . 7
3 . . | . . . | . 8 .
------+-------+------
. . 8 | 2 5 . | . . .
. 1 . | . 3 9 | 4 . .
. . 6 | 1 4 . | 7 2 .
```

Easy # 342
```
9 . 3 | . . 7 | 6 8 2
. . 6 | . 9 . | 4 . .
4 2 . | 8 3 . | . . .
------+-------+------
5 . . | 9 6 . | . 2 .
. 4 . | . . . | . . 9
. 9 . | . 8 1 | . . 4
------+-------+------
. . . | . 2 3 | . 6 9
. . 8 | . 1 . | 2 . .
2 6 9 | 5 . . | 3 . 1
```

Easy # 343
```
2 9 . | . 5 . | 3 7 .
. 6 . | . . 2 | . . .
. . 3 | 9 . 8 | . . 6
------+-------+------
. . . | 2 3 7 | . . 8
. 2 7 | . . . | 6 5 .
4 . 5 | 7 8 . | . . .
------+-------+------
7 . . | 1 . 9 | 5 . .
. . 8 | . . . | 6 . .
. 5 6 | . 4 . | . 8 9
```

Easy # 344
```
8 4 2 | . . . | 9 7 .
7 . . | 5 9 . | . . 1
9 . 3 | . . . | . . .
------+-------+------
. . . | 8 4 . | . 5 9
2 . . | 3 . 9 | . . 7
5 7 . | . 2 6 | . . .
------+-------+------
. . . | . . . | 1 . 2
3 . . | . . 1 | 7 . 5
. 2 7 | . . . | 8 9 6
```

Easy # 345
```
7 . . | . 6 2 | . . .
5 1 9 | 3 . 4 | . . .
. . . | 6 . 9 | . 4 3
------+-------+------
6 . 1 | 2 8 . | 3 . 4
. . . | . . . | . . .
3 . 2 | . 5 1 | 9 . 6
------+-------+------
1 . 7 | . 4 . | 6 . .
. . . | 5 . 7 | 8 4 1
. . . | 6 1 . | . . 2
```

Easy # 346
```
1 2 . | . 6 4 | . 9 8
. . 5 | . . . | . . .
. . 9 | 1 . . | 3 . .
------+-------+------
8 3 . | . . . | 7 . .
2 4 7 | 6 . 1 | 3 8 5
. . 5 | . . . | . 1 4
------+-------+------
. 1 . | . 4 9 | . . .
. . . | . . . | 9 . .
7 6 . | 5 2 . | . 4 1
```

Easy # 347
```
1 . . | 6 5 . | . . .
2 . 5 | . 9 4 | 1 . .
. 8 6 | 1 . . | . 4 .
------+-------+------
5 . 9 | 2 . 3 | 8 . .
. . . | . 7 . | . . .
. . 4 | 5 . 1 | 7 . 2
------+-------+------
. 1 . | . 5 6 | 8 . .
. . 2 | 3 6 . | 5 . 7
. . . | 1 9 . | . . 3
```

Easy # 348
```
. . . | 7 . . | 8 . 3
3 8 . | 9 . 7 | 6 . 5
. . . | . 3 . | . . .
------+-------+------
5 . 3 | . . 9 | . 6 4
. 9 8 | 2 . 6 | 5 1 .
1 7 . | 3 . . | 2 . 8
------+-------+------
. . . | . 8 . | . . .
6 . 4 | 1 . 5 | . 7 2
. 5 . | 7 . . | 1 . .
```

Easy # 349

				1		2		9
	1		7	6			4	
4		6			2		7	5
	8	1				9		
		4	9		1	5		
		7				3	1	
6	3		8			7		1
	2			5	7		3	
7		8		9				

Easy # 350

6	9			3		4		
	4	2				1		
3				8	7		2	
	7	4	6	9				
2		6		7		3		4
				4	1	8	6	
	6		9	2				3
		7				5	4	
		3		5			1	6

Easy # 351

		4	2	3			5	8
6						4		
5			4		7		1	
2		1			6	8		
3	8			4			6	9
		7	5			1		4
	7		3		1			6
	6							1
1	5			9	4	2		

Easy # 352

	8		1		2		3	
				4				
6	2		3		8		7	1
		7	5		1	4		9
3				8				7
1		5	9		7	8		
2	7		8		3		4	6
				1				
	5		7		9		1	

Easy # 353

			1		8			
	8	5				4	3	
	6			3	9			5
	4	9	3		5	7	1	
5				1				8
	1	3	9		2	5	4	
	7		5	4				6
	3	2				1	7	
			2		3			

Easy # 354

	8		6	1	9	2		
								1
3	1			7	4	9		
		7				3	5	2
	5	3	4		1	7	6	
2		8	9			1		
		6	7	9			4	1
	7							
		1	5	3	8		7	

Easy # 355

5	8			6	3		9	
		9	1					3
	1	3		5	7		8	
				2	6	7		5
3		2	5	7				
	3		7	1		6	2	
4					9	8		
	7		2	4			3	9

Easy # 356

				8	9		2	
3	2			1	6			8
	8					1		
2	9				4	5		7
5		8	7		1	3		2
1		3	9				4	6
		2						
9			2	7			8	1
	6			1	4			

Easy # 357

	7		5	3	1		2	
				8	9	7		
	2	1	6					3
				7	6		5	4
6	1						7	2
7	3		4	1				
5					4	2	3	
		3	8	2				
	4		7	9	3		8	

Easy # 358

9			3	4				
3	7	8	5		2			
	4			8			5	3
4	1		3	2			9	6
8	6			7	9		3	4
6	8			1			4	
		8		6	3	1	2	
		9	4					5

Easy # 359

2					8		4	
4		5				3		2
	3	9			7			
	2				9	7		4
6		1	7		5	8		9
5		7	8				1	
			5			4	2	
7		4				1		3
	6		4					8

Easy # 360

		7				3		6
	8	5	1		2			
1	6			4	3	2		8
	5				9	6		1
	1						2	
2		6	5					3
8		1	6	5			9	2
		9		1	4	8		
5		4				1		

Easy # 361

			7	6				
		8			4		7	
3	4			2		5	6	
5	9			8		1		
4	7	6		1		8	5	9
	3			4			2	7
	2	1		9			3	4
	5		4			2		
				7	8			

Easy # 362

3	1		5		2			
		4	3		7	1		
7			1			2	3	
	6		7			9		
	4	9				8	6	
		3			9		1	
	8	1			4			5
		6	8		3	7		
			9		5		8	4

Easy # 363

					4		7	
		6		1	7	9		
7	1	5				2		
	2				1	5		3
5		7	9		6	4		2
9		1	4				6	
		9				7	2	8
		3	6	8		1		
	5		7					

Easy # 364

9				1	4			7
7		6	3			8	4	
	3	4		5				
	4						7	8
	2		5		8		1	
3	8						5	
			8			5	9	
	6	2			9	1		4
8			4	6				2

Easy # 365

	5			1	4			
	8		2			1		
7	1			5	8		4	3
			4	9	5			7
8								6
5		9	8	7				
4	2		1	9			5	8
		5			7		2	
			3	2			6	

Easy # 366

6	4	2		9				
9	7			8	4	2		3
	3		5	2				4
						4	5	9
	1						7	
4	9	8						
3				6	5		2	
7		9	2	1			4	8
				7		9	3	5

Easy # 367

		2			9	8		
5			4				9	7
			2			4	6	1
		3		7		6	4	
	1			9			2	
	2	4		3		7		
8	5	6			7			
4	9				1			6
		1	8			9		

Easy # 368

			9			2	8	3
5	8				1			
	6	3	5				7	8
8						7		3
4			1		7			2
7		5						1
6	4					9	8	2
				7			1	9
		7	8	6		4		

Easy # 369

	4	9		2		3		5
	8	7			1		4	2
		1			3			
				5	8	7		9
		3	2		6	1		
5		4	3	1				
			1			5		
7	3		6				4	8
9		5		8			6	2

Easy # 370

	4				8			
		3	2	8				
8			5	4		3		7
6	9		1			2		3
3	7		4		6		8	9
5		1			2		7	4
4		8		6	3			2
				1	4	5		
		6				3		

Easy # 371

			4		9			
1		6				9		4
5				8	2			1
8		2	9		3	4		6
	7			6			2	
6		1	2		4	3		8
2			3	4				5
4		8				2		7
			7		6			

Easy # 372

				6			4	
2			1		5			
7			2		4	5	8	
9	2		6			1		
	6	8		1		4	9	
		4			8		6	3
	3	2	8		1			9
			3		2			4
	9			7				

Easy # 373

```
8 . . | . 9 1 | . . 4
. . . | . 3 . | . 1 .
2 9 1 | . . . | . . 5
------+-------+------
. 5 . | . . 9 | 6 . 2
1 . 2 | 4 . 8 | 5 . 3
9 . 4 | 3 . . | . 8 .
------+-------+------
4 . . | . . . | 7 5 1
. 2 . | 1 . . | . . .
6 . . | 8 7 . | . . 9
```

Easy # 374

```
9 2 6 | . . . | 7 . 1
3 7 . | 1 . . | . 4 .
8 1 . | . . . | . . .
------+-------+------
. . . | 2 6 . | 3 1 .
. 9 . | 8 . 1 | . 7 .
. 3 7 | . 9 5 | . . .
------+-------+------
. . . | . . . | 9 4 .
. 8 . | . . 4 | . 3 7
7 . 9 | . . . | 1 5 2
```

Easy # 375

```
. 4 . | . . 3 | 5 . .
. 9 1 | 2 4 8 | . . 7
8 . 3 | 9 . . | 4 . .
------+-------+------
. 1 2 | . 8 7 | . . .
. 5 . | . . . | 6 . .
. . . | 5 9 . | 2 7 .
------+-------+------
. . 1 | . . 8 | 3 . 9
5 . 8 | 3 1 6 | 7 . .
. . 4 | 7 . . | . 6 .
```

Easy # 376

```
. 7 . | 2 . . | 9 5 .
3 . . | . 9 . | . . 1
. . 3 | . . 6 | 4 2 .
------+-------+------
8 . . | 5 . 2 | . . 6
. . 4 | . 9 . | 3 . .
2 . 3 | . 8 . | . . 5
------+-------+------
6 1 7 | . . 5 | . . .
4 . . | 1 . . | . . 9
. 2 9 | . . 4 | . 6 .
```

Easy # 377

```
. . . | 6 . 2 | . . .
6 . . | 4 5 1 | 9 3 .
. . 2 | . . . | 7 . 6
------+-------+------
5 4 7 | 1 . . | 6 9 .
. 6 . | . . . | . 7 .
8 7 . | . 3 6 | 2 1 .
------+-------+------
4 . 3 | . . . | 5 . .
2 6 1 | 9 5 . | . . 7
. . . | 2 . 3 | . . .
```

Easy # 378

```
9 . . | . . . | . . 4
. . . | . 2 5 | 3 . .
. 7 4 | . 5 8 | . . 1
------+-------+------
. . 9 | 3 . 7 | . 6 8
. 8 6 | . 5 . | 1 7 .
7 1 . | 2 . . | 8 3 .
------+-------+------
1 . 8 | 6 . 9 | 2 . .
. 7 2 | 8 . . | . . .
4 . . | . . . | . . 7
```

Easy # 379

```
. 7 . | 3 4 . | 9 6 .
. . 3 | . . 2 | . . 7
. 6 . | 5 9 . | . 2 3
------+-------+------
5 . 9 | 4 8 . | . . .
. . . | . . . | . . .
. . . | 5 9 3 | . . 8
------+-------+------
4 8 . | . 2 5 | . 3 .
6 . . | 7 . . | 1 . .
. 3 7 | . 1 8 | . 5 .
```

Easy # 380

```
1 2 . | 6 8 . | . 4 7
. . . | 5 1 . | . . 3
. . 7 | . . 9 | . . 1
------+-------+------
7 8 4 | 9 . . | . . .
. 4 . | . . . | . 3 .
. . . | . 2 8 | 7 9 .
------+-------+------
4 . . | 1 . . | 6 . .
7 . . | 6 2 . | . . .
6 9 . | . 7 4 | . 5 2
```

Easy # 381

```
. 9 . | . . . | . . 7
7 3 . | 8 . 9 | . 4 .
4 . . | 6 7 5 | . . .
------+-------+------
2 . 4 | . . . | 8 7 9
1 . . | 3 . 2 | . . 5
5 . 3 | 7 . . | 4 . 2
------+-------+------
. . . | 2 8 1 | . . 3
. 5 . | 4 . 7 | . 8 1
8 . . | . . . | . 7 .
```

Easy # 382

```
. . . | . . . | . . 5
. 7 6 | . 5 8 | . . 2
. . 5 | 3 . 8 | . 7 9
------+-------+------
9 8 . | . . 6 | . . 3
. 5 1 | 9 . 4 | 2 8 .
7 . . | 5 . . | . 6 1
------+-------+------
5 6 . | 8 . 1 | 3 . .
4 . 8 | 2 . 3 | 1 . .
1 . . | . . . | . . .
```

Easy # 383

```
. . 3 | 9 . . | . . 8
1 . . | . 8 . | . 4 5
4 . . | 1 3 . | 6 . .
------+-------+------
. 2 7 | 3 . . | 5 . .
9 . . | 2 . 8 | . . 1
. . 5 | . . 6 | 2 8 .
------+-------+------
. 1 . | 4 3 . | . . 6
2 4 . | . 1 . | . . 3
5 . . | . . 2 | 4 . .
```

Easy # 384

```
. 5 . | . . 7 | . . 9
3 . 6 | 9 1 . | 4 . 5
. . . | . 3 5 | . . 1
------+-------+------
. 1 4 | 8 3 . | . . .
. . 2 | . . . | 9 . .
. . . | . 4 9 | 1 8 .
------+-------+------
2 . . | . 7 6 | . . .
1 . 9 | . 8 5 | 3 . 7
7 . . | 4 . . | . 1 .
```

Easy # 385

	9		5	7	4	1		
3		1			8			4
	5	7				8		
		9		8				1
6	8						5	7
1				5		2		
		3				6	1	
8			2			4		9
		6	8	3	1		2	

Easy # 386

9	5		7	8	3			1
				9		5		
	8			2	1		3	
	1			3				5
3	6						4	1
5				6			2	
	3		8	4			7	
		2		7				
	4		9	1	2		6	3

Easy # 387

	4	2			5			9
		5	9		4	8		
			2		6		5	4
		1			9		3	
3	7					1	8	
	5		1			4		
8	7		6		1			
		9	4		7	3		
6			8			5	7	

Easy # 388

	4	9		6		8		1
8			4		2		3	
		1			9			
			9	3		6	8	
1		8				5		3
3	9		7	5				
			5			1		
	1		9		4			7
7		3		8		4	5	

Easy # 389

					4	6		
	8	6			3		1	2
	2	7		8				5
			9	7		8	5	
	9		8	3	5		4	
	5	8		4	6			
8				1		2	9	
2	7		5			1	8	
			3	4				

Easy # 390

			5	2	8		7	3
	2							
			3	4	1	9		2
6		9	8			3		
	4	1	7			3	2	5
			2			1	4	6
	9		5	3	8	6		
							3	
1	3			2	7	8		

Easy # 391

6						2		
		1	9	2				
	2		7	6		1	4	
5	8		3			9	1	
4	1		6		8		5	2
	7	3			9		6	4
	6	2		8	1		9	
			3	6	7			
		8						1

Easy # 392

		1	5	7			2	4
8	9		4	6	2			
4	7		3					5
	1					5		7
7		8					3	
1					8		4	9
			7	9	4		5	3
5	4			3	6	7		

Easy # 393

			8		2	4		1
6	4						7	8
5			2	7				4
			6	5				3
		5	4	1		8	6	2
9						2	1	
4						9	7	
2	1						8	6
8			2	7		4		

Easy # 394

		4	8			6		
3	8			6	2			9
2		7		5	9			3
			9	1	2	3		
	1	9	7	2				
4			9	1		3		5
8			3	7			1	4
	3				5	8		

Easy # 395

3			8		6			1
5		6			3		8	
			5		9	3	6	
7					8	4		
2		4				1		7
			3	7				6
	1	2	9		7			
	9		1			2		3
8			6		2			4

Easy # 396

1		6	8				2	7
7			3			4		
			7	5		6	8	1
4						9		
5	1	2				4	7	3
		9						8
8	6	4		1	9			
	7				8			4
3	9				7	8		6

Easy # 397

	6		2			8		
	8				4		2	7
3	7		8	5	9		4	
			3	7		9	5	
	1					6		
	5	3		4	6			
	3		1	9	2		7	6
4	2		7				9	
		1			3		8	

Easy # 398

2	6	8		1	9			5
1	5	7				9		
		9			2	1		
5			8	9				
			6		4			
			3	7				9
	6	1			4			
	1				6	3	2	
3			2	6		7	9	1

Easy # 399

3		2		7			1	
1					8			
			1	2	6	8		9
		5		1	4	9		3
9		4				1		2
2		6	9	3		7		
7		1	5	4	2			
			8					4
	2				6		5	1

Easy # 400

				4	1	8	9	
		9				7	2	
1			5		7		3	4
	1	7						2
			6	8	5			
8						4	6	
2	7		3		6			8
	4	6			3			
	3	8	7	1				

Easy # 401

	2	8	5		6	7	4	
				9				
		6	7		2	5		
9	1		2		3			8
	8			5			6	
5			8		1		2	3
		2	1		8	3		
				2				
	4	9	6		5	8	7	

Easy # 402

	1				3		2	
9	2	8						3
4	7	3			2	8	9	
		4	7	9				
			1		2			
				4	5	6		
	6	4	3			8	5	2
4						3	7	6
	3		8				4	

Easy # 403

		7		1	9	8		
1	4	3			5			
				3		6		
	9			2	7			5
4		2	9		5	3		6
8		6	7			4		
	3		2					
		4				6	7	3
		5	3	7		9		

Easy # 404

		5		6		9		
7	9		4	2				
	6	2			1	5	7	4
	8		6	5				7
9								6
6				4	3		9	
5	7	6	8			2	3	
				7	2		6	5
		4		3		7		

Easy # 405

				4			1	9
7	2	1		6	3		5	
8	9							7
				2	8	5		6
	8		6		1		9	
2		6	5	9				
5							7	8
	1		7	5		6	4	3
3	4		1					

Easy # 406

		9				4		7
1		4				5		
	2	4			3	8		
	9	2	5					3
	1	3	2		9	5	6	
7				6	2	4		
	4	9				8	7	
	7			5				4
8		6			2			

Easy # 407

6	8	2			9			4
		9	1	4			7	
	7		3		6	9		
	5					7		9
	1						4	
3		8						6
		5	6		1		8	
	4			5	7	3		
7			4			2	5	1

Easy # 408

	6	2	5			4		
7			1	4				
9	5			6	7		8	
8	9		4		5		3	
				9				
	2		7		8		1	5
	4		3	1			5	8
			5	6				4
		3			4	2	6	

MEDIUM

Puzzles

Medium # 409

```
2 . 5 6 . . . . 9
. . 7 . . 4 . . .
. 4 . . . . . 6 .
. . 6 5 . 3 . . .
. . 2 . 9 . 7 . .
. . 2 . . 4 1 . .
. 3 . . . . . 7 .
. . 1 . . 8 . . .
6 . . . . 7 9 . 2
```

Medium # 410

```
2 . . . 6 8 . . .
4 . . 1 . 2 . . .
5 9 . 7 . . . . .
. . 3 . . . . . 4
. 6 8 . . . 1 9 .
9 . . . . . . 2 .
. . . . . 4 . 3 1
. . 3 . . 7 . . 5
. . 9 8 . . . . 7
```

Medium # 411

```
. . . 6 . 2 . 7 .
. 6 1 . 3 . 2 . .
. . . 8 . . . . 1
4 . 1 9 . . . . .
1 . . . . . . 2 .
. . . 5 4 . 3 . .
7 . . . 5 . . . .
. 3 . 7 . . 5 6 .
9 . 3 . 6 . . . .
```

Medium # 412

```
. 3 2 . 6 . 4 . .
1 . . 3 . . . . .
. . 2 . 7 . 3 . .
9 5 . . . . . . 3
. 3 . . . 2 . . .
6 . . . . . 4 1 .
. 7 . 9 . 2 . . .
. . . 8 . . . . 9
. . 8 . 1 . 5 7 .
```

Medium # 413

```
3 9 6 . . . . . .
. . 8 . . 5 . . 4
. . 5 9 . . . . .
. . . 6 5 . 4 . .
5 3 . . . . . 2 6
. . 4 . 3 8 . . .
. . . . . 1 7 . .
9 . . 3 . . 2 . .
. . . . . . 6 1 8
```

Medium # 414

```
. . . 3 5 . 2 4 .
. . . 4 . . 7 9 .
. . . . 8 . . . 2
. . . . . . 6 3 .
. 1 . 3 . 5 . 8 .
. . 6 9 . . . . .
7 . . . 6 . . . .
. 4 9 . . 8 . . .
. . 2 1 . . 3 5 .
```

Medium # 415

```
. . . 5 . . . . 3
2 . 4 . 3 7 . . .
3 . . . . 4 . . .
8 1 . . . 4 3 . 9
. . . . . . . . .
4 . 3 2 . . . 5 8
. 7 . . . . . . 5
. . . 1 2 . 9 . 7
6 . . . . 3 . . .
```

Medium # 416

```
. 7 . . . . . . .
2 . . 4 . 6 . 9 3
9 . 3 . 8 . . . .
3 . . . 6 . 9 . .
. . 9 . . . 5 . .
. . 7 . 5 . . . 1
. . . 3 . 8 . . 2
6 4 . 9 . 5 . . 7
. . . . . . . 6 .
```

Medium # 417

```
. . . . . 5 . . 2
. 8 . . 6 . 1 . .
. . . 9 8 1 7 . .
5 . . 8 . . 4 . 3
2 . 9 . . 4 . . 8
. . . . . . . . .
. . 1 5 9 8 . . .
. . 6 . 2 . . 5 .
3 . . 4 . . . . .
```

Medium # 418

```
4 . . 6 9 3 . . .
. . 7 . . . . 9 .
. . . 7 2 . . . 6
. . . 9 . . . 6 5
5 . . . . . . . 3
6 4 . . . . 2 . .
8 . . . 7 . 3 . .
. 1 . . . 8 . . .
. . . 2 5 6 . . 4
```

Medium # 419

```
. 7 . . 2 . . . 3
. . . . 3 5 9 1 2
. . . . . . 6 . .
. 5 6 . . . 4 . .
. . . 4 . 9 . . .
. . . 9 . . . 8 7
. 9 . . . . . . .
1 2 4 3 7 . . . .
7 . . . 4 . . 3 .
```

Medium # 420

```
. . . . 9 . . . 1
2 3 . . . . . . .
1 . . 8 . . . 2 .
. 8 7 . 1 . 6 . 4
. . 5 . . . 7 . .
4 . 3 . 6 . 1 9 .
. 4 . . . 6 . . 8
. . . . . . . 7 9
5 . . 7 . . . . .
```

Medium # 421

		6	1	8		9		
	8		4					
	2			6	5			3
7		8						
	4						2	
					7		9	
5			8	3			1	
					7		8	
		7		2	6	3		

Medium # 422

	3					7		
1				8				
9		5	2	7				
5		8	9				3	
4								9
	9				2	5		6
			1	5	3			8
				6				7
		4					9	

Medium # 423

3		9				4		1
6			1			2		
				8			5	
2						5		
1			6		2			4
	7							9
	3			4				
	2				1			7
8		4				9		2

Medium # 424

	9		6			2		
	5	4				7		
					6	3	5	
	1		3		8			6
7			1		9		4	
1	4	3						
	2				5	1		
		7			3		8	

Medium # 425

	3			6				
8		4			3			
		7			9		8	4
				1		4		
1			4		5			6
	5			9				
7	8		9			4		
			5			1		8
				7			2	

Medium # 426

1				3			7	
	8		6		2	1		
7			4					
		4			5	7		
	1						3	
		7	9			2		
					8			9
	6	3		4		1		
	9			1				8

Medium # 427

	5	4						
		7		3	2	5		
9				8		4		
		9						1
	4		2		3			
6				1				
3		7						9
	8	1	3		9			
				5	6			

Medium # 428

	2				8	4		
		4	9					
	3			5				2
4	1	3						7
		2				8		
5						6	1	9
2				1			4	
					5	7		
		9	8				6	

Medium # 429

						3		
8	3	1		7			4	
					4	8		7
				1	6	5		
7								1
		5	7	9				
2		7	6					
	6			4		1	3	8
	8							

Medium # 430

6				9				5
	8			7				
5		2	1					4
	6	9			2		7	
2		1			6	3		
1				3	7		2	
		4				3		
4			2					9

Medium # 431

	5		9			4		
8	9				1	2		
		4	3					5
		7				4		
		1		5				
	6				7			
3				4	9			
	6	5				2	1	
	9			3	6			

Medium # 432

7			2	6				
	9	5					3	4
				9		7		
1			9			4		
3								7
		6			8			5
		1		2				
8	2					1	6	
				8	1			3

Medium # 433

					7			
	3			1	6	9		
	7	4		6				
	6				7	3		
1			9		3			2
	5	9				8		
			3		9	2		
	1	6	4		3			
			1					

Medium # 434

8	2	5			6			
				3	2			
4		1						
		8		2				6
6	1						2	4
7				9		5		
						7		8
			3	7				
			8			4	5	9

Medium # 435

	3	6	9	4				2
						5		
	9		2					8
	4			8				
	1		4		2		5	
				5			7	
6				7		2		
		9						
3				2	1	6	4	

Medium # 436

	2		8				5	
		8	7		4	1		
			3		4			
			1					7
	3		9		8		2	
6			2					
	9		7					
	5	2		3	6			
	6			5		9		

Medium # 437

8	7				6	1		
9				7				
	1				4			9
	6	5				8		
	8					9		
	3				2	5		
3			9			7		
				8				4
		4	7			3	5	

Medium # 438

							7	8
9	3		5					
8		6	1					
4		9	2					
		2			6			
					4	9		7
					7	3		1
			5			4	2	
1	8							

Medium # 439

	3	1	6			8	2	
			2					3
	9	7	4					
8	2			5				
			8			4	1	
			2	5	1			
9			8					
1	5			9	6	2		

Medium # 440

	9		8	6				
8		1				7	3	
	5			4				
5			6	3			7	
2			8	7				4
		3			9			
1	9				3			8
			1	5		4		

Medium # 441

	9							7
7				4			2	
4			2		1			
		1			7	6	3	
8								5
	4	9	6		1			
		3		4				1
	3			2				6
5						9		

Medium # 442

	4			8	9			
	2		7			6		
5				6	3		8	
			9					
	7	3			1	9		
			7					
1		9	4				7	
	3			7		4		
		7	8			5		

Medium # 443

			5				3	
		4		3		9	1	
7				4	5			
	2	8				5		
	3				2			
4			1	6				
	9	6				8		
1	4		5		7			
5			9					

Medium # 444

2			1					
6	1			3	9			
			8					6
	4			7	8		9	
	7						6	
8		2	4			3		
3			4					
	7	9				1	2	
		2		8				

Medium # 445

		3						1
	8				4	2		
5	4							3
	2		8		7	5		
		4		2				
	9	6		3		4		
6							8	9
	1	2			6			
9				7				

Medium # 446

3		7	8					
	4			1		8	3	
1	5							
8	4			9				
2								9
			3			7	1	
						9	2	
9	8		4			3		
			2	7			1	

Medium # 447

	3	7			8			1
			4					
	6	2						8
	5			8				7
		6	1		7	8		
7				3			5	
1						2	3	
					9			
3			6			4	8	

Medium # 448

		3	9					
3		5			2	8		
		6	5			9		
7	6							
		2		4		3		
						2	7	
	2			8	9			
	7	3			4		6	
			5	3				

Medium # 449

	7			6			1	
			7	1				8
	6					2	3	
4	8				6			
			3		8			
		9				2	3	
2	8					5		
9				3	5			
		6		2			4	

Medium # 450

	7		2					4
2				6		9		
1			7		9		2	
			9		3		5	
3			6		4			
	8		4		7			3
		9		5			8	
3				8		6		

Medium # 451

		2	6				5	
1								2
4	7		3					
		4		9				5
		7	8		6	3		
6				1		2		
				2		6	9	
7								1
	4				7	8		

Medium # 452

			4	2				6
			8			9		5
	5				3			8
					9	4	1	
	9						6	
	3	4	1					
4			9				7	
5		3			6			
2				7	8			

Medium # 453

	7			2				
3					4		7	
	5	4					8	
5				1		6		
2			9		3			7
		9		6				1
8						5	2	
2			3					6
			5			9		

Medium # 454

	5			8		7		
	8		4	5		9		
			9			2		
4		9		7		5		
		8		1		6		7
		2			1			
	6		9	8		2		
		1		2			9	

Medium # 455

					1		2	
			3	5			9	
		5	7			8		
		4	9					8
		3	2		6	9		
1					3	7		
		9			8	3		
8			4	7				
6		1						

Medium # 456

		2		6				
1			8					
4		8			9			6
	7			1				
2	1		5		6		7	3
				8			4	
7			3			1		2
					8			7
			5		6			

Medium # 457

	1		7	8				5
					6			
5				4				8
3		2			9			
	5				3			
	2			8				6
1			7					4
	4							
8			6	4		7		

Medium # 458

								2
7		9		6		4		
	1	5		2				
9	8				1		4	
			7		9			
	4		6			9	7	
		1		6	8			
	2		3			1		5
5								

Medium # 459

			2			4	1	
4	5					9		
		3					8	6
6			1					
		7				8		
					8			2
7	4					2		
			1				7	3
	2	3		7				

Medium # 460

7		8				1		
			4			7	2	
		6						3
			6		7	8		
	6					5		
	7		1		2			
2					7			
1	9			8				
		3				4		5

Medium # 461

			8		3			5
			1	9				2
7		1						9
	8		6			2		
			3		1			
		5			7		8	
5						9		8
4			7	9				
3			5		4			

Medium # 462

4	7		8		3			6
							5	
	8		7	1			3	
			6					
		9	5		4	1		
				7				
	5				7	1		8
	2							
6			4		5		2	1

Medium # 463

			9					5
	1	7		3		9		
	6				8			1
4			6					2
	6					7		
2				4				9
9		8				5		
	2		5		8	9		
5				3				

Medium # 464

1		8	5	3				
	7	9			1			
6	4						8	
					9	3		
			4			2		
		6	1					
	5					4	3	
	2				3	6		
				1	4	8		5

Medium # 465

	8		3		1			
				7			8	
	1	2				5		
			6	5	7	4		
4								2
	7	9	1	2				
		4				9	6	
	9			1				
			6		3		7	

Medium # 466

5		2					1	
	6			5			9	
1			3					8
		5	4	7				
	9						3	
			8	5	2			
7				2				6
	8			9			2	
	2					5		4

Medium # 467

	6	7	8			9		
							6	
		9		4			1	
4		8		9				
2			4		6			3
				5		1		9
	5			6		3		
	7							
		1				3	8	9

Medium # 468

		6			7		2	
		9		6			3	
8				5	2	9		
		2				1		
4								5
			4			3		
	8	7	1					2
3				8		1		
	4		5				8	

Medium # 469

	4				6		8	
2		5						
6	9				2			1
9		6		2				
			9		4			
				5		1		3
3			7				6	8
						3		5
	2		1			4		

Medium # 470

				3			5	
2		9		5				
	4		7	6		9		
3							1	
8		5				6		9
	6							3
		7		4	3		9	
				9		7		8
	1			8				

Medium # 471

2							1	
			6	5				
					4	3	8	5
	9			4		7		
	2			1			5	
	1			2		6		
1	3	2	4					
			7	2				
	9							3

Medium # 472

					7	3		
			4	3		7	8	
					1	2	9	
			7		4	5		
	2					9		
	4	3		5				
1	3	6						
2	9		8	6				
		8	9					

Medium # 473

		8			4		5	
6		2		5				
5						6	2	
		4			5		3	
9							7	
3		1			6			
5	7					9		
		7		8		5		
4		3			9			

Medium # 474

2	3	6				4	8	
			5	2				7
1	4		7			3		
		2				8		
		5			2		1	6
6				1	8			
	1	9				7	3	8

Medium # 475

	1							
		4	6					
						3	7	2
8		6	9	5		4		
5								3
		2		3	4	6		9
3	4	5						
			7	8				
					2			

Medium # 476

	3		2					1
5	7							
	4			6				3
	1	8				2		
	9			4			8	
	4				2	9		
9				7			5	
							9	6
6					5		1	

Medium # 477

	4			8				2
5		6						8
	3			5			4	
	9	5						
1				4				9
					3	6		
	4			9			8	
3						1		5
2			6			7		

Medium # 478

4			2	9				
	8		7		2			
9		7		4				
						1		
4	1	9		6	7	3		
	9							
		7			6		3	
	2		1			7		
			4	5			1	

Medium # 479

			3			4		
					1		3	7
		6		8				9
						1	9	
5		7				4		2
	6	9						
3			5			2		
2	9		4					
			7		3			

Medium # 480

				4			8	
5		1	9	8				
			9		5			
1		6						
3	8			4			7	9
						3		4
					6		8	
				9	2	5		3
	6					7		

Medium # 481

```
. . 8 | . . 9 | . 3 .
4 . . | . 6 7 | . . .
7 6 . | . . . | . 1 .
------+-------+------
. . . | 4 5 6 | . . .
. 5 . | . . . | 8 . .
. . 2 | 9 8 . | . . .
------+-------+------
. 9 . | . . . | 5 7 .
. . 4 | 7 . . | . . 6
2 . 1 | . . 3 | . . .
```

Medium # 482

```
9 4 . | . . . | . . 3
. 1 . | . . . | 9 6 .
5 . . | . 2 . | 1 . 4
------+-------+------
. . . | 7 . 8 | 4 . .
. . . | . . . | . . .
. . 8 | 3 . 5 | . . .
------+-------+------
4 . 5 | . 6 . | . . 2
. 9 6 | . . . | 4 . .
3 . . | . . . | 9 8 .
```

Medium # 483

```
. 3 . | . . . | . . .
1 7 . | 5 . . | . . .
6 . 4 | 2 9 . | . . .
------+-------+------
. . . | . . 3 | 2 8 7
7 . . | . . . | . . 4
3 9 2 | . . 8 | . . .
------+-------+------
. . . | . 2 7 | 3 . 1
. . . | . . 1 | . 5 8
. . . | . . . | . 4 .
```

Medium # 484

```
. . . | . . . | . 4 9
. 3 1 | 9 . . | . . .
5 . . | 8 . . | 7 . .
------+-------+------
. . . | 1 6 4 | . . 7
4 . . | . . . | . . 5
7 . . | 5 2 8 | . . .
------+-------+------
. . 8 | . . 1 | . . 2
. . . | . 2 6 | 3 . .
3 5 . | . . . | . . .
```

Medium # 485

```
5 . 3 | . . . | 9 2 .
. . . | . 5 3 | . 7 .
. . . | 9 . . | . . .
------+-------+------
. 9 2 | . . . | 3 4 .
. . . | . 1 . | . . .
1 8 . | . . 9 | 7 . .
------+-------+------
. . . | . . 2 | . . .
6 . . | 8 3 . | . . .
4 7 . | . . 3 | . . 9
```

Medium # 486

```
. . 3 | 2 6 . | . 8 .
2 . . | . . . | 1 . .
. 1 . | . 8 . | . 3 .
------+-------+------
9 . . | 1 2 . | 6 . .
. . . | . . . | . . .
. . 1 | . 9 5 | . . 2
------+-------+------
. 3 . | . 7 . | . 6 .
. . . | 9 . . | . . 5
. 7 . | . 3 6 | 4 . .
```

Medium # 487

```
1 . . | 2 . . | 6 . 7
. . 7 | 6 3 . | . . 1
8 . . | . . . | . . .
------+-------+------
. . 2 | . 1 . | . 4 .
5 . . | . . . | . . 3
. 6 . | . 4 . | 5 . .
------+-------+------
. . . | . . . | . . 8
2 . . | . 6 3 | 9 . .
7 . 8 | . . . | 9 . 6
```

Medium # 488

```
. . 3 | 9 . . | . 7 .
. 4 . | 7 3 . | . . 6
. . . | 1 . . | . 4 8
------+-------+------
. . . | 5 . . | 8 . .
3 . . | . . . | . . 4
. . 1 | . . 4 | . . .
------+-------+------
7 9 . | . . 3 | . . .
4 . . | . 1 6 | . 5 .
. . 8 | . . 9 | 2 . .
```

Medium # 489

```
. . . | . . . | 3 . 7
3 . . | . 4 6 | . . .
. . . | 7 . . | 1 . .
------+-------+------
1 . 3 | 9 8 . | . 2 .
. 9 . | . . . | . 4 .
. 6 . | . 4 3 | 7 . 9
------+-------+------
. . 7 | . . 2 | . . .
. . 4 | 6 . . | . . 5
5 . 9 | . . . | . . .
```

Medium # 490

```
. . 3 | . 6 . | . 8 .
. . 2 | . . . | 1 . .
1 . . | 8 9 . | . . .
------+-------+------
. . 1 | 9 2 . | . . 4
4 . . | . . . | . . 7
9 . . | . 1 4 | 3 . .
------+-------+------
. . . | . 5 6 | . . 2
. . 7 | . . . | 8 . .
. 3 . | . 8 . | 5 . .
```

Medium # 491

```
3 7 . | 2 . . | 5 . .
. 2 . | . . 3 | . . 8
. . . | 5 . . | 6 . .
------+-------+------
. . 4 | . 7 . | . 8 5
. . . | . . . | . . .
2 8 . | . . 9 | . 3 .
------+-------+------
. . . | 8 . . | 4 . .
8 . . | . 6 . | . 3 .
. 6 . | . . 9 | . 2 7
```

Medium # 492

```
. . . | 4 . 1 | . . 7
7 . . | . 3 . | . 4 2
. . 9 | 4 . 7 | . . .
------+-------+------
8 . . | . 9 . | . . .
. . 7 | . . . | . 2 .
. . . | . . 4 | . . 5
------+-------+------
. . . | 3 . . | 1 5 .
3 2 . | . . 7 | . . 8
6 . . | . . 4 | . 7 .
```

Medium # 493

		6	7			9	4	
1				2			3	
		5		6				2
	6		1			7		
	5				3		8	
8				3		1		
	9			4				8
	1	4			6	2		

Medium # 494

	4		1					
			2					
9		8		5	7		6	
1	6			9		3		8
4		5		3			9	6
	3		6	4		5		1
				5				
				2		7		

Medium # 495

1		2			9		4	
4				3				
8		3						6
	8	1						
9			1		4			2
						1	5	
5						8		4
			6					5
	2		3			7		1

Medium # 496

		9		7		1		2
			4	3				7
	3							
2	1					9		
		3		5				
	8						1	4
					5			
6			9	1				
5		7		8		4		

Medium # 497

	5					9		
	2	8	1					
4					6	8	7	
				4	9		6	
		6				7		
7		6	2					
1	7	4						2
				8	2	6		
	5						1	

Medium # 498

6			5					3
	4					8	7	
	7			3		1		
						9	6	
	2		1		5		4	
		4	7					
		1		2			6	
	3	6					9	
5					7			1

Medium # 499

		4	2		3		6	
2								7
	8		9					2
					7	1	8	
	9				3			
8	1	7						
4				9		2		
	9							5
	7		3		4	6		

Medium # 500

7			2					
8				1			4	9
	9					8		1
		5	6	9	8			
			7	4	5	6		
5		3					1	
6	8		3					7
				2				5

Medium # 501

	5			7				9
				8		3	4	
3			1					
	3	4					5	8
1								7
7	2					1	9	
					2			4
	1	3		6				
9				4			6	

Medium # 502

						3	9	
	7		2	6				
1		2		8				
		8		2	4		7	3
6	1		9	5		8		
			4		7			9
			9	2		6		
	9	4						

Medium # 503

8								
		2	8		7		3	
1				4	9		7	
		8		1				
6			3		2			9
				5		8		
	5		4	9				3
	3		5		8	4		
								1

Medium # 504

			3			4	1	
		8			6		7	
				7				5
	6		2			7		
2		1					9	3
		5			1		2	
	3				7			
	9		4			6		
	7	5			4			

Medium # 505

```
. 6 . | 8 . 5 | 9 4 .
7 . 9 | . . . | . . .
. . . | . . . | 5 . .
------+-------+------
. . . | 8 . . | 7 3 .
. 7 5 | . 3 2 | . . .
6 8 . | . 4 . | . . .
------+-------+------
. . 5 | . . . | . . .
. . . | . . . | 3 . 5
. 9 1 | 2 . 4 | . 6 .
```

Medium # 506

```
. . 5 | 7 6 . | . . .
. . . | . 1 . | . . .
8 . 9 | . . . | . . 5
------+-------+------
. 6 . | . 9 8 | . 3 .
. 4 . | . . . | . 6 .
. 1 . | 5 4 . | . 9 .
------+-------+------
3 . . | . . . | 1 . 2
. . . | . 8 . | . . .
. . . | . 2 7 | 4 . .
```

Medium # 507

```
. . . | 1 . 5 | . 3 .
. 7 . | . 4 . | . . 6
9 5 4 | . . . | . . .
------+-------+------
. . . | . . 6 | 1 . .
1 . . | . . . | . . 3
. . 7 | 2 . . | . . .
------+-------+------
. . . | . . . | 7 8 2
8 . . | . 9 . | . 6 .
. 2 . | 5 . 1 | . . .
```

Medium # 508

```
. . 1 | . . 7 | . . .
9 . . | . 6 . | 1 . .
. 3 . | 4 . . | 8 . .
------+-------+------
. . . | 5 . 2 | 6 3 .
. . . | 8 . . | . . .
5 3 . | 7 . 1 | . . .
------+-------+------
. 7 . | . 3 . | 4 . .
. . 9 | . 7 . | . . 6
. . 8 | . . 2 | . . .
```

Medium # 509

```
. . . | 3 . 2 | 5 . .
. . . | . . 1 | 9 2 .
. 4 . | . . 7 | . 1 3
------+-------+------
. . . | . . . | . 6 .
6 . 2 | . . . | 1 . 4
. 7 . | . . . | . . .
------+-------+------
4 6 . | 2 . . | . 3 .
. 5 1 | 9 . . | . . .
. . 7 | 4 . 5 | . . .
```

Medium # 510

```
. . . | . . . | . 1 6
3 . . | 1 5 . | . . .
5 . 2 | . . . | . . .
------+-------+------
1 . 9 | . . 8 | . . .
. 4 7 | 5 . 2 | 6 3 .
. . . | 7 . . | 1 . 4
------+-------+------
. . . | . . . | 9 . 7
. . . | . 9 3 | . . 2
2 9 . | . . . | . . .
```

Medium # 511

```
6 8 . | . . 9 | . . 5
. . 5 | . 4 . | 3 . .
. . . | 1 . . | . . 6
------+-------+------
. 9 . | . . 3 | 8 . .
2 . . | . . . | . . 9
. 7 1 | . . . | 5 . .
------+-------+------
8 . . | 2 . . | . . .
. 2 . | 3 . 1 | . . .
5 . 4 | . . . | 8 3 .
```

Medium # 512

```
. . . | 3 . . | 6 . 5
. . . | . . . | 4 . .
6 . 5 | 8 . 7 | . . .
------+-------+------
. . 9 | 2 . . | 7 . 6
. . . | 9 . 5 | . . .
2 . 6 | . . 4 | 5 . .
------+-------+------
. . . | 7 . . | 6 4 3
. 7 . | . . . | . . .
9 . 1 | . 8 . | . . .
```

Medium # 513

```
. . . | . 2 . | . 5 .
. 3 2 | . . 4 | . . 7
. . . | 6 1 . | . . 4
------+-------+------
. 2 1 | . . . | . . .
. . . | 4 . 3 | . . .
. . . | . . . | 9 1 .
------+-------+------
7 . . | . . 8 | 2 . .
3 . . | 5 . . | 6 4 .
. . 4 | . 9 . | . . .
```

Medium # 514

```
. . . | 8 9 . | . . 3
. . 6 | . . . | 4 . .
9 . . | . . . | 5 . .
------+-------+------
. . 9 | 4 3 . | 5 . .
. . 7 | 2 . 8 | 6 . .
. . 8 | . 5 6 | 3 . .
------+-------+------
. 8 . | . . . | . . 1
. 6 . | . . . | 7 . .
3 . . | . 2 1 | . . .
```

Medium # 515

```
. . . | . . 6 | . 3 2
2 . 3 | . . . | . . .
. . 9 | 7 . . | . 6 .
------+-------+------
. . 3 | 1 5 . | . . 4
. . . | . 4 . | . . .
6 . . | . . 3 | 8 9 .
------+-------+------
. 5 . | . . 4 | 2 . .
. . . | . . . | 6 . 7
9 1 . | 8 . . | . . .
```

Medium # 516

```
. 7 . | 2 . . | . . .
6 . . | . 8 . | . . .
. 8 4 | 9 . 7 | . . 6
------+-------+------
. 1 8 | . . . | 4 . .
9 . . | . . . | . . 3
. . 2 | . . . | 7 1 .
------+-------+------
7 . . | 4 . 3 | 5 6 .
. . . | . 2 . | . . 1
. . . | . 9 . | 3 . .
```

Medium # 517

	5	7		9				
							1	6
	7	8						4
	9						2	1
7				4				8
5	1					7		
4					6	1		
9	2							
		3		2	8			

Medium # 518

		2	7		6			
7			3	6				4
6								1
				8		9	5	
5								2
	4	6		9				
7							1	
4			8	6			7	
	2			5	1			

Medium # 519

	1	2		8				
	5	7						
7		3			4		5	
	7			5				
6		8				5		2
				6			4	
	8		5			3		7
					2	6		
				9		8	2	

Medium # 520

		6		3				2
					8			
	3		7	4			1	6
			1	8	5			
	6					1		
	3	4	2					
3	1		5	4		9		
	9							
6			3		1			

Medium # 521

	6		5	7		2		
1		4						9
	9			6				
8					1			
	1		4		3			
		5						7
		3			8			
9					5		3	
	1		6	7		9		

Medium # 522

9				6		3		
5				9	8		7	
		8		1				
	9		7				1	
7								9
	1				6		4	
			7		8			
	8		3	2				1
		2		5				4

Medium # 523

6				7			4	9
	8	1	4					5
				3	8			
						9	7	
	8					6		
9	2							
1		5	4					
			6	7	4			
7	6		2					8

Medium # 524

9			5	3			2	
		3	4			5		
		1						6
	5	8		6				4
4				7			3	8
2						8		
		5				3	6	
	4			5	9			7

Medium # 525

1						3	4	2
	3		5		9			1
6					2			
				2		9		
	2						6	
		8		7				
			7					6
9			1		6		2	
4	5	6						8

Medium # 526

			7					
	5	1	4					7
		7		2	5			
	9	8			1	7		
2								3
		5	3			1	9	
			5	9		8		
7					8	3	6	
				2				

Medium # 527

				8				
8	3	4	2					
		2	6		3			
6				5			9	
3			1		9			5
	7			3				2
		4		5	7			
				7	4	3	8	
					6			

Medium # 528

			8		7		2	
						7	1	3
9								5
6	7		5		3			
		9				1		
			1		8		6	9
1								6
4	8	6						
	5		2		1			

Medium # 529
```
. . . | . 3 . | 8 . .
7 . 9 | 5 4 . | . . 6
3 4 . | . . . | 2 . .
------+-------+------
8 . 6 | 9 . . | . . .
. . . | . . . | . . .
. . . | . . 6 | 3 . 4
------+-------+------
. 6 . | . . . | . 7 8
9 . . | . 3 8 | 5 . 1
. 5 . | 7 . . | . . .
```

Medium # 530
```
. 7 . | . 5 9 | . . .
. 6 . | 7 . . | . . .
8 3 4 | 1 . . | . . .
------+-------+------
2 . . | . . . | 9 . .
4 . . | 2 . 5 | . . 3
. . 5 | . . . | . . 1
------+-------+------
. . . | . . 1 | 3 7 4
. . . | . . 7 | . 8 .
. . . | 8 9 . | . 2 .
```

Medium # 531
```
1 . . | . 3 . | . 4 .
. . 4 | . . 7 | 1 . .
. 9 . | 4 6 . | . . .
------+-------+------
4 . . | . . 9 | 2 . .
. 5 . | . . 3 | . . .
. 6 5 | . . . | . . 4
------+-------+------
. . . | 1 3 . | 6 . .
. 7 6 | . . 4 | . . .
. 8 . | . 5 . | . . 9
```

Medium # 532
```
9 . . | . 7 . | . . .
. . . | . 3 . | 8 . .
8 . . | 1 6 9 | . . .
------+-------+------
. . . | . 8 . | 5 4 .
5 . 8 | . . 1 | . . 9
7 2 . | 4 . . | . . .
------+-------+------
. . 2 | 7 9 . | . . 1
. 9 . | 6 . . | . . .
. . . | 8 . . | . . 2
```

Medium # 533
```
. 8 . | 4 . . | . . .
2 3 . | 9 . . | . 7 .
5 . . | . 3 . | . . .
------+-------+------
7 . 1 | 6 . . | 9 . .
. . . | . . . | . . .
. . 2 | . . 7 | 6 . 5
------+-------+------
. . . | . 1 . | . . 6
. 9 . | . . 6 | . 3 7
. . . | . . 2 | . 5 .
```

Medium # 534
```
2 . . | . . . | . 4 6
3 . . | . . 2 | . . .
. . 1 | 4 7 . | . . 3
------+-------+------
. 2 . | . 5 . | . 6 4
. . . | . . . | . . .
7 3 . | . 1 . | . 2 .
------+-------+------
1 . . | . 9 6 | 8 . .
. . . | 7 . . | . . 2
6 8 . | . . . | . . 7
```

Medium # 535
```
8 7 4 | . . . | . . .
. 9 5 | 1 . . | . . .
. . . | . . . | . . 7
------+-------+------
3 . . | 1 5 . | 7 . 8
. 9 . | . . . | 5 . .
7 . 1 | . 6 8 | . . 3
------+-------+------
9 . . | . . . | . . .
. . . | 7 4 5 | . . .
. . . | . . . | 6 7 4
```

Medium # 536
```
. 9 . | 2 1 5 | . . 4
. . . | . . . | . . 7
1 . . | . . . | . . 6
------+-------+------
. . . | 5 . . | 9 6 8
. 8 . | . . . | . 1 .
4 5 6 | . . 9 | . . .
------+-------+------
5 . . | . . . | . . 9
7 . . | . . . | . . .
3 . . | 7 4 6 | . 8 .
```

Medium # 537
```
. 7 . | . . . | 4 . .
. . . | 6 . . | 3 9 .
3 4 . | . 2 . | . . 6
------+-------+------
. . . | . . 8 | . 6 5
. . . | . 5 . | . . .
4 9 . | 6 . . | . . .
------+-------+------
1 . . | . 3 . | . 5 4
. 6 9 | . 7 . | . . .
. . 4 | . . . | . 1 .
```

Medium # 538
```
1 . . | 5 . . | . . .
4 . . | . 1 2 | . 5 .
. . . | . . . | . 2 9
------+-------+------
. 5 8 | 6 . . | . . .
. 6 . | . 4 . | . 3 .
. . . | . . 1 | 5 9 .
------+-------+------
2 9 . | . . . | . . .
. 1 . | 2 7 . | . . 4
. . . | . . 6 | . . 3
```

Medium # 539
```
1 . . | . . 9 | . . .
2 . . | 6 . . | . . .
. . 2 | . . 8 | 9 7 .
------+-------+------
. . 1 | 8 . . | 9 . .
4 . . | 7 . 5 | . . 8
. . 5 | . . 2 | 3 . .
------+-------+------
7 3 4 | . . 8 | . . .
. . . | . 2 . | . . 3
. . . | 4 . . | . . 1
```

Medium # 540
```
9 . 7 | 3 4 . | . 2 .
4 . . | . . . | 8 . .
8 . . | 7 . . | 5 . .
------+-------+------
1 . . | 9 7 . | . . .
. . . | . . . | . . .
. . . | . . 8 | 1 . 4
------+-------+------
. . 3 | . . 5 | . . 2
. 8 . | . . . | . . 1
. 2 . | . 1 3 | 6 . 7
```

Medium # 541

```
9 . . | . . . | 8 3 2
. . . | 5 . . | . . .
3 . 8 | 1 . . | . . .
------+-------+------
. . 1 | . 6 . | . 2 9
4 . . | . . . | . . 3
8 7 . | . 3 . | 5 . .
------+-------+------
. . . | . . 1 | 9 . 5
. . . | 2 . . | . . .
7 5 9 | . . . | . . 6
```

Medium # 542

```
. 9 . | . . . | . . .
. . 2 | 9 6 . | . . 7
5 . 1 | 3 . . | . . .
------+-------+------
3 . 9 | . 4 . | 2 . .
. 7 . | . . . | 1 . .
. 4 7 | . 3 . | . . 9
------+-------+------
. . . | 7 9 . | . . 6
1 . . | 4 6 8 | . . .
. . . | . . . | . 3 .
```

Medium # 543

```
. . . | 1 . . | 7 5 2
5 . . | . . 2 | . 1 .
. . . | . 7 . | 8 . 4
------+-------+------
9 8 . | . . . | . 2 .
. 1 . | . . . | . . .
. . . | . . . | 6 8 .
------+-------+------
3 . 8 | . 5 . | . . .
. 7 . | 6 . . | . . 3
1 2 5 | . . 9 | . . .
```

Medium # 544

```
. 3 . | . . . | . . .
. 9 . | 4 . . | 7 . .
. 5 . | . 7 2 | . . 6
------+-------+------
. . 5 | . 7 . | 8 4 .
. 8 . | . . . | 1 . .
1 2 . | 9 . 8 | . . .
------+-------+------
6 . . | 3 9 . | . 5 .
. 2 . | . 6 . | 1 . .
. . . | . 3 . | . . .
```

Medium # 545

```
. 3 9 | . . . | . . 8
. . . | 6 . . | . . .
. . . | . 1 3 | 2 7 .
------+-------+------
. . . | 1 . . | 4 8 9
. . . | 8 . 9 | . . .
9 4 8 | . . 6 | . . .
------+-------+------
4 6 . | 9 7 . | . . .
. . . | . . 1 | . . .
3 . . | . . . | 6 5 .
```

Medium # 546

```
8 6 . | 1 3 . | . . .
. . . | 9 . . | . . 1
. 1 . | . 5 . | . 3 8
------+-------+------
. . . | . . . | . . 5
. . 2 | 8 . 7 | 6 . .
7 . . | . . . | . . .
------+-------+------
4 7 . | 6 . . | . 8 .
2 . . | . 4 . | . . .
. . . | . 7 1 | . 4 3
```

Medium # 547

```
4 . 3 | . . . | 7 . .
. . . | . 2 9 | . . .
. 8 . | 7 . . | . . 5
------+-------+------
5 . . | 3 . . | . . 7
. . 2 | 9 8 . | . . .
6 . . | . 5 . | . . 3
------+-------+------
9 . . | . 3 . | 2 . .
. 7 4 | . . . | . . .
. 2 . | . . 4 | . 1 .
```

Medium # 548

```
9 . . | . 1 . | . . .
. 6 . | 4 . . | . . 7
. 7 . | . 8 . | 2 . .
------+-------+------
6 . . | . . 7 | 3 5 .
7 . . | . . . | . . 9
. 5 8 | 4 . . | . . 6
------+-------+------
. 6 . | 8 . . | 2 . .
3 . . | . 2 . | 6 . .
. . . | 9 . . | . . 8
```

Medium # 549

```
9 . . | . . . | . . .
. 6 1 | . 7 . | . 2 .
3 . . | 8 6 4 | . . .
------+-------+------
1 . . | 5 . . | . . .
7 . 6 | . . . | 1 . 8
. . . | . . 7 | . . 3
------+-------+------
. . . | 1 8 9 | . . 4
. 9 . | . 4 . | 3 6 .
. . . | . . . | . . 9
```

Medium # 550

```
1 . . | 2 . . | 9 . .
. 6 . | . . 3 | 1 . 4
. . . | 4 . . | . . .
------+-------+------
. . . | . 8 4 | . 6 .
. 3 9 | . . . | 7 1 .
7 . 6 | 1 . . | . . .
------+-------+------
. . . | . 1 . | . . .
2 . 5 | 3 . . | . 8 .
. . 1 | . . 6 | . . 9
```

Medium # 551

```
. . . | . . 3 | 8 2 .
1 8 . | . 5 . | . 6 .
. . . | . . . | . . 9
------+-------+------
8 . . | . 9 . | . . 4
. . 1 | 8 . 7 | 6 . .
5 . . | . 1 . | . . 7
------+-------+------
7 . . | . . . | . . .
. 5 . | . 3 . | . 4 8
. 1 2 | 6 . . | . . .
```

Medium # 552

```
7 . . | . . 6 | . . .
1 4 3 | . 2 . | . 5 .
. . 5 | . . . | 8 . 2
------+-------+------
. . . | . . . | 7 . 5
4 . . | . . . | . . 2
3 . 9 | . . . | . . .
------+-------+------
. 9 . | . 5 . | . 4 .
. . 8 | . . 4 | 5 7 3
. . . | 6 . . | . . 1
```

Medium # 553

```
8 . . | . 6 . | 2 . .
. . 7 | 2 . 6 | . . 1
. 3 . | . . . | . . 9
------+-------+------
. . 5 | . 1 9 | . . 4
. . . | . . . | . . .
5 . 1 | 2 . 4 | . . .
------+-------+------
6 . . | . . . | 1 . .
3 . 4 | . 8 6 | . . .
. . 2 | . 4 . | . . 8
```

Medium # 554

```
. . 4 | . . 5 | . . 6
. . . | . 3 2 | . . .
. . . | 7 . . | 9 5 1
------+-------+------
. . 1 | . 2 . | . 6 .
5 . . | . . . | . . 8
. . 7 | . 6 . | 1 . .
------+-------+------
3 4 2 | . . 9 | . . .
. . . | 3 1 . | . . .
6 . . | 2 . . | 8 . .
```

Medium # 555

```
8 6 7 | . . . | . . 1
2 . . | . . 1 | . . .
. . 3 | 8 . . | . . .
------+-------+------
. 1 . | . 4 7 | . 6 .
. . . | . 1 . | 5 . .
. 5 . | 3 2 . | . 4 .
------+-------+------
. . . | . . . | 8 7 .
. . . | . 9 . | . . 3
9 . . | . . . | 8 1 2
```

Medium # 556

```
. . 8 | . . . | 2 . .
3 . . | . 9 . | . . 1
. 7 . | 9 . . | 8 . .
------+-------+------
. 6 1 | . . . | 4 . .
5 . . | 3 . 2 | . . 7
. 2 . | . . . | 4 6 .
------+-------+------
. 5 . | . 1 . | 3 . .
1 . 2 | . . . | . . 6
. 8 . | . . 5 | . . .
```

Medium # 557

```
. 8 4 | 9 . . | 2 . .
7 . . | 8 3 . | . . .
. . . | 4 . 5 | . . 6
------+-------+------
1 . 8 | . . . | . 9 .
. . . | . . . | . . .
. 3 . | . . . | 7 . 5
------+-------+------
6 . . | 1 . 8 | . . .
. . . | . 6 2 | . . 8
. . 9 | . . . | 7 3 6
```

Medium # 558

```
9 1 . | . 5 2 | . . .
. . . | . . . | . 8 .
3 . . | . . . | 8 . 5
------+-------+------
. 3 . | . . 2 | 1 4 .
. . . | . 3 . | 9 . .
. . 2 | 7 4 . | . 1 .
------+-------+------
7 . 5 | . . . | . . 1
. . . | 8 . . | . . .
. . . | 5 7 . | . 3 2
```

Medium # 559

```
1 . . | . . . | . . 8
3 9 7 | . . 5 | . . .
. . 5 | . . 7 | 1 . .
------+-------+------
. . 6 | 7 . . | 2 . .
. 7 . | . . . | 8 . .
. 4 . | . 9 3 | . . .
------+-------+------
. . 1 | 3 . . | 2 . .
. . 1 | . . 8 | 9 4 .
2 . . | . . . | . . 6
```

Medium # 560

```
5 . 6 | . 9 . | . 2 .
. . . | 6 4 7 | . 3 .
. 4 . | . . . | 1 . .
------+-------+------
9 . 1 | . . . | . 7 .
. . . | . . . | . . .
. . 8 | . . . | 4 . 2
------+-------+------
. . . | 7 . . | . 9 .
. . 9 | 5 2 4 | . . .
. . 2 | . 3 . | 8 . 6
```

Medium # 561

```
. . 3 | . . 1 | . . 6
. 5 . | 4 . . | . . .
8 4 6 | 3 . . | . . .
------+-------+------
. . . | 4 8 . | 9 3 .
. . . | . . . | . . .
. . . | 8 7 . | 5 4 .
------+-------+------
. . . | . . 4 | 2 5 8
. . . | . . . | 2 . 3
1 . . | 5 . . | 7 . .
```

Medium # 562

```
. . 7 | . . . | 5 2 .
8 . 5 | . 6 1 | . . .
4 . . | 9 . . | . . .
------+-------+------
. 5 . | . 9 . | 4 . 3
. . . | . . . | . . .
6 . 9 | . 8 . | . 2 .
------+-------+------
. . . | . . 8 | . . 4
. . 3 | 7 . . | 9 . 5
7 6 . | . . . | . 1 .
```

Medium # 563

```
. . 4 | 1 . 7 | . 2 .
. . . | 5 . 8 | . . 4
6 . 7 | . . . | . . .
------+-------+------
9 . . | 6 . . | . . .
. . 8 | 6 . . | 3 4 .
. . . | . . 4 | . . 9
------+-------+------
. . . | . . . | . 9 3
7 . . | 9 . 3 | . . .
. . 6 | . 4 . | 1 5 .
```

Medium # 564

```
4 . . | . . 8 | . . 5
. . . | . . 7 | . . 1
. . 3 | . 1 . | . 9 4
------+-------+------
. . 9 | . . 1 | . 7 .
. . . | . . . | . . .
. . 5 | . 2 . | . 4 .
------+-------+------
2 . 7 | . . 6 | . 9 .
3 . . | 8 . . | . . .
5 . . | 2 . . | . . 8
```

Medium # 565

```
8 . . | . 1 2 | . 9 .
. 6 4 | . . . | . 7 .
. . 7 | . 8 2 | . . .
------+-------+------
. 4 6 | . . . | . . .
. 1 . | . . . | 6 . .
. . . | . 9 5 | . . .
------+-------+------
. 9 3 | . 7 . | . . .
2 . . | . 4 6 | . . .
3 . 1 | 8 . . | . . 4
```

Medium # 566

```
. 2 . | 8 5 . | 4 . .
. . 4 | . . . | 1 9 .
8 . . | . . . | . . .
------+-------+------
9 . . | 6 . 5 | . . .
5 4 . | . . . | 8 9 .
. . . | 9 . 7 | . 2 .
------+-------+------
. . . | . . . | . . 7
3 6 . | . . . | 8 . .
. 1 . | . 2 3 | . 5 .
```

Medium # 567

```
. . . | 5 . . | 4 . 6
. . . | 9 2 . | . . .
5 . . | 4 9 1 | 2 . .
------+-------+------
. . . | 1 . . | . . .
9 2 . | . . . | . 5 7
. . . | . . . | 3 . .
------+-------+------
. . 6 | 7 2 3 | . . 4
. . . | . . . | 4 1 .
7 . 8 | . 9 . | . . .
```

Medium # 568

```
. . 9 | . 8 . | . . .
. 7 . | . 2 4 | . . 1
. . 1 | . 6 8 | . . .
------+-------+------
7 4 . | . . . | . . .
5 . . | 3 . 9 | 7 . .
. . . | . 5 3 | . . .
------+-------+------
. 2 5 | . 7 . | . . .
5 . 8 | 6 . . | 7 . .
. . . | 4 . 6 | . . .
```

Medium # 569

```
2 . . | . 4 . | 8 . .
. 1 . | . . 8 | 6 . .
. . 3 | . . . | 2 1 .
------+-------+------
. 9 . | 8 5 . | . . .
. . . | . . . | . . .
. . . | 2 6 . | 5 . .
------+-------+------
8 7 . | . . . | 4 . .
. 9 5 | . . . | 2 . .
3 . 9 | . . . | . . 8
```

Medium # 570

```
. . 8 | . 5 . | 6 9 .
3 . 6 | . . 8 | . . .
. . . | . . 7 | . . .
------+-------+------
. 5 . | 7 . . | . 6 .
8 . . | . . . | . . 9
. 9 . | . . 1 | 5 . .
------+-------+------
. . . | 1 . . | . . .
. . . | 3 . . | 1 . 5
2 3 . | 7 . . | 8 . .
```

Medium # 571

```
1 . . | 2 . . | . 3 .
. 6 . | 9 . 4 | . . .
. . . | . 3 . | 9 . .
------+-------+------
3 7 8 | . 6 . | . . .
. 1 . | . . 3 | . . .
. . . | 2 . . | 8 4 7
------+-------+------
. 9 . | 6 . . | . . .
. 2 . | 5 . . | 7 . .
. 8 . | . 2 . | . . 9
```

Medium # 572

```
. 2 . | 5 . . | . 6 .
. . 3 | . . 1 | 9 . .
. . 7 | 6 . 9 | . . 2
------+-------+------
6 . . | . . . | 2 . .
. 1 . | . . . | . 4 .
. . 8 | . . . | . . 3
------+-------+------
1 . . | 7 . . | 5 4 .
. . 9 | 8 . . | . 5 .
. . 3 | . . . | 4 . 1
```

Medium # 573

```
8 . . | . . 2 | 6 . .
2 3 . | 5 . . | . . 7
. . 5 | . . . | . 9 .
------+-------+------
. . 1 | . . . | . . 4
. . . | 2 9 3 | . . .
9 . . | . . . | 8 . .
------+-------+------
. 8 . | . . . | . 6 .
3 . . | . . 7 | . 8 2
. . 7 | 6 . . | . . 5
```

Medium # 574

```
. 8 1 | . . . | . . 3
. 5 . | . 1 6 | . 2 .
. . . | 4 3 . | . . .
------+-------+------
. . . | 9 . . | . . 8
9 2 . | . . . | . 3 6
3 . . | . 5 . | . . .
------+-------+------
. . . | 6 9 . | . . .
. 3 . | 2 4 . | 8 . .
1 . . | . . . | 9 7 .
```

Medium # 575

```
. . . | 3 . . | 9 8 .
7 . . | 1 . . | . . .
. . 4 | . 9 . | . 2 5
------+-------+------
. . 5 | . . . | . . 2
9 2 . | . . . | . 6 3
4 . . | . . . | 7 . .
------+-------+------
8 1 . | . 7 . | . 2 .
. . . | . . 5 | . . 6
. 9 7 | . . 8 | . . .
```

Medium # 576

```
6 . 8 | . . . | 4 . 2
. 5 . | 9 . . | . . .
. . 2 | . . . | . 9 7
------+-------+------
1 . . | 6 . 4 | . . .
. . 4 | . . . | 8 . .
. . . | 1 . 7 | . . 5
------+-------+------
9 2 . | . . . | 6 . .
. . . | . . . | 9 5 .
7 . 6 | . . . | 9 . 4
```

Medium # 577

```
. 8 . | 2 . . | . . 4
5 . . | . . . | . . .
. 4 . | . . . | 3 5 9
------+-------+------
. . . | 3 . . | 1 6 .
. . . | 4 5 2 | . . .
. 7 8 | . 6 . | . . .
------+-------+------
8 2 4 | . . . | 9 . .
. . . | . . . | . . 5
6 . . | . . 4 | . 7 .
```

Medium # 578

```
. . 7 | 5 . . | . . 3
. . . | . 3 . | 9 1 .
2 . . | . . 4 | . 7 .
------+-------+------
. 1 . | . 4 . | . . 9
. . . | . 8 . | . . .
8 . . | . 2 . | . 6 .
------+-------+------
7 . 9 | . . . | . 2 .
1 6 . | 7 . . | . . .
4 . . | . . 9 | 3 . .
```

Medium # 579

```
6 . . | 3 . . | . . 8
. . 7 | . . . | . 9 .
. 1 . | 9 . . | 4 . .
------+-------+------
. . . | . 2 . | 6 3 .
. 5 8 | . 3 9 | . . .
. 6 1 | . 7 . | . . .
------+-------+------
. 3 . | . 2 . | 5 . .
. 4 . | . . . | 8 . .
5 . . | . . 8 | . . 9
```

Medium # 580

```
6 3 . | . . . | . . .
. . . | 3 8 6 | . . .
. . 8 | . . . | . 2 3
------+-------+------
8 . 2 | 3 . . | . . 4
. . . | 4 . 8 | . . .
3 . . | 1 . 5 | . . 8
------+-------+------
2 8 . | . . 9 | . . .
. 4 9 | 3 . . | . . .
. . . | . . . | . 7 1
```

Medium # 581

```
. . 4 | . . . | 5 7 .
4 . . | . 7 . | 2 . .
. . . | 2 . 3 | . . 1
------+-------+------
. . 3 | . . . | 6 . 7
. 2 . | . . . | . 1 .
1 . 8 | . . . | 4 . .
------+-------+------
6 . . | 5 . 2 | . . .
. . 9 | . 6 . | . . 8
. 5 7 | . . 4 | . . .
```

Medium # 582

```
. . . | . 1 . | 3 . 9
. 1 . | . 4 . | . . .
3 . . | 5 . 8 | . . 7
------+-------+------
. . 1 | 3 . . | . 7 .
7 . . | . . . | . . 3
. 2 . | . . 6 | 8 . .
------+-------+------
9 . . | 6 . 1 | . . 2
. . . | . 8 . | . 4 .
1 . 6 | . 5 . | . . .
```

Medium # 583

```
. 8 . | . 5 . | 2 . .
. . . | 2 . . | . 3 .
. 3 . | . . . | . . 6
------+-------+------
. . 8 | 5 . 2 | . . .
6 . 5 | . . . | 4 . 3
. . 2 | . 3 4 | . . .
------+-------+------
5 . . | . . 6 | . . .
. 1 . | . 7 . | . . .
. 8 . | 6 . . | 9 . .
```

Medium # 584

```
. . . | . 3 5 | . . 9
9 2 4 | . . . | . 3 .
6 . . | 1 . . | . . .
------+-------+------
. . 8 | . . 6 | . . 4
. 6 . | . . . | 2 . .
2 . . | 8 . . | 7 . .
------+-------+------
. . . | . . 9 | . . 1
. 7 . | . . . | 6 4 2
4 . . | . 6 1 | . . .
```

Medium # 585

```
. 7 . | . . 5 | . . .
. 6 2 | . . . | . . 8
. . . | 8 4 2 | . . .
------+-------+------
. . . | . 4 3 | 9 . .
8 . 5 | . . . | 2 . 7
. . . | 6 2 5 | . . .
------+-------+------
. . . | . 1 2 | 6 . .
3 . . | . . . | 1 8 .
. . . | 5 . . | . 3 .
```

Medium # 586

```
. . . | 3 4 . | 2 . 5
. . . | 5 . . | 6 1 .
8 . . | . . . | . . .
------+-------+------
4 1 . | . . 9 | 5 . .
. . 9 | . . . | 8 . .
. . 8 | 2 . . | . 7 4
------+-------+------
. . . | . . . | . . 7
. 5 2 | . . . | 7 . .
6 . 4 | . 5 3 | . . .
```

Medium # 587

```
1 . . | . . . | . . .
3 . . | 6 4 . | . 2 .
. . . | . 2 . | 3 7 .
------+-------+------
. . . | . . 9 | . 8 .
6 4 . | 1 . 8 | . 5 3
. . . | 3 . . | . . .
------+-------+------
. 8 5 | . . 4 | . . .
. 1 . | . 8 3 | . . 7
. . . | . . . | . . 4
```

Medium # 588

```
1 . . | . 6 . | 9 . .
. . 4 | . . 1 | . 3 .
. . . | 5 . 3 | . 4 .
------+-------+------
6 . . | 3 . . | . 2 8
4 8 . | . . 7 | . . 1
. 2 . | 1 . 9 | . . .
------+-------+------
. 5 . | 2 . . | 7 . .
. 9 . | 7 . . | . . 5
```

Medium # 589

	7				3	2		
9				7			4	
	2				4			5
	8	1			5			6
5			7			1	2	
4			2				5	
	6			9				4
		5	6			7		

Medium # 590

9	4							
1		2		9	6			
3						7		5
					8		2	9
				4				
6	8		7					
	3		8					6
			1	6		4		8
							9	3

Medium # 591

	2		4			9	6	
		9		2	5	4	1	
5						7		4
	9						8	
2		4						3
	1	8	5	9		2		
	6	5			1		4	

Medium # 592

						8		9
	4				7			
3		7		1				
9			8			4		6
		1	7		5	9		
8		2			9			7
			6		2		5	
			5			4		
2		8						

Medium # 593

		1		3		6		7
3	5					4	9	
				5		1		
6					7			
	8					3		
			9					5
		4		8				
	1	6				7	4	
7		9		4		8		

Medium # 594

		5	2	8	6			
	6		4			1	8	
				5				
		6	8				3	
8								4
	3				9	5		
				1				
	1	4			3		9	
			5	7	4	3		

Medium # 595

		6		3				8
8	1	3						
2			9					
7	3			2	4			
		2			8			
		1	6			3	9	
				6				1
						9	8	2
5				4		7		

Medium # 596

	8	7	3					
3								
	9			1	2		8	
		6	9					
9		2	4		3	1		7
				1	2			
	3			5	6		9	
								1
						4	3	5

Medium # 597

	7	3		4				1
			2	9				
1	9				5		2	
		8						
	4	5			6	8		
						6		
	3		9				6	4
				6	2			
9				8		3	7	

Medium # 598

6						7		8
5	3				6			
			7		9			6
7	1			8				
		8				3		
				7			4	2
2			9		7			
			4				1	9
9		1						7

Medium # 599

4	5							9
	7		5			2		
			7					
		4		3	5	7	1	
6								5
3	1	2	7			4		
					6			
	5				4		9	
9							6	8

Medium # 600

7	3			1				
				4				9
		4	8					5
	8	7			9		5	
			3		4			
	6		1			8	4	
1					6	9		
5				2				
			7				6	1

Medium # 601
```
. . 2 | . . . | . . .
. 7 . | 1 . . | . . .
. 8 . | . 7 3 | 4 1 .
------+-------+------
1 . . | . 6 . | 9 . .
. 6 4 | . . . | 7 5 .
. 3 . | 9 . . | . . 8
------+-------+------
8 1 6 | 5 . . | 3 . .
. . . | 7 . 6 | . . .
. . . | . 4 . | . . .
```

Medium # 602
```
. . . | . 4 . | . . .
7 4 9 | . 2 6 | . . .
1 . 8 | . . . | . . .
------+-------+------
. 8 . | . 6 . | 1 . .
. 9 . | 5 . 4 | . 3 .
. 5 . | 3 . . | 6 . .
------+-------+------
. . . | . . 3 | . 4 .
. 2 7 | . 3 1 | 8 . .
. . . | 5 . . | . . .
```

Medium # 603
```
1 . . | . . 6 | . . 3
. . . | . 3 . | . 2 1
. . . | . 2 . | . 4 .
------+-------+------
. 9 . | . 6 . | . . 2
. 1 . | 3 . 7 | . . .
2 . . | . 4 . | . 9 .
------+-------+------
. 4 . | . 9 . | . . .
7 2 . | 6 . . | . . .
6 . . | 2 . . | . . 8
```

Medium # 604
```
9 . . | . . . | . . 8
. 4 . | 9 7 1 | . . .
. 5 . | . 6 . | . 2 .
------+-------+------
5 . . | . 8 . | . . 7
. . 7 | . 3 . | . . .
3 . . | 6 . . | . . 1
------+-------+------
. 7 . | . 1 . | . 3 .
. . 6 | 3 8 . | 2 . .
8 . . | . . . | . . 6
```

Medium # 605
```
. . . | 4 . . | 5 . .
4 . . | 7 . . | . 1 6
8 . . | . . 1 | . . .
------+-------+------
. 6 . | 3 . . | 8 . .
. . 9 | 1 . 2 | 6 . .
. . 3 | . . 5 | . 9 .
------+-------+------
. . . | 6 . . | . . 9
7 2 . | . . 9 | . . 1
. 9 . | . . 4 | . . .
```

Medium # 606
```
1 . 2 | 7 . . | . . .
3 . . | . . 4 | . . .
6 7 . | 3 5 . | . . .
------+-------+------
. 9 . | . 2 . | . . .
5 . 1 | . . . | 3 . 4
. . . | . 4 . | . 8 .
------+-------+------
. . . | . 3 1 | . 4 9
. . 2 | . . . | . . 6
. . . | . 5 1 | . . 8
```

Medium # 607
```
. . 6 | . 9 5 | . . .
. 9 . | 4 2 7 | . . .
2 . . | 7 . 1 | . . .
------+-------+------
. 3 . | 1 . . | . . .
8 . . | . . . | . . 6
. . . | . 6 . | 7 . .
------+-------+------
. 2 . | 5 . . | . . 3
. 8 3 | 2 . 9 | . . .
. 5 9 | . 1 . | . . .
```

Medium # 608
```
2 . . | 6 . . | . 9 .
. 8 . | . . . | 6 . 1
. 4 . | 7 5 . | . . .
------+-------+------
. . . | 1 . 9 | 2 . .
8 . . | . . . | . . 9
. . 6 | 4 . 3 | . . .
------+-------+------
. . . | . 1 7 | . 5 .
3 . 4 | . . . | . 6 .
. 5 . | . . . | 4 . 7
```

Medium # 609
```
. . 1 | 8 6 . | . 4 .
. . 9 | . . . | . . .
. . . | . . . | 7 5 3
------+-------+------
. 3 . | . 1 6 | . . 2
. . . | 9 . 4 | . . .
8 . . | 3 5 . | . 6 .
------+-------+------
. 7 4 | 1 . . | . . .
. . . | . . . | 6 . .
. 1 . | . 7 8 | 4 . .
```

Medium # 610
```
. 2 . | . . . | . 8 .
3 . 6 | 2 . . | . . .
. . 9 | 8 . . | . . .
------+-------+------
. 4 8 | . 6 9 | . . .
. 7 4 | . 3 8 | . . .
. . 1 | 8 . 4 | 2 . .
------+-------+------
. . . | . 2 3 | . . .
. . . | . 7 1 | . . 6
. 1 . | . . . | 5 . .
```

Medium # 611
```
. 2 . | 8 1 . | . . .
. 4 . | . . . | 5 . 6
. 7 . | . . 2 | 8 . .
------+-------+------
. . . | 7 . . | 9 1 .
3 . . | . . . | . . 4
. 6 9 | . . 8 | . . .
------+-------+------
. . 5 | 2 . . | 3 . .
4 . . | 1 . . | . 6 .
. . . | . 5 4 | . 2 .
```

Medium # 612
```
7 6 . | 9 . . | . . .
. 2 9 | . . 8 | 7 . .
1 . . | . . 8 | . . .
------+-------+------
. . . | . . . | . 8 3
. . . | 6 3 2 | . . .
6 5 . | . . . | . . .
------+-------+------
. . 4 | . . . | . . 5
. 1 3 | . . . | 4 6 .
. . . | . . 9 | . 3 7
```

Medium # 613

	6	4						
			8		1	9		
3		8	1					
8			9			2		
	1		8		6		3	
	3			1				5
				3	7		4	
	4	5		6				
					1	9		

Medium # 614

4				6	5			
5	3						1	4
		7		4				2
				1			8	
		8				9		
	2			9				
9				3		7		
6	8						5	9
			4	8				3

Medium # 615

8				7	4			
	3		9		5		1	
	7							6
		1	6			4		
	2						6	
		3			9	7		
2							7	
	6		4		3		8	
			8	1				2

Medium # 616

1		9	7	3			8	
		8						
	7		9			1		
	5	1						9
		2		6				
4					6	5		
	8		2		3			
				9				
	3		4	8	7		1	

Medium # 617

			5					6
6		4				3		
		2	8					9
7			4	5				
		9	6		3	4		
				8	1			3
9					8	6		
		6				1		2
2					9			

Medium # 618

		1	2		8			
			4				9	
7			6		9			2
		1				3	4	
4								3
		9	7				8	
6			5		7			4
	8				1			
				3		2	7	

Medium # 619

6				3		9	2	
1	7		6	9				
				7		8		
		9						
2	5						3	6
				4				
	1		2					
			4	9		5	3	
	2	3		7				4

Medium # 620

		9	8				1	3
		2			9			
			1		2		6	
	4							5
9		5				3		6
7							9	
	2		9		8			
			3			5		
5	7				4	8		

Medium # 621

	2					3		
1				5				9
		3	8		7			
		4						8
		9	4			8	6	
5							9	
			9			6	5	
4						3		1
		5					8	

Medium # 622

		7	5		8			
		1				9		
			7	3				5
	5	2		4				
	9	4				2	3	
				6		5	1	
8			1	9				
		5				6		
		7			6	4		

Medium # 623

	4				7			6
		1	5			9		
		6					2	4
				3		7		
	7	5				1	4	
		4		1				
5	1					4		
		7			1	6		
8			2				5	

Medium # 624

		5						7
			8		7		2	5
	1				5	4		
		1	7					6
			4		6			
7					9	3		
		8	2				7	
1	6		5		3			
3					9			

Medium # 625

```
. . 3 | 4 . . | 9 . .
. . . | . . . | 5 . 2
. 1 . | 2 . . | 4 8 .
------+-------+------
7 . . | . . . | . 9 1
. . . | . 7 . | . . .
2 9 . | . . . | . . 3
------+-------+------
. 4 1 | . . 2 | . 7 .
9 . 5 | . . . | . . .
. . . | 6 . 4 | 1 . .
```

Medium # 626

```
. 1 . | . . . | 2 . 5
. . . | . 3 . | . . .
3 8 . | . . 7 | 1 . .
------+-------+------
4 . . | 3 . . | 8 . .
. 5 . | . 2 . | . 1 .
. . 1 | . . 5 | . . 4
------+-------+------
. . 2 | 8 . . | . 9 6
. . . | 6 . . | . . .
9 . 3 | . . . | . 2 .
```

Medium # 627

```
. . 6 | . 9 4 | . 2 .
. . . | . . . | . 7 .
. . . | 7 . . | . 5 4
------+-------+------
5 3 . | . . . | 8 . .
8 . 4 | . . . | 6 . 3
. . 1 | . . . | . 4 5
------+-------+------
3 6 . | . . . | 1 . .
. 4 . | . . . | . . .
. 1 . | 5 4 . | 2 . .
```

Medium # 628

```
. . 9 | . . . | . . 1
. 5 6 | . 2 . | . . .
. 2 4 | . 1 . | . . 3
------+-------+------
. 4 . | . . 2 | 8 . .
. 8 . | . . . | . 7 .
. 7 5 | . . . | 4 . .
------+-------+------
2 . . | 8 . 7 | 9 . .
. . . | 4 . . | 2 1 .
3 . . | . 6 . | . . .
```

Medium # 629

```
. 6 7 | . 5 . | . . 3
. . . | . . . | 2 . .
. 5 . | 1 2 6 | . . .
------+-------+------
. . 1 | . 7 . | 3 . .
7 . . | . . . | . . 2
. 4 . | 5 . 6 | . . .
------+-------+------
. 3 4 | 7 . 8 | . . .
. 8 . | . . . | . . .
4 . . | . 6 . | 1 7 .
```

Medium # 630

```
6 . . | . . . | 2 3 .
9 . . | . . . | 1 . .
. . 1 | . 5 9 | 8 . .
------+-------+------
. 5 1 | . . . | . 4 7
4 2 . | . . . | 1 3 .
. . . | 2 3 4 | . 9 .
------+-------+------
. . . | . 7 . | . . .
. . . | . . . | . . 3
. . . | 6 9 . | . . 5
```

Medium # 631

```
. . 6 | . . 9 | . . .
. . . | 5 . 8 | . . .
2 . . | 7 . 3 | . . 4
------+-------+------
. 5 . | 1 . 7 | 2 . .
. . 6 | . . . | 4 . .
. . 4 | 2 . 9 | . 8 .
------+-------+------
7 . 1 | . . 2 | . . 3
. . 2 | . 7 . | . . .
. . 3 | . . 5 | . . .
```

Medium # 632

```
. 3 . | 1 . . | . . 7
. . . | 4 . . | 2 . 1
7 . . | 5 3 . | . . .
------+-------+------
. . . | . . . | 5 . 2
. . 7 | 8 . 3 | 6 . .
8 . 6 | . . . | . . .
------+-------+------
. . . | . 2 5 | . . 6
6 . 1 | . . 9 | . . .
3 . . | . . 4 | . 9 .
```

Medium # 633

```
. 4 . | . . . | . 6 2
. 3 . | 9 . 4 | . . .
. . 6 | . 5 . | . . 3
------+-------+------
. 8 . | . . . | 1 9 .
. . . | . . . | . . .
. . 1 | 8 . . | . 5 .
------+-------+------
3 . . | . 1 . | 5 . .
. . . | 6 . 3 | . 4 .
4 6 . | . . . | . 7 .
```

Medium # 634

```
9 . 2 | . 6 . | . . .
. . 3 | . . . | 4 . .
. 8 1 | 4 . 2 | . . .
------+-------+------
. 1 5 | . . . | 3 . .
. 2 . | . . . | 9 . .
. 8 . | . . 4 | 2 . .
------+-------+------
. . 4 | . 1 8 | 5 . .
. 9 . | . 5 . | . . .
. . . | 2 . 6 | . . 4
```

Medium # 635

```
. 4 . | 1 . . | . 9 .
. . 8 | . . . | . . .
6 5 3 | 8 . . | . . .
------+-------+------
. 8 . | . . 6 | . . 3
. . 2 | 9 . 5 | 8 . .
4 . . | 3 . . | . 6 .
------+-------+------
. . . | . . 4 | 2 5 6
. . . | . . . | 9 . .
. 9 . | . . 8 | . 4 .
```

Medium # 636

```
. . . | 8 1 . | . . .
. . . | . . . | 4 6 .
9 5 . | . . . | . 2 .
------+-------+------
. 3 . | 7 . 8 | 2 . 6
4 . . | . . . | . . 3
8 . 2 | 1 . 5 | . 4 .
------+-------+------
. 4 . | . . . | . 6 5
. 8 4 | . . . | . . .
. . . | 2 1 . | . . .
```

Medium # 637

```
. 8 . | . . . | 6 . .
. 5 . | 3 6 . | 9 . .
. 9 . | . 2 3 | . . .
------+-------+------
6 4 . | . . . | 5 . .
. . 7 | . 4 . | . . .
2 . . | . . 1 | 3 . .
------+-------+------
. 8 6 | . . 9 | . . .
1 . 4 | 9 . 2 | . . .
. 2 . | . . . | 8 . .
```

Medium # 638

```
. . . | . . 3 | . . 1
4 9 . | . . . | . . .
1 2 . | 9 4 . | . . 6
------+-------+------
8 6 . | . 9 . | . . .
. . . | 8 . 4 | . . .
. . . | . 7 . | 3 2 .
------+-------+------
9 . . | . 3 6 | 5 8 .
. . . | . . . | 7 3 .
2 . . | 4 . . | . . .
```

Medium # 639

```
6 . . | . 2 . | . . 3
1 2 . | . . . | 9 . .
8 4 . | 9 . . | 5 . .
------+-------+------
5 . . | . . 1 | . . .
. 8 . | . . . | 9 . .
. . 3 | . . . | . 2 .
------+-------+------
. 7 . | . 9 . | 4 1 .
. 9 . | . . . | 5 7 .
2 . . | . 8 . | . . 9
```

Medium # 640

```
. . . | 7 . . | 1 . .
5 . . | 4 1 . | . . 3
6 . . | 9 . . | 8 . .
------+-------+------
. 3 . | 5 . . | . . .
. . 1 | . 6 . | 5 . .
. . . | . 3 . | 6 . .
------+-------+------
. 3 . | . 7 . | . . 4
7 . . | 3 1 . | . . 5
. 8 . | . 9 . | . . .
```

Medium # 641

```
5 1 . | . . 3 | . . .
. . . | . 1 . | 4 9 .
. . . | . 3 8 | . . 6
------+-------+------
. 7 . | . 6 . | . . 2
. 3 . | . . . | 9 . .
4 . . | . 9 . | 1 . .
------+-------+------
3 . . | 7 5 . | . . .
7 6 . | . 2 . | . . .
. . 5 | . . . | 2 7 .
```

Medium # 642

```
. . . | 9 5 6 | . 4 .
. . . | . . . | 9 . .
8 . . | . . . | 7 1 .
------+-------+------
. . . | . 3 . | 8 . .
. 1 6 | . 9 . | 5 3 .
. . 2 | . 7 . | . . .
------+-------+------
4 7 . | . . . | . . 2
. . 8 | . . . | . . .
. 9 . | 1 2 7 | . . .
```

Medium # 643

```
. . 6 | 9 . . | . . .
. . . | . 2 3 | . . .
5 . . | . 3 . | . 7 6
------+-------+------
7 6 . | . 9 . | . . 3
. . . | 6 . 5 | . . .
3 . . | 1 . . | . 4 2
------+-------+------
8 4 . | 5 . . | . . 9
. 9 1 | . . . | . . .
. . . | . . . | 2 1 .
```

Medium # 644

```
6 3 . | . . . | 8 1 .
. 2 . | . . . | 3 . .
5 . . | 3 7 . | 9 . .
------+-------+------
. . 7 | . . . | . . 2
. . 5 | . 3 . | . . .
4 . . | . . 9 | . . .
------+-------+------
. 7 . | 9 6 . | . . 4
. . 4 | . . . | 1 . .
9 1 . | . . . | 2 8 .
```

Medium # 645

```
. . . | 8 . . | 6 2 .
. . . | 2 6 . | . . 5
. 3 6 | . . 5 | . . .
------+-------+------
3 7 . | 9 . . | . . 2
. 1 . | . . . | 7 . .
. . . | . . 7 | 8 9 .
------+-------+------
. . . | 3 . . | 9 4 .
8 . . | 4 7 . | . . .
9 2 . | . . 8 | . . .
```

Medium # 646

```
. 4 . | 2 . 5 | . . .
. . . | 4 6 9 | . . 1
. . 5 | . . . | . . 2
------+-------+------
. 1 . | . 9 6 | . . .
3 . . | . . . | . . 7
. 8 7 | . . . | . 2 .
------+-------+------
8 . . | . . . | 1 . .
1 . . | 7 9 6 | . . .
. . 4 | . 7 . | 9 . .
```

Medium # 647

```
. 2 . | . . 8 | 1 . .
8 . . | . 4 . | . 3 5
. . . | 7 . 3 | . . .
------+-------+------
. 7 8 | 2 . 9 | . . .
. . . | 1 . 4 | 2 8 .
. . . | . 9 . | 4 . .
------+-------+------
5 8 . | . 2 . | . . 6
. . 9 | 5 . . | 7 . .
```

Medium # 648

```
. . . | . . . | 2 . .
. . 8 | 5 4 . | . 1 .
9 7 . | 2 . . | 6 . .
------+-------+------
. . 4 | . . . | 3 . .
6 . 1 | . . . | 9 . 7
. . . | 4 . . | . 8 .
------+-------+------
. 8 . | . . 6 | 3 4 .
. 5 . | . 7 2 | 6 . .
. 2 . | . . . | . . .
```

Medium # 649
```
. . 5 | . . . | 6 . 4
8 . 2 | 1 . . | 5 . .
6 . . | 8 . 7 | . . .
------+-------+------
. 3 . | . . 9 | 2 . .
. . . | . . . | . . .
. . 4 | 5 . . | . 6 .
------+-------+------
. . . | 2 . 4 | . . 6
. . 7 | . . 1 | 3 . 2
4 . 9 | . . . | 7 . .
```

Medium # 650
```
. . . | . 9 . | 3 . .
. . . | . . . | . 6 .
4 8 . | 6 . . | 2 . .
------+-------+------
. . . | 9 2 . | 6 8 .
8 . . | . . . | . . 5
. 6 3 | . 4 1 | . . .
------+-------+------
. . 7 | . . 4 | . 9 2
. 9 . | . . . | . . .
. . 5 | . 7 . | . . .
```

Medium # 651
```
. 5 . | . . . | 8 . .
1 7 . | 2 . . | . . 4
. . . | . 8 1 | . 9 .
------+-------+------
. . . | 6 . . | 3 1 .
. 9 2 | . . 7 | . . .
. 6 . | 4 2 . | . . .
------+-------+------
3 . . | . 5 . | . 2 9
. . 1 | . . . | 6 . .
. . . | . . . | . . .
```

Medium # 652
```
. 4 . | 9 2 . | . . .
. 8 4 | . . . | 5 1 .
. . . | . 3 . | . . .
------+-------+------
. . . | 5 7 . | . . 9
. 5 3 | . . . | 2 4 .
9 . 1 | 7 . . | . . .
------+-------+------
. 2 . | . . . | . . .
4 3 . | . . 9 | 1 . .
. . . | 8 3 . | 9 . .
```

Medium # 653
```
8 . . | . . 4 | . . 7
. 2 . | . . . | 3 . .
1 . . | 8 3 . | 2 . .
------+-------+------
. . . | 2 . 9 | . 5 .
. . 7 | . . . | 1 . .
. 3 . | 5 . 4 | . . .
------+-------+------
. 5 . | 6 4 . | . . 3
. 7 . | . . . | 9 . .
3 . 4 | . . . | . . 2
```

Medium # 654
```
. . . | . 5 7 | . 3 .
6 . . | 8 3 . | . 1 . 9
. . 8 | . 2 7 | . . .
------+-------+------
4 . . | 8 . 5 | . . 3
. . . | 9 4 . | 1 . .
3 . 1 | . . 8 | 6 . 5
------+-------+------
. 2 . | 7 3 . | . . .
```

Medium # 655
```
2 . . | 8 . 9 | . . .
. . . | . . 3 | . . 2
. . 5 | . . . | . 4 .
------+-------+------
. . 7 | . 1 . | . 3 .
4 . 9 | 6 . 7 | 2 . 8
. 6 . | . 5 . | 7 . .
------+-------+------
. 1 . | . . 8 | . . .
6 . 4 | . . . | . . .
. . . | 3 . 1 | . . 9
```

Medium # 656
```
7 8 6 | . . 3 | . . .
. . . | . . . | 8 . .
. 4 . | . 9 7 | . 6 .
------+-------+------
. 9 1 | . 7 . | . . .
8 . . | . . . | . . 1
. . . | 1 . 9 | 5 . .
------+-------+------
1 . 3 | 4 . . | 2 . .
. 2 . | . . . | . . .
. . . | 8 . . | 5 1 7
```

Medium # 657
```
8 6 . | . 4 . | . 1 .
. . . | . . 2 | 8 . 6
. 3 . | . . . | . . .
------+-------+------
. 4 . | . 9 1 | . . .
8 1 . | . . . | 2 5 .
. . 3 | 2 . . | . 4 .
------+-------+------
. . . | . . . | . 6 .
7 . 5 | 9 . . | . . .
. 2 . | . 1 . | . 9 4
```

Medium # 658
```
9 7 . | . . 2 | . . .
. . . | 6 . . | . 5 .
. 2 . | . 4 9 | 7 . .
------+-------+------
8 . 1 | . . 6 | . . .
2 . . | . . . | . . 5
. . . | 1 . . | 8 . 7
------+-------+------
. 3 5 | 7 . . | 9 . .
. 9 . | . 2 . | . . .
. . 2 | . . . | . 6 1
```

Medium # 659
```
1 . . | 7 . . | . . .
. 8 2 | 3 . . | . . 4
. . . | 8 . 6 | 2 . .
------+-------+------
. . . | . . . | 3 1 .
7 . 5 | . . 4 | . 2 .
2 4 . | . . . | . . .
------+-------+------
. . 3 | 1 . 5 | . . .
4 . . | . 2 3 | 9 . .
. . . | . 9 . | . . 7
```

Medium # 660
```
. . . | . . . | . 2 4
. . . | 2 7 . | 8 . .
6 . . | . 3 8 | . . .
------+-------+------
. 8 . | 6 . 9 | 1 . .
. . 9 | . . . | 4 . .
. . 5 | 1 . 2 | . 8 .
------+-------+------
. . . | 8 6 . | . . 7
. 4 . | . 2 3 | . . .
2 9 . | . . . | . . .
```

Medium # 661

```
3 . . | . 7 . | . . .
4 . 1 | 9 . 8 | . 7 .
. . . | 1 . . | 8 . .
------+-------+------
9 1 . | . . . | . . 3
. . 3 | . . . | 2 . .
6 . . | . . . | 8 4 .
------+-------+------
. . 7 | . . 3 | . . .
. 4 . | 7 . 9 | 1 . 8
. . . | 5 . . | . . 9
```

Medium # 662

```
. 2 . | 5 . . | . 1 .
6 . 7 | . . . | 3 . .
. . 9 | 2 . . | 7 . .
------+-------+------
. . 6 | . . 5 | . . .
4 7 . | . . . | . 5 6
. . . | 9 . . | 1 . .
------+-------+------
. . 5 | . . 8 | 4 . .
. . 8 | . . . | 6 . 7
. 1 . | . . 7 | . 8 .
```

Medium # 663

```
1 . . | 5 . . | . 7 6
. . . | 2 . . | 8 4 .
7 . . | . . . | 9 . .
------+-------+------
. 3 . | . . 5 | . . .
5 . 4 | . . . | 6 . 8
. . . | 4 . . | . 1 .
------+-------+------
. . 9 | . . . | . . 3
. 8 2 | . . 1 | . . .
6 5 . | . . 8 | . . 7
```

Medium # 664

```
. . . | . . 6 | 5 . 4
. . 7 | . 8 9 | . 3 2
8 . 6 | . . . | . . .
------+-------+------
7 . . | 4 . . | . . 3
. . . | . . . | . . .
6 . . | . 1 . | . . 5
------+-------+------
. . . | . . 8 | . . 7
1 8 . | 5 7 . | 9 . .
5 . 2 | 9 . . | . . .
```

Medium # 665

```
4 . . | . . 3 | . . .
. . 2 | . . . | . . 6
. . 6 | 7 . 8 | . 9 .
------+-------+------
9 5 1 | . 4 . | . 7 .
. 3 . | . 1 . | 2 4 9
. 7 . | 5 . . | 6 3 .
------+-------+------
1 . . | . . . | 5 . .
. . . | 8 . . | . . 2
. . . | . . . | . . .
```

Medium # 666

```
. 1 . | . . 5 | . . .
. 5 . | 4 . . | . . 7
6 . . | . 9 . | . 2 .
------+-------+------
. 5 . | . 2 . | 7 . .
. 7 . | 6 . . | 3 . .
2 . 5 | . . . | 4 . .
------+-------+------
. 9 . | . 8 . | . . 5
1 . . | . . 7 | . 3 .
. . . | 1 . . | . 8 .
```

Medium # 667

```
1 . . | 7 . . | 8 5 .
. 3 . | . 8 . | . . .
. . . | 2 . 1 | 6 . .
------+-------+------
. . . | 3 . . | . 1 .
. 1 8 | . . . | 2 4 .
. 6 . | . . 5 | . . .
------+-------+------
. . 4 | 6 . 2 | . . .
. . . | . 7 . | . 9 .
. 9 7 | . . 4 | . . 8
```

Medium # 668

```
. . . | . 2 . | 4 3 7
. . . | . . . | . . .
. . . | 3 . . | . 9 1
------+-------+------
. . 5 | 2 6 . | 3 . .
. . 6 | 8 . 4 | 2 . .
. . . | 8 . 1 | 9 6 .
------+-------+------
7 8 . | . . 5 | . . .
. . . | . . . | . . .
5 9 3 | . 4 . | . . .
```

Medium # 669

```
2 . . | 9 . . | . 5 .
. . . | 4 . 1 | . . .
. . . | . 2 . | 7 . 9
------+-------+------
. 4 . | . 6 . | 5 3 .
. . 6 | . . . | 2 . .
. 3 5 | . 1 . | . 9 .
------+-------+------
6 . 9 | . 8 . | . . .
. . . | 5 . 2 | . . .
. 5 . | . . 7 | . . 4
```

Medium # 670

```
. . 1 | 8 . . | 9 . .
8 . . | 2 . . | 3 5 .
4 . . | . . . | . . .
------+-------+------
3 . . | . 7 8 | 6 . .
5 . . | . . . | . . 7
. . 8 | 1 3 . | . . 4
------+-------+------
. . . | . . . | . . 1
. . 4 | 5 . . | 6 . 8
. . 6 | . . 1 | 7 . .
```

Medium # 671

```
. 1 . | 6 . . | . . 8
5 8 . | . 7 . | 2 . .
. . 3 | . . 5 | . . 4
------+-------+------
. . 9 | . . . | 4 . 5
. . . | . . . | . . .
7 . 5 | . . . | . 9 .
------+-------+------
2 . . | 1 . . | . 6 .
. . 7 | . 5 . | . 8 1
1 . . | . . 6 | . 4 .
```

Medium # 672

```
3 . . | . . . | . . 6
. 8 1 | 4 . . | 7 . 2
. . . | 9 2 . | . . .
------+-------+------
. 1 . | . . . | 4 5 .
. . . | 2 . 5 | . . .
. 5 9 | . . . | . . 1
------+-------+------
. . . | 5 6 . | . . .
. 6 . | . 8 . | 2 1 7
2 . . | . . . | . . 4
```

Medium # 673

```
. . . | 4 . 1 | . 8 .
2 7 . | . . . | . 3 .
1 . . | . . 3 | . . 9
------+-------+------
9 . . | 7 . . | . 5 .
. . 7 | . . 3 | . . .
. 3 . | . . 5 | . . 4
------+-------+------
8 . . | 6 . . | . . 5
. 1 . | . . . | . 9 2
. 2 . | 8 . 7 | . . .
```

Medium # 674

```
4 7 . | 8 . . | . 3 .
. . . | . 7 1 | 4 . .
. 3 . | . . . | 2 . .
------+-------+------
. . . | . . 6 | . . 5
. 8 6 | . . . | 2 3 .
2 . . | 5 . . | . . .
------+-------+------
5 . . | . . . | 6 . .
. 8 1 | 6 . . | . . .
. 1 . | . 9 . | . 5 4
```

Medium # 675

```
. . . | 6 4 . | . . 2
. . 2 | . . . | 6 . 9
. 6 . | . . . | . 5 1
------+-------+------
. . . | 1 . 4 | 3 . .
1 . . | . . . | . . 4
. . 8 | 2 . 9 | . . .
------+-------+------
3 2 . | . . . | . 9 .
9 . 1 | . . . | 8 . .
5 . . | . 7 6 | . . .
```

Medium # 676

```
4 . . | 2 7 . | . . 1
. 2 . | 4 . . | 9 . .
. . . | . 6 . | . . .
------+-------+------
1 . 6 | 2 . . | . . .
. 9 7 | . 5 6 | . . .
. . . | 4 2 . | . . 8
------+-------+------
. . . | 4 . . | . . .
. 5 . | . 6 . | 9 . .
6 . . | 3 7 . | . . 5
```

Medium # 677

```
. . . | . . . | 8 . .
. . . | . . 1 | 2 . .
3 . 6 | . . 2 | . 5 .
------+-------+------
8 . . | 3 9 . | 6 . .
4 . . | . . . | . . 7
. 9 . | 2 1 . | . . 5
------+-------+------
. 6 . | 7 . . | 9 . 1
. . . | 8 6 . | . . .
. 2 . | . . . | . . .
```

Medium # 678

```
2 . . | . 1 . | 5 4 .
. 5 7 | . . . | 8 . .
. . 3 | . 6 . | . . .
------+-------+------
. . . | 3 . 7 | . 2 .
. . 6 | . . . | 7 . .
. 7 . | 6 . 4 | . . .
------+-------+------
. . . | . 4 . | 3 . .
. . 5 | . . . | 6 8 .
. 2 9 | . 5 . | . . 1
```

Medium # 679

```
4 . 5 | . . . | 7 . .
. . 3 | 5 4 . | . 2 .
. . 9 | . 6 . | . 8 .
------+-------+------
. . . | . . . | . 6 .
. 1 . | 7 . 5 | . 4 .
. 7 . | . . . | . . .
------+-------+------
. 5 . | . 2 . | 6 . .
. 9 . | 4 3 6 | . . .
. . 6 | . . . | 8 . 1
```

Medium # 680

```
. . 6 | . 5 . | . 7 2
. . . | . 3 9 | . . .
. . . | 1 . . | . . 8
------+-------+------
. 8 . | 9 . . | 4 . .
. 9 . | . 6 . | . 1 .
. . 5 | . . 8 | . 3 .
------+-------+------
5 . . | . 9 . | . . .
. 3 4 | . . . | . . .
6 4 . | . 8 . | 2 . .
```

Medium # 681

```
. . . | 4 5 . | . 1 8
. 5 8 | . . 3 | . . .
9 . . | . . . | . . .
------+-------+------
. . . | . 4 . | 5 . .
6 . 4 | . 8 . | 2 . 9
. . 7 | . 2 . | . . .
------+-------+------
. . . | . . . | . . 2
. . . | 9 . . | 3 7 .
1 7 . | . 6 5 | . . .
```

Medium # 682

```
. 4 . | . . 6 | . . .
. 8 . | . 9 . | 3 5 .
3 . 2 | . 1 . | . . .
------+-------+------
8 7 6 | 4 . . | . . .
. . . | . . . | . . .
. . . | . 7 8 | 6 5 .
------+-------+------
. . . | 5 . 7 | . . 9
. 6 8 | . 7 . | 2 . .
. . . | 2 . . | 1 . .
```

Medium # 683

```
1 . . | 8 . . | . . .
7 2 . | 3 6 . | . . 8
5 . . | . . 4 | 7 . .
------+-------+------
. 7 5 | . . 9 | . . .
. . . | . . . | . . .
. . . | 1 . . | 8 9 .
------+-------+------
. . 7 | 4 . . | . . 9
2 . . | . 8 7 | . 5 1
. . . | . . 2 | . . 3
```

Medium # 684

```
. 6 . | . . . | 7 . .
. . . | . 8 . | . . 2
3 2 1 | 9 . . | . 5 .
------+-------+------
8 . . | 6 . . | 3 2 .
. . . | . . . | . . .
. 4 5 | . . 2 | . . 7
------+-------+------
. 7 . | . . 1 | 9 3 6
5 . . | 9 . . | . . .
. 3 . | . . . | 7 . .
```

Medium # 685

```
1 . . | . . 3 | 6 . .
. 8 . | . . . | 1 7 .
. 4 . | 6 . . | . . .
------+-------+------
4 . 9 | . . 2 | . . .
. 3 . | 9 . 1 | . 6 .
. . . | 4 . . | 8 . 7
------+-------+------
. . . | . 9 . | . 1 .
. 9 2 | . . . | . 4 .
. . 5 | 3 . . | . . 6
```

Medium # 686

```
. . . | . . 2 | 3 . 1
3 5 2 | . . . | 6 . .
. 4 . | . 6 . | 9 . .
------+-------+------
. . . | 1 4 . | 7 . .
. . . | . . . | . . .
. 6 . | . 2 7 | . . .
------+-------+------
. 7 . | 8 . . | . 2 .
. 4 . | . . . | 1 7 6
5 . 1 | 4 . . | . . .
```

Medium # 687

```
. 4 . | . . . | . . 3
1 . . | 2 . . | . . 6
. 7 . | 5 9 . | . . .
------+-------+------
. . . | 9 . 5 | 3 . .
7 . 6 | . . . | 9 . 4
. 3 8 | . 6 . | . . .
------+-------+------
. . . | 3 8 . | 5 . .
2 . . | 5 . . | . . 9
3 . . | . 2 . | . . .
```

Medium # 688

```
8 . . | 6 . 3 | . . 4
6 . 5 | 7 . . | . . 9
. 9 . | . . . | . . .
------+-------+------
. . . | 7 . . | . . .
5 . 1 | 4 . 6 | 8 . 7
. . . | . 2 . | . . .
------+-------+------
. . . | . . . | . 4 .
4 . . | 5 . 7 | . . 6
9 . 7 | 1 . . | . . 8
```

Medium # 689

```
. . 2 | . . 6 | . . .
. . . | 8 . . | 1 2 .
. . 4 | 5 . . | . . 8
------+-------+------
. . . | 8 2 5 | . . 9
. 7 . | . . . | . 4 .
5 . 6 | 4 3 . | . . .
------+-------+------
4 . . | . . 9 | 3 . .
. 2 7 | . . 5 | . . .
. . . | 1 . . | 4 . .
```

Medium # 690

```
. . . | 8 2 9 | . . .
. . . | 3 5 . | 6 . 4
. . . | . . . | 2 . 3
------+-------+------
. 2 4 | . . . | . . .
5 . . | 1 . 9 | . . 4
. . . | . . . | 8 9 .
------+-------+------
1 . 9 | . . . | . . .
. 7 . | 4 . . | 3 8 .
. . . | . . . | 7 1 5
```

Medium # 691

```
5 . . | . 7 . | . . .
1 . 9 | . 4 . | . 3 .
. 7 . | . . 1 | . . 2
------+-------+------
6 . . | . . . | . . 7
. 2 7 | . 5 3 | . . .
3 . . | . . . | . . 4
------+-------+------
7 . . | 4 . . | . 6 .
. 1 . | . 2 . | 5 . 9
. . . | . 6 . | . . 8
```

Medium # 692

```
. 7 . | 3 1 . | 4 . .
. . . | 6 . 5 | . . 3
5 . . | . . . | . . .
------+-------+------
. 4 . | . . . | 8 2 .
5 6 . | . . . | 9 1 .
9 3 . | . . . | 5 . .
------+-------+------
6 . . | . . . | . . 5
. . . | 8 . 9 | . . .
. . 3 | . 7 4 | . 2 .
```

Medium # 693

```
. 3 9 | 5 . . | . . .
. 8 . | 3 . . | . . 4
. . . | 1 . 9 | . 8 .
------+-------+------
. . 6 | . . 2 | . . .
9 2 . | . . . | . 1 8
. . . | 7 . . | 2 . .
------+-------+------
. 1 . | 8 . 5 | . . .
2 . . | . . 1 | . 6 .
. . . | . . 3 | 8 4 .
```

Medium # 694

```
5 . . | . . . | . . 3
. . 4 | . . . | . 5 .
. . 1 | . 3 6 | 8 . .
------+-------+------
1 4 . | . 8 . | . 7 .
. . . | 7 . 5 | . . .
. 9 . | . 1 . | . 8 6
------+-------+------
. . 8 | 1 9 . | 6 . .
. 3 . | . . 4 | . . .
6 . . | . . . | . . 9
```

Medium # 695

```
. . . | 6 . . | 5 8 .
8 . . | . 7 . | . . .
. . . | 1 . . | 5 . 3
------+-------+------
. . . | 8 . . | 7 . 6
1 . 4 | . . . | 3 . 8
6 . 3 | . . . | 1 . .
------+-------+------
7 . . | 2 . . | 9 . .
. . . | . . 9 | . . 4
. 6 9 | . . 3 | . . .
```

Medium # 696

```
. . . | . . . | 8 . 5
5 . 7 | . . 9 | . . .
8 . 1 | . . . | . 9 .
------+-------+------
9 7 . | . . 5 | . . .
. 2 . | 4 . 1 | . 7 .
. . . | 2 . . | 5 6 .
------+-------+------
. 6 . | . . . | 2 . 3
. . 6 | . . . | 9 . 4
4 . 2 | . . . | . . .
```

Medium # 697

	2			7				5
		4		3				
4	6			2		7		
								1
	2	1	6	9	8			
9								
	8		4			3	6	
		2		7				
5			9			4		

Medium # 698

1		6		9	7			
	3				4	1		
	7	8	6	2				
6						2		
	5							3
			6	2	4	7		
	2	4				1		
			7	5		2		9

Medium # 699

	6				7	3	2	
				2		7	8	1
			3					
	8		6			9		
4								5
		5			4		1	
				2				
6	3	9		1				
	5	1	4				6	

Medium # 700

	4		1					
	2				9			
7		1		8				5
2			3	4	5	9		
	3	5	9	1				4
5			8			4		6
		8				3		
				3		7		

Medium # 701

			5	6				7
	7			4				
2	3					1		5
			4			7	1	
			1		9			
9	5				7			
6		2					3	9
				8			2	
4						2	5	

Medium # 702

	1		9					
	9				4			2
				1	8			4
		2		6			5	
4			8		5			1
	5			7		9		
8			3	4				
6			2				8	
					7		2	

Medium # 703

1		5					9	
					8		4	
			7	9				
	3	8	2					6
	4		6		2			
8			3	1	9			
			4	5				
3		2						
	7				6			1

Medium # 704

8	9	4			3			
		6						
7				5		8		
	6			7				5
		7	6		5	1		
3				1			4	
			1		3			2
						4		
			7			6	3	9

Medium # 705

7			2					5
		9		1	4			3
				3			8	
	9	6					2	
		7				1		
	4					6	3	
	7			5				
1			4	6		8		
9					8			7

Medium # 706

8	5						6	
1	6							
	9			7	1			
		3			2		5	
	4	5		7	6			
7		5		8				
		2	3			5		
						2	1	
	4					3	6	

Medium # 707

4			7				8	
9			1					
				4			5	3
				1	2	6	7	
2								5
	1	7	8	6				
1	4			3				
					4			9
	8				1			2

Medium # 708

3	6			1				
		8	7			3	6	
				4				
7	9	4						
	5						6	
						7	1	2
				4				
	2	8				9	5	
			5				7	3

Medium # 709

```
. 6 1 | . . . | 4 8 .
7 . . | 1 2 . | . . .
. . . | . . . | . . 5
------+-------+------
. . 7 | 6 . 9 | . 1 .
8 . . | . . . | . . 2
. 1 . | 5 . 2 | 4 . .
------+-------+------
4 . . | . . . | . . .
. . . | . 1 7 | . . 9
. . 8 | 4 . . | 7 3 .
```

Medium # 710

```
. 3 . | . 1 . | . . 7
8 . 5 | . . . | 9 . .
. . . | 8 . 9 | . . 1
------+-------+------
. . . | . 5 . | . . 6
. . 4 | 3 . 6 | 8 . .
5 . . | . 4 . | . . .
------+-------+------
9 . . | 2 . 3 | . . .
. . 7 | . . . | 3 . 5
4 . . | . 6 . | . 2 .
```

Medium # 711

```
. 3 . | . . . | . 1 .
1 6 . | . . 7 | . . 8
. . . | . . 9 | . 4 7
------+-------+------
. 8 . | 3 . . | 4 . .
4 . . | . . . | . . 2
. . 1 | . . 5 | . 8 .
------+-------+------
3 4 . | 9 . . | . . .
8 . . | . 7 . | . 1 6
. . 6 | . . . | . 9 .
```

Medium # 712

```
. 9 7 | . . . | 5 . .
. 4 . | . . 7 | . 1 .
. . . | 3 . 1 | . . .
------+-------+------
3 . . | . . 7 | . . .
2 7 . | . . . | . 5 8
. . . | 6 . . | . . 2
------+-------+------
. . . | 8 . 4 | . . .
. . 4 | . 5 . | . 7 .
. . 2 | . . . | 9 3 .
```

Medium # 713

```
. . . | . . 5 | . . .
. . 3 | . . . | . . 4
3 9 . | . . 2 | 1 . 8
------+-------+------
. 3 . | 4 . . | . 1 .
6 . . | . 8 . | . . 2
. 4 . | . . 9 | . 7 .
------+-------+------
8 . 2 | 7 . . | . 9 6
7 . . | . . 6 | . . .
. . . | 9 . . | . . .
```

Medium # 714

```
. . . | . . . | 9 7 .
. . 4 | . 7 . | 8 . .
. . . | . 4 2 | . . .
------+-------+------
6 . . | . . 5 | . 9 .
1 5 . | . 3 . | . 8 6
. 8 . | 2 . . | . . 3
------+-------+------
. . . | . 9 6 | . . .
. . 7 | . 8 . | 5 . .
. . 6 | 7 . . | . . .
```

Medium # 715

```
3 . . | . 4 . | . . .
. 1 5 | . 2 . | . . .
9 . 4 | . . . | . 3 .
------+-------+------
. 8 . | . 6 7 | . . .
5 9 . | . . 6 | 4 . .
. 3 7 | . . 8 | . . .
------+-------+------
. 9 . | . . 5 | . 4 .
. . 1 | . 7 9 | . . .
. . . | 2 . . | . 7 .
```

Medium # 716

```
. . . | . . . | 9 . .
. 9 8 | 1 . . | . 4 .
. . . | . 3 7 | . 6 1
------+-------+------
. 4 3 | . . . | . . .
2 . 4 | . 8 . | . . 7
. . . | . . 5 | 2 . .
------+-------+------
6 4 . | 7 8 . | . . .
. 8 . | . 4 6 | 5 . .
2 . . | . . 5 | . 4 .
```

Medium # 717

```
. . 7 | . 3 . | . . 1
6 1 . | . . 2 | . 8 .
2 . . | . 5 . | 7 . .
------+-------+------
. . 9 | . . . | 3 . .
. . . | 1 . 4 | . . .
. . 1 | . . . | 6 . .
------+-------+------
. . 3 | . 4 . | . . 8
. 6 . | 8 . . | . 2 7
5 . . | . 1 . | 4 . .
```

Medium # 718

```
. . 4 | . . . | 5 . 7
. . 9 | . 4 . | . . .
. . . | . 8 1 | 4 . .
------+-------+------
3 . . | 6 . . | . 9 .
6 . . | . 8 . | . . 2
. 7 . | . . 1 | . . 3
------+-------+------
. 3 1 | 4 . . | . . .
. . . | 3 . 9 | . . .
9 . 7 | . . . | 6 . .
```

Medium # 719

```
. . 2 | . 1 . | . . 6
. . . | . . . | 3 . .
5 7 . | . 9 . | . 4 .
------+-------+------
. . 9 | . . 2 | . 3 4
. . . | 5 . 9 | . . .
8 6 . | 3 . . | 2 . .
------+-------+------
. 3 . | . 6 . | . 7 1
. . 8 | . . . | . . .
6 . . | . 5 . | 4 . .
```

Medium # 720

```
. . . | 5 9 . | . . .
4 9 8 | . . . | . 3 .
. . . | 4 . 8 | . . 2
------+-------+------
. 7 4 | 2 . . | . . 6
2 . . | . . . | 7 5 9
5 . . | 6 . 3 | . . .
------+-------+------
. 4 . | . . . | 1 6 7
. . . | . . . | 1 8 .
```

Medium # 721

1								4
7		2			3		1	
		5						6
			5		4			1
	1	2		6	8			
3		9	8					
9				5				
	2		4			9		5
8								2

Medium # 722

3						2		1
			4	9		3		
9				8				
		1			4		5	
	7		8		5		4	
	2		1			8		
				3				6
	3		4	7				
5	6							4

Medium # 723

7			8	9	6	1		
		4					7	
			5					6
5						6		
			7	8	3			
		3						4
8					9			
	3					4		
		6	2	5	8			1

Medium # 724

	8	4			2			3
		3			4			5
	9	1				6		
	9	1						
5								2
					8	1		
	7				8	6		
6		5			7			
1			6			5	7	

Medium # 725

5								2
9		6		1				7
			8				9	5
			1			2		
			7	5	6			
		4				9		
4	2					7		
8				6		7		1
3								4

Medium # 726

			8	4				
4		9	3			6	2	
						4		5
		7	6				3	
		2						8
		9			8	7		
9		2						
	5	1				7	8	4
						9	3	

Medium # 727

		9			4			
2			6					5
3					4	1		
7			4		6			
	6	4				5	8	
			8		5			6
		3	5					1
4					2			8
		8			9			

Medium # 728

7	1			5				4
6								
4		3	2	9				
1		4			2			
			3		6			
			1			7		6
				2	8	6		5
								7
8				3			4	1

Medium # 729

			7	5				
		5					9	3
8	9						1	7
				4	3	8		6
7		3	5	1				
1	8						5	9
9	3					2		
				7	6			

Medium # 730

3			5					1
		1				4	9	
		7	1	9				2
	3				6			
		9				3		
			2			8		
2					6	1	9	
	4	3				1		
6					2			7

Medium # 731

			4	8				3
						2		
3		5	9			8		
	9					3		
8		6		3		1		5
		2					9	
	7				3	8		9
	5							
2					7	1		

Medium # 732

9		3	6	4				1
7								
		1			9	5		
			8					2
		4			3		5	
6						1		
		6		8			4	
								7
1					5	7	3	8

Medium # 733

	2	3	8	6				
		7				8		
1		4						
	9			4		6		
			6	2	5			
		5		8			3	
						9		7
	4				8			
			3	6	1	2		

Medium # 734

5	3					7		
					4		9	
7			5	8		1		
	8				5	3		
4								1
		6	1			4		
		1		4	3			8
	4		6					
		9					3	6

Medium # 735

			9					
	5			1			3	9
				4	3		7	
4			3		1			
	7	1		8	4			
	1		7					2
	9		2	6				
6	3			8			2	
				7				

Medium # 736

		7		1	2		8	4
			3					
5	1		7					
7		1						9
	6				4			
3				5			2	
			6				1	7
			4					
6	7		3	9		2		

Medium # 737

3	5				8			
				2		9		5
9		6		4				
	1					8	6	
			1		2			
2	3						9	
			5			6		1
5		7		3				
				7			5	9

Medium # 738

		4			1			5
				6	2			9
8		9						1
		8				7	9	
		1						5
		6	5			7		
1						2		8
4			1	9				
6				5			3	

Medium # 739

	5	1		3				
2	6		9					
8		4						5
	5					9	7	
		5		9				
7	1				2			
6				4				9
			8			7	3	
		3		2	4			

Medium # 740

		9			4	5	7	
4				2				8
		1						
			9	1				6
	7		4		8		2	
1			7	2				
						9		
6			2					1
7	8	9			6			

Medium # 741

4			5					
9								7
	2	3		8		1		
1		4	3				7	
			2		9			
	7				8	6		9
	9		6			7	8	
6								5
				4				3

Medium # 742

6		5				8		
8			7		5			
	2		4	5				
			8	1				
1		9				2		8
		9	6					
			4	6		7		
			7	1				4
		8				9		1

Medium # 743

	5		3		4			7
		3		2				
		1			5		8	
	1	9		4				3
2				6		1	5	
	4		7			2		
				5		9		
7			4		6		1	

Medium # 744

								2
1		2			7			
		4		9	1			
7	6		8					
9			7	6	2			8
					5		1	7
			3	4		5		
			5			3		9
6								

Medium # 745

1	6		3	5				8
					9			
4			8					
2			3		8			
	1		2		8		5	
		7		1				3
					3			5
		6						
5				7	4		6	1

Medium # 746

	7			2			1	4
1							2	
					6	9		
4			3			8		6
				4				
7		1			9			3
		7	6					
	9							5
8	5			7			4	

Medium # 747

					3		2	6
3				9				5
1		5	6					
	2			6	1			
	9					8		
		7	3			4		
				5	6			1
6				1				8
8	5		3					

Medium # 748

	6					4		
4			5					
		3			1			9
6		9				2		
3	9	4		2		1		8
	2			8				6
8		4			7			
			9					7
	1				6			

Medium # 749

	7							
		6	5	9			8	
1				8	6			2
8							1	7
	6		8		1		3	
9	3							4
7			1	3				6
	5				7	4	9	

Medium # 750

							3	9
		9	6			2		
	5		2		7	1		
				5			4	
4			3		8			1
	6			2				
		3	4		9		5	
		5			1	6		
6	8							

Medium # 751

	4		7			6		
	8				5			9
5		3			6			7
	6			9				4
2				7			1	
3			2			5		1
1			5				3	
		2			9		8	

Medium # 752

9	6					2		
7								
	4		3				6	8
	3			5	2			
4			1		9			5
			8	7			1	
5	8				1		2	
								7
		9					3	1

Medium # 753

7		3				6		
		2		6			4	5
							7	
	7		6	1		5		
			2		7			
	5		3	4		9		
	2							
1	3			4		2		
		9				3		1

Medium # 754

8		3	1				2	
		7	8	9				
		5						3
	3	6	2					
			5					
				4	1	3		
4					9			
			8	2	3			
	2				7	6		1

Medium # 755

4			3			6		
5			6			1	4	
			2			8		
	2			9				
7		1				8		9
			4			7		
	3				1			
	1	9			7			8
		7			3			1

Medium # 756

	2		5	3		4		
				1			2	5
						8		
4				2		7		
	8		9		3		6	
		9		5				2
		8						
5	4			6				
		3		9	7		4	

Medium # 757

```
. . 1 | . 6 . | 9 . .
8 2 . | . 5 . | . . .
. 1 . | . . . | 7 5 .
------+-------+------
. 8 9 | . . 7 | 4 . .
. . . | . . . | . . .
. . 4 | 5 . . | 9 6 .
------+-------+------
. 9 7 | . . . | . 1 .
. . . | . 7 . | . 4 3
. 5 . | 2 . 4 | . . .
```

Medium # 758

```
9 7 5 | . . . | 6 . 3
. . . | . . . | . . .
. . 2 | 6 . . | . 8 7
------+-------+------
. . . | . 2 9 | . . .
2 4 . | . . . | 3 1 .
. . . | 4 5 . | . . .
------+-------+------
5 9 . | . . 1 | 8 . .
. . . | . . . | . . .
6 . 7 | . . . | 4 2 9
```

Medium # 759

```
. . . | . . 4 | . . 7
. . 4 | 8 . . | . 1 .
9 . . | 2 3 6 | . 5 .
------+-------+------
3 . . | . . . | . 8 .
. . . | 5 . 9 | . . .
. 4 . | . . . | . . 1
------+-------+------
. 2 . | 3 6 7 | . . 8
. 6 . | . 1 2 | . . .
7 . . | 9 . . | . . .
```

Medium # 760

```
. . . | 6 . . | . . 5
. 6 . | 3 5 . | . . 8
. . 8 | . . 7 | . . .
------+-------+------
. 9 . | 4 . . | 2 . .
. 5 . | 6 . 3 | . 4 .
. . 1 | . . 2 | . 7 .
------+-------+------
. 2 . | . . 9 | . . .
5 . . | 7 8 . | 6 . .
9 . . | . 5 . | . . .
```

Medium # 761

```
. . . | . 9 6 | 5 . 2
. . 5 | . . . | 3 7 6
. . . | . 4 . | . . .
------+-------+------
1 . 8 | . . . | . 5 .
. . . | 1 . 3 | . . .
. 4 . | . . . | 6 . 8
------+-------+------
. . . | 5 . . | . . .
3 7 9 | . . . | 1 . .
8 . . | 6 9 3 | . . .
```

Medium # 762

```
. . . | . . 2 | . 9 .
8 . . | . . . | 6 . .
4 6 . | . . . | . . 5
------+-------+------
. 7 8 | 6 . . | 3 . .
3 . . | . . . | . . 8
. . . | 7 . 5 | 9 3 .
------+-------+------
9 . . | . . . | 4 1 .
. 5 . | . . . | . . 6
. 1 . | 5 . . | . . .
```

Medium # 763

```
. 7 . | . . . | . . .
5 . 9 | . . 1 | . . .
4 . 1 | . 8 . | 5 . .
------+-------+------
. 9 . | . 3 . | . . 4
7 6 . | . . . | 5 8 .
3 . 5 | . 9 . | . . .
------+-------+------
8 . 2 | . 4 . | . . 9
. 3 . | . 7 . | . . 2
. . . | . 4 . | . . .
```

Medium # 764

```
. . . | . . . | . . .
. 2 1 | . . 5 | 8 . .
. 9 . | . 2 . | . 4 3
------+-------+------
3 . 9 | 4 . . | . 6 .
. . . | . . . | . . .
. 7 . | . . 3 | 2 . 5
------+-------+------
2 3 . | . 7 . | . . 5
. . 8 | 6 . . | . 7 1
. . . | . . . | . . .
```

Medium # 765

```
9 . . | 7 . . | 8 2 .
6 . . | . 9 . | . 4 .
. . . | . 2 3 | . 6 .
------+-------+------
4 . . | . . . | 1 9 .
. . . | . . . | . . .
. 8 2 | . . . | . . 4
------+-------+------
. 3 . | 4 5 . | . . .
. 4 . | . 1 . | . . 9
. 5 7 | . . 6 | . . 2
```

Medium # 766

```
8 7 . | 6 . . | 5 . .
. 9 . | . 2 4 | . . 3
. 4 . | . 5 . | . . .
------+-------+------
. . . | 8 . . | . . 5
. 7 . | . 6 . | . . .
1 . 3 | . . . | . . .
------+-------+------
. . 9 | . . . | 1 . .
2 . 3 | 7 . . | 9 . .
. 1 . | 3 . . | 6 8 .
```

Medium # 767

```
. . 5 | 9 . . | . . .
. . 7 | . . . | 9 3 .
9 . . | . 8 2 | . . 6
------+-------+------
. 1 . | . 9 4 | . . .
. . 3 | . . . | 4 . .
. . . | 6 5 . | . 9 .
------+-------+------
4 . . | 7 2 . | . . 3
5 9 . | . . . | 6 . .
. . . | . . 6 | 7 . .
```

Medium # 768

```
. . 3 | . . 6 | . 9 .
8 . . | . 4 . | 7 1 .
. . . | . . . | . 2 4
------+-------+------
1 6 2 | . . . | 5 . .
. . . | . . . | . . .
. . . | 3 . . | 9 6 1
------+-------+------
4 1 . | . . . | . . .
. 9 3 | . 1 . | . . 5
. 7 . | 2 . . | . 3 .
```

Medium # 769

```
. . . | . . 4 | 3 . 1
. . 3 | . . . | 4 8 .
. 8 4 | . . . | 5 . .
------+-------+------
. 5 . | . . . | 7 4 .
. . . | 1 . 5 | . . .
. 7 2 | . . . | . 3 .
------+-------+------
. . 1 | . . . | 9 7 .
. 4 9 | . . . | 1 . .
2 . 5 | 8 . . | . . .
```

Medium # 770

```
7 6 . | . . . | . . .
. . . | . . . | 8 6 .
. 8 . | 3 . . | . 9 2
------+-------+------
. . 8 | . 7 . | . 3 .
. 9 . | 5 . 1 | . 8 .
. 5 . | . 2 . | 4 . .
------+-------+------
6 2 . | . . 8 | . 1 .
. 1 7 | . . . | . . .
. . . | . . . | 9 5 .
```

Medium # 771

```
8 . . | 2 4 . | 5 . .
. . . | 5 . 8 | . 7 9
. . . | . . . | . . 1
------+-------+------
. . 8 | . . . | 9 . 3
. . . | 4 . 9 | . . .
3 . 9 | . . . | 1 . .
------+-------+------
. 1 . | . . . | . . .
7 5 . | 6 . 2 | . . .
. . 6 | . 9 4 | . . 7
```

Medium # 772

```
. . . | . 1 4 | . . 9
6 . . | . 5 8 | . . .
. . 8 | . . . | 2 5 .
------+-------+------
. 1 . | 5 . . | 9 . .
. . 2 | . . 1 | . . .
. 5 . | 6 . . | 3 . .
------+-------+------
4 6 . | . . 2 | . . .
. . 3 | 2 . . | . . 1
5 . . | 6 3 . | . . .
```

Medium # 773

```
5 7 2 | . 8 . | 6 . .
. . . | 9 4 . | . . .
6 . . | . . . | . . 3
------+-------+------
1 . 9 | . . . | . . 2
. . . | 4 . 2 | . . .
3 . . | . . . | 8 . 4
------+-------+------
7 . . | . . . | . . 8
. . . | 8 4 . | . . .
. 1 . | 5 . 7 | 3 2 .
```

Medium # 774

```
7 . . | 9 . . | . 6 1
. . . | . 6 7 | 3 9 .
. . . | . 4 . | . . .
------+-------+------
. . 6 | 5 . . | 4 7 .
. 8 7 | . . . | 4 1 .
. . . | . 8 . | . . .
------+-------+------
. 2 4 | 1 7 . | . . .
3 5 . | . . . | 9 . 8
. . . | . . . | . . .
```

Medium # 775

```
. . 8 | . 3 . | . . 4
. 3 . | . . . | 2 . .
4 . . | . 1 . | . 8 .
------+-------+------
. 6 . | 2 7 . | . . 1
. . 2 | . . . | 9 . .
3 . . | 6 1 . | 7 . .
------+-------+------
. 1 . | . 9 . | . . 6
. 9 . | . . . | 4 . .
2 . . | 1 . 7 | . . .
```

Medium # 776

```
7 4 . | . . . | . . 3
. 2 7 | 6 9 . | . . .
. 5 . | . . . | . . .
------+-------+------
. 4 . | . . 3 | 9 . 2
. . . | 1 . 2 | . . .
2 . 3 | 6 . . | . 4 .
------+-------+------
. . . | . . . | 7 . .
. . . | 5 1 7 | 3 . .
1 . . | . . . | 6 5 .
```

Medium # 777

```
. 3 7 | . 5 9 | . . .
. . . | . . . | 1 . .
8 . . | . 7 . | . . 3
------+-------+------
4 . . | . . . | 7 . .
. 8 1 | 4 . . | 7 6 9
. . 3 | . . . | . . 1
------+-------+------
2 . . | . . . | 4 . 5
. . 8 | . . . | . . .
. . . | 1 2 . | 4 6 .
```

Medium # 778

```
4 1 . | . . 6 | . . .
. 9 2 | . . . | . . .
. . . | . . . | 7 . 3
------+-------+------
9 . . | 7 . 1 | . . .
. 5 7 | . . . | 8 4 .
. . . | 2 . 8 | . . 9
------+-------+------
6 . 4 | . . . | . . .
. . . | . . . | 4 2 .
. . . | 6 . . | . 5 1
```

Medium # 779

```
5 . . | . 9 3 | . . 4
. . . | 4 . . | . . .
. 8 . | 5 . . | . . 7
------+-------+------
. 4 6 | . 1 8 | . . .
7 . . | . . . | . . 3
. . . | 2 4 . | 9 8 .
------+-------+------
4 . . | . . 9 | . 5 .
. . . | . . . | 6 . .
2 . . | 4 6 . | . . 9
```

Medium # 780

```
. . . | 5 1 . | . . 4
. . 4 | . . . | 5 . .
9 . 3 | . 7 4 | . . .
------+-------+------
4 . 8 | 6 . . | . . .
. . 6 | . . . | 4 . .
. . . | . . 9 | 1 . 2
------+-------+------
. . . | 3 2 . | 9 . 8
. . 1 | . . . | 2 . .
8 . . | . 6 7 | . . .
```

Medium # 781

1				7			2	3
3				4	2			6
		9						7
	8				4	2		
		1	5				4	
5					7			
7			6	9				2
6	3			2				9

Medium # 782

9			3	1		6		8
				5	6	2		
	5		4					
							1	2
5								7
8	2							
					7		6	
		8	6	4				
7		3		9	1			4

Medium # 783

			7			4		6
	3			4		2		
8			1			9		
					1		6	9
	2						5	
6	9		8					
		8			5			4
		4		8			9	
2		3			6			

Medium # 784

				3				1
6	9	5						4
		8		9				
	2		8			1		
	4		5		3		8	
		1			2		6	
			6		9			
2					7	4	6	
8			2					

Medium # 785

7			1				5	
1	8	9						
			3					1
			7	5	4			6
6								2
4		2	9	1				
8					4			
						9	2	7
		3				1		5

Medium # 786

				1			7	
1	2	9	6					
5			4					9
7				1		8	9	
	5	4		2				6
9					1			4
					6	2	3	8
		2			3			

Medium # 787

	4		7			3		
		1						
	9	4	6	8		2		
2				4				7
	9					4		
4		5						3
	8		9	4	5	6		
					2			
	5			1		2		

Medium # 788

		5			7			3
	3					6	7	
		9						1
					1	3		2
		6		2				
2	9	5						
7				8				
1	6					7		
9		4			8			

Medium # 789

	7		6					
	4		8					2
5		3			1			
		2	4		8	9		
8								1
		5	2		6	8		
			1			3		6
1					4		9	
				3		2		

Medium # 790

				5				2
8		2			4			
		3	4	2				9
	3	9	2		1			
			9			4	5	1
2				1	9	8		
	8					9		1
6			3					

Medium # 791

		2		5	8			
3								5
				1				3
	7		5	8		2		
	5	9				1	7	
		8		2	1		4	
1				7				
5								2
			2	6		7		

Medium # 792

					2	1		
			6	9		3		
	9	8					6	
				6		2		5
5	6						4	8
9		2		5				
	3					7	9	
		1		7	4			
			2	1				

Medium # 793

8			3			9		5
	5	9				8		
4	1			7				
		6				3		
	8				4			
	2				1			
			5			8	6	
	7			4	5			
3		6	2					7

Medium # 794

						5	2	
2		1	7		4			
4	9							
7		3			1			
	6	8				1	7	
			3			8		6
						3	9	
		2		8	6		5	
	7	4						

Medium # 795

9			2				8	
2		7					1	
				6		4		
	2		5		4	1		
	1						3	
		6	9		1		5	
	5		2					
4					5		7	
9				3				6

Medium # 796

	9	5		6				
	4							8
1				9		3		
			1		4			
3	6	8				5	1	2
		9		2				
	7		1					5
2						7		
			3			2	8	

Medium # 797

						3	1	
	3		2	7				5
		6						9
	6		7		1			
5	1					9	8	
			9		8		5	
7					8			
1			4	9		7		
	2	4						

Medium # 798

	8				4			2
5					2	1		
6						9		
			8	6		7		
		3				5		
	7		9	1				
		8						3
		2	3					5
9			2				8	

Medium # 799

			6			1	3	
				7	8			2
9		1		8				
			9					1
1	6						7	3
5				1				
			4			7		6
6		4	9					
	5	7		2				

Medium # 800

				3		4		
	5			4				
8	3				2		5	
				1		6		
2			4	9	8			1
			1	3				
5		6				9	7	
				8			2	
	4		3					

Medium # 801

			4	7	8		1	
				1				
7						3	9	
4					3		7	
		6		2		8		
	5		9					2
2	1							3
				3				
3			1	5	6			

Medium # 802

	5		1					
		8		4	3			6
			7	5				
4		2						
7	1			8			6	3
					4			5
			5	3				
9		6	2		1			
					6		2	

Medium # 803

			4			8		
8	4	9						3
					7			5
			3	8			7	2
			7		6			
7	6			9	2			
1			5					
2						5	1	7
	7				8			

Medium # 804

			9	4				
8				1				
	9			5			7	3
	3				5	2		
4	5						3	1
		7	3				9	
2	7			8			1	
				6				8
				3	4			

Medium # 805

```
. . . | . . . | 8 . .
9 . . | 3 . 4 | . . .
2 . . | 5 . . | 7 . 3
------+-------+------
7 . 2 | . . 5 | . . .
. . . | 9 . 8 | . . .
. . 8 | . . . | 2 . 6
------+-------+------
8 . 5 | . . 1 | . . 2
. . . | 6 . 7 | . . 4
. . . | 3 . . | . . .
```

Medium # 806

```
. . . | . . . | 3 9 2
. 7 . | . 3 6 | 8 . .
9 . . | . . . | . . .
------+-------+------
. . . | . . 7 | . 1 .
. 1 8 | . . . | 2 7 .
. 3 . | 5 . . | . . .
------+-------+------
. . . | . . . | . . 6
. 6 7 | 2 . . | 8 . .
5 4 7 | . . . | . . .
```

Medium # 807

```
. 4 7 | . . . | . . 7
2 . . | 9 3 . | 7 1 .
. 6 . | . 4 . | . . .
------+-------+------
. 9 1 | . 5 . | . . 3
5 . . | . . . | . 9 8
. . . | . 5 . | . 3 .
------+-------+------
. 3 8 | . . 7 | 1 . 6
. . . | . . . | 9 4 .
. . . | . . . | . . .
```

Medium # 808

```
. . . | . . . | 9 7 8
5 . . | . 1 6 | . . .
4 . . | . . . | . . .
------+-------+------
6 . . | . 3 4 | . . .
. 9 . | 8 . 5 | . 3 .
. . 5 | 6 . . | . . 9
------+-------+------
. . . | . . . | . . 1
. . 7 | 4 . . | . . 2
2 1 8 | . . . | . . .
```

Medium # 809

```
. 2 8 | 9 . . | . . .
5 . . | . . . | . 7 .
6 1 . | . 3 . | . . .
------+-------+------
. . . | . 6 . | 8 . .
2 . 9 | . 8 . | 5 . .
8 . 2 | . . . | . . .
------+-------+------
. . . | . 7 . | 6 4 .
9 . . | . . . | . . .
. . . | 2 5 3 | . . .
```

Medium # 810

```
4 . . | . . 3 | . 5 .
. . 8 | . . . | . 2 3
. . . | . 9 . | 8 . .
------+-------+------
2 7 . | . . 9 | . 4 .
. . . | . 1 . | 6 . .
. 5 . | 7 . . | . 6 2
------+-------+------
. . 9 | . 5 . | . . .
1 8 . | . . 5 | . . .
. 2 . | 3 . . | . . 8
```

Medium # 811

```
. . 7 | 4 . 5 | . . .
. . 4 | . . . | . . .
9 2 . | 1 5 . | . 7 .
------+-------+------
8 5 . | . 1 . | . . .
3 . . | . . . | . . 1
. . . | 3 . . | 2 5 .
------+-------+------
. 6 . | . 8 2 | . 1 4
. . . | . . 3 | . . .
. 8 . | . 7 3 | . . .
```

Medium # 812

```
. . 2 | . 5 . | . . 1
3 . . | . . 7 | . . .
. 9 . | . 4 . | . . .
------+-------+------
4 7 . | 1 . . | 6 . .
. 3 . | 9 . 4 | . . .
. 5 . | . 2 . | 3 7 .
------+-------+------
. . . | 8 . . | 7 . .
. 8 . | . . . | . . 5
1 . . | 5 . 9 | . . .
```

Medium # 813

```
8 . . | . . . | 7 . .
. 2 . | . . 7 | . 1 9
. 7 . | . 1 5 | . . .
------+-------+------
. 6 . | . 2 . | 3 . .
7 . . | . . . | . . 2
. 5 . | . 7 . | 8 . .
------+-------+------
. . 6 | 4 . . | 3 . .
4 5 . | 1 . . | 2 . .
. . 8 | . . . | . . 1
```

Medium # 814

```
. . 3 | . . 7 | 8 . .
. 7 . | . 9 . | . . .
8 . . | . . 1 | 9 . .
------+-------+------
. . 9 | . . 3 | 2 5 .
3 . . | . . . | . . 1
2 8 7 | . . 5 | . . .
------+-------+------
. . 2 | 6 . . | . . 8
. . . | 2 . 6 | . . .
. 9 3 | . . 8 | . . .
```

Medium # 815

```
. 5 7 | 9 . . | 1 . .
. . 4 | . . 6 | . 9 .
. . . | . 1 . | 3 . .
------+-------+------
4 7 . | . . . | . . .
. 1 . | 2 . 3 | . 6 .
. . . | . . . | . 1 8
------+-------+------
. 2 . | 4 . . | . . .
4 . 8 | . . 9 | . . .
. 8 . | . . 9 | 5 3 .
```

Medium # 816

```
6 . 4 | . 7 . | 2 . .
8 . . | . . . | 9 . 6
. . . | 3 . . | . 7 .
------+-------+------
. . . | 2 . . | 4 6 .
. 3 . | . . . | . . 1
6 1 . | . . 7 | . . .
------+-------+------
. 5 . | . . 8 | . . .
7 . 6 | . . . | . . 5
. . 2 | 1 . . | 6 . 7
```

HARD

Puzzles

Hard # 817

```
. 5 . | . 3 . | 4 . .
. 9 . | . . 7 | . . .
1 . . | . 9 . | . . 2
------+-------+------
. 4 . | 5 . . | . . 8
9 . 5 | . . 1 | . . 6
2 . . | 8 . . | 3 . .
------+-------+------
8 . . | 4 . . | . . 5
. . . | 2 . . | 1 . .
. . 6 | . 9 . | . 7 .
```

Hard # 818

```
. 4 . | . . 5 | . . .
9 . . | 3 6 . | . . .
. . . | . . . | 5 1 .
------+-------+------
7 . . | . 4 . | . 3 5
. . 5 | 2 . 3 | 9 . .
6 3 . | . 9 . | . . 8
------+-------+------
. 6 2 | . . . | . . .
. . . | . 8 2 | . . 7
. . . | 4 . . | 6 . .
```

Hard # 819

```
. 6 . | 5 . 9 | . 3 .
8 4 . | . 2 . | . 7 .
. . . | . . . | 4 . .
------+-------+------
3 2 . | . 5 . | . . .
9 . . | . . . | . . 1
. . . | . 6 . | . 7 4
------+-------+------
. . . | 7 . . | . . .
. 2 . | 1 . . | . 9 3
. 3 . | 2 . 6 | . 5 .
```

Hard # 820

```
8 . 2 | 5 9 . | . . .
. 5 . | . . . | . . .
. 6 . | . 2 8 | . . .
------+-------+------
. . 8 | . 6 . | . . 4
. 3 4 | . 9 5 | . . .
2 . . | 7 . . | 1 . .
------+-------+------
. . 4 | 6 . . | 3 . .
. . . | . . . | . 1 .
. . . | 4 8 2 | . 9 .
```

Hard # 821

```
. . . | . . 9 | . . 3
. 4 6 | 8 . . | . . .
. 1 6 | 4 . 5 | . . .
------+-------+------
. 8 . | . 9 . | . . 2
. 5 . | . . . | 8 . .
6 . . | . 1 . | . 3 .
------+-------+------
. . 5 | . 6 3 | 7 . .
. . . | . 4 8 | 2 . .
7 . . | 9 . . | . . .
```

Hard # 822

```
. . . | 9 . 3 | . . .
. . . | . . . | 1 6 8
. . . | . 4 . | 7 . .
------+-------+------
. 5 7 | 3 . . | 9 . .
9 4 . | . . . | . 8 2
. . . | 2 . . | 9 4 7
------+-------+------
. . 5 | . 9 . | . . .
7 9 4 | . . . | . . .
. . . | . 2 . | 1 . .
```

Hard # 823

```
. . . | 4 9 2 | . . .
. . . | 9 . . | . . 5
. 9 7 | . . 6 | . . .
------+-------+------
2 . . | 4 7 . | . . .
3 5 . | . . . | 7 2 .
. . 2 | 6 . . | . . 3
------+-------+------
. 2 . | . . . | 5 9 .
8 . . | 7 . . | . . .
. 6 4 | 1 . . | . . .
```

Hard # 824

```
. . . | . 7 2 | 1 . .
7 . . | . . 6 | . . .
. . 8 | 5 . . | 3 . .
------+-------+------
4 . . | 6 . . | 5 . 3
. 3 . | . . . | 4 . .
5 . 2 | . . 1 | . . 9
------+-------+------
. 6 . | . . . | 4 2 .
. . 2 | . . . | . . 5
. . 9 | 8 6 . | . . .
```

Hard # 825

```
5 4 . | . . . | 1 2 .
2 9 . | 6 . . | . . .
. . . | . . . | . . .
------+-------+------
9 . . | 4 . 2 | . . 8
. 5 . | . 7 . | . 2 .
7 . . | 9 6 . | . . 3
------+-------+------
. . . | . . 3 | . 1 6
. . 3 | 5 . . | . 8 9
. . . | . . . | . . .
```

Hard # 826

```
. . . | 1 8 7 | 4 3 .
. 9 8 | . . . | . . .
. . . | . . . | . 9 8
------+-------+------
6 8 . | . 7 . | . . .
. . . | 2 . 3 | . . .
. . . | 6 . . | . 1 4
------+-------+------
8 4 . | . . . | . . .
. . . | . . . | 9 2 .
3 7 9 | 1 5 . | . . .
```

Hard # 827

```
. . 4 | 6 . 7 | . . .
. . . | . . . | . . 3
. . 8 | . . . | 5 . 1
------+-------+------
. . . | . 6 . | 9 2 5
. 4 . | 9 . 5 | . 8 .
5 9 3 | . 8 . | . . .
------+-------+------
4 . 1 | . . . | . 5 .
9 . . | . . . | . . .
. . . | 3 . 6 | 2 . .
```

Hard # 828

```
9 . . | . . 6 | . . .
. . 8 | 1 . . | 2 . .
6 3 . | . 8 7 | . . .
------+-------+------
8 . 1 | . . . | . . 2
. 5 . | . . . | . 1 .
2 . . | . . . | 4 . 8
------+-------+------
. . . | . 4 8 | . 2 3
. . 3 | . . . | 5 1 .
. . 9 | . . . | . . 7
```

Hard # 829

7			1	8				
8				4				7
		6		3		5		
	3				8		4	6
9	7		6				1	
		9		4		7		
5			7					3
				9	6			2

Hard # 830

		8	3			5		
		1						7
2			9				3	8
			6	5				
3	2						1	5
				9	3			
4	1				8			6
7						1		
	5				2	7		

Hard # 831

9	7							3
				6	4			5
	1	7						
				3	6	5		
	6		9		2		3	
	4	8	7					
				9	2			
2			5	1				
6							1	7

Hard # 832

	2			3				
		1						3
	7	6		4	2			
7						8	5	
	8		7		3		1	
4	5							7
		1	5		2	6		
5					6			
			9			4		

Hard # 833

		7		9			3	
						9	1	8
	4				2			
			6			3		
8			9		4			6
		6			5			
			5				7	
4	5	9						
	1			8		5		

Hard # 834

			8					9
8		2		4		7		5
		5						
			1		3			4
7								1
1			5		6			
						2		
5		8		9		1		6
2					7			

Hard # 835

		5				7	9	
1			7			2		
		6	9		4			
	9		1			6		
			8					
	3				2		4	
		2		9	3			
		1			7			5
	2	3			1			

Hard # 836

8					1			
9			2					
1		6	4				9	
	9		8			4		2
6								5
4		5			9		3	
	1				7	6		9
					1			7
				2				3

Hard # 837

		5					9	7
		6					8	
	3		6	4				1
			2		9		1	
				8				
	2		4		1			
7			3	5		4		
	6					2		
4	1					9		

Hard # 838

4	3		1			5	2	
			5					
5			2					7
3		8				2		
		7			4			
	2					8		1
7			9					6
				4				
6	5			8			1	4

Hard # 839

	5		1	3				
7					8			
	2					6	9	
						2	3	
8				4				1
		9	5					
3	4					5		
			8					6
				9	7		2	

Hard # 840

4						7		8
				7			9	
		3	4		5			
1			9	5				
	9		3		6		1	
				4	7			5
			5		3	6		
	3			1				
5		6						3

Hard # 841

```
. . . | . . . | 8 . .
. . 7 | . . . | 1 4 .
. 4 . | . 2 6 | . . .
------+-------+------
. 3 7 | 8 . 1 | . . 9
. . . | . . . | . . .
8 . . | 3 . 5 | 4 2 .
------+-------+------
. . . | 1 9 . | . 5 .
. 8 6 | . . 3 | . . .
. . 5 | . . . | . . .
```

Hard # 842

```
. 5 7 | . . . | . . 6
. 2 . | 6 8 . | 4 . .
. 1 . | . 4 . | . . .
------+-------+------
1 . . | . . . | 2 7 .
. 9 . | . . . | 3 . .
. 5 6 | . . . | . . 8
------+-------+------
. . . | 7 . . | 6 . .
. 6 . | 2 3 . | 9 . .
3 . . | . . . | 4 5 .
```

Hard # 843

```
. 9 . | . . . | 1 . 3
. . . | . 5 6 | . . .
. . . | 3 6 . | . 8 .
------+-------+------
. . 8 | . . . | 4 . 5
1 3 . | . . . | . 6 9
2 . 4 | . . . | 8 . .
------+-------+------
. . 1 | . 7 3 | . . .
. 7 2 | . . . | . . .
8 . . | 6 . . | . 9 .
```

Hard # 844

```
. 6 . | . 5 7 | 4 . .
3 . . | . . 2 | . 7 5
. 9 6 | 5 . . | 7 . .
------+-------+------
4 . . | . . . | . . 6
. . 8 | . . 6 | 5 1 .
6 1 . | 3 . . | . . 8
------+-------+------
. . . | . . . | . . .
. . 5 | 7 4 . | . 9 .
. . . | . . . | . . .
```

Hard # 845

```
. . . | . . 5 | . . .
3 . 2 | 1 . 9 | . . .
. 6 . | . 4 . | 5 2 9
------+-------+------
. . 3 | . . . | . 6 .
. . 9 | . . . | 2 . .
. 7 . | . . . | 3 . .
------+-------+------
5 2 7 | . . 6 | . 8 .
. . . | 2 . 5 | 1 . 7
. . . | . 8 . | . . .
```

Hard # 846

```
9 2 . | . . . | 4 7 .
. 7 4 | . . . | . . .
. . . | . . 6 | 4 1 .
------+-------+------
2 . . | . . . | 8 . .
. . . | 6 2 1 | . . .
. . . | . 9 . | . . 4
------+-------+------
. 6 3 | 5 . . | . . .
. . . | . . . | 3 7 .
. . . | 9 8 . | . 5 2
```

Hard # 847

```
8 . . | . . 5 | . 7 .
9 . 4 | . 7 . | . . 2
. 5 1 | . . . | 4 . .
------+-------+------
. . . | 1 . . | . . .
. . . | 6 9 7 | . . .
. . . | . 4 . | . . .
------+-------+------
. . 8 | . . . | 6 5 .
5 . . | . 8 . | 9 . 1
. 7 . | 9 . . | . . 4
```

Hard # 848

```
. . . | 6 9 1 | . 7 .
. . 7 | . . . | . . 6
. . . | 4 . . | 1 2 .
------+-------+------
5 . 4 | . . . | . . .
. 9 6 | . . . | 3 1 .
. . . | . . . | 6 . 5
------+-------+------
. 4 8 | . . . | 9 . .
6 . . | . . . | 7 . .
. 3 . | . 1 8 | 2 . .
```

Hard # 849

```
. 1 3 | . . 6 | . . .
. . . | . . 5 | . . 1
. . . | 9 . . | . 6 4
------+-------+------
1 . . | . . . | . 4 3
. 9 . | 4 . 8 | . 2 .
3 4 . | . . . | . . 7
------+-------+------
2 6 . | . . 3 | . . .
9 . . | 7 . . | . . .
. . . | 2 . . | 9 3 .
```

Hard # 850

```
. . 2 | 5 6 . | . . .
6 . . | . . 3 | . . .
5 . 3 | . . 2 | . 6 .
------+-------+------
. . . | 3 4 9 | . . .
. . 7 | . . . | 6 . .
. . 8 | 9 5 . | . . .
------+-------+------
. 1 . | 6 . . | 3 . 8
. . . | 1 . . | . . 9
. . . | . 9 7 | 2 . .
```

Hard # 851

```
2 . 5 | . . . | 4 . .
. . 9 | 5 . . | . . 7
. 7 . | 8 . . | . 9 .
------+-------+------
. 5 1 | . 3 . | . . .
. 6 . | . . . | . 1 .
. . . | . 1 . | 3 4 .
------+-------+------
. 1 . | . . 7 | . 5 .
4 . . | . 5 2 | . . .
. . 2 | . . . | 8 . 4
```

Hard # 852

```
. 2 . | 8 . . | . 7 .
. . 3 | . 1 . | . 4 .
4 1 . | . 7 . | . . 9
------+-------+------
. 5 . | . . . | . . .
9 . 6 | . . . | 2 . 1
. . . | . . . | . 3 .
------+-------+------
6 . . | . 2 . | . 1 8
. 8 . | . 9 . | 3 . .
. 9 . | . 4 . | 6 . .
```

Hard # 853

```
. . . | . . . | . 4 9
4 . . | . 7 . | . . 3
. 7 . | . . 5 | . 6 .
. . 5 | . . 6 | 1 . .
. . . | 5 . 1 | . . .
. . 7 | 9 . . | 8 . .
. 6 . | 1 . . | . 2 .
1 . . | . 4 . | . . 7
8 9 . | . . . | . . .
```

Hard # 854

```
5 . 6 | . . . | 1 . .
. 1 . | . 4 . | . . 3
. . . | 8 . 6 | . . .
. 4 7 | . . . | . . .
1 . . | 3 . 9 | . . 6
. . . | . . . | 9 8 .
. . . | 1 . 7 | . . .
3 . . | . 6 . | . 9 .
. . 5 | . . . | 2 . 8
```

Hard # 855

```
. . . | 6 2 . | 3 . .
. . 5 | . 7 . | . 4 .
9 . . | . 4 . | . 2 5
. . . | . . . | . 3 8
. . 9 | . . . | 7 . .
7 4 . | . . . | . . .
1 5 . | . . 6 | . . 9
. 3 . | . 9 . | 4 . .
. . 8 | . 1 7 | . . .
```

Hard # 856

```
5 . . | . . . | 8 . .
. 6 3 | . . . | . 4 7
. 1 . | . 8 5 | 6 . .
. . . | 6 . . | . . .
4 . 8 | . . . | 2 . 1
. . . | 2 . . | . . .
. 2 7 | 9 . . | 3 . .
8 5 . | . . 7 | 4 . .
. 4 . | . . . | . . 8
```

Hard # 857

```
5 2 8 | 7 . . | . . .
3 . . | 8 . . | . 7 .
. . . | 3 . 6 | . . .
. 5 3 | . . . | . . .
7 . 9 | . . . | 1 . 4
. . . | . . . | 6 5 .
. . . | 9 . 1 | . . .
. 4 . | . . . | 8 . 5
. . . | . . 4 | 7 1 3
```

Hard # 858

```
. . . | 2 7 . | . 1 .
8 . 4 | . . . | 6 . .
. . . | . . . | . 4 7
. . 6 | 5 . . | . . 3
7 . . | 6 . 9 | . . 5
5 . . | . . 3 | 8 . .
4 9 . | . . . | . . .
. . . | 4 . . | 9 . 2
. 5 . | . 2 8 | . . .
```

Hard # 859

```
. . 8 | 3 4 . | 6 . .
5 . 9 | . . . | 4 . .
. . . | 8 . . | 5 4 .
. . . | . 8 . | . . .
. 4 . | 6 9 2 | 3 . .
. 1 8 | . 4 . | . . .
. 3 . | . . 2 | . 9 .
. . . | . . . | . . .
. 9 . | 4 7 1 | . . .
```

Hard # 860

```
. 1 . | . 3 . | 8 . .
. 7 . | 6 . . | . . 1
6 . 2 | . . . | . . 4
. . 6 | . . 1 | . . .
. . . | 4 8 5 | . . .
. . . | 7 . . | 4 . .
4 . . | . . . | 2 . 6
5 . . | . . 3 | . 7 .
. . 1 | . 5 . | . . 4
```

Hard # 861

```
. 5 3 | . . 1 | . 4 .
1 . . | . 6 . | 2 . .
. 7 . | . 2 . | 3 1 .
. . . | . . 9 | . . .
3 . . | . . . | . . 5
. . . | 6 . . | . . .
. 1 6 | . 7 . | . 9 .
. . 9 | . 4 . | . . 3
. 3 . | 1 . . | 4 6 .
```

Hard # 862

```
. . 8 | . 6 . | . . .
. . 3 | . 1 9 | . . .
. . 6 | 5 9 . | . . 2
. 2 . | . . . | 3 4 .
. 9 . | . . . | 8 . .
5 1 . | . . . | 7 . .
1 . . | 2 6 4 | . . .
. 4 3 | . 9 . | . . .
. . 7 | . . . | 8 . .
```

Hard # 863

```
1 . . | . . . | 9 . .
. . 5 | . 4 . | . 2 .
. 7 . | . 8 . | 4 1 .
. . . | . 9 . | . 3 .
. . 3 | 2 . . | 6 . .
6 . . | 7 . . | . . .
9 7 . | 3 . . | . 4 .
. 3 . | 1 . 5 | . . .
. 2 . | . . . | . . 8
```

Hard # 864

```
. . . | 4 . . | 2 9 .
. . 8 | . 7 9 | . 1 4
. . . | . . 8 | . . 6
4 . 1 | . 6 . | . . .
. . . | . . . | 5 . 1
1 . . | 9 . . | . . 7
8 7 . | 3 1 . | 9 . .
. . 6 | 3 . . | 7 . .
```

Hard # 865

1			3				2	
	6	4	2					
	2			6		7		
5					9			
8		1			2			9
			4					7
		8		1			9	
					8	5	3	
	1				4			8

Hard # 866

								5
5		9			8		4	7
		1	9	7				
			4	6				9
		5			6			
7				5	3			
				1	6	2		
1	5		2			3		4
2								

Hard # 867

		6			1		4	
	2			5				9
7			3			8		
4	9		5			7		
		7			8		3	4
		8			9			3
5				8			7	
	4		2			1		

Hard # 868

				8			2	9
				6				
		2	5	3				8
	9				4	5		
	3			6			8	
		2	3				9	
5			9	4	1			
		4						
7	2		8					

Hard # 869

					1		4	
		5				9		
2	6				5			
1				5		3		
	2	3	8		4	6	5	
		4		7				9
		3				6	2	
		2				7		
	7		2					

Hard # 870

					4			3
	1		3					
		5		9		8		
5				8		3		4
		3	5		7	2		
8		9		6				5
		1		3		9		
					2		1	
6			1					

Hard # 871

8				3				9
						2		
	6		1	7				
		5	2	3		9		
		2	7		8	4		
		1		5	9	8		
				8	5		9	
	2							
7				9				1

Hard # 872

	8			5				3
						9	1	
2				8	6			
		4		6			3	
		2	3		4	6		
	1			9		7		
			6	1				7
	2	7						
5				4			9	

Hard # 873

3	5	4				6		
							1	4
				3				5
1	9				8	5		
			9		6			
		6	2			8	7	
6			5					
5	8							
		3			2	4	8	

Hard # 874

1		3	4					6
		2	7					
		7		6				
2					1			8
	4	5		2	9			
5			3					4
			3		6			
				9	4			
9				4	2			7

Hard # 875

	9				1		4	
5	8	2			3			
				6				
9					7	8		
3	5					7	4	
		4	6					5
			2					
		8			3	9	7	
	4		9				2	

Hard # 876

		3			9	5	8	
						9		1
				4	1	3	7	
5							2	
			2		8			
7								9
		6	7	5	9			
2		4						
	3	5	8			4		

Hard # 877

```
. 5 . | . . 3 | . . 9
. 3 . | 9 . . | 4 . .
. 9 . | 7 . . | . . .
------+-------+------
4 . 8 | 1 . . | . . .
. 6 . | . 8 . | 7 . .
. . . | . 6 2 | . 1 .
------+-------+------
. . . | . . 5 | . 7 .
. 7 . | 2 . 5 | . . .
1 . . | 3 . . | 6 . .
```

Hard # 878

```
. . . | 2 1 . | . . 3
6 . . | 9 . . | 1 . .
. 3 . | 7 . . | . . 9
------+-------+------
. 8 1 | 3 . . | 6 . .
. . 3 | . . 9 | 1 5 .
2 . . | . 8 . | . 7 .
------+-------+------
. 4 . | . 7 . | . . 8
. . . | . . . | . . .
8 . . | 2 3 . | . . .
```

Hard # 879

```
. . 8 | . . 9 | . . .
. . . | . . 1 | 7 . .
. 5 3 | . 7 . | . . 6
------+-------+------
. 3 7 | . . 2 | . . .
1 . . | . . . | . . 5
. . . | . 5 . | 1 4 .
------+-------+------
2 . . | . 9 . | 5 8 .
. 1 7 | . . . | . . .
. . . | 6 . . | 3 . .
```

Hard # 880

```
2 . . | . 3 . | . . .
. 8 5 | 9 . . | . . 2
. . 7 | 8 . . | 6 . .
------+-------+------
. 5 . | . . 8 | . . .
3 . 4 | . . . | 5 . 8
. . . | 5 . . | . 7 .
------+-------+------
. . 2 | . . 9 | 7 . .
6 . . | . . 5 | 2 4 .
. . . | . 4 . | . . 1
```

Hard # 881

```
4 6 . | . 2 1 | . . .
. . . | . . . | . . .
. . 3 | . 8 6 | 4 . 2
------+-------+------
9 4 2 | . . . | . . .
. . . | 8 . 3 | . . .
. . . | . . . | 6 5 4
------+-------+------
8 . 1 | 6 9 . | 2 . .
. . . | . . . | . . .
. . . | 5 7 . | 4 8 .
```

Hard # 882

```
6 . . | 3 . . | 7 . .
. . . | . . . | . 6 .
. 7 2 | . . 9 | 8 . .
------+-------+------
. . . | . 6 . | . . 4
. . 9 | 4 8 7 | 5 . .
2 . . | . 3 . | . . .
------+-------+------
. . 5 | 1 . . | 4 7 .
. 9 . | . . . | . . .
. . 8 | . . 6 | . . 5
```

Hard # 883

```
. . . | 4 7 . | . 1 3
3 . . | 1 . . | 8 . .
9 . . | . 8 . | . . .
------+-------+------
. . 6 | . . . | . 5 4
1 . . | . . . | . . 9
7 4 . | . . 1 | . . .
------+-------+------
. . . | 8 . . | . . 6
. . 8 | . 5 . | . . 2
6 7 . | 9 2 . | . . .
```

Hard # 884

```
1 4 6 | . 2 5 | . . .
. . . | . . . | 7 . .
2 . . | . 1 . | . . .
------+-------+------
9 5 . | 2 . . | 4 . .
. . 4 | . . . | 8 . .
. . 3 | . . 4 | . 9 7
------+-------+------
. . . | 9 . . | . . 4
. 6 . | . . . | . . .
. . . | 8 4 . | 9 1 3
```

Hard # 885

```
. . . | . 1 . | . 5 2
3 7 . | . 2 . | . . .
. . 6 | . 7 5 | 8 . .
------+-------+------
. . . | . . . | 2 . 5
. . . | 8 . 4 | . . .
7 . 3 | . . . | . . .
------+-------+------
. 1 2 | 4 . . | 8 . .
. . . | 9 . . | . 4 1
5 9 . | . . 1 | . . .
```

Hard # 886

```
. 3 . | 9 . . | . . 5
. 9 2 | . . . | . . 4
7 4 . | . . 8 | . . .
------+-------+------
9 . . | 8 6 . | 5 . .
. . . | . . . | . . .
. 8 . | . 1 7 | . . 3
------+-------+------
. . 3 | . . . | 8 2 .
4 . . | . . . | 3 6 .
2 . . | . 5 . | . 4 .
```

Hard # 887

```
4 . . | . . . | 7 . .
. . 9 | . 2 . | . . .
. 8 . | . . 3 | . 6 4
------+-------+------
. . 3 | . 7 . | 2 1 .
. . . | . . . | . . .
9 6 . | . 1 . | . 3 .
------+-------+------
8 2 . | 6 . . | . . 7
. . . | 5 . 9 | . . .
. . 1 | . . . | . . 8
```

Hard # 888

```
. 1 7 | 9 . . | . . 4
. . . | . . 7 | . 2 .
. . . | 6 1 . | . . 7
------+-------+------
. . 5 | . 4 . | . . .
7 3 . | . . . | . 8 1
. . . | . 8 . | 4 . .
------+-------+------
8 . . | . 6 2 | . . .
. 2 . | . 3 . | . . .
4 . . | . . 8 | 2 9 .
```

Hard # 889

	5		1		3			
	2	6						3
	8	1		2				
				6				9
	3		9		2	8		
4				5				
			4			5	9	
2						1	7	
			6		5		2	

Hard # 890

5		6						
		4	1			9		
				9	5	2		
	7		6				3	
		3		8		7		
	1				9		4	
		7	5	6				
		2			7	3		
						5		8

Hard # 891

	9	2					7	
	1		7					5
				6		2		
	2					7		6
		9	3		4	5		
1		5					9	
		8		1				
3				5			2	
	6					8	5	

Hard # 892

		4		9		3		
			7	3				
3	9				5			2
2								6
	5	7				8	3	
6								9
5			3			9	1	
			4	1				
		6		7		5		

Hard # 893

		5	6	2		7	9	
	6			1				
	7					8		
4					3	5		
7								1
		5	1					3
	8					6		
				8		2		
6	2		7	3	9			

Hard # 894

		7		2				
	5	8						3
	4	6				9		7
4			7		6		3	
	6		5		2			1
6		8				5	4	
7				4	3			
			3			7		

Hard # 895

		6						8
9	8							
		1		5	9		6	
1		7	5	4				
	3					7		
			9	8	3			1
	5		6	3		7		
						8	3	
4				1				

Hard # 896

1			8	9				
						5		
7	6	5		2	4			
2			7					4
			9		4			
9				3			7	
		5	7			3	1	6
3								
			6	4			8	

Hard # 897

					5			
4	6		9				7	
	9	5	6					
3			7			5		
8		9				6		4
		6			4			8
						7	3	4
	5					2	8	7
			1					

Hard # 898

		7		2			6	
		3				2		4
	5				8			
5							7	
	3	8	5		1	4	9	
	9							6
			7			2		
8		4				3		
	2			1		5		

Hard # 899

				7				
		9			6			
	1	5	4			7	9	
4	8					6		2
	9						8	
6		2					5	4
	5	7			8	4	1	
			5			3		
				9				

Hard # 900

		9		7	2		4	8
		5						6
3								5
					6		5	
9			1		4			2
	6		7					
2								4
5							8	
8	7		9	3		2		

Hard # 901

		5						3
			3	6				7
		8					5	1
	4		6		8		2	
	7						4	
	2		4		3		8	
2	6				4			
7			1	6				
1				5				

Hard # 902

2		7						
	6		5	4	3			
			7					9
		8	9	3			6	
	1						3	
	5			2	1	8		
1					8			
		2	5	4		9		
						5		7

Hard # 903

	7		9				2	
						6		1
8	5			2				
1			5		8			
		6				3		
			4		7			6
			7				6	4
5		3						
	4				1		8	

Hard # 904

4								7
	2	3						5
3		8		9				4
		2			9			
	3		1		6			
	7			8				
9			2		5			1
1				3	8			
8								6

Hard # 905

	6				9			
4	1			6		5		
		5	3	4				
	5			7	1			
9								2
		6	9			8		
			7	8	2			
7		6				9	8	
	4					6		

Hard # 906

	1				2			
3			2	1		4	7	
8	4							
		1		4				9
			3		8			
4				7		8		
							9	6
	9	4		3	6			2
	5					4		

Hard # 907

	3			6				2
								5
		6	8	7		9		
	8	2		3		4		
				2				
		7		6		2	1	
	4		5	1	3			
7								
1		8				4		

Hard # 908

5	6		9	4		2		
	7							
	1	5		2				
	6		4					
5			6		8			9
				5		1		
		8		7	3			
					1			
	9		2	1		7	5	

Hard # 909

	4				8	2		
		1		7		6		
		2					5	7
		7	6				4	
	5						6	
	6				1	9		
4	2					3		
		3		9		5		
		6	1				9	

Hard # 910

	1			9				
9			7			3	5	
		5		2				
	6		5				2	7
8								6
5	3				7		4	
				6		1		
	2	4			3			5
			9			8		

Hard # 911

						6		
		5	8					3
	9	7		6		8		
				7			9	1
1		6				7		5
7	2			1				
		1		2		6	4	
3					6	9		
8								

Hard # 912

	7							
	2		4			3	9	
	5				2		8	7
4			1		3			
			7		5			
			6		9			4
7	6		9				3	
	9	5			6		4	
							7	

Hard # 913

```
6 . 2 | . . . | 1 . .
. . 6 | . 7 . | 8 . .
. . 2 | 4 . . | . . .
9 . . | . 1 . | 4 . .
4 . 1 | . . 9 | . 6 .
. 5 . | 6 . . | . . 7
. . . | . 9 4 | . . .
. 1 . | 3 . 2 | . . .
. . 4 | . . . | 7 . 8
```

Hard # 914

```
6 . . | 1 . . | . . .
. 8 . | . . 6 | 5 . .
. . 4 | . 5 . | . 3 .
3 9 . | . . . | 7 . .
. . 5 | . 2 . | 6 . .
. . 7 | . . . | . 4 9
. 3 . | . 4 . | 9 . .
. . 2 | 8 . . | . 6 .
. . . | . . 3 | . . 4
```

Hard # 915

```
. 1 . | . . 5 | . . .
. . . | 7 2 . | . . .
5 6 . | . . . | . 9 7
. . 6 | 8 . . | . . 2
. . 5 | . 9 . | 4 . .
7 . . | . . 4 | 5 . .
4 . 9 | . . . | . 7 3
. . . | . 8 1 | . . .
. . . | 3 . . | . 4 .
```

Hard # 916

```
. 9 . | . . . | . . .
4 8 . | 7 . . | . 2 .
. . 1 | 9 . 2 | 7 . .
. 4 . | . . . | . . 2
9 . . | 2 . . | . . 8
3 . . | . . . | 1 . .
. . 4 | 8 . 9 | 5 . .
. 1 . | . 5 . | 8 6 .
. . . | . . . | 7 . .
```

Hard # 917

```
1 . . | 5 . . | 4 . .
2 . 7 | . . . | 6 9 .
. 7 . | . 6 . | . . .
. . . | . . . | 1 . .
4 . . | 7 . . | 8 . .
. 1 . | . . . | . . .
. . . | 4 . . | 9 . .
5 6 . | . . 8 | 2 . .
. . 9 | . . 5 | . . 7
```

Hard # 918

```
9 . 8 | . 6 . | 5 . .
. . . | . . 4 | . 2 .
7 . . | . . . | . . 8
. 2 . | . 5 . | . . .
. 6 . | 4 . 7 | . 9 .
. . . | . 9 . | . 3 .
1 . . | . . . | . . 3
. 3 . | 5 . . | . . .
. . 5 | . 3 . | 8 . 2
```

Hard # 919

```
8 . . | 3 5 . | . 7 .
. . . | 1 4 . | 8 . .
. . . | 9 . . | . 2 5
. 3 . | . . . | . . .
1 . 4 | . . . | 2 . 3
. . . | . . . | 1 . .
4 8 . | . . 5 | . . .
. . 6 | . 1 3 | . . .
. 2 . | . 7 8 | . . 9
```

Hard # 920

```
. 2 . | . 9 4 | 3 . .
. . . | . . . | 8 7 .
. 1 . | . 8 2 | . . .
8 6 . | . . . | 9 . .
4 . . | . . . | . . 8
. . 2 | . . . | 3 7 .
. . . | 3 5 . | 2 . .
. 8 1 | . . . | . . .
. . 5 | 4 7 . | . 8 .
```

Hard # 921

```
. 8 6 | . . 2 | . . 7
. . 3 | . 7 . | . . 9
. 2 . | . . . | . . .
. . . | 5 9 . | . 6 3
2 5 . | . 4 3 | . . .
. . . | . . . | . 4 .
4 . . | . 2 . | 7 . .
5 . . | 3 . . | 1 8 .
```

Hard # 922

```
. 6 . | 8 . . | . . 3
. . 7 | . 3 9 | . . 1
. . . | 5 . . | . 2 8
. . . | . 6 . | 7 2 .
. . . | . . . | . . .
4 2 . | 7 . . | . . .
9 4 . | . . 5 | . . .
7 . . | 4 9 . | 1 . .
3 . . | . . 8 | . 4 .
```

Hard # 923

```
. . . | . . . | . . 3
5 . . | . 6 . | . 4 .
. . 6 | . 4 8 | . 5 .
. 8 . | 5 . . | 1 . 2
. . . | . 5 . | 7 . .
1 . 3 | . . 4 | . 6 .
. 5 . | 9 2 . | 3 . .
. 1 . | . 7 . | . . 8
3 . . | . . . | . . .
```

Hard # 924

```
8 . 4 | . . . | . . .
. . . | . 5 . | 7 . .
. . 2 | 6 3 . | 4 . .
. 8 . | 1 . . | . . .
3 5 . | . . . | . 9 7
. . . | . . . | 8 . 3
. . . | 2 . 9 | 3 1 .
. 5 . | 1 . . | . . .
. . . | . . . | 6 . 4
```

Hard # 925

```
. 8 1 | 7 . . | . 3 .
. . 5 | . . . | 2 . .
2 6 . | . 5 . | . . .
------+-------+------
. 7 . | . 1 . | 5 . .
. 3 . | . . . | . 7 .
. . 8 | . 9 . | . 1 .
------+-------+------
. . . | 6 . . | . 2 4
. . 6 | . . 9 | . . .
. 2 . | . . 4 | 3 5 .
```

Hard # 926

```
1 8 . | 9 . . | . 2 6
. . 6 | 8 . . | . 7 .
. . . | . 6 . | . . 5
------+-------+------
. . . | . . 6 | . . 3
. . 3 | . . . | 9 . .
7 . . | 1 . . | . . .
------+-------+------
6 . . | . 4 . | . . .
. 5 . | . . . | 1 4 .
. 1 9 | . . 5 | . 3 2
```

Hard # 927

```
3 . 6 | . . 1 | . . .
4 . . | . . . | . . .
. 7 . | . 6 2 | 1 . .
------+-------+------
. . 7 | 3 . . | 4 . 5
. . 4 | . . . | 9 . .
8 . 1 | . . 7 | 6 . .
------+-------+------
. . 9 | 5 4 . | . 7 .
. . . | . . . | . . 4
. . . | 7 . . | 2 . 9
```

Hard # 928

```
. . . | . 5 . | 4 . .
7 . 2 | . . . | . . .
4 . 5 | . 7 . | . . .
------+-------+------
. . . | 4 . 3 | . 8 .
. 8 1 | . . 5 | 2 . .
5 . 3 | . 1 . | . . .
------+-------+------
. . . | 3 . 9 | . 1 .
. . . | . . 7 | . 2 .
. 6 . | 9 . . | . . .
```

Hard # 929

```
. 1 7 | 4 . . | . 2 .
8 4 . | . 7 . | 1 . .
. . . | . . 5 | . . .
------+-------+------
. . . | . 3 . | . . 5
6 5 . | . . . | . 7 1
2 . . | . 4 . | . . .
------+-------+------
. . . | 9 . . | . . .
. . 2 | . 5 . | . 6 8
. 6 . | . . . | 1 7 9
```

Hard # 930

```
. . . | . . . | 4 1 9
. . . | . . . | 2 4 5
. . . | 8 5 . | . . .
------+-------+------
9 2 . | . . . | 5 . .
4 . . | 1 . 8 | . 3 .
. . 8 | . . . | 6 1 .
------+-------+------
. . . | . 1 7 | . . .
5 7 6 | . . . | . . .
2 1 9 | . . . | . . .
```

Hard # 931

```
5 . . | 9 7 . | 6 . .
8 . . | . . 9 | . . .
. 1 . | . . 3 | . 2 .
------+-------+------
. . . | . . . | 7 8 .
. . 6 | 3 8 . | . . .
9 8 . | . . . | . . .
------+-------+------
. 5 . | 1 . . | 3 . .
. 7 . | . . . | . 5 .
. 9 . | 2 4 . | . 6 .
```

Hard # 932

```
6 9 . | . . . | 4 . 2
. . 8 | 9 7 . | . . .
. . . | . . 7 | . 5 .
------+-------+------
. 6 . | 4 . 8 | . . .
. 8 . | . . . | . 1 .
. . . | 6 . 9 | . 7 .
------+-------+------
9 . 3 | . . . | . . .
. . . | . 9 7 | 2 . .
1 . 4 | . . . | . 5 8
```

Hard # 933

```
. 6 . | . . . | . 7 .
. . . | 1 4 . | . . 5
9 . . | . 8 3 | . . .
------+-------+------
. . . | . . . | 5 9 .
1 . . | 9 . 4 | . . 7
. . 8 | 7 . . | . . .
------+-------+------
. . . | 5 7 . | . . 4
3 . . | . 9 1 | . . .
. 2 . | . . . | . 1 .
```

Hard # 934

```
3 . . | . 8 . | . . .
5 . . | 3 . 6 | 8 . .
. . 2 | . . 1 | . . .
------+-------+------
9 . . | . . . | 3 . 2
. . 7 | . 9 . | 4 . .
8 . 3 | . . . | . . 9
------+-------+------
. . 9 | . . 1 | . . .
. 1 6 | . 7 . | . . 3
. . . | 4 . . | . . 7
```

Hard # 935

```
. 2 8 | 3 . . | . 5 .
. . . | . 6 . | . 1 .
. . . | . . . | 4 . 8
------+-------+------
7 . 4 | 2 . . | . . .
. 5 . | . . . | . 9 .
. . . | . . 3 | 2 . 7
------+-------+------
6 . 1 | . . . | . . .
. 8 . | . . 9 | . . .
. 3 . | . . 1 | 6 4 .
```

Hard # 936

```
9 2 . | . . . | . . .
. . 3 | . . . | . . .
1 8 . | 6 . 3 | . . .
------+-------+------
. . 3 | . 7 . | . 5 6
. 5 4 | . . . | 9 7 .
6 9 . | . . 2 | . 8 .
------+-------+------
. . . | 5 . 9 | . 2 3
. . . | . . . | 6 . .
. . . | . . . | . 9 8
```

Hard # 937

```
. . . | . 4 . | . 2 1
. 3 7 | . . . | 5 . .
. 6 . | . 3 9 | . . .
------+-------+------
. 8 . | . . . | . . 7
. 4 . | . . 9 | . . .
2 . . | . . . | 3 . .
------+-------+------
. . . | 6 8 . | . 9 .
. 7 . | . . . | 2 1 .
4 2 . | . 5 . | . . .
```

Hard # 938

```
8 . 9 | . . . | . . .
3 . 5 | 7 8 . | . 1 .
. . 7 | . . . | 4 . .
------+-------+------
6 . . | . . . | 1 . .
. 3 . | . 2 . | 5 . .
. . 8 | . . . | . . 6
------+-------+------
. . 2 | . . . | 7 . .
. 8 . | . 5 7 | 6 . 4
. . . | . . . | 8 . 5
```

Hard # 939

```
. 6 . | . 1 3 | 5 . .
. . . | . . . | . 9 .
. 7 . | 2 . . | 4 . .
------+-------+------
7 1 . | . 4 . | . . .
. . 9 | . . 8 | . . .
. . . | 5 . . | . 4 7
------+-------+------
. . 3 | . . 9 | . 6 .
9 . . | . . . | . . .
. . 1 | 4 7 . | . 3 .
```

Hard # 940

```
. . 4 | . 7 . | 3 . .
1 9 4 | 8 . . | . . .
. . . | 5 . . | 8 . .
------+-------+------
4 6 8 | . . . | . . .
. . 7 | . . 2 | . . .
. . . | . . 4 | 5 8 .
------+-------+------
. 7 . | 9 . . | . . .
. . . | . . 6 | 3 2 1
. 8 . | 1 . 4 | . . .
```

Hard # 941

```
. . . | 3 9 . | . . .
3 . 5 | 8 . . | . . 1
. . . | . . . | . . 8
------+-------+------
. 7 . | 9 . . | . 4 6
4 . 8 | . . . | 3 . 5
6 5 . | . . 8 | . 9 .
------+-------+------
1 . . | . . . | . . .
8 . . | . . 5 | 4 . 9
. . . | . 2 7 | . . .
```

Hard # 942

```
. 9 . | 2 5 . | . . .
. . 7 | . . . | 8 1 .
. . 5 | . . . | . . 6
------+-------+------
. . . | . . 7 | . 4 .
2 1 . | . . . | 7 6 .
. . 6 | . 3 . | . . .
------+-------+------
5 . . | . . . | 4 . .
. . 9 | 8 . . | 3 . .
. . . | . 4 1 | . 5 .
```

Hard # 943

```
. . 6 | . 3 . | . . 5
2 1 . | . . . | . . .
. . . | 6 8 9 | . . 2
------+-------+------
. 4 . | . . 3 | 9 . .
3 . . | . . . | . . 8
. . 7 | 2 . . | 3 . .
------+-------+------
7 . . | 3 6 8 | . . .
. . . | . . . | 4 3 .
9 . . | . 4 . | 5 . .
```

Hard # 944

```
. 8 5 | . . 2 | 1 . .
4 . . | . 7 . | . . .
. 2 . | . . . | 7 3 .
------+-------+------
. . . | 5 8 3 | . . .
. 4 . | . . . | 8 . .
. 6 3 | 7 . . | . . .
------+-------+------
5 9 . | . . . | 3 . .
. . . | 5 . . | . . 8
. . 8 | 4 . . | 5 6 .
```

Hard # 945

```
2 . . | . . . | . 1 5
6 . 5 | 7 . . | 8 . .
1 . . | . 2 . | . . .
------+-------+------
. . . | . 3 1 | . 2 .
. . . | . . . | . . .
. 3 . | 6 8 . | . . .
------+-------+------
. . . | . 5 . | . . 8
. . 1 | . . 8 | 6 . 4
4 7 . | . . . | . . 9
```

Hard # 946

```
. 5 8 | . . 6 | . . .
7 . . | . 9 . | . . .
. 9 4 | . . . | 3 8 .
------+-------+------
. . . | 8 . 9 | . . .
2 . 3 | . . . | 8 . 7
. . . | 1 . 3 | . . .
------+-------+------
3 7 . | . . . | 6 5 .
. . . | . 3 . | . . 2
. . . | 9 . . | 7 1 .
```

Hard # 947

```
. . . | 1 9 . | . . 3
. . 4 | . . . | . . 5
. . . | 4 . . | . 1 6
------+-------+------
. . 5 | 8 . . | 7 . .
. . . | 5 . 4 | . . .
. . 8 | . . 9 | . 6 .
------+-------+------
9 1 . | . . 2 | . . .
5 . . | . . . | 3 . .
2 . . | . 6 5 | . . .
```

Hard # 948

```
8 4 . | . . . | . . .
. . . | . 2 8 | . 3 .
. . . | 1 . 6 | . . .
------+-------+------
. . 3 | . . . | 6 5 .
1 . 5 | 7 . 2 | 3 . 6
. . . | 7 8 . | 4 . .
------+-------+------
. . . | . . 8 | . 6 .
. 2 . | 5 9 . | . . .
. . . | . . . | . 5 1
```

Hard # 949

```
. . 8 | . . . | . 7 3
. . . | 1 . . | 4 5 .
. . . | . 6 . | . 9 8
------+-------+------
. 4 7 | . . . | . . .
. 1 6 | . . 4 | 2 . .
. . . | . . . | 7 1 .
------+-------+------
3 7 . | 5 . . | . . .
. 1 6 | . 2 . | . . .
9 5 . | . . 8 | . . .
```

Hard # 950

```
. 1 . | 3 . . | . . 6
. . . | . 1 . | 4 8 .
. . 9 | 8 . . | 2 . .
------+-------+------
. 9 4 | . . . | . . .
2 8 . | . . . | 7 1 .
. . . | . . 8 | 3 . .
------+-------+------
. 5 . | . 2 4 | . . .
. 3 2 | . 5 . | . . .
8 . . | . . 9 | . 1 .
```

Hard # 951

```
. . . | 8 6 . | . . 7
. . 5 | . 7 4 | . 3 .
4 . . | . . 3 | . . 1
------+-------+------
7 . . | . . 5 | . . .
. 1 . | . . . | . 8 .
. . . | 4 . . | . . 2
------+-------+------
9 . . | 6 . . | . . 4
. 3 . | 2 9 . | 6 . .
1 . . | . 4 7 | . . .
```

Hard # 952

```
. . . | 1 . . | 7 2 .
. 9 . | 8 7 . | 5 . .
. . . | . . . | . . 6
------+-------+------
. 3 1 | . 2 . | . . .
. 5 3 | . 6 . | 4 . .
. 2 . | . 4 8 | . . .
------+-------+------
9 . . | . . . | . . .
. 5 . | 3 8 . | 7 . .
. 7 6 | . 5 . | . . .
```

Hard # 953

```
5 . . | 2 4 3 | . . .
. . 8 | . . . | . 2 4
. . . | 8 . 3 | . . .
------+-------+------
. . 6 | . . . | . . 7
. 8 . | 1 . 2 | . 4 .
9 . . | . . . | 2 . .
------+-------+------
. . 7 | . . 6 | . . .
4 3 . | . . . | 1 . .
. . . | 4 1 7 | . . 8
```

Hard # 954

```
8 7 . | . . . | . . .
. 6 . | 5 9 . | . . 1
. . 9 | . 6 . | 8 . .
------+-------+------
1 9 . | . . . | . . .
6 . . | . 3 . | . . 2
. . . | . . . | . 8 6
------+-------+------
. . 3 | . 2 . | 5 . .
7 . . | . 4 6 | . 2 .
. . . | . . . | . 4 7
```

Hard # 955

```
6 5 9 | . . . | . 3 .
. . 1 | 4 . . | . . .
3 . . | . 2 . | . 5 .
------+-------+------
. . . | 9 4 . | . . .
4 1 . | . . . | 9 5 .
. . . | 7 6 . | . . .
------+-------+------
. 6 . | . 9 . | . . 3
. . . | . . 4 | 5 . .
. 8 . | . . 1 | 4 2 .
```

Hard # 956

```
. . . | . . . | 3 1 .
. . . | 2 6 7 | . . 3
. . . | 7 . . | . . 8
------+-------+------
2 . . | 4 5 3 | . . .
. 7 . | . . . | 5 . .
. 1 3 | 8 . . | . . 9
------+-------+------
4 . . | . 1 . | . . .
1 . 8 | 4 5 . | . . .
. 9 7 | . . . | . . .
```

Hard # 957

```
. . . | 4 . . | 7 . .
. 9 3 | . . 8 | . 2 .
. . . | . . . | . . 3
------+-------+------
4 3 . | . . 2 | . . 5
. . . | 8 7 3 | . . .
2 . . | 5 . . | . 7 6
------+-------+------
6 . . | . . . | . . .
. 4 . | 3 . . | 5 6 .
. . . | 1 . . | 8 . .
```

Hard # 958

```
. . 6 | . . . | 3 . .
. 4 2 | . 3 . | . . .
9 8 . | . . 5 | . . .
------+-------+------
. . 5 | . 2 . | . . 9
7 3 . | . . . | 6 2 .
2 . . | . 1 . | 3 . .
------+-------+------
. . . | 4 . . | 5 6 .
. . . | 5 . 2 | 4 . .
. 7 . | . 1 . | . . .
```

Hard # 959

```
. 3 1 | . 8 . | . . .
. . . | 3 6 9 | . . .
7 . . | . . . | . . 8
------+-------+------
. 4 . | . . . | . . 5
1 6 5 | . . . | 8 7 4
2 . . | . . . | 1 . .
------+-------+------
8 . . | . . . | . . 2
. . . | 7 5 6 | . . .
. . . | . 4 . | 7 6 .
```

Hard # 960

```
7 . . | . 8 . | . 1 .
. 3 . | . 2 . | 7 . .
. . . | 7 . 3 | 4 . .
------+-------+------
8 . 7 | . . 6 | . . .
. . 6 | . . . | 2 . .
. . . | 5 . . | 6 . 8
------+-------+------
. . 9 | 8 . 1 | . . .
. . 1 | . 6 . | . 7 .
. 6 . | . 9 . | . . 4
```

Hard # 961

3	9							
6			5	1				
			9	4	6			
1				6		3		
7			3		1			9
	3		2					5
		1	4	8				
				6	2			4
						1	7	

Hard # 962

5				4			2	
			5		6	8	1	
							3	
9		5			4			
			4		9			
		2			9		6	
2								
8	6	3		5				
5			7					1

Hard # 963

		1				7		
4	7		1		3	9		
					6		5	
	9	3		5				2
3			2		9	6		
	2		8					
	5	9		1			6	7
	4				8			

Hard # 964

		9	2					4
	2					7		
7		5	8	3			9	
					9	5		
			4					
	3	1						
	5			8	6	2		7
	6				3			
4				7	2			

Hard # 965

6	1							
	5		4					
			6	7	8	5		
3			9			7		
5			4		6			3
	7				1			8
3	4	6	5					
				2		9		
						6	8	

Hard # 966

6						4	5	
9		8	5					
						2		9
				7	6		1	
4			8		9			2
	8		3	1				
2		9						
						2	5	1
	4	5						7

Hard # 967

				5				
9	2			6				
		5				8	4	3
2			6	4		9		
	7					1		
	9		8	1				4
5	4	7			2			
			6			8	5	
			4					

Hard # 968

		5		4		2		
			7					6
	9			8				3
				3		4		
5	4					6	8	
1		8						
6			1			5		
1				6				
	3		4		9			

Hard # 969

3				1			2	
	1		6			5		
7				5				9
	8							
4	6	1				2	9	5
								1
5				7				1
		3			8		4	
	9			4				3

Hard # 970

						5		
	4		7				2	6
5			2		9			7
	6			4				
4		3			7			5
			1			4		
2			4		8			3
9	8			3		5		
		7						

Hard # 971

					8	9		
5				6	4			
			3	2				
		1		5	2		9	
2		9				1		5
4		5	9			3		
			5	1				
	7	2						8
	6	2						

Hard # 972

					4			7
		6					8	
4		9		3	1			
	1	6				9		4
			1		6			
8		5				1	6	
			3	9		7		8
	8						4	
3				6				

Hard # 973

	2			9				5
3			1			8		
				5	6			
4		9	3					8
8			2		5		1	
	1	7						
	3		5					2
9		8			4			

Hard # 974

	5		7					
				6	1	5		4
		4						8
5	2			1				
6			4		8			5
				5			6	9
1						8		
4		7	6	8				
						9		3

Hard # 975

	8		3					
6		1				5		
					8	4		7
	1				8			5
2								8
8			5				9	
9			6	2				
		5				2		6
					1		3	

Hard # 976

	5	3						
				7				
2		1	4			7	5	
			9		4		2	
	4		3		8			
9		6	4					
5	4				9	6		8
		2						
					1	2		

Hard # 977

		9						
1	8		3		5			
			9	6			2	
8				2			9	
	7	5			8	3		
	4			9				5
3			7	9				
		2			4		1	9
						4		

Hard # 978

		2		8	6			9
9	7					8		
				1			2	
6					8			
5		9				3		4
			1					5
	2			9				
		4					5	7
7			8	5		1		

Hard # 979

	2		4		9		1	
	5							4
	7		1			2	3	
			5		2			
	9			6				
	6		1					
	4	2	7			8		
8					5			
	1		3		8		4	

Hard # 980

	1		4				8	9
6	2				5	1		
	7		6				5	
		5						
8						6		
				1				
1			3		7			
	8	4				5	3	
3	9			5		8		

Hard # 981

4			6					
	1			9		2	4	
	5		3		7			
	7		5					3
		1			5			
3					1		9	
			9		8		2	
	6	8		5			3	
					6			5

Hard # 982

	5			4	9	8		
1			8			6		9
		8						
				5				3
		2	6		8	4		
5			7					
						9		
4		7			6			2
		1	9	2			3	

Hard # 983

			1					
7		6	4		5			
	2				8	1		
			7			3		6
6	8						7	5
9		7			6			
		9	5				8	
		8			4	2		1
						1		

Hard # 984

	8		6					1
				7	3			
5		1						
3		9					6	7
	1		8		7		5	
7	4					1		2
						2		9
			5	6				
4				9			3	

Hard # 985

	8		1	6		7		9
	5				9			4
			2				3	
	9			8				
	7					3		
		3				4		
	4			9				
7			6			9		
1		2		5	7		4	

Hard # 986

				9			4	
8	3			1		5		
	7	4				2		
1					7			
	6			5			1	
			1					3
		1			2	6		
		5	6			4	9	
	4			1				

Hard # 987

		8				1	5	
	7			9			3	
			1		8			
	1		3					
7		3	4		6	9		8
					9		7	
			7		4			
	3			8			9	
	5	6				4		

Hard # 988

9	2							
		5		7	2			
4			6			8		
2					9			4
	6		4		1		3	
1		3						5
		6			9			2
			7	8		4		
						8	1	

Hard # 989

4				6				
	2	5				9		
9		3			1			6
	4					1		
8	1						7	2
	5					3		
5			9			2		7
	2				3	6		
			5					8

Hard # 990

8				3	5			
3					1		9	
5		2					7	
6				5				3
	3			4				2
	1					9		3
	2		3					8
			9	6				4

Hard # 991

9		2						
1			4		6			
8						6		
4					5	7	6	
3				4				5
	5	9	3					2
		7						6
			5		1			9
						8		1

Hard # 992

					9			
7		1						5
9		6	5			8		
				3		2		
8		9	4		2	3		1
	6		8					
	5				8	2		6
4						7		8
				4				

Hard # 993

3			5			4	7	
							9	
					7		2	4
			4		7			1
				1		6		
	1			9		3		
9	5		2					
			8					
			6	5			4	1

Hard # 994

6				5			1	
			4		3			
3	4			1				
	3				7	9	4	
	8						6	
	9	5	1				8	
				3			9	8
			6		5			
				9				4

Hard # 995

					6	1		
	2	7	5					
9		3	7					
		9				3	5	2
	4	6	2				9	
					6	7		5
						5	4	8
			3	8				

Hard # 996

			8	6				4
						9	3	
		8			5		7	
				1		5		3
4								2
7		3		5				
	4		2			8		
	9	7						
1						4	6	

Hard # 997

		7		1		8		
	4				5			9
			4	8	6			
2							7	
1				9				8
	9							2
			9	5	8			
4			2			7		
		1		4		5		

Hard # 998

9	5		2					
				4				
		7						1
	2	9			7		1	
8			6		9			5
	6		5			8	2	
3					2			
			3					
					5		7	3

Hard # 999

						6	9	7
	7	6	4					
				2				1
2					9	7		
		3	5		4	1		
		8	3					5
3					1			
					2	3	5	
5	4	2						

Hard # 1000

1								
	4	8						5
			2		4	7	6	
		2		1				
5			3		2			8
			9		3			
6	2	4		8				
8					9	4		
								7

Hard # 1001

				5	9		4	
1	7							
			6			3		8
5		2	4				7	9
9	6				3	8		2
6		8			2			
							6	4
	5		7	4				

Hard # 1002

		2	7			8		
	7		5		2			
				3		1	7	
6	1				3			
	8						9	
			2			4	8	
	9	5		4				
		6			5		1	
		8			7	3		

Hard # 1003

		1	8	5				3
					6			
	7		9	3				5
2					5			
	7	3		2	4			
	5							6
3			9	7			1	
	1							
7			2	1	4			

Hard # 1004

7					4		8	
		9	8			5		
			4		9			7
5						1		
4			6		8			3
	9						5	
3			9		7			
	1				3	2		
8		2					9	

Hard # 1005

	5	6		1	7	9		
3		9						
	8			9				
		4					2	1
	8				7			
5	1			6				
			3			9		
						1		3
	5	8	2		4	7		

Hard # 1006

	3			1				9
6			2				1	
		7		4			8	
				6				3
5	9						4	7
1				5				
	7			2		9		
	6				8			1
2				7			3	

Hard # 1007

		4	8					9
	2				5			3
6			1		2			4
						2	1	
			7		8			
	8	5						
1			3		6			7
9			5			3		
5					7	4		

Hard # 1008

	7	5		9				6
		1			5			
4	9				3	8		
9		4						
				5		1		
						6		7
	7	9				5	4	
		3			7			
6				2		1	3	

Hard # 1009

```
. . 4 | . . . | . . 8
. . . | 2 7 1 | . . .
1 . . | . . . | 2 6 .
------+-------+------
. 7 . | 1 . . | 8 3 .
. . 6 | . 2 . | . . .
5 1 . | . . 9 | . 7 .
------+-------+------
3 4 . | . . . | . . 1
. . 2 | 4 1 . | . . .
6 . . | . . 9 | . . .
```

Hard # 1010

```
. 9 . | . 3 1 | 8 . .
. . . | 8 . . | 7 . .
. . . | 7 5 4 | 1 . .
------+-------+------
. 3 . | . . . | . 9 2
5 6 . | . . . | . 8 .
. . . | . . . | . . .
------+-------+------
. 8 3 | 1 7 . | . . .
. 9 . | . . 2 | . . .
. 4 5 | 6 . . | 7 . .
```

Hard # 1011

```
8 9 . | . . 4 | . . 5
. 3 . | 1 . . | . . .
. . . | . . . | 9 . 7
------+-------+------
1 . . | 4 . . | 8 . 9
. . . | 9 . 5 | . . .
9 . 8 | . 2 . | . . 6
------+-------+------
3 . 7 | . . . | . . .
. . . | . . 8 | . 7 .
6 . . | 4 . . | . 3 8
```

Hard # 1012

```
9 . . | . . . | . . .
7 8 . | . 6 . | 3 . .
. 1 . | 8 . . | . . 6
------+-------+------
. 7 1 | . 5 . | . . .
. 2 . | 6 . 4 | . 8 .
. . . | 7 . . | 4 1 .
------+-------+------
8 . . | . 5 . | 3 . .
. 7 . | 3 . . | 4 1 .
. . . | . . . | . . 9
```

Hard # 1013

```
. . . | 2 . . | . . 7
. . . | . 6 . | . . 3
7 4 . | 8 1 . | 2 . .
------+-------+------
4 8 7 | . . . | . . .
. . . | . 1 . | 7 . .
. . . | . . . | 9 8 6
------+-------+------
. . 2 | . 9 7 | . 3 5
1 . . | . 3 . | . . .
3 . . | . . 2 | . . .
```

Hard # 1014

```
. 4 . | . 3 . | 1 6 2
. . . | . 8 . | . . 9
. . . | . 6 1 | . . .
------+-------+------
3 . 4 | . . . | . . .
8 7 . | . . . | . 1 6
. . . | . . . | 2 . 7
------+-------+------
. . . | 5 1 . | . . .
7 . . | . . 8 | . . .
9 8 3 | . 7 . | . 2 .
```

Hard # 1015

```
. 1 . | . . . | . . .
. 6 9 | . 1 . | . . 8
5 . . | . 6 . | . . 9
------+-------+------
. . 7 | 1 9 4 | . 3 .
. . . | . . . | . . .
. 3 . | 7 8 5 | 1 . .
------+-------+------
4 . . | 6 . . | . . 2
1 . . | 3 . 9 | 8 . .
. . . | . . . | 4 . .
```

Hard # 1016

```
. 9 . | . 8 . | . . .
. 3 . | 1 4 . | 5 . .
. 5 2 | . . . | 1 . .
------+-------+------
. . . | 3 . . | . 4 .
. . 8 | . 6 . | 3 . .
. 7 . | . . 9 | . . .
------+-------+------
. . 1 | . . . | 8 3 .
. . 9 | . 5 3 | . 2 .
. . . | . 1 . | . 6 .
```

Hard # 1017

```
. 6 . | 2 . . | 1 4 .
9 . . | . 5 . | . . .
. 2 3 | . 7 . | . 6 .
------+-------+------
4 . . | . . . | . 2 .
. . . | 7 . . | 9 . .
. 8 . | . . . | . . 4
------+-------+------
. 5 . | . 4 . | 1 3 .
. . . | . 3 . | . . 8
. . . | 4 1 . | 6 . 9
```

Hard # 1018

```
. 6 . | . 3 . | . . 9
3 . . | . . 1 | . . .
. 1 2 | . . . | 5 . .
------+-------+------
. . . | 7 9 3 | . 1 .
4 . . | . . . | . . 2
. 3 . | 2 6 4 | . . .
------+-------+------
. 9 . | . . . | 8 2 .
. . 6 | . . . | . . 5
8 . . | . 2 . | . 7 .
```

Hard # 1019

```
9 . . | 1 . . | . . 4
. . 5 | . 2 . | . . 3
. 3 . | . . . | 9 6 .
------+-------+------
8 . . | . . 9 | . . .
. 6 . | 8 . 2 | . 5 .
. . . | 7 . . | . . 6
------+-------+------
. 1 6 | . . . | . 3 .
3 . . | . 4 . | 7 . .
7 . . | . . 1 | . . 8
```

Hard # 1020

```
. . . | . 8 . | . . 5
7 . . | 1 . . | 4 2 .
5 . 6 | 2 . . | . 4 .
------+-------+------
. . . | 5 . . | 8 . .
. . . | . 5 . | 9 . .
. . 7 | . . . | 3 . .
------+-------+------
. 2 . | . . . | 5 7 .
. . 1 | 6 . 3 | . . 9
3 . . | . 1 . | . . .
```

Hard # 1021

```
. . . 6 2 . . . .
. 5 . . . 8 9 3 .
. . . . 7 5 . 4 .
. . . . . . 7 6 .
8 . 3 . . . 1 . 2
. 7 9 . . . . . .
. 4 . 8 1 . . . .
. 1 7 2 . . 6 . .
. . . . 5 9 . . .
```

Hard # 1022

```
. 7 . . 3 . 4 . 2
. . 6 . 4 . . . .
4 . . 7 1 . . . .
8 1 . . . . . . 3
3 . . . . . 5 . .
2 . . . . . 1 4 .
. . 2 9 . . . 1 .
. . 7 . 5 . . . .
3 7 . . 1 . . 6 .
```

Hard # 1023

```
3 . . 6 . . . . .
. . . 9 7 . 6 . .
5 . . . . . . 7 8
1 . . . . 4 . 2 .
. . 8 . 1 . 3 . .
. 6 . 7 . . . . 1
8 5 . . . . . . 4
. . 4 . 9 8 . . .
. . . . . 2 . . 7
```

Hard # 1024

```
. . . 7 . 3 . . .
1 . 6 . . 9 . 4 .
. . 8 . 4 . . . .
8 . . . 5 . . . 1
. 2 3 . . 8 4 . .
9 . . 3 . . . . 7
. . 4 . 7 . . . .
2 . 9 . . 4 . 6 .
. . 1 . 9 . . . .
```

Hard # 1025

```
2 . . 6 . . . . 5
. . . . 2 . 6 . .
. . . 8 9 3 7 . .
7 2 . . . . 8 . .
9 . . . . . 7 . .
4 . . . . . 1 3 .
. 8 4 5 2 . . . .
. 9 . 3 . . . . .
1 . . . . 6 . . 2
```

Hard # 1026

```
7 . . . 3 . . . 2
3 . . 8 . . . . 6
. 1 . 5 . . 8 . .
. . 4 . 7 8 3 . .
. . 3 4 1 . 6 . .
. 5 . . . 1 . 3 .
9 . . . . 5 . . 1
6 . . 9 . . . . 4
. . . . . . . . .
```

Hard # 1027

```
. 7 . . . 3 . . 1
. 8 . 5 . . 4 7 9
4 . . . . . . . .
. . . 4 . 8 6 . 7
. . . . . . . . .
2 . 3 7 . 9 . . .
. . . . . . . . 4
1 3 8 . . 4 . 9 .
9 . . 6 . . . 8 .
```

Hard # 1028

```
. 2 4 . . 5 . . .
. 3 . 7 . . . . .
. 6 . . . 8 2 . 4
. . 1 2 . . . . 9
. 4 . . . . 8 . .
3 . . . 9 7 . . .
6 . 8 7 . . . 2 .
. . . . 1 . 9 . .
. . 1 . . 2 7 . .
```

Hard # 1029

```
. . . 7 . . 2 . .
. . . . 3 . . 9 8
. . 8 . . 1 4 . 7
. . . 4 5 . . . 9
. 2 . . . . . 6 .
1 . . . 2 7 . . .
7 . 2 9 . . 5 . .
3 8 . . 7 . . . .
. . 9 . . 8 . . .
```

Hard # 1030

```
4 . . . 9 . 3 . .
. 6 7 . . 5 . . .
. . 1 7 . . . . .
7 . 8 . . 2 . . .
8 . . 3 . . . . 1
. 5 . . 6 . . . 4
. . . 9 7 . . . .
. 3 . . . 1 6 . .
. 9 . 3 . . . . 5
```

Hard # 1031

```
2 7 . . . . . . .
. 4 . 8 . 3 . . .
. . . 2 . 7 . . 9
3 . . . 1 8 . . .
1 . 8 . 5 . 9 . .
. 9 7 . . . . . 3
7 . . 6 . 2 . . .
. 5 . 1 . 4 . . .
. . . . . . 1 2 .
```

Hard # 1032

```
. . . . 8 . 1 2 9
. . 8 . . 7 . . 1
7 . . . . 3 . . .
6 4 . . . . . . 3
. . 7 . . . 1 . .
5 . . . . . . 2 6
. . . . 9 . . . 2
8 . . . 5 . . 4 .
. 7 5 3 . 2 . . .
```

Hard # 1033
```
. . 8 | . . . | . 6 3
. 3 2 | . . . | . . 9
. . . | 1 . . | . . 4
------+-------+------
. . 7 | . 8 4 | . . 1
. . . | . . . | . . .
3 . . | 6 2 . | 4 . .
------+-------+------
8 . . | . . 7 | . . .
6 . . | . . . | 5 9 .
5 4 . | . . . | 7 . .
```

Hard # 1034
```
. . . | . . 2 | . . .
5 . . | . 9 . | 3 . 7
9 7 . | . 2 . | . . .
------+-------+------
. . 8 | 7 . 9 | . 3 4
. . . | . . . | . . .
3 4 . | 8 . 1 | 6 . .
------+-------+------
. . . | . 8 . | . 6 5
4 . 9 | . 1 . | . . 3
. 1 . | . . . | . . .
```

Hard # 1035
```
. . . | 7 6 . | . . .
3 . . | . . 4 | 6 9 .
. . . | . 9 . | 8 . 2
------+-------+------
. . . | 9 . . | 1 5 .
. . . | . . . | . . .
. 4 . | 8 . . | 7 . .
------+-------+------
9 . 6 | . 8 . | . . .
. 5 7 | 9 . . | . . 4
. . . | . 5 3 | . . .
```

Hard # 1036
```
. 2 . | 7 . . | . 5 .
. . 1 | . . . | . 3 7
6 . . | . 4 3 | . . .
------+-------+------
. . . | 3 5 9 | . . .
4 . . | . . . | . . 8
. 5 . | 6 8 . | . . .
------+-------+------
. . . | 5 1 . | . . 2
5 7 . | . . 4 | . . .
. 3 . | . . 8 | . 9 .
```

Hard # 1037
```
. . 7 | . . . | 1 2 8
. . . | . . 6 | . . .
. . . | 1 9 . | 7 . .
------+-------+------
. . . | . 2 . | 6 . 7
. 4 . | . . . | 5 . .
2 . 3 | . 1 . | . . .
------+-------+------
. . 2 | . 4 8 | . . .
. . . | 3 . . | . . .
8 1 5 | . . . | 3 . .
```

Hard # 1038
```
. . . | . . . | 3 . 7
. 6 . | 8 . . | 4 . .
7 . 9 | . . . | 2 . 6
------+-------+------
. . . | 3 . . | . 1 .
. . 5 | . . . | 6 . .
. 9 . | . 4 . | . . .
------+-------+------
9 . 6 | . . . | 5 . 3
. . . | 2 . . | 9 7 .
5 . . | 1 . . | . . .
```

Hard # 1039
```
7 . . | 6 4 . | 5 2 .
5 . 6 | 9 . . | . . .
. . . | 1 . . | . . .
------+-------+------
. 5 . | . . . | 4 . .
9 8 . | . . . | 2 3 .
. . 3 | . . . | 6 . .
------+-------+------
. . . | . 1 . | . . .
. . . | . 3 8 | . 4 .
. 3 5 | . 2 9 | . . 1
```

Hard # 1040
```
4 7 . | . . . | 8 . 2
. . . | 7 . 9 | . . .
. 6 . | . 4 . | . . .
------+-------+------
3 5 . | . . . | . 2 .
6 . 1 | . . 4 | . . 7
. 8 . | . . . | 3 9 .
------+-------+------
. . . | . 9 . | . 8 .
. . . | 6 . 2 | . . .
2 . . | 3 . . | . 7 1
```

Hard # 1041
```
6 3 . | . 4 . | . . .
. . . | 1 . . | . 9 6
. . . | 5 . . | 3 . 4
------+-------+------
8 . . | 6 . 2 | . . .
. 6 . | . . . | . 5 .
. . . | 8 . 4 | . . 7
------+-------+------
7 . 3 | . . . | 4 . .
2 9 . | . . . | 8 . .
. . . | . 1 . | . 7 2
```

Hard # 1042
```
. . . | 1 3 5 | . . .
. . . | . . . | 4 . .
2 1 . | 5 4 . | 8 . .
------+-------+------
. 2 . | 6 . . | 9 . .
. . 6 | . . . | 2 . .
. 8 . | . . 7 | . 5 .
------+-------+------
. 5 . | 3 4 . | . 2 8
. 3 . | . . . | . . .
. . 1 | 9 7 . | . . .
```

Hard # 1043
```
. 8 . | . . 3 | 9 . 7
4 . 7 | . . . | . . .
. 6 . | 8 . . | . . 4
------+-------+------
. 3 . | 7 2 . | . . .
. . 6 | . . . | 8 . .
. . . | 9 4 . | 2 . .
------+-------+------
3 . . | . . 7 | . 5 .
. . . | . . . | 2 . 1
6 . 5 | 9 . . | . 3 .
```

Hard # 1044
```
. . . | 9 4 . | 3 . .
. . . | . 2 . | . . 1
7 . . | . . 4 | . . .
------+-------+------
3 5 . | . . . | 2 4 .
2 . . | 5 . 3 | . . 8
. 8 7 | . . . | 9 5 .
------+-------+------
. . 8 | . . . | . . 9
9 . . | 4 . . | . . .
. 2 . | 6 1 . | . . .
```

Hard # 1045

```
. 1 . | 5 . . | . . 9
. 8 . | . 9 6 | . . 1
. 6 . | . 4 . | . . .
------+-------+------
. . 2 | . 5 . | . . .
. 3 . | . . . | . 2 .
. . 1 | . . 6 | . . .
------+-------+------
. . . | 8 . . | 5 . .
7 . 5 | 1 . 8 | . . .
8 . . | . 4 . | 3 . .
```

Hard # 1046

```
9 5 . | . 6 . | 8 . .
. 2 . | . 9 . | . . 7
. . 7 | 1 . . | . . .
------+-------+------
. . . | . . . | . . 1
5 4 1 | . . . | 6 3 9
. 3 . | . . . | . . .
------+-------+------
. . . | . . . | 1 2 .
3 . . | . 8 . | . 9 .
. . . | 4 . 9 | . 5 8
```

Hard # 1047

```
. . . | . . 5 | . . 8
8 2 . | . 9 . | 7 . .
. . . | 8 . . | . 5 .
------+-------+------
6 . . | 5 . . | . 8 .
. 9 . | . 2 . | . 4 .
. 3 . | . 6 . | . . 2
------+-------+------
. 8 . | . . 4 | . . .
. . 1 | . 8 . | . 3 5
3 . 9 | . . . | . . .
```

Hard # 1048

```
. . 5 | . . . | . . .
5 6 . | 7 2 . | . . 3
. . . | 9 6 . | . . 7
------+-------+------
. . 1 | . 5 2 | 3 . .
. 9 8 | 2 . 3 | . . .
7 . 5 | 4 . . | . . .
------+-------+------
9 . . | 7 3 . | . 4 1
. . . | . . 1 | . . .
. . . | . . . | . . .
```

Hard # 1049

```
. . . | 5 8 . | 6 3 .
. . . | . 9 8 | . . .
1 . 7 | . 3 . | . . .
------+-------+------
. . . | . . . | 7 1 .
2 7 . | . . . | 9 4 .
. 1 4 | . . . | . . .
------+-------+------
. . . | . 9 . | 2 . 7
. 5 8 | . . . | . . .
4 9 . | 6 2 . | . . .
```

Hard # 1050

```
4 . . | . 1 . | . 5 3
. 6 . | 4 . . | . . 7
. . . | . . . | 2 . .
------+-------+------
. . . | 8 . 2 | . . 1
. 7 8 | . . . | 9 3 .
1 . . | 7 . 4 | . . .
------+-------+------
. . 4 | . . . | . . .
3 . . | . 5 . | 2 . .
7 2 . | . 8 . | . . 9
```

Hard # 1051

```
8 . . | . . 2 | . . .
. 6 . | . . 5 | . . .
. 4 . | 1 9 . | 6 . .
------+-------+------
3 . 7 | . 2 . | 9 . .
. . 8 | . . . | 3 . .
. . 2 | . 3 . | 7 . 5
------+-------+------
. . 5 | . 4 1 | . 6 .
. . 6 | . . . | . 7 .
. . 2 | . . . | . . 3
```

Hard # 1052

```
9 6 . | 1 . . | 5 . .
1 . . | . . . | 6 3 .
. . 5 | . . 4 | . . .
------+-------+------
. 4 8 | . . 7 | . . .
. . . | . 8 . | . . .
. . . | 2 . . | 9 1 .
------+-------+------
. . . | 6 . . | 2 . .
7 1 . | . . . | . . 9
. . 2 | . . 9 | . 6 3
```

Hard # 1053

```
7 9 . | . 6 . | . . .
. . . | . . . | . . 5
6 . . | . 4 . | 7 8 .
------+-------+------
4 5 . | 1 . 7 | . . .
. 6 . | . . . | . 7 .
. . . | 5 . 9 | . 1 3
------+-------+------
. 8 4 | . 2 . | . . 7
1 . . | . . . | . . .
. . . | . 4 . | . 9 1
```

Hard # 1054

```
. 5 . | . 6 . | 9 . .
. . . | . 2 6 | 1 4 .
. . 3 | . 9 . | . . .
------+-------+------
. 3 9 | . . . | . . 7
4 . . | . . . | . . 5
5 . . | . . . | 1 6 .
------+-------+------
. . . | 7 . . | 3 . .
7 6 8 | 1 . . | . . .
. . 1 | . 8 . | . 4 .
```

Hard # 1055

```
6 . . | . 9 7 | . . .
4 . . | . . . | . . .
. . . | . 3 . | . 6 2
------+-------+------
1 . 7 | 4 . . | 8 . .
. . 8 | . . . | 9 . .
. . 6 | . . 2 | 7 . 1
------+-------+------
5 3 . | 9 . . | . . .
. . . | . . . | . . 7
. . . | 6 5 . | . . 4
```

Hard # 1056

```
. . . | . 1 . | . . .
. . 6 | . . . | . 5 7
5 . . | 3 7 . | 6 . .
------+-------+------
. 4 . | . . . | 9 3 .
. 2 . | . . . | . 4 .
. . 7 | 3 . . | . 8 .
------+-------+------
. 8 . | 2 7 . | . . 4
1 7 . | . . 5 | . . .
. . . | . 8 . | . . .
```

Hard # 1057

```
. . 3 | . . . | . . .
4 . . | . 8 5 | . 9 .
. 1 . | . . 7 | 8 . .
------+-------+------
. . . | . . 4 | . . 7
1 . 5 | . . 9 | . . 8
3 . . | 2 . . | . . .
------+-------+------
. . 1 | 4 . . | . 2 .
. 5 . | 7 2 . | . . 9
. . . | . . 7 | . . .
```

Hard # 1058

```
. 6 . | . 4 . | 3 . .
4 . . | 6 . . | . . 9
. . . | 2 5 . | . . 4
------+-------+------
8 . 5 | 1 . . | . . .
. 1 . | . . . | 5 . .
. . . | 8 4 . | 2 . .
------+-------+------
2 . 4 | 6 . . | . . .
7 . . | . 3 . | . . 8
. 8 . | 5 . . | 6 . .
```

Hard # 1059

```
. . . | 1 9 . | 8 . .
7 . . | . 2 3 | . . .
3 . . | 4 . . | . . .
------+-------+------
9 . . | 7 8 6 | 2 . .
. . . | . . . | . . .
. 6 2 | 4 1 . | . . 7
------+-------+------
. . . | . 7 . | . . 4
. 5 9 | . . . | . . 1
. 1 . | 6 2 . | . . .
```

Hard # 1060

```
7 . . | . 4 . | . . .
. 3 . | 6 2 . | . . .
. . . | 3 2 5 | . . .
------+-------+------
5 . . | . . . | 6 8 .
4 . . | 5 . . | . . 2
1 3 . | . . . | . . 9
------+-------+------
. 1 7 | 3 . . | . . .
. . 9 | 4 . 6 | . . .
. . 6 | . . . | . . 1
```

Hard # 1061

```
. 9 . | . . 5 | 7 . .
. . . | 6 8 . | . . .
. . . | 5 7 . | 9 . 1
------+-------+------
. . 3 | 9 . . | . . .
. 6 . | 1 . 5 | . 9 .
. . . | . . 2 | 4 . .
------+-------+------
8 . 1 | . 5 3 | . . .
. . . | . 1 7 | . . .
. 3 2 | . . . | . 1 .
```

Hard # 1062

```
7 . . | . . 8 | . . .
. . . | . 3 2 | . 9 .
. 1 . | 7 . . | . . 5
------+-------+------
. 3 . | . 2 6 | . . 9
1 . . | . . . | . . 2
2 . . | 5 9 . | . 6 .
------+-------+------
9 . . | . . 1 | . 5 .
. 8 . | 2 7 . | . . .
. 3 . | . . . | . . 7
```

Hard # 1063

```
. . . | . . 2 | . . .
. 8 . | . 3 . | 5 . .
. 5 3 | 1 9 . | 6 . .
------+-------+------
. 9 . | . . . | . . 4
. . 7 | 3 . 1 | 5 . .
3 . . | . . . | . 2 .
------+-------+------
. . 2 | . 5 9 | 4 7 .
. 4 . | 7 . . | . 8 .
. . 9 | . . . | . . .
```

Hard # 1064

```
3 . 7 | 8 . . | . . .
. . . | . 5 3 | . . .
. 4 9 | . . . | 6 . .
------+-------+------
. 6 . | 3 . 8 | . 2 .
1 . . | . . . | . . 4
. 9 . | 4 . 2 | . 7 .
------+-------+------
. . 6 | . . . | 2 5 .
. . . | 2 3 . | . . .
. . . | . . . | 9 8 7
```

Hard # 1065

```
2 . 6 | . . 7 | 1 3 .
. 8 . | 5 . . | . 4 .
. . . | . . 2 | 7 . .
------+-------+------
4 7 . | . . . | 8 . .
. . 1 | . . . | . 2 9
. . . | 4 3 . | . . .
------+-------+------
. 2 . | . . 5 | . 1 .
. . . | . . . | . . .
6 9 4 | . . . | 5 . 2
```

Hard # 1066

```
. 5 9 | . . . | . . 3
. . . | . 5 . | . . .
. . . | 1 8 5 | . . 2
------+-------+------
. . 7 | . 2 . | . . 1
. 3 . | . 5 . | 2 . .
8 . . | . 4 . | 3 . .
------+-------+------
7 . . | 4 9 6 | . . .
. . 4 | . . . | . . .
2 . . | . . . | 8 9 .
```

Hard # 1067

```
. . 1 | . . 2 | . 4 .
. . 8 | 6 . . | . . 5
2 . 5 | . 9 . | . . .
------+-------+------
5 2 . | . 3 7 | . . .
. . . | . . . | . . .
. . . | . 2 6 | . 5 9
------+-------+------
. . . | . 5 . | 3 . 1
3 . . | . . 4 | 8 . .
. 7 . | 3 . . | 5 . .
```

Hard # 1068

```
. . 8 | . 7 9 | . . 4
. . 9 | 3 . . | . . .
. 5 . | . . . | . . 2
------+-------+------
. 3 2 | . . 8 | . . .
. . . | 7 . 5 | . . .
. . . | 6 . . | . 3 1
------+-------+------
2 . . | . . . | 5 . .
. . . | . . 1 | 9 . .
1 . . | 5 6 . | 4 . .
```

Hard # 1069

				1	5			9
	7		9			8	3	4
				4				
2			1				6	
		3				4		
	6				9			5
				2				
7	8	1			4		5	
4		6	7					

Hard # 1070

5				1			7	6
4		3						
8					6			
1		8			7		6	
				4				
	7		3			5		9
			7					5
						9		8
9	8			6				4

Hard # 1071

8			4					
5				7				
		3	1		8		9	
2		8			1		3	
6								2
	5		2			4		6
	9		7		3	2		
			2					1
				6				7

Hard # 1072

	1		8			3		
			4	9			1	6
		4		6				9
								2
3	9						5	8
1								
4				2		6		
8	5		7	9				
		2			5		8	

Hard # 1073

		6	4	2				
	8		3				4	
					6		2	
7			6			2		
5		8				3		6
	6			1				5
1		9						
	5				6		7	
				1	8	9		

Hard # 1074

4					2			5
2				6				1
		5				3		
			2			1	4	
	5			7			8	
	8	2			3			
		9				7		
7				4				9
8			3					2

Hard # 1075

		9	7					3
2	8							
5				6				2
		2			1			
	6	7		4		9	2	
			6			8		
1				7				8
							3	9
3					8	2		

Hard # 1076

			4		3		5	
		4						1
				7	4	6		
9				1				5
8		5				6		9
2				8				3
	9	1	2					
3						9		
	2		9		4			

Hard # 1077

	8		1					4
		6					2	
	3			4	9	5		
		4	9	1				
		5				6		
				7	4	1		
		9	3	8			7	
	4					3		
2					7		9	

Hard # 1078

			3		7			6
8		7	4					
				6	8	9		
	1						4	9
		2				3		
6	5						1	
	9	6	3					
					5	4		2
5		1		4				

Hard # 1079

	6		8			2		
5				9				
	1			4				7
1				9	4	7		
	2						6	
	5	4	2					1
9				1			4	
				2				3
	7			5		8		

Hard # 1080

9				7				
	1		9				7	
				5			9	3
			8	4		5		2
3								7
2		5		9	1			
4	8		6					
	5				9		8	
				8				4

Hard # 1081

								2
	6	4	8				1	
3	2		7			4		
		8		4				9
5								4
4				2		6		
	4				3		8	7
	5				6	4	3	
9								

Hard # 1082

7	2	8						9
	3							
	9			7		8	5	
			5	1	7			
		9				4		
			6	9	4			
	8	1		2			7	
							2	
2						5	1	3

Hard # 1083

5								
			1		2	5		
			4		3	1		7
6			8		5		1	
	8						3	
	5		3		1			9
2		7	5		9			
		3	2		4			
								4

Hard # 1084

		8			7			
6	4		3					2
	3		9					
9				2		5	6	
		6				2		
4	2		6					1
				6		1		
1				3		9	4	
		3		1				

Hard # 1085

	6							7
	5	1		7				
		4			5	6	3	
	9				1			6
				4				
5			9				8	
	4	7	3			2		
				9		8	4	
6							5	

Hard # 1086

	3	7		5		6		
			6		3		8	
								2
		9	7			1		
2	1						4	6
		5			4	9		
6								
	9		2		7			
		4		3		2	7	

Hard # 1087

	2	3					4	1
8		9		1				
	7		9	6				
7				3				
	2				5			
		2						6
		8	7			6		
		3		8				4
4	6					7	9	

Hard # 1088

		6	2	4				
		3				9	2	7
2					1			
						7	5	
6				3				8
	1	9						
			6					4
8	7	5				6		
				9	2	5		

Hard # 1089

	4		8		5			
		3		4				6
	1	9					5	
		5			1			
		2				4		
			5			6		
	8					7	4	
7				8		5		
			3		7		8	

Hard # 1090

	3			7	2			4
		8		4				
2		7						1
	8			2		6		
			9		5			
		2		8			7	
4						3		7
			2		9			
5			6	3			4	

Hard # 1091

			3			7		
			5			2		
2			9			3	6	
	9		6			8		
1								5
		8			5		3	
	3	4			8			1
		7		6				
		6				3		

Hard # 1092

						6		7
				9		2	6	8
						7	1	9
		1				4	2	
			6		1			
2	3					6		
9		8	4					
1	5	4		8				
	3		7					

Hard # 1093

```
. 4 . | . . 9 | . . .
5 . . | . . 2 | . . .
. . . | 4 1 . | 9 . 7
------+-------+------
. 2 . | . . . | 8 1 .
3 . 5 | . . . | 6 . 2
. 6 7 | . . . | . 3 .
------+-------+------
6 . 4 | . 8 3 | . . .
. . . | 5 . . | . . 3
. . . | 2 . . | 6 . .
```

Hard # 1094

```
. 2 . | 7 . . | 4 8 .
. . . | 9 4 . | . . 1
. . 9 | . . . | 3 . 5
------+-------+------
. . . | . 6 7 | 8 . .
. . . | . . . | . . .
. . 4 | 1 3 . | . . .
------+-------+------
8 . 1 | . . . | 2 . .
2 . . | . 5 1 | . . .
. 5 3 | . . . | 2 . 9
```

Hard # 1095

```
. 8 5 | . . . | . . 4
. . . | . . . | 8 6 .
. . 6 | 9 . . | . . 2
------+-------+------
. 7 . | 5 4 . | . . 6
. 5 . | . . . | . 8 .
9 . . | 6 3 . | 7 . .
------+-------+------
2 . . | . . 7 | 9 . .
. 1 8 | . . . | . . .
5 . . | . . . | 2 1 .
```

Hard # 1096

```
. . 4 | 2 . . | . . .
3 . 6 | 9 4 . | 2 . .
. . . | . 5 . | . . 1
------+-------+------
1 . . | . . . | . . 9
4 9 . | . . . | . 2 3
6 . . | . . . | . . 7
------+-------+------
9 . . | 4 . . | . . .
. . 5 | . 3 9 | 6 . 8
. . . | . . 6 | 3 . .
```

Hard # 1097

```
5 7 . | . 2 . | . . .
. 3 1 | . . . | . . .
. . . | 7 9 . | 2 . .
------+-------+------
. 6 . | 4 . . | 5 . .
. . 9 | . . . | 8 . .
. . 5 | . 1 . | 4 . .
------+-------+------
1 . 7 | 9 . . | . . .
. . . | . 6 9 | . . .
. . . | 8 . . | 7 2 .
```

Hard # 1098

```
3 . . | 4 . 6 | 7 8 .
8 . 4 | . . 5 | . . .
. . . | 9 . . | . . .
------+-------+------
5 . . | . . 8 | 3 . .
4 . . | . . . | . . 5
. . 2 | 3 . . | . . 8
------+-------+------
. . . | . . 9 | . . .
. . . | 5 . . | 6 . 3
7 5 6 | . 2 . | . . 1
```

Hard # 1099

```
. . . | 9 . 5 | . . .
7 . . | 1 . 4 | . . 2
. 4 . | . 5 . | 7 . .
------+-------+------
5 . . | 3 . 9 | 1 . .
. . . | 2 . . | . . 7
. 1 8 | . . . | . . .
------+-------+------
. 8 . | 3 . . | 5 . .
3 . 9 | . 8 . | . . 6
. . 1 | . 5 . | . . .
```

Hard # 1100

```
. 7 . | . 3 2 | . 5 .
. 4 2 | . . . | . . .
. 5 3 | . . . | . . .
------+-------+------
8 . . | 2 . . | . . .
3 . 6 | . 4 . | 8 . 7
. . . | . 1 . | . . 6
------+-------+------
. . . | . . . | 5 9 .
. . . | . . . | 1 6 .
6 . . | 5 2 . | . 3 .
```

Hard # 1101

```
. 4 . | . 6 . | . 8 .
3 5 . | . . 8 | . . .
. . 8 | . . 7 | . . .
------+-------+------
. . 4 | . . . | 1 . .
7 . . | 2 4 5 | . . 9
. 2 . | . . . | 5 . .
------+-------+------
. . . | 1 . . | 8 . .
. . . | 3 . . | . 9 2
. 2 . | . 8 . | . 6 .
```

Hard # 1102

```
. 2 . | . . . | 3 . .
7 . . | . . 1 | 8 . .
. 4 . | . 8 6 | 9 . .
------+-------+------
. . . | . 3 . | . 1 .
. 3 . | . . 4 | . . .
6 . . | 8 . . | . . .
------+-------+------
. 8 7 | 3 . . | 4 . .
. 2 6 | . . . | . . 9
. 9 . | . . . | 5 . .
```

Hard # 1103

```
. 8 . | . . 3 | . . 2
. . . | . 1 . | 8 . 6
2 . . | . . . | . . 9
------+-------+------
. 9 1 | 3 8 . | 2 . .
. . . | . . . | . . .
. 2 . | 5 7 9 | 1 . .
------+-------+------
9 . . | . . . | . . 4
3 . 7 | . 5 . | . . .
1 . . | 7 . . | . 8 .
```

Hard # 1104

```
5 1 . | . 6 8 | . . .
. . 2 | . . . | . . 4
. 6 . | 5 7 . | . . .
------+-------+------
. 3 7 | . . . | . . .
6 9 . | . . . | . 7 3
. . . | . . . | 6 9 .
------+-------+------
. . . | . 4 2 | . 5 .
2 . . | . . . | 3 . .
. . . | 1 9 . | . 4 6
```

Hard # 1105

	4		5			9		
				2		6		
1								2
6			5	2	7	3		
	9						5	
	5	2	7	1				6
9								8
		8		7				
		6			5		4	

Hard # 1106

4	9		1			7		
	6		3					
				7	9	5		
7				9		3		
2							7	
		3		6			5	
	7	9	1					
					8		9	
		1			4		2	8

Hard # 1107

4		8			3	5		
6				1		7		
		2	4		9			
								3
1		7		5				4
3								
		2			4	8		
	1		6					5
	7	3			2			6

Hard # 1108

	9		7			5		
	1				8			
		5		2		9	3	
2								
		1	2	5	9	8		
								2
3	7			6		2		
			1				4	
	5				2		3	

Hard # 1109

4			7					
3					6	8		
	8			1				4
	7	5			4			
2	3					4	8	
			8			1	7	
1				3			5	
		2	9					6
				5				2

Hard # 1110

					2			6
			1			7		3
				8		1	9	
2			1					
	3	7	5			9	6	4
				7				9
	7	6		9				
4		2				8		
5			6					

Hard # 1111

5			4	8				6
				3				
8		2	1					
9				6				3
	6	3		5	8			
3			8					1
				9	2			8
		5						
4			2	3				7

Hard # 1112

		1		5				
			1	8			6	
	5	7	6	2				
	8							3
		3		7		6		
9							2	
			6	4	9	1		
	4			3	8			
			9		5			

Hard # 1113

					3	6		
1				7		8		
	6	7	5			1		
7	1							
9			8		5			2
							3	9
		2			1	9	5	
	4		6					8
		8	7					

Hard # 1114

9			5					
	3					5		
6		7	3	9				
	2	1		3				
		8				4		
			6			8	1	
			2	4	9			3
	9				6			
				8				1

Hard # 1115

2	1			4		8		
	5				9		4	6
			3	7				
5		8		6		3		7
				8	5			
3	9		5				2	
		6		3			9	1

Hard # 1116

						8		
6		5	2		8		3	
				5		7		
			3				5	6
2	5						7	3
3	4				1			
		4		2				
	3		1		7	5		4
	8							

Hard # 1117

```
. 1 . | . . 6 | . 2 .
. 2 . | . . . | . . 7
3 . . | 6 . 2 | . . 5
. . . | . . 4 | . . .
. . 7 | 9 1 5 | 4 . .
. . . | 8 . . | . . .
6 . . | 7 . 3 | . . 1
5 . . | . . . | 9 . .
8 . 3 | . . . | 6 . .
```

Hard # 1118

```
. . . | . . . | . . 2
. . . | 8 6 . | . . 4
. 7 . | 5 . . | 3 . .
9 6 . | 3 . . | . 5 .
1 . . | . . . | . . 9
. 3 . | . . 5 | . 7 1
. . 4 | . . 1 | . 2 .
8 . . | . 5 7 | . . .
6 . . | . . . | . . .
```

Hard # 1119

```
. . . | 6 . . | . . 8
. 6 5 | 1 . . | 9 . .
. . 8 | . . . | . 4 .
. . . | 8 9 . | . . 2
2 . . | 7 . 1 | . . 3
1 . . | . 2 5 | . . .
. 4 . | . . . | 1 . .
. . 1 | . . . | 8 2 6
9 . . | . . 7 | . . .
```

Hard # 1120

```
. . 3 | 8 . . | 9 . .
. . 5 | . . . | 3 7 .
. 3 . | . 4 . | . . .
. 4 . | . 7 1 | . . .
6 2 . | . . . | 5 4 .
. . 1 | 6 . . | 8 . .
. . 9 | . 6 . | . . .
4 9 . | . 3 . | . . .
. 7 . | 5 2 . | . . .
```

Hard # 1121

```
. . . | . 3 . | 7 . .
. . . | 8 . . | 3 4 .
. 5 4 | . 2 9 | . . .
. . 9 | 4 . . | . . 6
. 8 . | . . . | 9 . .
6 . . | . 2 1 | . . .
. 3 5 | . 8 1 | . . .
5 9 . | . 3 . | . . .
. 1 . | 2 . . | . . .
```

Hard # 1122

```
2 . 4 | . . 6 | . . 7
. 8 9 | . 7 . | . . 4
. . . | 1 . . | . . .
. 9 . | . . . | . 2 5
. . . | 9 . 2 | . . .
4 7 . | . . . | . 3 .
. . . | . . 3 | . . .
9 . . | . 6 . | 2 8 .
3 . . | 5 . . | 7 . 9
```

Hard # 1123

```
. . . | . . 1 | . . 8
. 5 . | . . 9 | . . 4
. . 2 | 4 . . | 1 . 3
. 4 . | . 9 2 | . 1 .
. . . | . . . | . . .
. 1 . | 5 3 . | . 9 .
9 . 8 | . . 7 | 6 . .
7 . . | 9 . . | . 4 .
4 . . | 6 . . | . . .
```

Hard # 1124

```
9 . . | 7 . 3 | 6 . 8
. . 5 | . 1 2 | 4 . .
4 . . | . . . | . . .
. . 8 | 1 6 4 | . 9 .
. . . | . . . | . . 2
. 1 3 | 9 . 7 | . . .
. . . | . . . | . . .
. . . | . . . | . . .
7 . 3 | 2 . 6 | . . 9
```

Hard # 1125

```
. . 3 | . . 8 | 6 1 .
. . 6 | . . 2 | . . .
. 8 . | . 5 . | . . 7
. . 5 | . . . | . . 9
2 4 . | . . . | . 8 6
9 . . | . . 2 | . . .
5 . . | . 4 . | . 6 .
. . . | . 1 . | 7 . .
. 7 9 | 3 . . | 5 . .
```

Hard # 1126

```
. . 2 | 5 . . | . . .
6 1 . | 3 . . | . . .
. 9 . | 1 . . | 4 . .
1 8 . | . . . | . . 2
. 6 7 | . 1 8 | . . .
7 . . | . . . | 6 3 .
. 2 . | . 5 9 | . . .
. . . | 4 . . | 1 7 .
. . . | . 2 4 | . . .
```

Hard # 1127

```
. . . | . 6 4 | . . .
. 2 1 | . . . | 6 5 .
4 . . | . . 3 | 8 . .
. . . | 9 5 . | . . .
7 . 4 | . . . | 5 . 9
. . . | 3 2 . | . . .
. 5 . | 9 . . | . . 4
6 4 . | . . . | 9 3 .
. . 9 | 8 . . | . . .
```

Hard # 1128

```
. 9 . | 3 5 . | . . .
. . 5 | 9 6 . | 8 . .
. 2 . | . . . | . . .
. 5 6 | . . . | . . 3
. . 1 | . . . | 7 . .
3 . . | . . . | 5 2 .
. . . | . . . | 6 . .
. . 7 | . 4 1 | 2 . .
. . . | . 7 8 | . 4 .
```

Hard # 1129

9	8	1		7	3			
				2			7	3
					1			
	5	4					9	
4								6
	6				7	4		
		2						
1	5		6					
			3	9		6	2	1

Hard # 1130

9			6	1		8		
	1	2						9
					5	1		
			5				8	2
	7				6			
3	4				2			
		6	3					
7						2	9	
	5			2	6			4

Hard # 1131

			5					3
	2			6				9
	3	1			7	5		
			3	2			7	
		4				2		
	8			9	1			
	9	4				3	2	
1				7			4	
2					8			

Hard # 1132

8			9		2			
9					2			
3	1		4					
	5			6				
	4	1	2		9	8	5	
		1		9				
			4			3	1	
	6						7	
		5		7				8

Hard # 1133

2				9				
	3	7		6				2
		6	7					
		8			6	3		
6	4						1	5
		3	1			9		
					9	6		
1			4			8	7	
				1				3

Hard # 1134

			4			5	7	2
	8		1					
7		5	6					
5				4		6		7
3		2		9				5
						6	9	1
						8		5
8	7	1				2		

Hard # 1135

	6				4			9
	4		2	9		1		
		7	5					
4			9		5		3	
3		9		7				2
			6	1				
	1		4	2		8		
5			7			9		

Hard # 1136

			8				9	
	8							4
7	3		1		6			
		3		6			2	
		2	3		7	1		
	9			1		4		
			2		5		4	7
3						5		
	6				8			

Hard # 1137

8		3	1	2				
	5		4		3			
							3	9
		7			6			6
4				6				8
3						5		
1	4							
			8		9		6	
					1	5	7	2

Hard # 1138

4	8				9			
					2			
		3		5	4			7
	1	5		6				
3		7				1		2
				7		8	6	
7			5	9		3		
		8						
			2				4	6

Hard # 1139

						2	9	6
7				5				
			3		9		8	7
		8			1	3		
			2		6			
		9	7				1	
5		6		8		3		
					7			5
8	2	7						

Hard # 1140

				3				
					2	8	9	
7	6				1	4		
						2		8
4	3			9			7	6
6		5						
			6	2			4	5
	8	1		6				
					5			

Hard # 1141

7	6		2			9		
		1		9			7	
		8						5
	5		7					9
3								1
2				8		3		
1					4			
	8			6		3		
		7			3		1	8

Hard # 1142

		3	6	8			5	4
			7					
		4			3	8		
	9					2	6	
		2			1			
5	3					8		
		7	9			3		
					6			
8	5			7	2	6		

Hard # 1143

8			6	4				
1	4		8			2		
3			1				6	
7								
	3			6			7	
								2
	9				1			8
		2			6		5	3
				2	8			7

Hard # 1144

			8			3	2	
	8	7			6		5	
	9					8		
4			5	8				
		9			4			
		6	4				7	
	3				7			
	1		5		3	6		
5	6			3				

Hard # 1145

				9		5		
9		8	2					6
				3	7	9		
				4	8			
3	8					5	4	
	6	9						
1	3	6						
7			4	8		3		
	8		5					

Hard # 1146

				5				7
		9		7			2	
2			9				1	
1				3	4	2		
								5
		8	7	9				
	9				2			4
	3			4		8		
6				8				

Hard # 1147

	3		6	2				
			4	5		2	6	8
2								
		3						6
	9	8				5	3	
7						1		
								9
3	5	2		9	1			
			6	4		5		

Hard # 1148

		8	6			5		
5				7				4
	1		4		2			3
						9	7	
			7		5			
3	2							
2			5		7		6	
6				4				2
		4			1	3		

Hard # 1149

	6		7				2	
7					3	5		8
			1					9
	8	3		7			5	
		5		4		8	7	
4					2			
5		6	4					1
	3				6		8	

Hard # 1150

	1				2		8	3
3					8	1	2	
			6					
					5			7
	7						6	
9			3					
				4				
	9	1	2					8
6	2		9				1	

Hard # 1151

	5		9		3			
		6						
4			2				6	
	4			8		1		6
	2		6		5		3	
1		9		2			8	
	3				6			1
						7		
		5		7		9		

Hard # 1152

	2	5		8			9	
				5		8		
	3					1		
4			8				5	
6			3		5			9
	5				9			4
	1						4	
	2		6					
	4			2			9	6

Hard # 1153

```
. . 4 7 . . . 3 .
. . 6 3 8 . . . .
. . 7 . 4 6 . . .
. 1 8 . 5 . . . .
. 5 . . . . . 9 .
. . . 9 . . 5 6 .
. . 4 6 . 2 . . .
. . . 7 5 8 . . .
. 6 . . . 1 7 . .
```

Hard # 1154

```
. . . 4 . 9 . . 3
. . . . . . 5 4 .
. 7 . . . . . . 9
. . 1 . 8 7 5 . .
. . 8 1 . 5 2 . .
. . 5 6 2 . 3 . .
6 . . . . . . 1 .
1 8 . . . . . . .
4 . . 7 . 3 . . .
```

Hard # 1155

```
. 7 . 8 3 9 5 . 2
. . . . . . . . .
. . . . . . 6 . 9
. . . 1 . . . 2 8
. . 7 3 . 5 4 . .
1 4 . . . 6 . . .
3 . 1 . . . . . .
. . . . . . . . .
8 . 2 5 4 1 . 7 .
```

Hard # 1156

```
. 7 . 1 . 2 . . 8
. . . 3 . . . 2 9
. . . . . 7 6 . .
4 . 5 7 8 . . . .
. . . . . . . . .
. . . 2 3 1 . . 7
. 3 8 . . . . . .
2 4 . . . 1 . . .
7 . 2 . 5 . 3 . .
```

Hard # 1157

```
6 . 3 . . . . . .
1 4 . . . 9 . . .
. . . 1 8 7 . . .
6 9 . 1 . . . . 2
. . 2 . . 3 . . .
8 . . . 5 . 7 4 .
. 3 8 9 . . . . .
. 6 . . . . 4 8 .
. . . . . 7 . 1 .
```

Hard # 1158

```
. 4 . 1 . . . . .
. . 7 9 . . . 8 .
3 2 . . . . . . 6
. 7 4 . 5 . . . .
. . . 2 8 1 . . .
. . . . 6 . 8 3 .
1 . . . . . . 4 5
. 6 . . . 2 3 . .
. . . . . 5 . 1 .
```

Hard # 1159

```
4 . 8 1 . . . . 7
7 . . 9 3 . . . 5
. . . . . . . . .
. 2 . 8 . 7 . . .
6 3 . . . . . 4 9
. . 7 . . 3 . 1 .
. . . . . . . . .
9 . . 5 8 . . . 4
5 . . . 7 6 . 8 .
```

Hard # 1160

```
. 3 . 4 . . . . 1
. . 4 . 2 . . 5 .
. . 8 . . . . . .
. 7 . . . 1 . 9 5
4 . . . . . . . 6
9 5 . 6 . . . 4 .
. . . . . . 2 . .
. 4 . . 1 . 3 . .
6 . . . . 7 . 8 .
```

Hard # 1161

```
. 6 . . . . . . .
4 . . . 2 9 . . .
7 . . 4 8 . . 5 .
. . . . . 5 2 . 7
. 5 2 . . . . 6 8
9 . 6 8 . . . . .
. 8 . . 3 4 . . 2
. . . 9 5 . . . 8
. . . . . . 7 . .
```

Hard # 1162

```
. 3 . 2 . . 5 . 9
. . . . 4 . . 3 6
. 7 . 8 . . . . .
. . 7 6 . . . . 3
. 9 . . . . 5 . .
6 . . . . 7 2 . .
. . . . . 9 . 6 .
4 6 . 5 . . . . .
9 . 5 . . 2 . 1 .
```

Hard # 1163

```
. . 6 1 . . 3 . .
2 . . . . . 5 . 7
. . . . 6 5 . . 1
. . . 4 . 7 . . .
. 4 . 2 . 9 . 3 .
. . 2 . 1 . . . .
6 . . 4 7 . . . .
8 . 4 . . . . . 9
. . 5 . . 3 8 . .
```

Hard # 1164

```
3 8 . . . . . . 9
. 2 . 1 . . . . .
1 . . . 4 8 3 . .
. . . 3 5 . . 7 2
2 6 . . . 9 7 . .
. 1 9 6 . . . . 3
. . . . . 5 . 9 .
. . . . . . . . .
7 . . . . . . 4 6
```

Hard # 1165

		4			9			
	9			2		8		4
		8			1		7	
			2	9		6	4	
	3	5		8	7			
5		3			8			
7		2		6			3	
			1		5			

Hard # 1166

						5	6	
	2	8		6	7			
6					8			7
				3		4		
7	4						5	3
		6		5				
5			3					2
			6	1		9	4	
	6	4						

Hard # 1167

				2	7		8	
		2				5		
3		1	8					
		4	7				2	3
6								9
9	7				8	1		
					1	3		7
		6					5	
	9		4	8				

Hard # 1168

8				2		7		
			1	3			2	8
3							4	
		6			1			
7		3				6		2
		5			8			
	3							9
1	4			5	2			
		9		8				5

Hard # 1169

	8					5		1
	2			3	6			4
3			5					7
			9	2				
			7		6			
			8	5				
5					1			9
9		3	4			2		
2		4					5	

Hard # 1170

2		9			3			
			1				2	
							1	3
				8	9	5		4
	9	7					3	6
4			5	6	3			
	4	8						
	7					1		
			5			4		9

Hard # 1171

	6	8			9			
		6	2					3
4					7	9		
3		7				6	8	
	4	9				2		7
		4	3					8
2				7	6			
		2			5	7		

Hard # 1172

2						3		
	9		4					
1		7					6	
6	1				2		9	
	3	4		1	6			
5		3				2	4	
9					8		5	
				6		1		
	2							8

Hard # 1173

		7					6	
		8		2	5			
	9					8		5
	8				7	1		6
4								9
6		3	1				4	
8		4					7	
			3	5		6		
	1					2		

Hard # 1174

					4	5		6
	2			1				9
			7	6	1			
7				5		3		
	3		4					8
	2	6	9					
8				4		5		
6		7	2					

Hard # 1175

1			3				4	
	3				5	9		
			6		9	5		
9						4	5	
	1						3	
6	7							2
		5	8		2			
	2	9					7	
	9				3			5

Hard # 1176

1				6				
		5	8					9
					1	5	7	4
	7						9	
			4	5	2			
		8					1	
3	5	4	6					
2						3	7	
				4				8

Hard # 1177

```
. 6 . | 9 . . | 1 3 .
. . . | 3 . . | . . .
. . . | 8 . . | 6 . 7
------+-------+------
8 . 4 | . . 7 | . . .
2 3 . | . . . | . 6 9
. . . | 2 . . | 4 . 3
------+-------+------
7 . 3 | . . 2 | . . .
. . . | . . 8 | . . .
. 1 9 | . . 3 | . 4 .
```

Hard # 1178

```
. . . | 5 8 . | 9 2 .
. . . | . 7 . | . . .
4 9 . | . . . | . . 1
------+-------+------
. 5 4 | . . 2 | . . 8
. 3 . | . . . | 9 . .
9 . . | 6 . . | 1 4 .
------+-------+------
7 . . | . . . | 8 2 .
. . . | 4 . . | . . .
. 2 6 | . 9 5 | . . .
```

Hard # 1179

```
9 . 7 | 6 . . | . . 4
. . . | . . . | 6 . 5
. 8 . | 5 . . | . . 1
------+-------+------
. 7 . | . 2 9 | 5 . .
. . . | 3 7 5 | . . 8
3 . . | . . . | 5 . 6
------+-------+------
7 . 9 | . . . | . . .
. . . | . . . | . . .
1 . . | . . . | 4 7 8
```

Hard # 1180

```
. . . | . . 8 | 6 4 .
. 5 . | . . 4 | . . .
. . 6 | . . . | 9 8 .
------+-------+------
2 . . | 8 1 . | . . 7
. . . | 6 . 9 | . . .
8 . . | 2 5 . | . . 3
------+-------+------
6 3 . | . . . | 5 . .
. . . | 5 . . | 7 . .
. 8 5 | 7 . . | . . .
```

Hard # 1181

```
. . . | 2 . . | . . .
. 6 . | . 5 . | 7 8 .
. . 1 | 4 . . | 3 . 6
------+-------+------
. . 2 | . . . | 5 3 .
. . . | 2 . 5 | . . .
8 1 . | . . . | 6 . .
------+-------+------
4 . 9 | . . 3 | 5 . .
. 3 8 | . 9 . | . 4 .
. . . | . 8 . | . . .
```

Hard # 1182

```
4 . . | . . 2 | . . .
5 . 6 | 4 . . | . 7 .
. . 8 | . . 3 | . 4 .
------+-------+------
. . . | 7 . . | 3 . .
8 . . | . . . | . . 9
. 2 . | . . 1 | . . .
------+-------+------
. 9 . | 6 . . | 2 . .
. 2 . | . . . | 7 8 4
. . . | 2 . . | . . 3
```

Hard # 1183

```
. . . | . 1 . | . . .
. 7 . | 3 2 . | . . .
. . . | 5 6 9 | . 8 .
------+-------+------
. . 9 | . 1 . | 4 . .
1 . 8 | . . 5 | . 9 .
. 4 . | 8 . 6 | . . .
------+-------+------
4 . 6 | 1 7 . | . . .
. . . | 9 2 . | 7 . .
. . . | 8 . . | . . .
```

Hard # 1184

```
. . . | 8 . . | . . 9
. 1 7 | . 9 . | . 5 .
. . 8 | . 2 . | 7 . .
------+-------+------
. . 2 | 9 . . | . 8 .
. 6 . | . . . | . 3 .
. 8 . | . . 5 | 1 . .
------+-------+------
. . 5 | . 8 . | 9 . .
. 2 . | . 5 . | 3 4 .
6 . . | . . 4 | . . .
```

Hard # 1185

```
. . . | . . . | 6 9 .
2 . 6 | . 9 4 | . . .
4 1 . | . . . | . . .
------+-------+------
. 8 7 | . . 3 | . . .
1 . . | 4 . 9 | . . 6
. . . | 6 . . | 3 1 .
------+-------+------
. . . | . . . | . 5 2
. . . | 5 2 . | 4 . 8
. . . | 5 9 . | . . .
```

Hard # 1186

```
2 . 6 | 9 3 . | . . .
. . . | . 7 . | . . 2
. . 2 | . 1 . | 6 . .
------+-------+------
4 1 8 | . . . | . . .
. 7 . | . . . | . 5 .
. . . | . . . | 7 8 4
------+-------+------
. 8 . | 1 . 9 | . . .
7 . . | 5 . . | . . .
. . . | 8 4 2 | . . 9
```

Hard # 1187

```
. 8 . | . 9 . | . . .
. 5 . | . . 1 | . 7 .
. . 2 | . . . | . . 1
------+-------+------
. . 1 | 2 . . | . . 7
. . 5 | 3 . 8 | 1 . .
8 . . | . . 6 | 9 . .
------+-------+------
9 . . | . . . | 3 . .
. 7 . | 6 . . | . 5 .
. . . | . 8 . | . 4 .
```

Hard # 1188

```
. . . | 7 . . | . . .
. . . | 4 . . | 8 9 .
4 8 . | 1 3 . | . 5 .
------+-------+------
7 . . | . . . | 9 . 8
. 4 . | . . . | . 6 .
9 . 8 | . . . | . . 2
------+-------+------
. 1 . | . 5 2 | . 4 6
. 5 4 | . . 3 | . . .
. . . | . 4 . | . . .
```

Hard # 1189
```
. . . | . . . | . 7 3
3 5 . | 6 . . | 1 . .
. . . | . 2 8 | . . .
------+-------+------
. . . | . . 6 | . . 1
7 2 4 | . . . | 9 3 6
5 . . | 9 . . | . . .
------+-------+------
. . . | 1 4 . | . . .
. . 8 | . . 3 | . 1 5
2 1 . | . . . | . . .
```

Hard # 1190
```
9 3 . | 2 . 8 | . . .
. . . | . 4 . | . . 5
2 . 7 | 1 . . | . . .
------+-------+------
. . 6 | 8 . . | . 5 .
. 1 . | . . . | . 8 .
. 9 . | . . 5 | 1 . .
------+-------+------
. . . | . . 6 | 2 . 1
6 . . | . 8 . | . . .
. . . | 3 . 1 | . 9 6
```

Hard # 1191
```
. . . | . 7 . | 8 . 2
4 . . | . 5 . | . . .
. 8 2 | . . 4 | . 3 .
------+-------+------
. 4 . | . . . | 6 . 3
. 3 . | . . . | . 7 .
2 . 5 | . . . | . 9 .
------+-------+------
. 6 . | 7 . . | 1 5 .
. . . | . 4 . | . . 6
8 . 9 | . 3 . | . . .
```

Hard # 1192
```
. . 4 | . 2 . | . . .
. . 8 | . 5 4 | . . .
. 5 . | . 9 1 | . . 2
------+-------+------
. . . | 8 2 6 | 3 . .
. 7 2 | 4 3 . | . . .
8 . 6 | 7 . . | . 5 .
------+-------+------
. 7 5 | . 3 . | . . .
. . . | 1 . 9 | . . .
. . . | . . . | . . .
```

Hard # 1193
```
. . 8 | . . . | 4 5 3
. 6 . | . . . | 8 . .
3 . . | 7 . . | . . 2
------+-------+------
. . . | 9 3 . | . . .
. 7 . | 4 . . | 1 . .
. . . | 7 2 . | . . .
------+-------+------
2 . . | 8 . . | . . 9
. 5 . | . . . | . 2 .
4 8 7 | . . . | 5 . .
```

Hard # 1194
```
. 5 . | . 9 . | . . .
. 2 . | . . . | 6 4 .
1 . . | . 8 . | . . 3
------+-------+------
. 4 2 | 8 . . | . 7 .
. . . | . . . | . . .
. 7 . | . . 3 | 6 9 .
------+-------+------
6 . . | 7 . . | . . 8
. 3 9 | . . . | 5 . .
. . . | 1 . . | 3 . .
```

Hard # 1195
```
. . 3 | 1 . . | . 9 4
. . 4 | . 2 . | 5 . 1
5 1 . | . . . | . . .
------+-------+------
6 . . | 7 . . | . . .
. . . | 6 . 4 | . . .
. . . | . 5 . | . . 3
------+-------+------
. . . | . . . | 4 5 .
2 . 9 | . 1 . | 7 . .
1 4 . | . 3 2 | . . .
```

Hard # 1196
```
7 1 . | . . 6 | . . .
. . . | . . . | 1 . .
9 . 3 | . 4 1 | . 7 8
------+-------+------
. . . | . . . | 2 3 9
4 . 9 | 3 . . | . . .
8 5 . | 7 1 . | 2 . 6
------+-------+------
. . . | 6 . . | . . .
. . . | . . . | . . .
. . . | 9 . . | 5 3 .
```

Hard # 1197
```
1 . . | 4 . . | . 3 .
. 8 . | . . . | 7 4 .
. 7 . | 5 . . | . . .
------+-------+------
3 8 . | . 1 . | 9 . .
. 6 . | . . . | . 7 .
. 7 . | . 5 . | 8 1 .
------+-------+------
. . . | . . 8 | . 5 .
. . . | 4 3 . | . 2 .
1 . . | . . 5 | . . 6
```

Hard # 1198
```
. . . | 7 2 . | . . .
. 4 . | 6 . 1 | . 7 .
3 . . | . 4 . | . . .
------+-------+------
5 . . | . . 9 | . . 6
. 2 1 | . . . | 5 8 .
4 . 6 | . . . | . . 3
------+-------+------
. . . | 5 . . | . . 1
. 6 . | 3 . 7 | . 9 .
. . . | . 9 8 | . . .
```

Hard # 1199
```
. 1 4 | . . 7 | . . .
9 . . | . 4 . | 2 5 .
. . 5 | . 8 . | . . .
------+-------+------
8 . 1 | . . . | . . .
7 . . | 9 . 4 | . . 8
. . . | . . . | 7 . 5
------+-------+------
. . . | 3 . . | 5 . .
7 8 . | 5 . . | . . 1
. . . | 6 . . | 3 8 .
```

Hard # 1200
```
5 . . | 7 . . | 1 . .
. 2 . | . . 3 | . . 9
. 1 6 | 9 . . | . . .
------+-------+------
. . 9 | . . . | . 2 3
. . . | 2 . 5 | . . .
1 5 . | . . . | 4 . .
------+-------+------
. . . | . 4 9 | 8 . .
6 . . | 1 . . | . 4 .
. . 8 | . 7 . | . . 1
```

Hard # 1201

9	8			7		5		
	1		2					
5		6			1			
			5	2		9		
6								3
	4		8	9				
			4			3		8
				3		6		
		9		6			2	4

Hard # 1202

		2				8		7
5		9		3				
9			7		5			
1	4			5			8	
2			6			9	4	
	5		4			2		
		7		1		5		
8		9				4		

Hard # 1203

						4	8	
			2	7	8			
				1		3		7
6				4	9			
8		1				5		9
			1	2				6
9		7		6				
			7	8	2			
	1	6						

Hard # 1204

	3				2			7
4				6			1	
		8						
		9	6			3		
2	5						4	9
	8			4	5			
				1				
	7		4					2
5		8			1			

Hard # 1205

			4	5				8
			9	6	1			
				1		6		
8				2			9	
3		7			4			5
	1		3					6
	4		9					
		3	5	1				
9				6	7			

Hard # 1206

			8			3		
	9				1	8		
		8	9			7		
6					8		4	
	2		7				1	
	3		6					9
		1			3	4		
	4	7				2		
	7		2					

Hard # 1207

	9	2	4					
6	7		2					
		4		8		9	2	
	3							5
			1					
9						8		
	4	9		3		5		
			5			3	8	
			7	6	1			

Hard # 1208

8	4		2	9				
			6					1
9						7		
	1			5				9
	3		7		4		6	
6			8			2		
	9							6
3				4				
			8	2		9	7	

Hard # 1209

7			8				2	
	5			3		9		4
				6				
3						1	7	
1			6		5			8
	2	7						9
			5					
4		3	8			5		
	7				2			1

Hard # 1210

	2	5	8	7				
			1		4			
3		4		2				
	7	3						9
	6						2	
8						5	4	
			6			1		4
		3		7				
			5	1		8	6	

Hard # 1211

			4		8	5		6
		6		3				
				5	9	2		
4								9
	5	3				1	7	
8								4
	9	8	1					
			7		6			
2		1	6		4			

Hard # 1212

			8					3
			3				5	
4			1			9		
1	8		5					7
		2				5		
5					8		2	4
	8			6				1
	2		9					
9					7			

Hard # 1213

		1		8				6
	2							8
3				5	9			
	4		1		6			
	9		6				5	
	7		4		8			
		6	3					1
4					2			
8		2		1				

Hard # 1214

8					4	9		3
1			2	9			6	
			8	3				
7	5							
		1				2		
							9	8
			2	8				
	1			6	3			7
9		6	5					1

Hard # 1215

						3		5
				5			6	1
3			4	8				
			2					4
		6	9	3	1		5	
7				5				
				7	4			9
5	8			1				
6		4						

Hard # 1216

9							1	
		8	7		4			2
								8
	9			5		6		
	7		6		1			2
	6		4			1		
5								
6		1		3	9			
	8							9

Hard # 1217

	2		9		8		1	
		3	4			6		
8								
	9	4					3	
	3		1		9		4	
	1					9	8	
								9
		7			2	3		
	4		5		3		2	

Hard # 1218

	2	3			8			
5			6		7			
1				2				9
2	1	9						
							4	3	8
8				7				3
			1		9			6
			4			5	7	

Hard # 1219

	8		4		2			
4		1					9	
3	7			1				
		9	2			8		
		8		3				
9			4	5				
	6				4	5		
7				8			6	
		5		7		1		

Hard # 1220

		1	4	3		9		
	8				6			3
			5					
			6					4
3		9		8				2
2			7					
			4					
9		3				1		
		5		8	1	7		

Hard # 1221

	1				3		7
		3			8		
6				9		4	
		6	1			2	
8							5
	2		8	7			
	5		4				1
		9		2			
2		6				3	

Hard # 1222

			6	1			9
	9		8				
6	2		5			8	
	6		7			2	5
5	7		1		6		
	5			6		3	1
		5		7			
8		9	2				

Hard # 1223

			8	5	7	1
	7		1	4		9	
	8	4				3
9						4
3				6	8	
	2		5	7		3
5	9	4	2			

Hard # 1224

		2	4	6			
	7	1					4
	8					7	
2	5			9		3	
			6		5		
		6		4		5	1
	2					9	
9					8	2	
				8	9	5	

Solution

Solution # 1

```
8 4 2 6 9 7 5 1 3
9 1 6 8 3 5 4 7 2
3 5 7 2 1 4 6 8 9
6 9 8 5 7 3 1 2 4
2 3 4 9 6 1 7 5 8
5 7 1 4 2 8 9 3 6
1 8 5 3 4 9 2 6 7
7 2 9 1 8 6 3 4 5
4 6 3 7 5 2 8 9 1
```

Solution # 2

```
7 8 5 9 4 6 2 3 1
4 2 9 1 3 7 5 8 6
3 1 6 2 8 5 4 9 7
6 5 8 7 9 4 3 1 2
1 7 3 8 5 2 9 6 4
9 4 2 3 6 1 7 5 8
8 3 4 6 7 9 1 2 5
5 6 1 4 2 3 8 7 9
2 9 7 5 1 8 6 4 3
```

Solution # 3

```
1 8 6 5 9 4 2 3 7
7 2 9 1 6 3 5 8 4
4 5 3 7 8 2 9 1 6
2 4 8 6 1 7 3 9 5
3 7 5 8 4 9 1 6 2
6 9 1 2 3 5 7 4 8
9 6 2 4 5 1 8 7 3
5 1 4 3 7 8 6 2 9
8 3 7 9 2 6 4 5 1
```

Solution # 4

```
5 8 1 4 7 9 3 2 6
7 6 4 3 2 1 9 5 8
9 3 2 5 8 6 7 4 1
1 7 5 8 4 3 6 9 2
6 9 8 7 1 2 4 3 5
2 4 3 9 6 5 1 8 7
3 5 6 2 9 7 8 1 4
8 1 9 6 5 4 2 7 3
4 2 7 1 3 8 5 6 9
```

Solution # 5

```
2 3 4 9 5 6 8 1 7
5 8 1 7 3 4 9 6 2
6 9 7 2 1 8 4 3 5
4 1 3 6 7 5 2 8 9
9 5 2 3 8 1 7 4 6
8 7 6 4 2 9 5 2 3
1 5 8 4 9 2 3 7 4
7 6 9 8 1 3 5 4 2 ... 
3 4 6 1 2 7 5 9 8
```

Solution # 6

```
9 7 4 1 6 3 2 5 8
6 3 5 8 2 4 1 9 7
2 1 8 5 9 7 3 4 6
1 4 2 9 5 8 7 6 3
8 9 7 2 3 6 4 1 5
3 5 6 7 4 1 9 8 2
7 6 1 3 8 9 5 2 4
4 2 3 6 1 5 8 7 9
5 8 9 4 7 2 6 3 1
```

Solution # 7

```
3 2 7 6 8 4 9 1 5
9 4 8 1 5 2 6 3 7
1 5 6 3 9 7 4 8 2
4 3 5 8 1 6 7 2 9
6 1 9 7 2 3 5 4 8
7 8 2 5 4 9 3 6 1
2 7 3 9 6 8 1 5 4
8 6 1 4 7 5 2 9 3
5 9 4 2 3 1 8 7 6
```

Solution # 8

```
4 2 1 8 6 3 9 5 7
6 9 7 2 5 4 1 3 8
3 5 8 1 7 9 2 4 6
9 7 3 4 2 5 6 8 1
8 1 4 9 3 6 5 7 2
2 6 5 7 8 1 3 9 4
1 3 2 5 4 8 7 6 9
7 8 6 3 9 2 4 1 5
5 4 9 6 1 7 8 2 3
```

Solution # 9

```
9 5 4 7 2 1 6 8 3
2 3 1 9 6 8 4 5 7
7 8 6 4 3 5 1 9 2
4 9 8 1 5 7 3 2 6
5 1 3 6 9 2 7 4 8
6 7 2 8 4 3 9 1 5
8 2 9 3 1 6 5 7 4
1 6 7 5 8 4 2 3 9
3 4 5 2 7 9 8 6 1
```

Solution # 10

```
4 7 2 1 3 8 5 9 6
3 1 5 7 9 6 2 8 4
8 9 6 2 4 5 1 3 7
7 2 4 3 5 9 6 1 8
1 6 3 8 7 2 9 4 5
5 8 9 4 6 1 3 7 2
9 4 7 6 2 3 8 5 1
2 3 8 5 1 4 7 6 9
6 5 1 9 8 7 4 2 3
```

Solution # 11

```
7 3 9 6 8 1 5 4 2
2 4 6 9 7 5 1 8 3
1 5 8 2 4 3 7 6 9
5 1 3 4 9 7 8 2 6
6 2 4 1 3 8 9 7 5
8 9 7 5 6 2 3 1 4
3 6 5 8 1 4 2 9 7
9 7 1 3 2 6 4 5 8
4 8 2 7 5 9 6 3 1
```

Solution # 12

```
4 8 3 6 7 9 2 1 5
6 2 5 3 1 8 7 9 4
7 9 1 5 2 4 3 8 6
8 3 6 7 5 1 4 2 9
2 1 7 4 9 6 8 5 3
9 5 4 8 3 2 6 7 1
5 4 2 1 6 7 9 3 8
3 6 9 2 8 5 1 4 7
1 7 8 9 4 3 5 6 2
```

Solution # 13

```
6 4 5 9 3 2 7 8 1
1 8 3 5 7 4 9 2 6
9 2 7 1 8 6 3 4 5
5 6 9 4 2 7 1 3 8
8 7 2 3 6 1 5 9 4
3 1 4 8 5 9 2 6 7
7 3 1 6 9 8 4 5 2
4 5 6 2 1 3 8 7 9
2 9 8 7 4 5 6 1 3
```

Solution # 14

```
4 9 6 5 7 1 2 8 3
1 5 2 8 3 6 7 9 4
3 8 7 2 9 4 1 6 5
9 2 8 6 5 3 4 7 1
5 6 3 1 4 7 9 2 8
7 4 1 9 8 2 5 3 6
2 3 4 7 1 8 6 5 9
6 1 5 3 2 9 8 4 7
8 7 9 4 6 5 3 1 2
```

Solution # 15

```
8 7 1 6 3 2 4 5 9
5 4 6 7 9 1 8 2 3
2 9 3 8 4 5 1 7 6
1 8 5 4 2 9 6 3 7
3 6 9 5 1 7 2 8 4
4 2 7 3 8 6 5 9 1
7 1 2 9 5 4 3 6 8
6 3 4 2 7 8 9 1 5
9 5 8 1 6 3 7 4 2
```

Solution # 16

```
7 9 1 6 8 3 2 4 5
3 4 2 9 5 7 6 1 8
5 8 6 1 2 4 7 3 9
4 7 3 2 1 9 8 5 6
6 2 9 8 4 5 1 7 3
1 5 8 3 7 6 4 9 2
9 1 7 5 6 2 3 8 4
2 3 4 7 9 8 5 6 1
8 6 5 4 3 1 9 2 7
```

Solution # 17

```
1 2 6 3 8 5 9 4 7
3 4 7 1 2 9 8 5 6
9 8 5 6 4 7 3 1 2
2 6 9 8 3 1 4 7 5
5 1 8 2 7 4 6 3 9
4 7 3 5 9 6 1 2 8
8 3 1 9 5 2 7 6 4
7 9 2 4 6 3 5 8 1
6 5 4 7 1 8 2 9 3
```

Solution # 18

```
3 5 8 4 2 7 6 9 1
6 4 7 9 1 5 2 8 3
1 9 2 6 3 8 5 7 4
9 6 1 8 5 3 4 2 7
4 7 3 1 9 2 8 5 6
8 2 5 7 4 6 3 1 9
5 1 4 2 6 9 7 3 8
7 3 9 5 8 4 1 6 2
2 8 6 3 7 1 9 4 5
```

Solution # 19

```
4 5 7 9 6 1 3 8 2
2 6 8 3 5 4 1 7 9
9 1 3 2 8 7 6 5 4
6 4 5 7 9 8 2 3 1
7 3 9 5 1 2 4 6 8
1 8 2 4 3 6 7 9 5
3 2 4 8 7 5 9 1 6
5 9 1 6 2 3 8 4 7
8 7 6 1 4 9 5 2 3
```

Solution # 20

```
8 1 3 7 4 9 2 6 5
2 5 4 6 1 3 8 9 7
9 6 7 5 8 2 4 3 1
4 2 6 9 5 7 1 8 3
1 3 5 4 2 8 6 7 9
7 9 8 1 3 6 5 4 2
3 4 2 8 9 5 7 1 6
5 7 1 3 6 4 9 2 8
6 8 9 2 7 1 3 5 4
```

Solution # 21

```
4 1 8 5 3 6 2 9 7
2 5 6 7 9 4 1 3 8
3 9 7 1 2 8 5 6 4
6 7 9 8 5 3 4 2 1
5 3 4 9 1 2 8 7 6
8 2 1 6 4 7 9 5 3
7 8 2 4 6 5 3 1 9
1 4 5 3 7 9 6 8 2
9 6 3 2 8 1 7 4 5
```

Solution # 22

```
3 5 2 4 8 7 1 6 9
6 8 7 1 5 9 2 3 4
1 4 9 6 3 2 7 5 8
8 9 3 2 6 5 4 1 7
4 7 6 8 9 1 5 2 3
2 1 5 3 7 4 9 8 6
5 6 4 9 2 8 3 7 1
9 2 8 7 1 3 6 4 5
7 3 1 5 4 6 8 9 2
```

Solution # 23

```
3 4 1 9 5 2 6 8 7
6 5 7 1 8 3 9 4 2
8 2 9 6 7 4 3 5 1
5 1 4 8 6 7 2 3 9
2 6 8 3 9 1 5 7 4
7 9 3 2 4 5 8 1 6
4 3 6 5 1 9 7 2 8
1 8 5 7 2 6 4 9 3
9 7 2 4 3 8 1 6 5
```

Solution # 24

```
3 4 9 8 2 1 7 6 5
2 6 7 4 9 5 1 3 8
5 1 8 6 7 3 4 9 2
1 5 4 2 3 8 9 7 6
9 7 2 5 1 6 8 4 3
8 3 6 9 4 7 2 5 1
7 8 5 1 6 4 3 2 9
6 9 3 7 8 2 5 1 4
4 2 1 3 5 9 6 8 7
```

Solution # 25

```
3 5 7 4 1 6 8 2 9
4 6 8 7 2 9 5 1 3
2 1 9 5 8 3 6 7 4
6 7 1 3 9 2 4 8 5
5 9 2 1 4 8 3 6 7
8 3 4 6 7 5 1 9 2
7 8 3 9 6 4 2 5 1
1 2 5 8 3 7 9 4 6
9 4 6 2 5 1 7 3 8
```

Solution # 26

```
1 6 9 4 3 2 7 5 8
2 3 5 7 8 9 4 6 1
7 8 4 6 5 1 3 2 9
4 1 8 5 7 6 9 3 2
9 5 3 2 1 4 8 7 6
6 7 2 8 9 3 1 4 5
8 4 1 3 2 5 6 9 7
5 9 6 1 4 7 2 8 3
3 2 7 9 6 8 5 1 4
```

Solution # 27

```
8 9 1 2 6 7 5 3 4
3 4 2 5 9 8 1 6 7
6 7 5 3 1 4 2 8 9
9 8 6 1 7 2 3 4 5
7 1 4 8 5 3 6 9 2
2 5 3 6 4 9 7 1 8
5 2 8 4 3 6 9 7 1
4 6 7 9 2 1 8 5 3
1 3 9 7 8 5 4 2 6
```

Solution # 28

```
9 2 8 5 6 4 7 1 3
3 6 1 2 7 9 4 5 8
5 4 7 8 3 1 6 2 9
8 1 9 4 5 7 3 6 2
6 5 4 3 9 2 1 8 7
7 3 2 1 8 6 5 9 4
4 8 3 9 1 5 2 7 6
1 9 6 7 2 3 8 4 5
2 7 5 6 4 8 9 3 1
```

Solution # 29

```
1 7 3 8 4 9 5 2 6
9 2 6 1 7 5 3 8 4
4 8 5 2 6 3 1 7 9
7 9 8 5 3 6 4 1 2
2 3 4 7 1 8 9 6 5
5 6 1 4 9 2 7 3 8
3 4 2 6 5 7 8 9 1
6 1 7 9 8 4 2 5 3
8 5 9 3 2 1 6 4 7
```

Solution # 30

```
7 6 2 5 3 8 4 1 9
4 5 9 2 7 1 8 6 3
8 3 1 6 4 9 5 2 7
3 8 5 4 6 2 7 9 1
2 1 7 9 8 3 6 4 5
6 9 4 7 1 5 3 8 2
1 4 6 3 2 7 9 5 8
5 2 3 8 9 4 1 7 6
9 7 8 1 5 6 2 3 4
```

Solution # 31

```
1 7 6 5 9 2 3 8 4
8 9 5 3 6 4 7 2 1
4 2 3 8 7 1 5 9 6
3 8 1 2 5 9 6 4 7
6 5 2 4 3 7 9 1 8
9 4 7 1 8 6 2 3 5
2 3 8 6 4 5 1 7 9
5 1 9 7 2 8 4 6 3
7 6 4 9 1 3 8 5 2
```

Solution # 32

```
3 5 7 6 2 8 1 4 9
8 9 2 1 3 4 7 5 6
6 1 4 9 7 5 8 2 3
5 2 1 7 8 6 9 3 4
4 3 8 2 9 1 6 7 5
9 7 6 4 5 3 2 1 8
7 4 3 8 6 2 5 9 1
1 8 9 5 4 7 3 6 2
2 6 5 3 1 9 4 8 7
```

Solution # 33

```
7 4 1 8 2 3 9 6 5
6 9 5 7 4 1 8 2 3
2 3 8 5 9 6 4 1 7
5 6 7 4 1 8 3 9 2
9 2 4 6 3 5 1 7 8
8 1 3 9 7 2 5 4 6
3 8 9 2 6 4 7 5 1
4 5 2 1 8 7 6 3 9
1 7 6 3 5 9 2 8 4
```

Solution # 34

```
2 7 9 4 1 5 6 8 3
1 4 5 3 6 8 2 9 7
6 8 3 9 2 7 5 1 4
5 9 2 1 7 6 4 3 8
3 6 4 8 5 9 1 7 2
8 1 7 2 4 3 9 6 5
9 5 1 7 3 4 8 2 6
7 2 6 5 8 1 3 4 9
4 3 8 6 9 2 7 5 1
```

Solution # 35

```
1 9 7 4 5 2 6 3 8
8 5 6 3 1 9 7 2 4
4 2 3 7 6 8 5 9 1
9 3 4 8 2 7 1 6 5
5 8 2 1 3 6 9 4 7
6 7 1 9 4 5 2 8 3
2 4 5 6 7 3 8 1 9
7 1 8 2 9 4 3 5 6
3 6 9 5 8 1 4 7 2
```

Solution # 36
```
3 6 8 5 7 2 9 1 4
7 1 2 4 6 9 8 5 3
9 4 5 3 8 1 2 6 7
4 3 6 7 9 5 1 2 8
2 8 1 6 3 4 5 7 9
5 9 7 1 2 8 3 4 6
8 5 9 2 4 6 7 3 1
1 7 4 9 5 3 6 8 2
6 2 3 8 1 7 4 9 5
```

Solution # 37
```
6 3 4 9 2 1 8 5 7
7 2 9 5 8 4 3 6 1
5 1 8 3 7 6 2 9 4
3 6 5 4 1 7 9 8 2
4 9 7 8 3 2 5 1 6
2 8 1 6 9 5 7 4 3
8 7 6 1 5 3 4 2 9
9 4 3 2 6 8 1 7 5
1 5 2 7 4 9 6 3 8
```

Solution # 38
```
2 7 5 3 1 9 6 4 8
9 3 8 7 6 4 1 2 5
6 1 4 5 8 2 7 3 9
3 8 2 6 9 1 5 7 4
1 6 7 8 4 5 2 9 3
4 5 9 2 3 7 8 1 6
7 9 6 4 2 8 3 5 1
5 4 3 1 7 6 9 8 2
8 2 1 9 5 3 4 6 7
```

Solution # 39
```
8 7 2 6 1 5 9 3 4
4 1 5 3 9 7 2 8 6
9 6 3 4 8 2 5 1 7
5 3 6 1 2 9 7 4 8
2 4 8 5 7 6 1 9 3
1 9 7 8 3 4 6 2 5
7 8 1 2 6 3 4 5 9
3 5 9 7 4 1 8 6 2
6 2 4 9 5 8 3 7 1
```

Solution # 40
```
3 5 7 2 1 4 9 6 8
9 1 4 3 6 8 7 2 5
2 6 8 7 5 9 4 3 1
1 4 5 6 7 3 2 8 9
7 9 2 5 8 1 6 4 3
6 8 3 9 4 2 1 5 7
8 7 6 1 2 5 3 9 4
4 3 1 8 9 6 5 7 2
5 2 9 4 3 7 8 1 6
```

Solution # 41
```
6 4 1 9 3 8 7 2 5
3 8 2 7 5 6 1 9 4
7 9 5 2 4 1 8 3 6
4 5 7 1 9 3 2 6 8
2 3 6 8 7 4 9 5 1
9 1 8 6 2 5 3 4 7
5 2 9 4 8 7 6 1 3
1 7 3 5 6 2 4 8 9
8 6 4 3 1 9 5 7 2
```

Solution # 42
```
1 9 3 7 6 5 4 2 8
7 6 4 9 2 8 1 3 5
2 8 5 3 4 1 7 6 9
6 7 2 8 3 4 9 5 1
3 5 8 1 9 7 6 4 2
9 4 1 6 5 2 3 8 7
5 1 9 4 8 3 2 7 6
8 3 7 2 1 6 5 9 4
4 2 6 5 7 9 8 1 3
```

Solution # 43
```
7 5 6 3 9 4 1 8 2
3 4 1 6 2 8 5 9 7
8 2 9 5 1 7 6 3 4
5 7 3 2 8 9 4 1 6
1 6 2 4 7 3 8 5 9
9 8 4 1 6 5 7 2 3
4 1 8 9 3 6 2 7 5
2 9 5 7 4 1 3 6 8
6 3 7 8 5 2 9 4 1
```

Solution # 44
```
9 5 7 3 1 8 4 2 6
8 6 1 2 4 5 3 7 9
2 4 3 9 7 6 8 5 1
6 3 2 4 5 9 7 1 8
5 1 9 7 8 2 6 4 3
4 7 8 1 6 3 5 9 2
3 9 4 8 2 7 1 6 5
1 8 6 5 9 4 2 3 7
7 2 5 6 3 1 9 8 4
```

Solution # 45
```
2 9 6 4 3 8 7 1 5
1 4 3 5 7 6 9 2 8
7 8 5 1 2 9 4 3 6
3 5 9 6 1 4 2 8 7
8 2 1 7 9 5 3 6 4
6 7 4 2 8 3 1 5 9
4 3 8 9 6 1 5 7 2
5 1 2 8 4 7 6 9 3
9 6 7 3 5 2 8 4 1
```

Solution # 46
```
9 5 1 2 8 4 6 3 7
3 8 2 5 7 6 1 4 9
4 7 6 3 9 1 8 5 2
2 1 3 9 6 8 4 7 5
5 6 7 1 4 3 9 2 8
8 9 4 7 2 5 3 1 6
6 3 5 8 1 7 2 9 4
7 4 9 6 3 2 5 8 1
1 2 8 4 5 9 7 6 3
```

Solution # 47
```
4 2 1 9 6 8 5 7 3
9 6 3 2 7 5 4 8 1
5 8 7 3 4 1 6 9 2
7 5 8 6 3 9 2 1 4
1 3 2 4 8 7 9 6 5
6 9 4 5 1 2 8 3 7
3 1 9 8 5 4 7 2 6
8 4 6 7 2 3 1 5 9
2 7 5 1 9 6 3 4 8
```

Solution # 48
```
4 6 2 1 3 7 5 9 8
9 8 1 6 2 5 7 4 3
7 5 3 8 9 4 2 1 6
3 2 7 4 5 6 9 8 1
5 9 8 3 1 2 4 6 7
1 4 6 7 8 9 3 5 2
2 3 9 5 6 8 1 7 4
6 1 4 9 7 3 8 2 5
8 7 5 2 4 1 6 3 9
```

Solution # 49
```
9 5 1 3 2 7 6 8 4
3 7 4 9 8 6 1 5 2
6 2 8 1 5 4 9 3 7
8 3 9 4 1 2 7 6 5
2 4 6 5 7 9 8 1 3
5 1 7 6 3 8 4 2 9
7 8 3 2 9 1 5 4 6
4 9 2 8 6 5 3 7 1
1 6 5 7 4 3 2 9 8
```

Solution # 50
```
8 9 6 1 5 3 4 2 7
2 4 3 7 9 6 1 8 5
5 7 1 4 2 8 3 9 6
7 1 5 2 3 9 6 4 8
4 6 2 8 7 1 9 5 3
3 8 9 5 6 4 2 7 1
6 3 4 9 8 7 5 1 2
1 2 8 3 4 5 7 6 9
9 5 7 6 1 2 8 3 4
```

Solution # 51
```
9 1 4 2 8 6 5 3 7
3 8 7 1 9 5 4 2 6
6 5 2 3 7 4 8 9 1
4 3 1 6 2 8 9 7 5
5 2 9 4 1 7 6 8 3
7 6 8 5 3 9 2 1 4
8 9 6 7 5 3 1 4 2
1 4 3 9 6 2 7 5 8
2 7 5 8 4 1 3 6 9
```

Solution # 52
```
5 9 7 6 1 3 8 2 4
2 3 8 9 5 4 6 7 1
1 6 4 2 8 7 3 9 5
7 4 1 3 9 8 2 5 6
6 2 3 4 7 5 9 1 8
9 8 5 1 2 6 4 3 7
4 1 6 7 3 9 5 8 2
3 5 2 8 4 1 7 6 9
8 7 9 5 6 2 1 4 3
```

Solution # 53
```
7 2 8 9 1 6 4 3 5
4 6 3 8 5 2 7 1 9
9 5 1 4 3 7 2 6 8
1 3 7 5 2 8 6 9 4
5 4 2 1 6 9 3 8 7
6 8 9 3 7 4 1 5 2
3 9 5 7 4 1 8 2 6
2 1 4 6 8 5 9 7 3
8 7 6 2 9 3 5 4 1
```

Solution # 54
```
2 8 6 1 9 3 4 7 5
4 9 1 5 7 6 8 3 2
7 5 3 8 2 4 1 6 9
8 4 5 2 1 7 3 9 6
1 3 7 9 6 5 2 8 4
6 2 9 4 3 8 7 5 1
9 7 4 6 8 2 5 1 3
3 1 2 7 5 9 6 4 8
5 6 8 3 4 1 9 2 7
```

Solution # 55
```
4 6 2 8 7 1 3 5 9
3 7 5 6 9 2 8 1 4
8 1 9 3 4 5 7 2 6
9 5 3 7 8 6 2 4 1
7 8 6 2 1 4 9 3 5
2 4 1 9 5 3 6 8 7
6 9 4 5 3 8 1 7 2
5 2 8 1 6 7 4 9 3
1 3 7 4 2 9 5 6 8
```

Solution # 56
```
4 6 7 9 1 2 8 3 5
9 1 5 4 3 8 7 2 6
2 8 3 5 6 7 9 1 4
6 5 9 1 7 4 2 8 3
1 4 2 3 8 5 6 7 9
7 3 8 2 9 6 4 5 1
8 7 1 6 4 3 5 9 2
5 9 4 8 2 1 3 6 7
3 2 6 7 5 9 1 4 8
```

Solution # 57
```
1 9 8 3 6 7 4 2 5
5 3 7 4 8 2 1 9 6
4 6 2 5 9 1 3 7 8
2 8 5 6 7 4 9 1 3
3 1 4 8 2 9 5 6 7
6 7 9 1 5 3 2 8 4
8 4 3 9 1 6 7 5 2
9 2 6 7 3 8 5 4 1
7 5 1 2 4 5 8 6 3
```

Solution # 58
```
2 3 7 8 1 4 5 6 9
8 5 6 3 7 9 2 4 1
4 1 9 2 6 5 3 8 7
1 7 2 5 9 8 4 3 6
5 6 8 4 3 1 7 9 2
3 9 4 6 2 7 1 5 8
9 2 5 7 4 6 8 1 3
7 4 1 9 8 3 6 2 5
6 8 3 1 5 2 9 7 4
```

Solution # 59
```
5 4 8 1 2 3 6 9 7
6 2 9 7 5 4 3 8 1
1 7 3 9 8 6 5 4 2
7 6 1 2 4 9 8 5 3
3 8 2 6 1 5 9 7 4
9 5 4 3 7 8 2 1 6
2 1 6 5 9 7 4 3 8
8 9 7 4 3 2 1 6 5
4 3 5 8 6 1 7 2 9
```

Solution # 60
```
6 4 2 8 5 3 9 1 7
7 1 9 2 4 6 5 3 8
3 8 5 1 9 7 6 2 4
5 9 6 4 1 2 8 7 3
4 7 3 6 8 5 2 9 1
1 2 8 7 3 9 4 5 6
2 6 4 5 7 1 3 8 9
9 5 7 3 6 8 1 4 2
8 3 1 9 2 4 7 6 5
```

Solution # 61
```
2 6 4 9 7 8 1 5 3
3 7 8 5 2 1 9 4 6
9 5 1 3 4 6 8 2 7
1 3 9 6 5 7 2 8 4
5 8 7 4 3 2 6 9 1
6 4 2 8 1 9 7 3 5
8 2 3 1 6 4 5 7 9
7 1 5 2 9 3 4 6 8
4 9 6 7 8 5 3 1 2
```

Solution # 62
```
7 6 4 1 9 5 2 3 8
8 9 2 3 4 6 1 7 5
1 3 5 7 2 8 6 9 4
4 8 1 2 6 3 7 5 9
9 5 6 4 7 1 3 8 2
2 7 3 5 8 9 4 1 6
5 2 9 6 3 4 8 1 7
3 4 8 9 1 7 5 6 2
6 1 7 8 5 2 9 4 3
```

Solution # 63
```
5 2 3 4 8 6 7 9 1
9 8 7 5 3 1 6 2 4
6 4 1 9 7 2 3 5 8
7 6 4 1 2 3 9 8 5
8 1 5 6 9 7 4 3 2
3 9 2 8 5 4 1 7 6
1 5 8 3 4 9 2 6 7
2 3 6 7 1 5 8 4 9
4 7 9 2 6 8 5 3 1
```

Solution # 64
```
3 7 6 9 1 5 8 4 2
8 1 9 4 2 6 7 5 3
4 2 5 8 7 3 1 6 9
7 9 2 5 3 8 4 1 6
1 8 3 6 4 2 5 9 7
5 6 4 7 9 1 3 2 8
9 3 7 1 6 4 2 8 5
2 4 8 3 5 9 6 7 1
6 5 1 2 8 7 9 3 4
```

Solution # 65
```
7 3 2 1 4 5 9 6 8
5 6 8 3 7 9 4 1 2
1 4 9 2 6 8 5 7 3
6 2 3 8 9 7 1 4 5
9 5 7 4 1 3 2 8 6
4 8 1 5 2 6 3 9 7
2 9 6 7 3 1 8 5 4
3 1 5 6 8 4 7 2 9
8 7 4 9 5 2 6 3 1
```

Solution # 66
```
3 1 4 2 9 7 8 5 6
6 9 2 3 8 5 7 4 1
7 5 8 4 6 1 2 9 3
2 8 3 7 4 9 6 1 5
9 4 7 1 5 6 3 2 8
1 6 5 8 2 3 9 7 4
8 2 6 5 7 4 1 3 9
5 3 9 6 1 2 4 8 7
4 7 1 9 3 8 5 6 2
```

Solution # 67
```
4 7 1 6 9 2 8 5 3
2 6 3 4 5 8 1 7 9
9 8 5 3 7 1 6 2 4
1 5 7 2 3 9 4 8 6
3 2 8 1 6 4 7 9 5
6 9 4 8 7 5 3 1 2
5 3 9 8 1 6 2 4 7
8 4 6 9 2 7 5 3 1
7 1 2 5 4 3 9 6 8
```

Solution # 68
```
1 3 2 6 9 7 4 8 5
9 7 5 4 2 8 6 3 1
4 8 6 1 3 5 2 9 7
8 6 4 9 5 1 7 2 3
3 9 7 2 6 4 1 5 8
2 5 1 7 8 3 9 4 6
6 4 3 5 1 9 8 7 2
7 1 8 3 4 2 5 6 9
5 2 9 8 7 6 3 1 4
```

Solution # 69
```
8 6 3 9 2 5 4 7 1
9 2 7 3 4 1 5 6 8
5 4 1 7 8 6 9 2 3
4 1 8 5 7 2 3 9 6
7 9 5 1 6 3 2 8 4
6 3 2 4 9 8 7 1 5
3 5 6 2 1 9 8 4 7
1 7 9 8 5 4 6 3 2
2 8 4 6 3 7 1 5 9
```

Solution # 70
```
1 6 2 9 3 4 7 5 8
5 9 3 1 8 7 4 2 6
7 8 4 2 6 5 3 1 9
6 4 1 7 5 8 2 9 3
3 2 8 6 1 9 5 7 4
9 7 5 3 4 2 8 6 1
4 5 6 8 2 1 9 3 7
8 1 9 5 7 3 6 4 2
2 3 7 4 9 6 1 8 5
```

Solution # 71
```
4 6 9 1 2 5 7 3 8
8 2 3 6 9 7 4 5 1
5 7 1 4 8 3 6 2 9
9 3 6 8 1 4 2 7 5
1 8 4 5 7 2 3 9 6
2 5 7 3 6 9 1 8 4
7 4 5 9 3 1 8 6 2
3 1 8 2 5 6 9 4 7
6 9 2 7 4 8 5 1 3
```

Solution # 72
```
4 1 5 9 3 8 6 7 2
8 6 9 7 5 2 4 1 3
2 7 3 4 1 6 5 8 9
3 2 1 5 8 9 7 6 4
6 5 4 2 7 1 9 3 8
7 9 8 3 6 4 2 5 1
5 3 2 8 4 7 1 9 6
9 8 6 1 2 5 3 4 7
1 4 7 6 9 3 8 2 5
```

Solution # 73
```
7 5 2 6 9 3 8 4 1
3 8 1 4 2 7 9 6 5
4 9 6 8 1 5 2 7 3
6 2 4 7 3 9 1 5 8
9 3 5 1 8 6 7 2 4
8 1 7 5 4 2 3 9 6
1 7 9 3 5 4 6 8 2
2 4 3 9 6 8 5 1 7
5 6 8 2 7 1 4 3 9
```

Solution # 74
```
7 9 2 6 4 3 1 8 5
8 1 3 5 9 2 6 4 7
5 6 4 8 7 1 9 3 2
3 2 1 7 5 6 4 9 8
4 7 5 3 8 9 2 1 6
9 8 6 1 2 4 7 5 3
2 3 9 4 6 5 8 7 1
1 4 8 2 3 7 5 6 9
6 5 7 9 1 8 3 2 4
```

Solution # 75
```
4 5 2 3 9 7 8 1 6
9 6 7 8 1 2 5 3 4
3 8 1 5 4 6 9 2 7
7 4 9 2 6 5 3 8 1
8 1 6 9 3 4 7 5 2
5 2 3 7 8 1 4 6 9
1 9 4 6 5 8 2 7 3
2 7 8 4 2 3 1 9 5
6 7 8 4 2 3 1 9 5
```

Solution # 76
```
2 5 6 7 1 8 3 9 4
4 8 9 2 3 6 7 5 1
7 1 3 9 5 4 8 6 2
6 3 4 1 7 2 5 8 9
8 9 2 3 4 5 1 7 6
1 7 5 6 8 9 4 2 3
3 2 8 5 6 1 9 4 7
5 6 1 4 9 7 2 3 8
9 4 7 8 2 3 6 1 5
```

Solution # 77
```
1 2 8 3 5 4 7 9 6
3 7 9 1 8 6 2 4 5
5 6 4 2 7 9 1 3 8
7 9 6 4 3 2 8 5 1
2 4 1 5 6 8 3 7 9
8 3 5 7 9 1 6 2 4
6 1 2 9 4 3 5 8 7
4 8 7 6 2 5 9 1 3
9 5 3 8 1 7 4 6 2
```

Solution # 78
```
3 9 4 2 7 6 1 8 5
7 1 6 8 5 3 2 9 4
8 5 2 1 4 9 7 6 3
4 8 5 9 2 7 3 1 6
1 3 7 6 8 4 5 2 9
2 6 9 3 1 5 4 7 8
5 2 1 4 6 8 9 3 7
9 7 8 5 3 1 6 4 2
6 4 3 7 9 2 8 5 1
```

Solution # 79
```
4 9 2 6 5 1 3 7 8
3 6 1 7 8 9 5 2 4
7 8 5 2 4 3 9 1 6
2 1 6 3 9 5 8 4 7
5 7 3 4 6 8 1 9 2
9 4 8 1 7 2 6 3 5
6 3 7 8 1 4 2 5 9
8 2 9 5 3 7 4 6 1
1 5 4 9 2 6 7 8 3
```

Solution # 80
```
3 9 6 4 2 7 8 1 5
7 8 1 5 6 3 2 9 4
5 2 4 1 8 9 6 3 7
1 5 2 8 9 4 3 7 6
8 4 7 6 3 1 5 2 9
6 3 9 2 7 5 1 4 8
2 7 8 9 1 6 4 5 3
4 6 3 7 5 2 9 8 1
9 1 5 3 4 8 7 6 2
```

Solution # 81
```
2 1 6 3 9 5 7 8 4
4 7 5 8 1 2 3 9 6
3 9 8 4 7 6 2 5 1
6 4 7 9 2 8 5 1 3
5 8 1 6 3 7 9 4 2
9 2 3 1 5 4 6 7 8
8 6 9 7 4 3 1 2 5
7 3 2 5 8 1 4 6 9
1 5 4 2 6 9 8 3 7
```

Solution # 82
```
6 9 2 4 8 7 5 1 3
3 7 1 6 5 9 8 4 2
4 5 8 1 3 2 6 7 9
9 2 3 8 1 4 7 5 6
5 1 7 3 2 6 9 8 4
8 4 6 7 9 5 2 3 1
7 8 9 2 4 1 3 6 5
2 6 4 5 7 3 1 9 8
1 3 5 9 6 8 4 2 7
```

Solution # 83
```
8 1 4 3 9 6 5 7 2
3 5 6 1 2 7 8 4 9
2 7 9 8 5 4 3 1 6
1 2 3 4 8 5 6 9 7
7 6 8 9 3 2 1 5 4
9 4 5 7 6 1 2 8 3
5 3 1 2 7 9 4 6 8
4 9 2 6 1 8 7 3 5
6 8 7 5 4 3 9 2 1
```

Solution # 84
```
2 8 7 5 4 1 9 6 3
9 4 6 2 8 3 7 5 1
3 1 5 6 7 9 2 4 8
4 3 1 7 9 6 8 2 5
7 9 8 4 5 2 3 1 6
5 6 2 3 1 8 4 9 7
6 7 3 9 2 5 1 8 4
8 2 4 1 6 7 5 3 9
1 5 9 8 3 4 6 7 2
```

Solution # 85
```
5 9 1 7 6 8 3 2 4
6 3 2 4 1 9 8 7 5
7 4 8 3 5 2 6 9 1
4 1 7 8 2 5 9 6 3
8 6 3 9 4 7 1 5 2
2 5 9 6 3 1 7 4 8
3 2 5 1 7 6 4 8 9
1 8 6 5 9 4 2 3 7
9 7 4 2 8 3 5 1 6
```

Solution # 86
```
3 1 8 5 7 2 4 9 6
6 7 9 8 1 4 2 3 5
2 4 5 6 3 9 8 7 1
8 2 3 7 5 6 1 4 9
1 5 7 9 4 8 3 6 2
9 6 4 1 2 3 7 5 8
7 3 1 2 6 5 9 8 4
5 9 2 4 8 7 6 1 3
4 8 6 3 9 1 5 2 7
```

Solution # 87
```
4 5 3 9 6 8 2 1 7
2 7 9 3 1 5 8 6 4
8 1 6 7 2 4 3 5 9
6 9 2 8 5 3 4 7 1
5 4 1 6 7 2 9 8 3
3 8 7 4 9 1 6 2 5
9 6 8 1 4 7 5 3 2
7 2 4 5 3 6 1 9 8
1 3 5 2 8 9 7 4 6
```

Solution # 88
```
3 1 5 6 8 4 7 9 2
7 9 8 3 2 1 4 5 6
6 2 4 9 7 5 3 8 1
2 7 6 1 9 8 5 3 4
1 5 9 7 4 3 6 2 8
8 4 3 2 5 6 1 7 9
4 3 7 8 6 9 2 1 5
9 6 2 5 1 7 8 4 3
5 8 1 4 3 2 9 6 7
```

Solution # 89
```
3 6 1 7 5 8 2 4 9
4 5 2 1 9 6 3 7 8
9 8 7 4 2 3 6 5 1
8 2 5 9 7 1 4 6 3
1 3 9 6 4 5 7 8 2
7 4 6 8 3 2 9 1 5
2 1 8 3 6 4 5 9 7
6 9 3 5 1 7 8 2 4
5 7 4 2 8 9 1 3 6
```

Solution # 90
```
1 7 4 3 8 2 6 5 9
8 2 9 1 5 6 4 7 3
3 5 6 7 9 4 1 2 8
7 6 1 2 4 3 8 9 5
4 9 2 5 1 8 7 3 6
5 8 3 6 7 9 2 1 4
6 1 8 9 2 5 3 4 7
2 3 5 4 6 7 9 8 1
9 4 7 8 3 1 5 6 2
```

Solution # 91
```
8 2 1 7 9 5 4 3 6
6 9 4 3 1 2 7 8 5
7 3 5 8 4 6 2 9 1
1 6 7 4 2 3 8 5 9
9 5 2 1 8 7 3 6 4
4 8 3 5 6 9 1 2 7
5 4 9 2 3 1 6 7 8
3 1 6 9 7 8 5 4 2
2 7 8 6 5 4 9 1 3
```

Solution # 92
```
5 2 7 4 6 8 3 9 1
1 6 4 9 5 3 7 8 2
8 9 3 7 1 2 5 6 4
4 3 5 2 8 6 9 1 7
7 1 9 3 4 5 8 2 6
6 8 2 1 9 7 4 3 5
3 5 1 6 7 9 2 4 8
9 7 6 8 2 4 1 5 3
2 4 8 5 3 1 6 7 9
```

Solution # 93
```
1 9 6 5 4 3 2 8 7
8 4 7 2 9 6 5 3 1
2 5 3 8 7 1 4 6 9
5 3 9 7 8 4 1 2 6
4 2 1 6 3 9 7 5 8
7 6 8 1 2 5 9 4 3
6 8 2 4 1 7 3 9 5
3 7 4 9 5 8 6 1 2
9 1 5 3 6 2 8 7 4
```

Solution # 94
```
1 6 2 3 9 8 7 4 5
4 7 8 1 5 2 3 9 6
5 9 3 7 6 4 8 1 2
3 5 6 4 1 7 9 2 8
8 2 4 6 3 9 1 5 7
7 1 9 8 2 5 6 3 4
9 4 7 2 8 1 5 6 3
2 3 1 5 7 6 4 8 9
6 8 5 9 4 3 2 7 1
```

Solution # 95
```
1 8 7 9 5 2 4 3 6
4 6 9 7 1 3 5 8 2
5 3 2 6 8 4 9 1 7
9 1 5 3 4 6 2 7 8
7 4 6 5 2 8 3 9 1
3 2 8 1 9 7 6 5 4
8 5 1 2 6 9 7 4 3
2 7 4 8 3 5 1 6 9
6 9 3 4 7 1 8 2 5
```

Solution # 96
```
8 5 6 4 2 7 1 9 3
9 7 1 8 5 3 2 6 4
3 2 4 6 1 9 7 5 8
5 6 8 2 3 1 4 7 9
2 4 9 7 6 8 5 3 1
1 3 7 5 9 4 6 8 2
7 8 2 3 4 5 9 1 6
6 1 5 9 8 2 3 4 7
4 9 3 1 7 6 8 2 5
```

Solution # 97
```
5 4 2 1 3 7 9 6 8
9 1 8 2 6 5 7 4 3
3 7 6 4 8 9 5 2 1
8 9 7 5 1 4 6 3 2
2 3 5 8 7 6 1 9 4
4 6 1 3 9 2 8 5 7
7 2 4 9 5 1 3 8 6
1 5 3 6 4 8 2 7 9
6 8 9 7 2 3 4 1 5
```

Solution # 98
```
4 7 8 9 1 2 6 5 3
9 5 2 4 6 3 7 1 8
6 3 1 7 5 8 9 2 4
2 4 5 8 9 7 3 6 1
3 9 6 5 2 1 8 4 7
8 1 7 6 3 4 2 9 5
1 8 4 2 7 6 5 3 9
7 6 9 3 4 5 1 8 2
5 2 3 1 8 9 4 7 6
```

Solution # 99
```
9 4 1 5 8 7 6 2 3
7 6 5 3 2 4 8 1 9
2 3 8 6 9 1 7 5 4
6 5 4 8 7 3 2 9 1
8 2 9 1 4 5 3 7 6
3 1 7 2 6 9 5 4 8
5 7 3 4 1 6 9 8 2
4 8 6 9 5 2 1 3 7
1 9 2 7 3 8 4 6 5
```

Solution # 100
```
9 8 4 6 5 2 3 1 7
6 7 2 1 8 3 5 4 9
1 3 5 4 9 7 8 6 2
7 4 3 5 2 9 6 8 1
8 6 9 3 7 1 2 5 4
2 5 1 8 6 4 7 9 3
4 9 6 7 3 8 1 2 5
5 1 7 2 4 6 9 3 8
3 2 8 9 1 5 4 7 6
```

Solution # 101
```
2 8 1 7 3 4 5 9 6
3 6 7 9 5 2 4 8 1
4 5 9 6 1 8 2 7 3
5 3 8 2 9 7 6 1 4
1 7 4 5 8 6 3 2 9
6 9 2 3 4 1 7 5 8
7 2 3 8 6 9 1 4 5
8 1 6 4 7 5 9 3 2
9 4 5 1 2 3 8 6 7
```

Solution # 102
```
3 4 9 5 2 8 6 1 7
5 7 6 4 1 3 9 2 8
8 1 2 7 9 6 3 5 4
2 9 5 8 7 1 4 3 6
1 8 4 6 3 9 5 7 2
7 6 3 2 5 4 1 8 9
6 3 1 9 8 7 2 4 5
4 2 7 1 6 5 8 9 3
9 5 8 3 4 2 7 6 1
```

Solution # 103
```
9 1 8 2 4 6 7 3 5
5 4 6 7 3 8 9 1 2
3 7 2 9 5 1 4 8 6
6 9 5 8 1 7 3 2 4
2 3 7 4 6 9 1 5 8
1 8 4 5 2 3 6 7 9
8 6 1 3 9 2 5 4 7
4 2 9 1 7 5 8 6 3
7 5 3 6 8 4 2 9 1
```

Solution # 104
```
8 4 2 5 1 9 3 7 6
6 3 5 4 7 2 9 1 8
1 7 9 3 8 6 4 5 2
5 8 1 9 3 7 6 2 4
4 9 7 6 2 8 1 3 5
2 6 3 1 5 4 8 9 7
7 2 6 8 9 3 5 4 1
3 1 8 2 4 5 7 6 9
9 5 4 7 6 1 2 8 3
```

Solution # 105
```
9 3 2 1 7 8 6 4 5
1 7 4 5 6 2 3 8 9
6 8 5 3 4 9 1 2 7
8 5 1 9 3 4 7 6 2
2 6 3 8 5 7 4 9 1
7 4 9 2 1 6 5 3 8
3 2 7 4 8 5 9 1 6
5 1 8 6 9 3 2 7 4
4 9 6 7 2 1 8 5 3
```

Solution # 106

```
6 8 1 2 7 9 3 4 5
7 2 3 5 4 8 6 1 9
4 9 5 3 6 1 2 7 8
8 6 4 7 5 3 1 9 2
9 1 7 8 2 6 5 3 4
3 5 2 9 1 4 7 8 6
2 4 8 6 3 7 9 5 1
1 7 6 4 9 5 8 2 3
5 3 9 1 8 2 4 6 7
```

Solution # 107

```
1 5 9 6 7 8 4 2 3
2 4 6 9 5 3 7 8 1
3 7 8 2 1 4 6 9 5
5 6 7 3 4 2 8 1 9
4 9 2 7 8 1 3 5 6
8 3 1 5 6 9 2 4 7
7 1 5 8 2 6 9 3 4
9 8 4 1 3 7 5 6 2
6 2 3 4 9 5 1 7 8
```

Solution # 108

```
4 8 5 1 9 3 7 2 6
9 3 6 2 7 4 8 5 1
7 2 1 6 5 8 3 4 9
1 7 4 3 8 6 2 9 5
8 6 9 4 2 5 1 3 7
2 5 3 7 1 9 6 8 4
6 9 8 5 3 1 4 7 2
5 1 7 8 4 2 9 6 3
3 4 2 9 6 7 5 1 8
```

Solution # 109

```
1 7 8 9 4 5 2 6 3
9 2 3 1 6 7 8 5 4
4 6 5 2 8 3 1 9 7
5 9 1 7 3 6 4 2 8
3 4 2 8 5 1 9 7 6
6 8 7 4 9 2 5 3 1
7 1 9 6 2 4 3 8 5
2 5 4 3 7 8 6 1 9
8 3 6 5 1 9 7 4 2
```

Solution # 110

```
2 9 6 1 8 4 7 3 5
1 4 3 7 5 2 9 8 6
8 7 5 3 9 6 2 4 1
3 2 7 8 1 5 6 9 4
9 6 8 4 3 7 1 5 2
5 1 4 6 2 9 8 7 3
4 5 9 2 6 8 3 1 7
7 3 2 9 4 1 5 6 8
6 8 1 5 7 3 4 2 9
```

Solution # 111

```
7 6 2 3 9 5 8 4 1
1 3 8 7 6 4 5 9 2
9 5 4 8 2 1 6 7 3
8 7 6 9 1 2 3 5 4
3 1 9 5 4 8 7 2 6
4 2 5 6 3 7 1 8 9
6 8 3 4 5 9 2 1 7
5 4 1 2 7 3 9 6 8
2 9 7 1 8 6 4 3 5
```

Solution # 112

```
6 1 4 9 8 2 3 5 7
3 2 9 4 7 5 6 1 8
8 5 7 3 6 1 2 9 4
2 7 6 5 4 8 1 3 9
1 4 3 6 2 9 7 8 5
9 8 5 7 1 3 4 2 6
7 9 1 8 3 4 5 6 2
4 3 8 2 5 6 9 7 1
5 6 2 1 9 7 8 4 3
```

Solution # 113

```
9 5 7 8 4 2 3 1 6
6 3 4 1 7 9 5 2 8
2 8 1 5 3 6 4 7 9
8 1 3 6 9 7 2 5 4
4 9 2 3 1 5 8 6 7
7 6 5 4 2 8 1 9 3
1 4 6 9 5 3 7 8 2
3 2 9 7 8 1 6 4 5
5 7 8 2 6 4 9 3 1
```

Solution # 114

```
2 4 3 1 8 6 5 7 9
6 5 1 7 4 9 3 2 8
8 9 7 2 3 5 6 1 4
9 2 5 8 6 3 7 4 1
3 1 4 9 5 7 2 8 6
7 8 6 4 1 2 9 3 5
1 3 2 5 9 4 8 6 7
5 7 8 6 2 1 4 9 3
4 6 9 3 7 8 1 5 2
```

Solution # 115

```
2 7 9 3 5 1 8 4 6
8 6 4 2 7 9 3 1 5
3 1 5 8 6 4 7 9 2
9 3 2 5 4 8 6 7 1
1 8 7 6 9 2 4 5 3
5 4 6 1 3 7 9 2 8
7 5 8 9 1 6 2 3 4
4 2 1 7 8 3 5 6 9
6 9 3 4 2 5 1 8 7
```

Solution # 116

```
4 9 7 8 5 3 6 2 1
6 5 3 1 4 2 9 7 8
1 2 8 6 7 9 5 3 4
8 6 4 5 3 7 1 9 2
9 7 5 2 1 4 3 8 6
3 1 2 9 8 6 7 4 5
5 3 1 4 9 8 2 6 7
2 8 9 7 6 5 4 1 3
7 4 6 3 2 1 8 5 9
```

Solution # 117

```
3 6 1 7 2 9 8 5 4
8 4 2 6 1 5 7 9 3
5 9 7 3 4 8 2 1 6
2 3 8 9 7 6 5 4 1
9 5 6 4 8 1 3 7 2
7 1 4 2 5 3 6 8 9
4 7 9 8 3 2 1 6 5
1 8 3 5 6 4 9 7 2
6 2 5 1 9 7 4 3 8
```

Solution # 118

```
3 1 8 4 7 5 9 2 6
2 4 6 1 9 8 5 3 7
9 7 5 2 6 3 4 8 1
5 3 4 7 2 6 8 1 9
8 2 7 3 1 9 6 5 4
1 6 9 5 8 4 2 7 3
4 8 3 6 5 7 1 9 2
7 9 1 8 4 2 3 6 5
6 5 2 9 3 1 7 4 8
```

Solution # 119

```
5 9 7 2 4 6 8 1 3
4 8 3 5 9 1 2 7 6
1 6 2 7 3 8 9 5 4
9 3 1 8 2 7 6 4 5
7 2 4 6 5 9 3 8 1
6 5 8 3 1 4 7 9 2
3 7 5 4 8 2 1 6 9
2 1 6 9 7 5 4 3 8
8 4 9 1 6 3 5 2 7
```

Solution # 120

```
8 6 9 7 3 1 5 2 4
5 1 4 2 8 6 9 7 3
7 2 3 5 4 9 6 1 8
3 5 2 4 9 7 1 8 6
1 4 7 8 6 5 3 9 2
9 8 6 3 1 2 7 4 5
4 3 1 9 5 8 2 6 7
6 7 8 1 2 3 4 5 9
2 9 5 6 7 4 8 3 1
```

Solution # 121

```
7 4 2 8 5 9 1 3 6
5 3 6 2 7 1 8 4 9
1 8 9 3 4 6 2 7 5
8 9 3 5 6 2 7 1 4
6 1 7 4 8 3 5 9 2
2 5 4 9 1 7 6 8 3
9 7 1 6 2 4 3 5 8
3 6 5 7 9 8 4 2 1
4 2 8 1 3 5 9 6 7
```

Solution # 122

```
1 6 8 4 5 7 9 3 2
5 3 4 2 6 9 7 1 8
9 2 7 8 3 1 5 4 6
4 5 6 1 9 8 2 7 3
8 7 1 6 2 3 4 9 5
2 9 3 7 4 5 8 6 1
3 4 9 5 1 2 6 8 7
7 1 5 9 8 6 3 2 4
6 8 2 3 7 4 1 5 9
```

Solution # 123

```
6 2 1 7 4 8 3 5 9
3 5 7 6 9 1 4 2 8
9 8 4 3 5 2 7 6 1
4 1 2 5 6 7 9 8 3
5 6 8 9 1 3 2 4 7
7 9 3 8 2 4 6 1 5
1 3 6 2 7 5 8 9 4
2 7 5 4 8 9 1 3 6
8 4 9 1 3 6 5 7 2
```

Solution # 124

```
8 2 7 6 4 3 5 9 1
6 9 4 1 7 5 2 3 8
3 1 5 9 8 2 7 6 4
5 8 6 7 2 1 9 4 3
1 3 2 5 9 4 6 8 7
7 4 9 8 3 6 1 2 5
9 5 1 4 6 8 3 7 2
2 6 8 3 5 7 4 1 9
4 7 3 2 1 9 8 5 6
```

Solution # 125

```
5 9 3 6 8 1 4 7 2
1 6 4 5 7 2 8 9 3
8 2 7 9 3 4 5 1 6
3 1 6 8 9 7 2 4 5
7 4 8 2 6 5 9 3 1
2 5 9 1 4 3 6 8 7
4 3 2 7 5 9 1 6 8
6 7 1 4 2 8 3 5 9
9 8 5 3 1 6 7 2 4
```

Solution # 126

```
2 5 1 3 4 6 9 7 8
9 7 3 5 1 8 2 6 4
4 6 8 7 2 9 3 5 1
6 2 4 8 7 1 5 9 3
3 8 7 4 9 5 6 1 2
1 9 5 6 3 2 8 4 7
8 1 2 9 6 7 4 3 5
5 3 6 1 8 4 7 2 9
7 4 9 2 5 3 1 8 6
```

Solution # 127

```
8 6 1 3 9 2 7 4 5
2 5 3 7 4 8 9 6 1
4 9 7 6 1 5 3 2 8
3 7 9 1 2 4 8 5 6
6 1 2 5 8 7 4 3 9
5 4 8 9 3 6 1 7 2
9 3 6 2 7 1 5 8 4
7 8 5 4 6 9 2 1 3
1 2 4 8 5 3 6 9 7
```

Solution # 128

```
8 9 2 1 4 7 3 6 5
3 5 7 6 8 2 1 9 4
1 6 4 5 9 3 8 2 7
2 7 3 9 6 1 4 5 8
9 4 6 7 5 8 2 1 3
5 8 1 3 2 4 9 7 6
7 2 8 4 1 6 5 3 9
4 3 5 2 7 9 6 8 1
6 1 9 8 3 5 7 4 2
```

Solution # 129

```
4 5 6 8 2 3 9 7 1
9 1 8 7 5 4 2 6 3
7 3 2 1 9 6 5 8 4
3 8 9 6 1 2 4 5 7
1 2 4 5 3 7 6 9 8
6 7 5 4 8 9 1 3 2
2 4 7 9 6 8 3 1 5
8 9 1 3 4 5 7 2 6
5 6 3 2 7 1 8 4 9
```

Solution # 130

```
8 7 3 1 9 5 2 6 4
9 5 4 6 2 8 3 1 7
1 2 6 4 3 7 8 9 5
5 8 9 7 4 1 6 2 3
7 6 1 3 8 2 5 4 9
4 3 2 9 5 6 7 8 1
3 4 5 2 6 9 1 7 8
2 9 7 8 1 3 4 5 6
6 1 8 5 7 4 9 3 2
```

Solution # 131

```
7 4 9 8 5 2 6 1 3
1 5 6 4 3 9 7 8 2
3 8 2 6 1 7 4 5 9
4 9 8 3 2 6 1 7 5
2 7 1 5 4 8 3 9 6
6 3 5 9 7 1 2 4 8
8 2 3 1 9 4 5 6 7
5 6 4 7 8 3 9 2 1
9 1 7 2 6 5 8 3 4
```

Solution # 132

```
9 3 5 2 7 1 4 8 6
2 7 6 8 3 4 5 1 9
8 4 1 6 5 9 7 2 3
6 9 7 5 1 8 3 4 2
4 1 2 3 9 6 8 7 5
3 5 8 4 2 7 6 9 1
5 8 3 1 4 2 9 6 7
1 6 9 7 8 5 2 3 4
7 2 4 9 6 3 1 5 8
```

Solution # 133

```
2 9 6 1 5 7 3 4 8
3 1 4 9 8 2 6 7 5
8 5 7 4 6 3 2 1 9
7 2 5 3 4 6 9 8 1
9 3 1 7 2 8 5 6 4
4 6 8 5 9 1 7 2 3
5 8 9 2 7 4 1 3 6
6 7 3 8 1 5 4 9 2
1 4 2 6 3 9 8 5 7
```

Solution # 134

```
4 9 2 5 3 7 1 8 6
8 1 7 6 2 9 5 4 3
5 6 3 4 1 8 7 9 2
6 7 8 9 5 1 2 3 4
3 2 1 8 7 4 9 6 5
9 5 4 3 6 2 8 7 1
7 3 6 2 9 5 4 1 8
2 4 9 1 8 3 6 5 7
1 8 5 7 4 6 3 2 9
```

Solution # 135

```
9 7 8 6 3 4 5 1 2
5 1 3 7 2 9 4 8 6
6 4 2 5 1 8 3 7 9
2 9 5 4 8 1 6 3 7
7 3 6 9 5 2 1 4 8
4 8 1 3 7 6 2 9 5
8 5 4 2 9 3 7 6 1
1 6 7 8 4 5 9 2 3
3 2 9 1 6 7 8 5 4
```

Solution # 136

```
7 6 5 1 3 4 8 2 9
2 9 4 8 5 6 1 7 3
8 1 3 7 9 2 6 5 4
9 3 8 6 4 7 2 1 5
6 5 7 2 1 9 3 4 8
1 4 2 5 8 3 9 6 7
5 7 1 9 6 8 4 3 2
4 8 6 3 2 5 7 9 1
3 2 9 4 7 1 5 8 6
```

Solution # 137

```
4 1 3 5 2 9 6 8 7
8 5 7 6 3 1 2 4 9
2 6 9 8 4 7 3 5 1
1 9 2 7 6 5 8 3 4
7 3 8 2 1 4 5 9 6
6 4 5 3 9 8 1 7 2
3 7 6 4 5 2 9 1 8
9 2 4 1 8 3 7 6 5
5 8 1 9 7 6 4 2 3
```

Solution # 138

```
5 4 1 2 9 7 8 3 6
9 6 2 8 3 5 4 7 1
7 3 8 1 4 6 9 5 2
6 8 7 4 2 3 1 9 5
3 5 9 7 1 8 6 2 4
1 2 4 5 6 9 7 8 3
2 9 6 3 7 4 5 1 8
8 7 3 6 5 1 2 4 9
4 1 5 9 8 2 3 6 7
```

Solution # 139

```
9 8 5 4 1 7 6 2 3
1 7 3 9 6 2 4 5 8
4 6 2 3 8 5 9 7 1
6 5 4 1 2 8 3 9 7
2 3 8 7 5 9 1 6 4
7 9 1 6 3 4 5 8 2
5 4 7 8 9 1 2 3 6
3 1 9 2 7 6 8 4 5
8 2 6 5 4 3 7 1 9
```

Solution # 140

```
7 6 1 3 8 9 2 4 5
2 4 9 7 1 5 3 6 8
5 8 3 4 2 6 7 1 9
9 5 6 2 3 4 1 8 7
8 3 2 1 6 7 9 5 4
4 1 7 9 5 8 6 2 3
3 7 8 6 4 1 5 9 2
6 2 5 8 9 7 4 3 1
1 9 4 5 7 2 8 3 6
```

Solution # 141

```
9 2 4 3 8 7 5 1 6
3 1 6 4 9 5 7 8 2
5 7 8 1 6 2 3 9 4
2 6 9 7 1 3 4 5 8
7 5 1 2 4 8 6 3 9
8 4 3 9 5 6 2 7 1
6 3 5 8 2 9 1 4 7
1 8 2 5 7 4 9 6 3
4 9 7 6 3 1 8 2 5
```

Solution # 142

```
3 9 8 7 4 5 2 1 6
1 6 4 8 9 2 5 3 7
5 7 2 3 1 6 4 8 9
9 1 5 6 2 4 3 7 8
7 8 6 9 5 3 1 2 4
2 4 3 1 8 7 9 6 5
8 3 1 5 7 9 6 4 2
6 2 9 4 3 8 7 5 1
4 5 7 2 6 1 8 9 3
```

Solution # 143

```
7 3 8 9 5 2 1 4 6
1 2 6 8 4 7 3 9 5
9 5 4 1 6 3 7 2 8
3 6 7 2 8 4 5 1 9
2 8 5 6 1 9 4 3 7
4 1 9 3 7 5 8 6 2
6 4 3 5 2 8 9 7 1
5 7 2 4 9 1 6 8 3
8 9 1 7 3 6 2 5 4
```

Solution # 144

```
6 3 4 9 8 7 1 2 5
8 1 9 5 2 3 4 7 6
5 2 7 4 1 6 9 3 8
1 8 2 3 4 5 7 6 9
3 9 6 2 7 8 5 4 1
7 4 5 1 6 9 3 8 2
4 6 3 8 5 1 2 9 7
9 5 8 7 3 2 6 1 4
2 7 1 6 9 4 8 5 3
```

Solution # 145

```
7 1 4 6 9 3 8 5 2
5 8 3 7 2 1 6 4 9
9 6 2 5 4 8 3 7 1
6 9 1 8 7 2 5 3 4
2 3 7 9 5 4 1 8 6
4 5 8 1 3 6 2 9 7
8 4 6 3 1 7 9 2 5
1 2 9 4 8 5 7 6 3
3 7 5 2 6 9 4 1 8
```

Solution # 146

```
1 3 6 7 8 2 9 5 4
5 7 9 1 4 6 3 8 2
2 8 4 9 3 5 1 6 7
4 2 1 3 5 7 6 9 8
8 9 7 2 6 1 4 3 5
6 5 3 8 9 4 7 2 1
7 1 8 6 2 3 5 4 9
9 6 5 4 1 8 2 7 3
3 4 2 5 7 9 8 1 6
```

Solution # 147

```
4 5 6 1 2 8 9 3 7
8 7 1 4 3 9 5 2 6
3 9 2 7 6 5 1 4 8
5 8 7 6 9 2 3 1 4
2 3 4 5 8 1 7 6 9
1 6 9 3 7 4 2 8 5
9 1 8 2 5 6 4 7 3
7 2 5 8 4 3 6 9 1
6 4 3 9 1 7 8 5 2
```

Solution # 148

```
7 4 3 9 2 1 6 8 5
9 8 2 6 4 5 7 3 1
6 1 5 3 7 8 2 4 9
4 6 1 8 3 2 5 9 7
2 9 8 5 1 7 3 6 4
5 3 7 4 9 6 8 1 2
3 2 6 1 5 4 9 7 8
8 7 4 2 6 9 1 5 3
1 5 9 7 8 3 4 2 6
```

Solution # 149

```
5 2 7 6 9 1 4 3 8
9 8 4 7 3 5 2 1 6
6 3 1 4 8 2 5 9 7
4 5 9 3 7 6 8 2 1
8 7 3 1 2 4 9 6 5
1 6 2 8 5 9 3 7 4
2 4 6 9 1 8 7 5 3
7 1 5 2 4 3 6 8 9
3 9 8 5 6 7 1 4 2
```

Solution # 150

```
4 5 6 8 7 2 9 3 1
9 2 8 6 1 3 4 5 7
7 3 1 9 4 5 2 8 6
1 8 9 3 5 4 6 7 2
2 7 5 1 9 6 3 4 8
6 4 3 7 2 8 5 1 9
5 1 2 4 8 9 7 6 3
3 9 7 5 6 1 8 2 4
8 6 4 2 3 7 1 9 5
```

Solution # 151

```
4 5 3 6 7 2 8 1 9
7 2 8 3 1 9 4 6 5
9 6 1 8 5 4 7 2 3
5 1 4 2 9 7 3 8 6
3 8 2 4 6 5 1 9 7
6 7 9 1 8 3 2 5 4
2 4 5 9 3 1 6 7 8
1 9 6 7 4 8 5 3 2
8 3 7 5 2 6 9 4 1
```

Solution # 152

```
3 6 5 9 4 2 1 7 8
4 7 2 3 8 1 5 6 9
1 9 8 6 7 5 4 3 2
7 3 9 8 1 4 2 5 6
8 2 4 5 6 7 3 9 1
5 1 6 2 3 9 7 8 4
2 5 3 4 9 8 6 1 7
9 4 7 1 5 6 8 2 3
6 8 1 7 2 3 9 4 5
```

Solution # 153

```
8 3 4 6 9 1 7 5 2
6 7 2 4 5 8 1 9 3
9 1 5 3 2 7 4 6 8
7 8 3 2 1 5 9 4 6
5 9 6 7 8 4 3 2 1
4 2 1 9 3 6 5 8 7
1 4 8 5 7 2 6 3 9
2 6 9 1 4 3 8 7 5
3 5 7 8 6 9 2 1 4
```

Solution # 154

```
3 2 6 5 9 8 1 7 4
1 7 5 3 6 4 2 9 8
9 8 4 7 1 2 3 6 5
6 1 2 8 7 5 9 4 3
7 4 8 2 3 9 6 5 1
5 3 9 6 4 1 7 8 2
4 5 1 9 2 6 8 3 7
2 9 7 4 8 3 5 1 6
8 6 3 1 5 7 4 2 9
```

Solution # 155

```
8 4 9 3 1 2 6 7 5
3 5 6 4 7 8 9 2 1
1 7 2 5 6 9 4 8 3
5 2 7 9 8 1 3 6 4
6 9 3 2 4 7 5 1 8
4 1 8 6 3 5 2 9 7
9 3 1 8 2 4 7 5 6
2 8 4 7 5 6 1 3 9
7 6 5 1 9 3 8 4 2
```

Solution # 156

```
1 3 6 9 4 7 5 2 8
9 2 4 1 8 5 6 3 7
8 5 7 3 6 2 1 9 4
3 6 1 4 2 8 7 5 9
5 4 9 7 1 3 2 8 6
7 8 2 6 5 9 3 4 1
6 1 8 5 3 4 9 7 2
4 7 3 2 9 6 8 1 5
2 9 5 8 7 1 4 6 3
```

Solution # 157

```
1 3 9 6 5 7 4 2 8
6 7 8 2 1 4 3 5 9
2 4 5 3 9 8 7 6 1
4 9 1 5 6 3 8 7 2
8 2 3 7 4 9 6 1 5
5 6 7 8 2 1 9 3 4
3 5 4 9 7 2 1 8 6
7 1 2 4 8 6 5 9 3
9 8 6 1 3 5 2 4 7
```

Solution # 158

```
5 8 3 4 1 6 9 7 2
6 9 7 2 3 8 1 4 5
1 4 2 9 7 5 3 6 8
7 2 9 5 4 3 6 8 1
8 1 4 6 9 7 5 2 3
3 5 6 1 8 2 7 9 4
4 7 1 3 2 9 8 5 6
9 3 5 8 6 4 2 1 7
2 6 8 7 5 1 4 3 9
```

Solution # 159

```
7 9 2 4 5 6 3 1 8
8 1 6 9 3 7 4 2 5
5 4 3 8 2 1 7 9 6
1 2 4 7 6 5 9 8 3
3 8 9 1 4 2 5 6 7
6 7 5 3 8 9 2 4 1
9 5 8 6 7 4 1 3 2
2 3 1 5 9 8 6 7 4
4 6 7 2 1 3 8 5 9
```

Solution # 160

```
3 5 8 2 7 1 6 9 4
9 6 2 4 8 5 3 7 1
1 4 7 6 3 9 2 8 5
5 2 1 9 6 3 8 4 7
4 8 9 1 2 7 5 6 3
6 7 3 5 4 8 9 1 2
8 1 4 3 9 2 7 5 6
2 9 6 7 5 4 1 3 8
7 3 5 8 1 6 4 2 9
```

Solution # 161

```
6 7 9 2 1 8 4 5 3
5 1 3 7 4 6 9 8 2
4 8 2 3 9 5 7 6 1
3 5 4 1 2 7 8 9 6
7 2 1 6 8 9 5 3 4
8 9 6 4 5 3 1 2 7
9 4 7 5 3 2 6 1 8
2 6 5 8 7 1 3 4 9
1 3 8 9 6 4 2 7 5
```

Solution # 162

```
2 1 9 6 5 7 4 3 8
5 4 8 2 3 9 6 1 7
7 3 6 8 1 4 9 2 5
1 6 5 7 2 8 3 9 4
9 2 3 1 4 5 8 7 6
4 8 7 3 9 6 1 5 2
8 5 1 4 7 3 2 6 9
3 7 4 9 6 2 5 8 1
6 9 2 5 8 1 7 4 3
```

Solution # 163

```
5 8 9 1 3 2 6 7 4
6 1 2 4 7 9 3 5 8
3 4 7 8 5 6 2 1 9
9 7 3 6 2 4 5 8 1
4 6 8 5 1 3 7 9 2
1 2 5 7 9 8 4 3 6
8 5 1 2 4 7 9 6 3
2 9 6 3 8 5 1 4 7
7 3 4 9 6 1 8 2 5
```

Solution # 164

```
4 9 8 1 7 3 5 6 2
7 3 5 8 2 6 1 4 9
1 6 2 4 5 9 7 3 8
8 4 7 3 6 2 9 5 1
6 5 9 7 8 1 4 2 3
3 2 1 5 9 4 8 7 6
2 1 4 9 3 5 6 8 7
9 7 6 2 4 8 3 1 5
5 8 3 6 1 7 2 9 4
```

Solution # 165

```
3 2 6 1 8 9 4 7 5
5 4 1 2 6 7 8 3 9
8 7 9 3 5 4 2 1 6
2 3 5 4 7 1 9 6 8
1 6 8 9 3 5 7 2 4
7 9 4 8 2 6 3 5 1
6 5 3 7 9 8 1 4 2
4 8 2 6 1 3 5 9 7
9 1 7 5 4 2 6 8 3
```

Solution # 166

```
7 8 6 9 5 2 3 1 4
3 1 9 7 4 6 2 8 5
4 5 2 3 8 1 7 6 9
8 9 5 2 3 4 1 7 6
2 7 4 1 6 8 5 9 3
1 6 3 5 9 7 8 4 2
6 4 1 8 2 3 9 5 7
5 3 7 4 1 9 6 2 8
9 2 8 6 7 5 4 3 1
```

Solution # 167

```
4 7 9 2 1 3 6 8 5
1 6 8 9 7 5 2 3 4
5 2 3 6 8 4 7 9 1
3 5 2 4 6 1 9 7 8
8 4 7 3 5 9 1 6 2
6 9 1 7 2 8 5 4 3
2 8 4 5 9 6 3 1 7
9 3 5 1 4 7 8 2 6
7 1 6 8 3 2 4 5 9
```

Solution # 168

```
2 7 8 1 4 6 9 3 5
9 5 4 2 7 3 1 8 6
1 3 6 8 5 9 7 4 2
6 1 7 4 2 5 8 9 3
3 4 5 9 1 8 6 2 7
8 2 9 6 3 7 5 1 4
5 6 1 3 9 4 2 7 8
7 9 3 5 8 2 4 6 1
4 8 2 7 6 1 3 5 9
```

Solution # 169

```
7 9 6 2 1 5 8 3 4
3 1 8 9 6 4 7 2 5
2 4 5 7 3 8 1 6 9
4 8 7 3 9 6 5 1 2
9 5 3 4 2 1 6 7 8
6 2 1 8 5 7 9 4 3
8 6 9 1 4 2 3 5 7
5 7 4 6 8 3 2 9 1
1 3 2 5 7 9 4 8 6
```

Solution # 170

```
7 3 9 1 8 6 4 5 2
2 1 8 5 7 4 9 3 6
5 4 6 9 2 3 8 7 1
8 7 3 2 4 5 6 1 9
1 6 2 3 9 8 7 4 5
4 9 5 7 6 1 2 8 3
6 5 4 8 3 2 1 9 7
9 8 1 6 5 7 3 2 4
3 2 7 4 1 9 5 6 8
```

Solution # 171

```
6 3 7 4 2 5 9 1 8
2 5 9 6 8 1 4 3 7
8 1 4 9 3 7 2 5 6
5 7 8 2 4 9 1 6 3
9 2 6 1 7 3 8 4 5
1 4 3 5 6 8 7 2 9
4 9 5 8 1 6 3 7 2
3 8 2 7 5 4 6 9 1
7 6 1 3 9 2 5 8 4
```

Solution # 172

```
3 5 7 8 1 6 9 4 2
6 4 8 2 7 9 5 3 1
1 9 2 5 3 4 7 6 8
4 1 6 7 9 2 3 8 5
9 7 3 1 8 5 4 2 6
2 8 5 4 6 3 1 7 9
5 3 1 6 2 7 8 9 4
7 2 4 9 5 8 6 1 3
8 6 9 3 4 1 2 5 7
```

Solution # 173

```
7 4 5 3 6 8 1 9 2
8 1 6 4 9 2 3 5 7
9 3 2 7 1 5 8 4 6
3 6 9 1 5 7 2 8 4
2 7 1 9 8 4 5 6 3
4 5 8 6 2 3 7 1 9
6 2 7 8 4 1 9 3 5
5 8 4 2 3 9 6 7 1
1 9 3 5 7 6 4 2 8
```

Solution # 174

```
9 8 2 4 3 1 5 6 7
7 4 5 9 8 6 3 2 1
6 1 3 5 7 2 8 9 4
5 6 1 3 2 4 9 7 8
8 3 7 6 5 9 1 4 2
4 2 9 7 1 8 6 3 5
2 7 8 1 9 3 4 5 6
3 5 6 8 4 7 2 1 9
1 9 4 2 6 5 7 8 3
```

Solution # 175

```
8 1 2 7 6 3 9 4 5
4 5 3 1 8 9 2 6 7
7 6 9 4 2 5 1 8 3
2 3 4 9 1 6 7 5 8
6 9 7 5 3 8 4 1 2
5 8 1 2 7 4 3 9 6
9 2 8 6 4 7 5 3 1
1 4 6 3 5 2 8 7 9
3 7 5 8 9 1 6 2 4
```

Solution # 176
```
9 1 7 | 6 8 4 | 5 2 3
3 4 6 | 5 1 2 | 7 8 9
2 8 5 | 3 7 9 | 6 1 4
7 9 8 | 1 6 5 | 3 4 2
5 2 4 | 9 3 8 | 1 6 7
1 6 3 | 4 2 7 | 9 5 8
6 5 2 | 7 4 3 | 8 9 1
4 7 1 | 8 9 6 | 2 3 5
8 3 9 | 2 5 1 | 4 7 6
```

Solution # 177
```
9 7 4 | 6 1 3 | 2 8 5
2 5 1 | 4 8 9 | 7 3 6
6 8 3 | 7 2 5 | 1 4 9
3 1 7 | 9 5 2 | 8 6 4
4 2 5 | 1 6 8 | 3 9 7
8 6 9 | 3 4 7 | 5 1 2
1 4 2 | 8 9 7 | 6 5 3
7 9 8 | 5 3 6 | 4 2 1
5 3 6 | 2 4 1 | 9 7 8
```

Solution # 178
```
1 5 3 | 2 9 6 | 8 7 4
6 9 4 | 8 5 7 | 1 3 2
2 8 7 | 1 4 3 | 6 9 5
3 4 2 | 5 7 1 | 9 6 8
8 6 1 | 4 3 9 | 2 5 7
5 7 9 | 6 2 8 | 3 4 1
9 3 5 | 7 8 2 | 1 4 6
7 2 6 | 3 1 4 | 5 8 9
4 1 8 | 9 6 5 | 7 2 3
```

Solution # 179
```
1 7 4 | 9 5 3 | 2 8 6
6 2 3 | 8 4 7 | 5 1 9
5 8 9 | 1 2 6 | 3 4 7
9 5 2 | 6 8 4 | 7 3 1
3 4 1 | 7 9 2 | 6 5 8
7 6 8 | 3 1 5 | 9 2 4
8 1 5 | 2 7 9 | 4 6 3
2 3 7 | 4 6 8 | 1 9 5
4 9 6 | 5 3 1 | 8 7 2
```

Solution # 180
```
7 8 5 | 6 9 3 | 2 1 4
6 1 4 | 7 5 2 | 9 8 3
9 2 3 | 4 8 1 | 6 7 5
1 9 2 | 8 3 5 | 7 4 6
4 3 8 | 9 6 7 | 1 5 2
5 6 7 | 1 2 4 | 8 3 9
3 5 6 | 2 1 8 | 4 9 7
2 4 1 | 3 7 9 | 5 6 8
8 7 9 | 5 4 6 | 3 2 1
```

Solution # 181
```
3 6 9 | 7 2 8 | 5 1 4
5 8 1 | 4 9 3 | 6 2 7
4 7 2 | 5 1 6 | 8 3 9
1 9 6 | 2 5 4 | 7 8 3
2 3 8 | 6 7 9 | 1 4 5
7 5 4 | 8 3 1 | 9 6 2
9 2 3 | 1 8 7 | 4 5 6
6 1 7 | 9 4 2 | 3 5 8
8 4 5 | 3 6 7 | 2 9 1
```

Solution # 182
```
5 9 8 | 2 1 3 | 4 6 7
3 4 6 | 5 7 8 | 2 9 1
7 1 2 | 9 4 6 | 5 3 8
1 2 9 | 8 6 5 | 3 7 4
6 3 7 | 4 2 1 | 9 8 5
4 8 5 | 7 3 9 | 1 2 6
8 7 4 | 3 5 2 | 6 1 9
9 6 3 | 1 8 4 | 7 5 2
2 5 1 | 6 9 7 | 8 4 3
```

Solution # 183
```
3 1 9 | 5 6 8 | 4 2 7
6 2 4 | 7 1 9 | 8 5 3
5 8 7 | 2 4 3 | 9 1 6
2 5 6 | 1 8 7 | 3 4 9
4 9 3 | 6 2 5 | 7 8 1
8 7 1 | 3 9 4 | 2 6 5
7 4 8 | 9 5 6 | 1 3 2
9 6 2 | 4 3 1 | 5 7 8
1 3 5 | 8 7 2 | 6 9 4
```

Solution # 184
```
9 1 4 | 6 8 2 | 7 3 5
3 8 5 | 9 1 7 | 6 4 2
2 7 6 | 3 5 4 | 1 9 8
1 2 7 | 8 9 5 | 3 6 4
4 5 9 | 2 6 3 | 8 1 7
8 6 3 | 7 4 1 | 2 5 9
7 4 1 | 5 3 8 | 9 2 6
5 9 2 | 1 7 6 | 4 8 3
6 3 8 | 4 2 9 | 5 7 1
```

Solution # 185
```
2 8 9 | 5 3 6 | 4 7 1
5 1 7 | 9 4 8 | 6 2 3
6 3 4 | 1 7 2 | 9 8 5
4 5 6 | 8 9 1 | 2 3 7
8 2 1 | 3 6 7 | 5 4 9
9 7 3 | 4 2 5 | 1 6 8
7 6 5 | 2 1 3 | 8 9 4
1 4 2 | 7 8 9 | 3 5 6
3 9 8 | 6 5 4 | 7 1 2
```

Solution # 186
```
3 5 8 | 9 4 2 | 6 7 1
2 9 6 | 3 7 1 | 4 5 8
4 7 1 | 6 5 8 | 2 3 9
1 8 4 | 7 6 3 | 9 2 5
6 2 7 | 5 8 9 | 3 1 4
9 3 5 | 2 1 4 | 8 6 7
5 6 9 | 8 2 3 | 7 1 4
8 4 2 | 1 3 7 | 5 9 6
7 1 3 | 4 9 6 | 5 8 2
```

Solution # 187
```
4 7 8 | 5 6 3 | 1 2 9
3 2 5 | 8 9 1 | 4 6 7
9 6 1 | 2 4 7 | 3 8 5
5 1 4 | 9 7 2 | 6 3 8
7 3 6 | 4 8 5 | 9 1 2
2 8 9 | 3 1 6 | 5 7 4
1 4 2 | 6 5 8 | 7 9 3
6 9 3 | 7 2 4 | 8 5 1
8 5 7 | 1 3 9 | 2 4 6
```

Solution # 188
```
1 2 7 | 9 8 4 | 6 5 3
9 3 8 | 2 5 6 | 4 1 7
5 6 4 | 7 1 3 | 8 9 2
4 1 2 | 6 3 5 | 7 8 9
7 8 5 | 1 2 9 | 3 4 6
6 9 3 | 8 4 7 | 5 2 1
3 4 1 | 5 7 2 | 9 6 8
2 5 9 | 3 6 8 | 1 7 4
8 7 6 | 4 9 1 | 2 3 5
```

Solution # 189
```
3 6 8 | 2 9 7 | 1 5 4
1 5 2 | 6 4 8 | 9 7 3
7 4 9 | 1 3 5 | 8 6 2
5 8 3 | 9 2 1 | 6 4 7
9 2 1 | 4 7 6 | 3 8 5
4 7 6 | 5 8 3 | 2 1 9
2 1 7 | 8 5 9 | 4 3 6
6 3 4 | 7 1 2 | 5 9 8
8 9 5 | 3 6 4 | 7 2 1
```

Solution # 190
```
6 8 2 | 5 9 1 | 7 4 3
9 4 3 | 8 6 7 | 1 5 2
7 1 5 | 4 3 2 | 6 8 9
5 9 7 | 3 4 8 | 2 1 6
1 3 8 | 7 2 6 | 4 9 5
2 6 4 | 1 5 9 | 8 3 7
8 7 9 | 2 1 3 | 5 6 4
3 5 1 | 6 7 4 | 9 2 8
4 2 6 | 9 8 5 | 3 7 1
```

Solution # 191
```
3 9 7 | 8 6 2 | 5 4 1
2 8 1 | 4 9 5 | 3 6 7
5 6 4 | 3 1 7 | 8 9 2
9 4 5 | 7 8 1 | 2 3 6
1 3 8 | 9 2 6 | 7 5 4
6 7 2 | 5 3 4 | 1 8 9
4 2 6 | 1 5 8 | 9 7 3
8 1 9 | 6 7 3 | 4 2 5
7 5 3 | 2 4 9 | 6 1 8
```

Solution # 192
```
1 6 7 | 3 8 4 | 2 9 5
3 8 5 | 9 2 1 | 4 7 6
9 2 4 | 6 5 7 | 8 1 3
8 1 2 | 5 7 6 | 3 4 9
5 7 9 | 8 4 3 | 6 2 1
4 3 6 | 2 1 9 | 5 8 7
7 9 8 | 4 6 5 | 1 3 2
2 5 3 | 1 9 8 | 7 6 4
6 4 1 | 7 3 2 | 9 5 8
```

Solution # 193
```
5 2 6 | 9 1 4 | 8 7 3
7 4 8 | 5 2 3 | 9 6 1
3 9 1 | 8 7 6 | 2 4 5
4 6 3 | 2 8 5 | 1 9 7
8 7 2 | 1 3 9 | 6 5 4
1 5 9 | 6 4 7 | 3 8 2
6 1 5 | 4 9 2 | 7 3 8
9 8 7 | 3 5 1 | 4 2 6
2 3 4 | 7 6 8 | 5 1 9
```

Solution # 194
```
2 1 3 | 9 5 8 | 7 4 6
4 5 6 | 3 7 1 | 8 9 2
9 8 7 | 2 4 6 | 5 3 1
8 7 2 | 1 9 3 | 4 6 5
6 4 9 | 7 8 5 | 2 1 3
1 3 5 | 4 6 2 | 9 8 7
3 9 4 | 6 2 7 | 1 5 8
5 2 1 | 8 3 4 | 6 7 9
7 6 8 | 5 1 9 | 3 2 4
```

Solution # 195
```
4 5 9 | 2 8 7 | 6 1 3
1 7 2 | 6 9 3 | 8 4 5
6 3 8 | 5 1 4 | 9 7 2
3 9 6 | 4 2 1 | 5 8 7
2 1 5 | 9 7 8 | 3 6 4
7 8 4 | 3 5 6 | 2 9 1
8 6 7 | 1 3 2 | 4 5 9
9 2 1 | 8 4 5 | 7 3 6
5 4 3 | 7 6 9 | 1 2 8
```

Solution # 196
```
1 8 9 | 7 6 3 | 2 5 4
6 4 3 | 8 5 2 | 1 9 7
7 5 2 | 9 1 4 | 3 6 8
2 9 8 | 5 3 1 | 4 7 6
3 7 6 | 2 4 8 | 5 1 9
5 1 4 | 6 9 7 | 8 3 2
9 2 1 | 4 7 5 | 6 8 3
8 3 7 | 1 2 6 | 9 4 5
4 6 5 | 3 8 9 | 7 2 1
```

Solution # 197
```
3 5 9 | 7 4 1 | 6 2 8
7 2 6 | 5 3 8 | 1 9 4
1 4 8 | 9 2 6 | 3 7 5
6 9 4 | 2 5 7 | 8 3 1
8 7 1 | 3 6 9 | 5 4 2
5 3 2 | 8 1 4 | 7 6 9
9 8 5 | 4 7 3 | 2 1 6
2 6 3 | 1 9 5 | 4 8 7
4 1 7 | 6 8 2 | 9 5 3
```

Solution # 198
```
8 7 3 | 2 4 5 | 6 1 9
6 4 2 | 7 1 9 | 5 3 8
1 9 5 | 6 8 3 | 7 2 4
2 8 6 | 3 5 7 | 4 9 1
7 1 4 | 9 6 8 | 2 5 3
5 3 9 | 1 2 4 | 8 6 7
4 6 8 | 5 9 1 | 3 7 2
9 5 7 | 8 3 2 | 1 4 6
3 2 1 | 4 7 6 | 9 8 5
```

Solution # 199
```
1 8 7 | 3 5 2 | 6 4 9
5 2 9 | 1 4 6 | 3 7 8
4 3 6 | 8 9 7 | 2 5 1
6 1 2 | 7 8 9 | 4 3 5
7 5 3 | 6 1 4 | 9 8 2
9 4 8 | 2 3 5 | 1 6 7
3 6 5 | 9 7 1 | 8 2 4
2 9 4 | 5 6 8 | 7 1 3
8 7 1 | 4 2 3 | 5 9 6
```

Solution # 200
```
1 9 6 | 7 4 2 | 8 3 5
5 7 2 | 3 9 8 | 4 1 6
4 3 8 | 5 6 1 | 2 7 9
6 1 4 | 2 5 9 | 7 8 3
7 2 5 | 4 8 3 | 6 9 1
3 8 9 | 1 7 6 | 5 2 4
9 4 3 | 6 2 7 | 1 5 8
2 6 1 | 8 3 5 | 9 4 7
8 5 7 | 9 1 4 | 3 6 2
```

Solution # 201
```
7 2 9 | 4 8 6 | 1 5 3
8 6 5 | 1 9 3 | 2 4 7
4 1 3 | 7 2 5 | 9 6 8
5 3 6 | 8 4 1 | 7 9 2
1 8 7 | 2 6 9 | 5 3 4
2 9 4 | 5 3 7 | 8 1 6
9 7 2 | 6 5 4 | 3 8 1
6 5 8 | 3 1 2 | 4 7 9
3 4 1 | 9 7 8 | 6 2 5
```

Solution # 202
```
6 1 8 | 9 2 4 | 5 3 7
7 4 5 | 3 1 8 | 6 2 9
9 2 3 | 7 6 5 | 8 4 1
8 3 7 | 4 9 2 | 1 5 6
4 9 6 | 1 5 7 | 3 8 2
1 5 2 | 8 3 6 | 9 7 4
2 8 9 | 1 4 3 | 7 6 5
3 7 4 | 6 5 9 | 2 1 8
5 6 1 | 2 8 7 | 4 9 3
```

Solution # 203
```
6 8 4 | 1 3 5 | 7 2 9
9 1 2 | 8 4 7 | 3 6 5
3 7 5 | 6 2 9 | 4 1 8
8 2 6 | 4 9 1 | 5 3 7
7 4 1 | 3 5 6 | 9 8 2
5 9 3 | 7 8 2 | 6 4 1
4 5 9 | 2 1 3 | 8 7 6
2 3 7 | 9 6 8 | 1 5 4
1 6 8 | 5 7 4 | 2 9 3
```

Solution # 204
```
7 6 3 | 1 4 8 | 5 9 2
2 4 9 | 6 7 5 | 3 8 1
1 5 8 | 2 9 3 | 7 6 4
4 2 1 | 7 8 9 | 6 5 3
8 7 6 | 5 3 2 | 4 1 9
3 9 5 | 4 1 6 | 8 2 7
5 3 2 | 9 6 4 | 1 7 8
6 1 4 | 8 2 7 | 9 3 5
9 8 7 | 3 5 1 | 2 4 6
```

Solution # 205
```
6 8 1 | 9 2 4 | 7 3 5
3 2 5 | 7 8 1 | 6 4 9
4 9 7 | 5 6 3 | 2 8 1
7 6 3 | 2 4 5 | 9 1 8
5 1 9 | 6 3 8 | 4 2 7
8 4 2 | 1 7 9 | 5 6 3
2 3 8 | 4 9 7 | 1 5 6
9 5 6 | 8 1 2 | 3 7 4
1 7 4 | 3 5 6 | 8 9 2
```

Solution # 206
```
1 3 2 | 9 5 4 | 8 6 7
4 7 8 | 6 1 3 | 2 9 5
9 6 5 | 7 2 8 | 3 4 1
8 1 9 | 2 3 7 | 6 5 4
7 4 3 | 8 6 5 | 9 1 2
2 5 6 | 1 4 9 | 7 3 8
3 9 1 | 4 8 2 | 5 7 6
6 8 7 | 5 9 1 | 4 2 3
5 2 4 | 3 7 6 | 1 8 9
```

Solution # 207
```
5 4 7 | 2 8 9 | 6 3 1
3 2 6 | 4 1 5 | 8 9 7
1 8 9 | 6 3 7 | 2 4 5
4 6 1 | 7 2 3 | 5 8 9
9 3 8 | 5 4 1 | 7 6 2
7 5 2 | 8 9 6 | 4 1 3
6 9 3 | 1 5 4 | 2 7 8
8 7 5 | 3 9 1 | 4 2 6
2 1 4 | 9 6 8 | 9 5 3
```

Solution # 208
```
7 5 2 | 9 4 6 | 3 8 1
6 9 3 | 8 2 1 | 7 4 5
1 4 8 | 3 7 5 | 9 2 6
8 7 5 | 4 3 2 | 1 6 9
9 6 4 | 5 1 8 | 2 3 7
2 3 1 | 7 6 9 | 4 5 8
3 2 6 | 1 5 7 | 8 9 4
4 1 9 | 6 8 3 | 5 7 2
5 8 7 | 2 9 4 | 6 1 3
```

Solution # 209
```
8 3 5 | 1 2 4 | 9 7 6
1 9 7 | 3 5 6 | 4 8 2
6 4 2 | 7 8 9 | 3 1 5
5 2 3 | 6 4 7 | 8 9 1
7 6 8 | 5 1 2 | 7 3 4
9 1 4 | 2 3 8 | 6 5 7
2 8 1 | 4 7 3 | 5 6 9
3 5 6 | 9 1 2 | 7 4 8
4 7 9 | 8 6 5 | 1 2 3
```

Solution # 210
```
6 9 5 | 3 2 1 | 4 7 8
4 2 3 | 8 7 5 | 1 9 6
1 8 7 | 4 6 9 | 3 2 5
8 4 2 | 7 9 3 | 5 6 1
3 6 1 | 2 5 4 | 7 8 9
5 7 9 | 6 1 8 | 2 3 4
9 1 8 | 5 3 2 | 6 4 7
7 3 4 | 1 8 6 | 9 5 2
2 5 6 | 9 4 7 | 8 1 3
```

Solution # 211

```
9 4 2 8 1 3 6 7 5
5 8 3 2 6 7 4 1 9
7 1 6 4 9 5 2 3 8
1 7 4 5 3 6 8 9 2
2 5 9 7 8 1 3 6 4
3 6 8 9 2 4 1 5 7
6 3 5 1 4 2 9 8 7
4 9 1 6 5 2 7 8 3
8 3 7 1 4 9 5 2 6
```

Solution # 212

```
2 9 8 4 6 7 3 5 1
3 5 1 8 9 2 4 7 6
7 4 6 1 5 3 8 9 2
5 7 9 6 8 4 2 1 3
6 3 2 7 1 5 9 4 8
8 1 4 2 3 9 5 6 7
1 8 3 9 4 6 7 2 5
4 6 7 5 2 8 1 3 9
9 2 5 3 7 1 6 8 4
```

Solution # 213

```
8 2 1 5 6 3 9 4 7
3 5 9 7 1 4 8 6 2
6 7 4 2 9 8 3 5 1
7 9 5 4 3 6 1 2 8
1 8 2 9 5 7 6 3 4
4 3 6 8 2 1 7 9 5
5 6 7 3 8 2 4 1 9
9 1 8 6 4 5 2 7 3
2 4 3 1 7 9 5 8 6
```

Solution # 214

```
3 9 1 7 5 2 4 8 6
4 5 2 8 1 6 9 3 7
8 6 7 9 3 4 1 2 5
6 7 9 4 2 1 3 5 8
5 1 8 3 6 7 2 9 4
2 4 3 5 8 9 7 6 1
9 2 6 1 7 5 8 4 3
1 3 5 2 4 8 6 7 9
7 8 4 6 9 3 5 1 2
```

Solution # 215

```
3 6 1 9 2 8 7 5 4
2 8 4 5 6 7 3 9 1
7 5 9 3 1 4 2 6 8
4 7 8 2 3 6 9 1 5
9 2 5 8 4 1 6 3 7
1 3 6 7 9 5 8 4 2
5 9 3 4 7 2 1 8 6
8 1 7 6 5 9 4 2 3
6 4 2 1 8 3 5 7 9
```

Solution # 216

```
7 9 2 4 8 5 3 6 1
3 6 4 7 1 2 5 9 8
1 8 5 3 9 6 7 2 4
9 4 8 5 3 1 6 7 2
5 7 1 6 2 9 8 4 3
6 2 3 8 4 7 9 1 5
2 1 6 9 5 3 4 8 7
8 3 7 1 6 4 2 5 9
4 5 9 2 7 8 1 3 6
```

Solution # 217

```
9 5 1 3 8 7 6 2 4
4 2 8 6 1 9 3 7 5
3 6 7 2 4 5 8 1 9
1 8 9 7 5 4 2 3 6
5 3 6 8 2 1 9 4 7
2 7 4 9 3 6 5 8 1
6 1 2 4 9 8 7 5 3
7 4 3 5 6 2 1 9 8
8 9 5 1 7 3 4 6 2
```

Solution # 218

```
1 3 4 8 6 7 9 2 5
6 5 2 3 1 9 8 7 4
9 7 8 5 2 4 1 6 3
7 1 9 6 3 2 5 4 8
2 4 3 7 8 5 6 9 1
8 6 5 9 4 1 7 3 2
4 9 1 2 5 6 3 8 7
3 2 7 1 9 8 4 5 6
5 8 6 4 7 3 2 1 9
```

Solution # 219

```
5 8 9 3 7 6 4 2 1
7 4 3 1 2 9 6 5 8
6 2 1 4 8 5 7 9 3
8 5 2 6 9 1 3 7 4
9 3 7 8 4 2 1 6 5
4 1 6 5 3 7 9 8 2
3 9 5 2 6 4 8 1 7
1 6 4 7 5 8 2 3 9
2 7 8 9 1 3 5 4 6
```

Solution # 220

```
1 2 3 4 8 9 7 6 5
6 7 9 3 2 5 1 8 4
5 4 8 7 6 1 2 9 3
4 3 2 5 7 8 9 1 6
7 1 5 9 3 6 8 4 2
9 8 6 2 1 4 3 5 7
8 9 7 6 5 3 4 2 1
2 6 4 1 9 7 5 3 8
3 5 1 8 4 2 6 7 9
```

Solution # 221

```
1 5 6 4 9 3 8 2 7
4 7 2 8 5 6 1 9 3
3 8 9 2 1 7 6 5 4
6 4 8 3 7 5 9 1 2
7 9 5 1 6 2 3 4 8
2 3 1 9 4 8 7 6 5
8 6 7 5 2 9 4 3 1
5 1 3 6 8 4 2 7 9
9 2 4 7 3 1 5 8 6
```

Solution # 222

```
4 5 9 1 7 6 8 3 2
6 8 2 9 3 5 1 4 7
1 7 3 4 2 8 5 9 6
9 2 5 7 1 3 4 6 8
3 6 4 8 5 2 9 7 1
7 1 8 6 4 9 3 2 5
5 3 7 2 9 1 6 8 4
2 9 6 5 8 4 7 1 3
8 4 1 3 6 7 2 5 9
```

Solution # 223

```
7 3 2 9 1 6 5 8 4
6 1 8 5 7 4 3 2 9
5 4 9 2 3 8 6 1 7
8 9 5 7 4 2 1 6 3
1 7 3 6 8 5 4 9 2
4 2 6 3 9 1 8 7 5
9 8 7 1 5 3 2 4 6
3 6 1 4 2 7 9 5 8
2 5 4 8 6 9 7 3 1
```

Solution # 224

```
2 4 7 8 9 3 1 5 6
9 8 1 2 6 5 7 3 4
3 6 5 7 1 4 2 9 8
5 3 4 6 8 1 9 7 2
7 2 6 5 3 9 8 4 1
1 9 8 4 2 7 3 6 5
4 5 9 1 7 2 6 8 3
6 1 3 9 5 8 4 2 7
8 7 2 3 4 6 5 1 9
```

Solution # 225

```
1 5 7 4 2 9 6 8 3
6 9 3 1 8 7 4 2 5
4 8 2 5 3 6 7 9 1
8 6 1 9 5 2 3 7 4
2 3 9 7 4 1 5 6 8
7 4 5 3 6 8 9 1 2
9 1 4 8 7 5 2 3 6
5 7 6 2 1 3 8 4 9
3 2 8 6 9 4 1 5 7
```

Solution # 226

```
2 7 4 9 1 6 3 8 5
1 9 5 3 8 2 4 6 7
6 3 8 5 7 4 9 2 1
8 4 1 2 3 9 7 5 6
7 6 9 8 4 5 2 1 3
5 2 3 1 6 7 8 9 4
9 1 2 4 5 3 6 7 8
4 5 7 6 9 8 1 3 2
3 8 6 7 2 1 5 4 9
```

Solution # 227

```
9 4 6 3 7 5 2 8 1
2 3 5 1 8 6 9 4 7
7 1 8 4 2 9 6 3 5
3 5 4 2 6 7 1 9 8
6 8 2 9 4 1 7 5 3
1 9 7 5 3 8 4 2 6
8 2 1 6 9 3 5 7 4
5 7 9 8 1 4 3 6 2
4 6 3 7 5 2 8 1 9
```

Solution # 228

```
8 4 1 7 9 3 2 6 5
2 7 9 8 6 5 1 3 4
6 5 3 2 1 4 8 7 9
3 9 2 4 5 8 6 1 7
1 8 5 3 7 6 9 4 2
4 6 7 9 2 1 3 5 8
7 3 4 1 8 9 5 2 6
5 1 8 6 4 2 7 9 3
9 2 6 5 3 7 4 8 1
```

Solution # 229

```
6 4 5 1 9 3 8 2 7
9 8 3 2 6 7 1 5 4
1 7 2 5 8 4 9 3 6
7 5 1 3 4 8 6 9 2
8 6 4 9 2 5 3 7 1
2 3 9 6 7 1 5 4 8
5 2 7 8 3 6 4 1 9
3 9 8 4 1 2 7 6 5
4 1 6 7 5 9 2 8 3
```

Solution # 230

```
7 2 9 4 6 8 3 5 1
5 6 1 2 7 3 8 4 9
8 4 3 9 5 1 2 6 7
9 3 5 8 2 6 7 1 4
6 1 7 5 3 4 9 2 8
4 8 2 1 9 7 5 3 6
1 7 4 3 8 2 6 9 5
2 9 6 7 1 5 4 8 3
3 5 8 6 4 9 1 7 2
```

Solution # 231

```
9 7 2 6 8 3 5 4 1
1 3 8 4 5 7 9 6 2
5 6 4 2 9 1 8 7 3
6 2 5 9 1 4 3 8 7
4 9 7 8 3 2 6 1 5
3 8 1 5 7 6 2 9 4
7 5 9 1 2 8 4 3 6
2 1 6 3 4 9 7 5 8
8 4 3 7 6 5 1 2 9
```

Solution # 232

```
7 5 6 1 3 4 8 2 9
1 2 8 9 5 6 7 4 3
9 4 3 8 7 2 5 1 6
2 1 9 6 8 3 4 7 5
8 3 4 5 9 7 1 6 2
6 7 5 4 2 1 9 3 8
3 8 2 7 1 9 6 5 4
4 9 7 2 6 5 3 8 1
5 6 1 3 4 8 2 9 7
```

Solution # 233

```
4 5 7 6 9 1 8 2 3
8 9 3 2 5 7 6 1 4
6 2 1 3 8 4 5 9 7
3 7 9 1 6 2 4 5 8
2 4 5 9 3 8 7 6 1
1 8 6 7 4 5 2 3 9
9 3 8 5 7 6 1 4 2
5 1 4 8 2 3 9 7 6
7 6 2 4 1 3 9 8 5
```

Solution # 234

```
1 4 6 5 8 9 3 2 7
9 3 7 6 4 2 5 1 8
2 8 5 1 3 7 9 4 6
8 5 9 4 7 1 6 3 2
3 1 2 9 6 8 7 5 4
6 7 4 3 2 5 1 8 9
7 6 8 2 1 3 4 9 5
5 2 3 7 9 4 8 6 1
4 9 1 8 5 6 2 7 3
```

Solution # 235

```
1 7 2 3 6 4 8 5 9
3 9 8 7 5 2 4 6 1
4 5 6 9 8 1 3 7 2
6 1 3 2 9 5 7 4 8
8 4 5 6 1 7 2 9 3
9 2 7 4 3 8 5 1 6
5 3 9 8 4 6 1 2 7
2 6 1 5 7 3 9 8 4
7 8 4 1 2 9 6 3 5
```

Solution # 236

```
2 6 3 4 5 8 9 1 7
9 7 5 1 3 6 8 2 4
8 4 1 7 2 9 5 3 6
7 1 8 6 9 2 4 5 3
5 9 2 3 4 7 1 6 8
6 3 4 5 8 1 2 7 9
4 8 7 2 6 5 3 9 1
1 5 9 8 7 3 6 4 2
3 2 6 9 1 4 7 8 5
```

Solution # 237

```
1 8 7 6 2 3 5 4 9
5 2 6 8 4 9 7 3 1
3 9 4 5 7 1 8 6 2
4 1 5 7 6 8 2 9 3
9 3 8 2 1 5 4 7 6
7 6 2 3 9 4 1 5 8
6 5 3 4 8 2 9 1 7
8 4 9 1 3 7 6 2 5
2 7 1 9 5 6 3 8 4
```

Solution # 238

```
8 7 3 2 1 4 5 9 6
9 4 6 8 7 5 2 3 1
1 2 5 9 3 6 8 7 4
6 1 4 7 2 8 3 5 9
3 5 2 1 4 9 7 6 8
7 9 8 5 6 3 1 4 2
4 8 9 3 5 1 6 2 7
2 3 1 6 9 7 4 8 5
5 6 7 4 8 2 9 1 3
```

Solution # 239

```
6 5 9 8 1 4 3 2 7
3 8 7 6 9 2 1 5 4
1 4 2 7 5 3 8 6 9
8 6 3 2 4 5 7 9 1
2 9 4 1 7 6 5 8 3
9 1 5 4 2 7 6 3 8
4 3 6 5 8 1 9 7 2
5 7 1 9 3 8 2 4 6
7 2 8 3 6 9 4 1 5
```

Solution # 240

```
3 8 6 1 7 9 4 5 2
1 2 5 6 3 4 7 8 9
7 4 9 5 2 8 6 3 1
5 1 4 2 8 6 9 7 3
6 7 8 3 9 5 1 2 4
9 3 2 7 4 1 5 6 8
4 9 7 8 6 2 3 1 5
2 6 1 9 5 3 8 4 7
8 5 3 4 1 7 2 9 6
```

Solution # 241

```
6 1 3 9 4 7 5 8 2
4 7 5 1 8 2 3 9 6
2 9 8 5 3 6 7 1 4
7 3 2 8 1 9 4 6 5
8 5 9 6 7 4 2 3 1
1 4 6 2 5 3 9 7 8
3 8 4 7 2 1 6 5 9
5 6 7 4 9 8 1 2 3
9 2 1 3 6 5 8 4 7
```

Solution # 242

```
5 3 6 8 2 4 9 7 1
8 7 2 1 3 9 6 5 4
9 4 1 7 5 6 8 2 3
4 8 7 2 6 3 1 9 5
1 6 5 4 9 8 7 3 2
2 9 3 5 7 1 4 6 8
3 1 9 6 4 2 5 8 7
7 2 8 9 1 5 3 4 6
6 5 4 3 8 7 2 1 9
```

Solution # 243

```
5 6 8 2 4 9 7 1 3
7 2 1 6 5 3 9 4 8
3 4 9 1 7 8 2 5 6
8 9 4 3 1 7 5 6 2
6 3 5 4 9 2 1 8 7
1 7 2 5 8 6 3 9 4
2 1 3 9 6 4 8 7 5
9 8 6 7 2 5 4 3 1
4 5 7 8 3 1 6 2 9
```

Solution # 244

```
1 5 6 7 8 9 2 3 4
7 4 2 3 6 1 5 9 8
3 8 9 2 4 5 1 7 6
8 1 3 5 2 7 4 6 9
9 7 4 6 1 3 8 2 5
6 2 5 8 9 4 7 1 3
5 6 7 1 3 8 9 4 2
4 3 8 9 7 2 6 5 1
2 9 1 4 5 6 3 8 7
```

Solution # 245

```
6 5 3 9 1 4 8 7 2
1 7 2 3 8 6 4 9 5
8 9 4 5 7 2 6 3 1
2 8 1 6 3 9 7 5 4
4 3 5 7 2 8 1 6 9
7 6 9 4 5 1 2 8 3
9 4 7 1 6 5 3 2 8
5 2 6 8 4 3 9 1 7
3 1 8 2 9 7 5 4 6
```

Solution # 246
```
8 7 2 1 6 9 5 3 4
1 3 4 8 5 7 2 9 6
5 6 9 4 2 3 8 7 1
9 8 6 2 1 5 3 4 7
2 4 3 9 7 8 1 6 5
7 5 1 6 3 4 9 8 2
6 9 8 5 4 2 7 1 3
4 2 7 3 8 1 6 5 9
3 1 5 7 9 6 4 2 8
```

Solution # 247
```
9 4 8 2 6 1 5 7 3
3 6 5 9 7 8 2 1 4
7 2 1 5 4 3 9 6 8
5 1 9 7 8 6 4 3 2
4 7 3 1 5 2 8 9 6
6 8 2 3 9 4 1 5 7
1 3 6 8 2 5 7 4 9
2 9 4 6 1 7 3 8 5
8 5 7 4 3 9 6 2 1
```

Solution # 248
```
4 3 8 9 6 1 2 5 7
6 2 7 3 8 5 1 9 4
5 1 9 7 4 2 8 3 6
2 4 6 8 7 9 5 1 3
9 5 3 6 1 4 7 2 8
7 8 1 5 2 3 4 6 9
1 6 5 4 3 7 9 8 2
8 9 4 2 5 6 3 7 1
3 7 2 1 9 8 6 4 5
```

Solution # 249
```
4 7 3 6 5 8 2 9 1
9 8 1 4 2 7 6 5 3
5 2 6 9 3 1 8 7 4
3 4 5 1 6 2 9 8 7
1 6 8 5 7 9 3 4 2
2 9 7 3 8 4 5 1 6
6 3 4 8 1 5 7 2 9
8 1 2 7 9 3 4 6 5
7 5 9 2 4 6 1 3 8
```

Solution # 250
```
5 3 7 1 9 2 6 8 4
2 9 6 7 8 4 1 5 3
1 4 8 3 5 6 9 7 2
9 8 4 2 6 5 7 3 1
7 2 1 4 3 9 8 6 5
3 6 5 8 7 1 2 4 9
6 7 9 5 1 3 4 2 8
4 1 3 6 2 8 5 9 7
8 5 2 9 4 7 3 1 6
```

Solution # 251
```
9 4 6 1 8 2 7 3 5
3 5 2 6 4 7 9 1 8
8 7 1 9 3 5 4 6 2
5 3 8 7 2 1 6 9 4
6 2 4 3 9 8 1 5 7
1 9 7 5 6 4 2 8 3
2 6 5 8 7 9 3 4 1
4 8 3 2 1 6 5 7 9
7 1 9 4 5 3 8 2 6
```

Solution # 252
```
7 6 3 4 9 5 1 8 2
9 1 4 7 2 8 5 6 3
8 2 5 1 6 3 7 9 4
6 4 1 3 5 7 9 2 8
2 7 9 8 1 6 4 3 5
3 5 8 2 4 9 6 7 1
1 9 6 5 8 2 3 4 7
5 8 7 6 3 4 2 1 9
4 3 2 9 7 1 8 5 6
```

Solution # 253
```
1 7 6 3 5 9 4 8 2
4 5 2 1 7 8 6 9 3
9 3 8 4 2 6 5 1 7
8 9 7 6 3 5 1 2 4
6 2 3 7 1 4 8 5 9
5 4 1 8 9 2 7 3 6
3 1 4 9 8 7 2 6 5
7 8 5 2 6 3 9 4 1
2 6 9 5 4 1 3 7 8
```

Solution # 254
```
2 1 6 8 9 3 5 4 7
9 5 8 4 7 6 2 3 1
4 3 7 2 1 5 9 8 6
8 4 9 3 2 7 6 1 5
5 2 3 6 8 1 7 9 4
7 6 1 9 5 4 8 2 3
6 7 2 1 3 8 4 5 9
3 8 5 7 4 9 1 6 2
1 9 4 5 6 2 3 7 8
```

Solution # 255
```
4 6 3 7 1 9 5 2 8
2 8 9 6 4 5 7 3 1
5 1 7 8 2 3 6 9 4
6 5 8 4 7 2 9 1 3
7 9 2 1 3 8 4 6 5
3 4 1 5 9 6 2 8 7
9 7 4 2 8 1 3 5 6
1 2 5 3 6 4 8 7 9
8 3 6 9 5 7 1 4 2
```

Solution # 256
```
9 6 2 8 7 5 1 3 4
5 1 8 4 3 2 6 7 9
4 7 3 9 6 1 5 2 8
2 5 4 7 1 9 3 8 6
7 9 6 5 8 3 2 4 1
8 3 1 2 4 6 9 5 7
6 4 5 3 9 8 7 1 2
3 8 9 1 2 7 4 6 5
1 2 7 6 5 4 8 9 3
```

Solution # 257
```
9 3 6 7 2 1 8 5 4
5 2 4 8 9 6 1 3 7
7 8 1 3 4 5 6 9 2
3 1 8 5 7 9 2 4 6
6 7 9 4 3 2 5 1 8
4 5 2 6 1 8 9 7 3
2 6 3 1 5 4 7 8 9
8 4 5 9 6 7 3 2 1
1 9 7 2 8 3 4 6 5
```

Solution # 258
```
7 2 4 9 6 8 1 5 3
3 5 9 2 4 1 6 7 8
1 6 8 7 5 3 2 9 4
6 7 3 5 2 9 8 4 1
8 9 1 4 3 7 5 6 2
5 4 2 1 8 6 7 3 9
2 1 7 6 9 4 3 8 5
4 3 5 8 7 2 9 1 6
9 8 6 3 1 5 4 2 7
```

Solution # 259
```
1 6 3 4 9 8 2 5 7
5 7 8 3 2 6 9 4 1
4 9 2 1 7 5 8 3 6
7 1 9 8 6 3 4 2 5
3 4 6 7 5 2 1 9 8
2 8 5 9 1 4 7 6 3
8 3 1 6 4 9 5 7 2
9 2 7 5 3 1 6 8 4
6 5 4 2 8 7 3 1 9
```

Solution # 260
```
4 5 1 6 9 8 7 2 3
9 7 2 3 5 1 6 8 4
6 8 3 2 4 7 1 9 5
3 6 5 8 7 4 9 1 2
8 2 9 1 3 6 4 5 7
7 1 4 9 2 5 3 6 8
2 4 7 5 6 9 8 3 1
5 9 8 4 1 3 2 7 6
1 3 6 7 8 2 5 4 9
```

Solution # 261
```
4 2 3 1 7 6 9 8 5
9 5 1 8 2 4 7 3 6
8 6 7 5 9 3 2 1 4
6 1 9 3 5 7 4 2 8
5 7 4 2 6 8 3 9 1
3 8 2 4 1 9 5 6 7
7 4 8 9 3 1 6 5 2
1 9 5 6 4 2 8 7 3
2 3 6 7 8 5 1 4 9
```

Solution # 262
```
6 3 7 8 1 9 2 5 4
1 4 2 3 5 6 9 7 8
5 8 9 7 2 4 1 3 6
3 6 8 5 9 1 4 2 7
2 1 5 4 7 3 6 8 9
9 7 4 6 8 2 5 1 3
4 5 3 1 6 8 7 9 2
7 2 6 9 3 5 8 4 1
8 9 1 2 4 7 3 6 5
```

Solution # 263
```
1 5 3 9 7 6 2 8 4
6 4 2 3 8 5 7 1 9
9 8 7 1 4 2 6 3 5
8 2 4 5 6 7 1 9 3
3 1 6 8 9 4 5 2 7
5 7 9 2 3 1 4 6 8
7 3 5 6 1 9 8 4 2
2 6 8 4 5 3 9 7 1
4 9 1 7 2 8 3 5 6
```

Solution # 264
```
6 7 1 4 8 2 3 9 5
8 4 9 3 6 5 7 2 1
3 2 5 7 9 1 6 4 8
4 6 3 9 1 7 5 8 2
7 9 2 8 5 6 1 3 4
5 1 8 2 3 4 9 7 6
1 3 7 6 4 8 2 5 9
2 8 6 5 7 9 4 1 3
9 5 4 1 2 3 8 6 7
```

Solution # 265
```
1 4 7 6 9 2 5 8 3
6 5 3 8 4 1 2 9 7
8 2 9 3 7 5 1 4 6
2 9 1 5 8 6 7 3 4
4 3 5 9 1 7 8 6 2
7 6 8 4 2 3 9 1 5
5 8 4 7 6 9 3 2 1
9 7 2 1 3 4 6 5 8
3 1 6 2 5 8 4 7 9
```

Solution # 266
```
1 9 4 8 5 7 6 2 3
2 7 8 1 3 6 5 4 9
6 3 5 9 4 2 1 7 8
5 8 6 2 7 9 3 1 4
9 4 1 3 6 8 2 5 7
3 2 7 5 1 4 8 9 6
8 1 3 7 9 5 4 6 2
4 5 9 6 2 3 7 8 1
7 6 2 4 8 1 9 3 5
```

Solution # 267
```
8 6 2 7 5 3 9 1 4
3 9 5 2 1 4 7 6 8
7 1 4 9 6 8 5 3 2
6 4 3 5 8 2 1 7 9
1 5 8 6 7 9 2 4 3
2 7 9 4 3 1 6 8 5
4 8 7 1 9 5 3 2 6
9 2 1 3 4 6 8 5 7
5 3 6 8 2 7 4 9 1
```

Solution # 268
```
3 8 4 6 5 9 1 7 2
7 1 9 2 4 3 8 6 5
5 2 6 8 7 1 4 9 3
1 4 7 9 2 5 3 8 6
6 9 2 1 3 8 7 5 4
8 5 3 7 6 4 9 2 1
2 6 1 4 9 7 5 3 8
9 3 8 5 1 6 2 4 7
4 7 5 3 8 2 6 1 9
```

Solution # 269
```
3 6 5 2 1 4 7 8 9
9 1 4 7 5 8 6 3 2
7 2 8 6 9 3 5 1 4
2 4 6 3 8 9 1 5 7
1 8 7 5 4 6 2 9 3
5 9 3 1 2 7 4 6 8
4 7 1 8 3 5 9 2 6
6 3 2 9 7 1 8 4 5
8 5 9 4 6 2 3 7 1
```

Solution # 270
```
7 2 9 8 3 1 5 4 6
8 6 3 7 5 4 1 2 9
4 5 1 6 9 2 8 7 3
6 1 4 2 8 5 9 3 7
3 9 5 4 1 7 2 6 8
2 8 7 3 6 9 4 1 5
9 7 2 5 4 3 6 8 1
1 3 6 9 2 8 7 5 4
5 4 8 1 7 6 3 9 2
```

Solution # 271
```
9 5 3 1 4 6 7 8 2
4 1 2 8 7 9 5 6 3
6 7 8 2 3 5 9 1 4
5 9 6 4 8 7 3 2 1
1 2 4 5 6 3 8 9 7
8 3 7 9 2 1 6 4 5
3 4 1 7 9 8 2 5 6
7 8 5 6 1 2 4 3 9
2 6 9 3 5 4 1 7 8
```

Solution # 272
```
9 8 4 5 7 6 3 1 2
6 1 5 2 3 8 9 7 4
2 7 3 4 1 9 6 5 8
7 6 1 3 5 4 8 2 9
8 4 2 1 9 7 5 3 6
3 5 9 8 6 2 1 4 7
5 2 6 9 4 3 1 8 7
4 3 7 6 8 1 2 9 5
1 9 8 7 2 5 4 6 3
```

Solution # 273
```
2 9 3 1 6 5 4 7 8
7 4 6 2 9 8 3 1 5
5 1 8 3 4 7 2 6 9
3 5 9 6 2 1 8 4 7
8 6 4 7 5 3 9 2 1
1 2 7 9 8 4 5 3 6
4 7 2 8 1 9 6 5 3
6 8 1 5 3 2 7 9 4
9 3 5 4 7 6 1 8 2
```

Solution # 274
```
3 8 7 6 4 5 2 1 9
4 5 9 2 7 1 8 3 6
6 2 1 8 3 9 5 4 7
9 7 2 1 8 6 3 5 4
8 3 5 9 2 4 6 7 1
1 6 4 7 5 3 9 8 2
5 9 3 4 6 7 1 2 8
2 4 6 5 1 8 7 9 3
7 1 8 3 9 2 4 6 5
```

Solution # 275
```
7 3 5 1 6 8 9 2 4
1 2 9 7 3 4 5 8 6
6 4 8 9 2 5 7 1 3
9 1 2 3 5 6 8 4 7
8 7 3 4 1 9 6 5 2
4 5 6 2 8 7 3 9 1
2 6 1 8 9 3 4 7 5
5 8 7 6 4 1 2 3 9
3 9 4 5 7 2 1 6 8
```

Solution # 276
```
5 8 6 1 3 9 2 4 7
4 3 1 7 2 5 6 8 9
2 7 9 4 8 6 3 5 1
6 5 4 9 7 3 1 2 8
8 2 7 5 1 4 9 3 6
9 1 3 8 6 2 5 7 4
3 4 2 6 9 8 7 1 5
1 9 5 2 4 7 8 6 3
7 6 8 3 5 1 4 9 2
```

Solution # 277
```
9 2 5 3 1 6 7 4 8
7 6 4 9 8 5 2 3 1
8 1 3 7 2 4 9 5 6
5 8 1 2 7 3 4 6 9
6 3 9 4 5 1 8 7 2
2 4 7 6 9 8 3 1 5
1 7 6 8 3 2 5 9 4
4 9 8 5 6 7 1 2 3
3 5 2 1 4 9 6 8 7
```

Solution # 278
```
2 8 7 1 9 6 5 3 4
5 3 6 7 8 4 9 1 2
4 1 9 3 5 2 6 8 7
1 6 8 4 2 5 3 7 9
9 2 3 5 7 8 1 4 6
7 5 4 9 6 3 1 2 8
3 9 2 5 4 8 7 6 1
8 7 5 6 1 9 2 4 3
6 4 1 2 3 7 8 9 5
```

Solution # 279
```
1 9 5 3 6 4 8 2 7
3 2 7 8 9 5 6 1 4
6 4 8 1 7 2 3 5 9
8 5 2 6 3 7 9 4 1
7 6 9 4 8 1 5 3 2
4 1 3 5 2 9 7 8 6
9 8 6 2 1 3 4 7 5
5 7 1 9 4 8 2 6 3
2 3 4 7 5 6 1 9 8
```

Solution # 280
```
4 8 2 9 5 6 7 1 3
9 5 6 1 7 3 4 8 2
7 3 1 8 4 2 5 6 9
6 2 8 4 1 5 9 3 7
5 1 7 3 9 8 2 4 6
3 4 9 2 6 7 8 5 1
2 6 3 5 8 9 1 7 4
8 7 4 6 2 1 3 9 5
1 9 5 7 3 4 6 2 8
```

Solution # 281
```
7 4 2 9 1 6 5 3 8
6 5 3 8 2 4 7 9 1
9 8 1 5 3 7 6 4 2
3 2 9 6 4 8 1 7 5
4 1 8 7 5 3 9 2 6
5 6 7 2 9 1 3 8 4
8 3 5 4 6 9 2 1 7
2 9 4 1 7 5 8 6 3
1 7 6 3 8 2 4 5 9
```

Solution # 282
```
2 4 6 8 1 9 5 3 7
1 5 7 2 6 3 9 4 8
3 8 9 7 5 4 2 1 6
7 2 4 9 8 1 3 6 5
8 6 3 4 2 5 7 9 1
9 1 5 3 7 6 4 8 2
6 9 1 5 3 7 8 2 4
4 7 2 6 9 8 1 5 3
5 3 8 1 4 2 6 7 9
```

Solution # 283
```
6 9 2 8 1 7 5 4 3
7 5 3 4 2 6 8 1 9
4 1 8 9 3 5 2 7 6
9 4 1 6 8 3 7 5 2
3 8 5 7 9 2 1 6 4
2 7 6 5 4 1 3 9 8
8 2 9 1 5 4 6 3 7
5 6 4 3 7 8 9 2 1
1 3 7 2 6 9 4 8 5
```

Solution # 284
```
4 2 9 3 7 5 1 8 6
1 5 7 2 8 6 9 3 4
8 3 6 4 9 1 5 7 2
7 1 5 8 6 3 4 2 9
6 8 2 1 4 9 3 5 7
5 4 1 6 3 2 7 9 8
2 7 8 9 5 4 6 1 3
9 6 3 7 1 8 2 4 5
3 9 4 5 2 7 8 6 1
```

Solution # 285
```
8 5 7 6 3 9 4 1 2
4 1 9 5 8 2 3 6 7
2 3 6 4 7 1 5 8 9
6 2 5 1 4 7 8 9 3
3 9 4 2 6 8 7 5 1
7 8 1 9 5 3 6 2 4
9 4 8 7 2 6 1 3 5
1 7 3 8 9 5 2 4 6
5 6 2 3 1 4 9 7 8
```

Solution # 286
```
6 4 7 3 1 5 2 8 9
2 9 8 4 6 7 1 5 3
1 5 3 8 2 9 7 6 4
7 8 2 6 9 1 4 3 5
3 1 4 5 7 8 6 9 2
5 6 9 2 4 3 8 1 7
8 7 6 9 3 4 5 2 1
4 3 5 1 8 2 9 7 6
9 2 1 7 5 6 3 4 8
```

Solution # 287
```
7 2 1 4 9 5 3 8 6
3 9 8 6 2 7 4 5 1
5 6 4 3 1 8 9 2 7
1 7 3 9 5 6 8 4 2
2 4 6 7 8 3 1 9 5
8 5 9 2 4 1 6 7 3
4 8 5 1 3 2 7 6 9
9 1 7 5 6 4 2 3 8
6 3 2 8 7 9 5 1 4
```

Solution # 288
```
7 2 8 5 6 3 9 4 1
4 3 9 1 2 8 6 7 5
6 1 5 9 7 4 8 2 3
8 4 7 2 5 9 1 3 6
2 6 3 7 8 1 5 9 4
9 5 1 4 3 6 2 8 7
3 9 4 6 1 2 7 5 8
5 8 6 3 9 7 4 1 2
1 7 2 8 4 5 3 6 9
```

Solution # 289
```
7 2 1 3 5 9 4 6 8
4 5 6 2 8 7 1 3 9
9 3 8 4 6 1 5 2 7
2 9 7 8 1 3 6 5 4
8 6 4 7 2 5 9 1 3
3 1 5 6 9 4 7 8 2
1 4 2 9 3 6 8 7 5
5 8 9 1 7 2 3 4 6
6 7 3 5 4 8 2 9 1
```

Solution # 290
```
2 8 9 7 4 5 1 6 3
1 3 5 9 6 8 4 2 7
4 7 6 2 3 1 9 8 5
7 5 2 6 9 4 8 3 1
6 1 3 8 2 7 5 4 9
8 9 4 1 5 3 2 7 6
3 4 8 5 1 6 7 9 2
9 6 1 4 7 2 3 5 8
5 2 7 3 8 9 6 1 4
```

Solution # 291
```
2 6 4 3 1 7 9 5 8
5 7 3 9 6 8 4 1 2
8 1 9 5 2 4 3 6 7
3 9 2 4 5 1 8 7 6
1 4 7 6 8 3 2 9 5
6 5 8 7 9 2 1 3 4
7 2 5 1 4 9 6 8 3
4 3 1 8 7 6 5 2 9
9 8 6 2 3 5 7 4 1
```

Solution # 292
```
6 3 8 9 2 7 5 1 4
2 9 7 5 1 4 8 3 6
5 1 4 6 3 8 2 7 9
3 7 1 2 6 9 4 5 8
8 4 2 7 5 1 6 9 3
9 5 6 8 4 3 7 2 1
7 2 9 1 8 6 3 4 5
4 6 5 3 9 2 1 8 7
1 8 3 4 7 5 9 6 2
```

Solution # 293
```
1 8 6 4 5 2 3 7 9
3 5 4 7 9 6 8 1 2
9 7 2 1 8 3 4 6 5
5 3 9 6 7 4 2 8 1
4 2 7 5 1 8 9 3 6
6 1 8 2 3 9 5 4 7
2 4 5 3 6 7 1 9 8
7 9 1 8 4 5 6 2 3
8 6 3 9 2 1 7 5 4
```

Solution # 294
```
4 3 9 5 8 7 1 6 2
8 5 6 1 2 4 7 9 3
1 7 2 6 9 3 4 8 5
3 1 8 4 6 5 2 7 9
6 9 7 2 3 1 5 4 8
5 2 4 9 7 8 3 1 6
7 8 5 3 4 6 9 2 1
9 6 1 7 5 2 8 3 4
2 4 3 8 1 9 6 5 7
```

Solution # 295
```
5 6 9 8 4 1 3 2 7
3 4 7 2 6 9 8 5 1
1 2 8 7 3 5 6 4 9
9 8 3 6 5 2 1 7 4
4 7 5 1 9 8 2 3 6
6 1 2 4 7 3 5 9 8
7 3 6 5 8 4 9 1 2
8 5 1 9 2 7 4 6 3
2 9 4 3 1 6 7 8 5
```

Solution # 296
```
6 7 9 8 2 4 1 5 3
5 4 1 6 3 7 9 8 2
3 8 2 1 5 9 4 7 6
9 5 3 2 7 8 6 1 4
8 2 6 4 1 3 5 9 7
4 1 7 5 9 6 3 2 8
1 3 5 7 4 2 8 6 9
7 9 8 3 6 5 2 4 1
2 6 4 9 8 1 7 3 5
```

Solution # 297
```
2 7 9 6 3 5 1 4 8
1 6 4 9 8 7 2 3 5
8 3 5 1 4 2 6 9 7
5 4 1 3 9 6 8 7 2
3 9 6 7 2 8 5 1 4
7 8 2 5 1 4 9 6 3
9 5 3 8 7 1 4 2 6
4 1 8 2 6 3 7 5 9
6 2 7 4 5 9 3 8 1
```

Solution # 298
```
7 8 9 2 1 4 6 3 5
1 3 5 7 8 6 9 2 4
6 2 4 3 5 9 8 1 7
3 1 2 8 4 5 7 9 6
8 4 7 6 9 3 1 5 2
5 9 6 1 2 7 4 8 3
9 6 3 5 7 1 2 4 8
2 7 1 4 3 8 5 6 9
4 5 8 9 6 2 3 7 1
```

Solution # 299
```
4 6 2 8 9 1 3 7 5
9 1 8 3 7 5 6 2 4
3 5 7 2 4 6 8 1 9
5 4 9 7 8 3 1 6 2
6 7 1 5 2 4 9 8 3
2 8 3 1 6 9 4 5 7
8 2 6 9 3 7 5 4 1
1 9 4 6 5 2 7 3 8
7 3 5 4 1 8 2 9 6
```

Solution # 300
```
4 5 9 7 1 8 3 2 6
2 3 6 4 9 5 1 7 8
8 1 7 6 3 2 4 5 9
9 4 3 5 7 1 6 8 2
5 7 8 2 4 6 9 1 3
6 2 1 9 8 3 7 4 5
7 8 2 1 6 9 5 3 4
1 9 5 3 2 4 8 6 7
3 6 4 8 5 7 2 9 1
```

Solution # 301
```
8 1 3 5 7 9 2 6 4
7 5 4 2 6 8 3 9 1
2 9 6 3 1 4 7 5 8
4 8 9 7 3 5 6 1 2
1 3 7 6 9 2 4 8 5
5 6 2 4 8 1 9 7 3
6 4 5 8 2 7 1 3 9
9 7 8 1 4 3 5 2 6
3 2 1 9 5 6 8 4 7
```

Solution # 302
```
9 3 5 6 1 7 8 4 2
4 7 8 9 3 2 5 6 1
2 6 1 8 4 5 3 9 7
7 5 2 4 6 8 1 3 9
1 4 6 3 5 9 2 7 8
8 9 3 7 2 1 4 5 6
6 1 9 5 8 3 7 2 4
5 2 7 1 9 4 6 8 3
3 8 4 2 7 6 9 1 5
```

Solution # 303
```
8 6 2 1 5 3 4 7 9
4 7 1 9 2 6 3 5 8
3 9 5 8 7 4 6 1 2
2 1 8 4 9 7 5 3 6
6 5 9 2 3 1 7 8 4
7 4 3 5 6 8 9 2 1
9 3 4 7 8 2 1 6 5
1 2 6 3 4 5 8 9 7
5 8 7 6 1 9 2 4 3
```

Solution # 304
```
4 1 3 7 8 6 9 2 5
6 5 2 9 3 1 7 4 8
8 9 7 4 2 5 1 6 3
2 8 1 3 5 9 6 7 4
3 7 9 6 1 4 5 8 2
5 6 4 2 7 8 3 9 1
7 3 8 5 6 2 4 1 9
9 2 6 1 4 3 8 5 7
1 4 5 8 9 7 2 3 6
```

Solution # 305
```
6 4 5 8 7 9 2 3 1
9 2 1 5 6 3 7 4 8
8 7 3 2 1 4 5 6 9
4 3 9 7 5 8 1 2 6
5 6 7 1 9 2 3 8 4
1 8 2 3 4 6 9 5 7
7 9 4 6 3 5 8 1 2
3 1 8 4 2 7 6 9 5
2 5 6 9 8 1 4 7 3
```

Solution # 306
```
2 7 5 4 1 3 9 8 6
4 8 6 9 2 7 5 3 1
1 3 9 5 8 6 2 7 4
7 6 1 2 9 5 3 4 8
5 2 4 3 6 8 1 9 7
3 9 8 7 4 1 6 2 5
9 5 7 1 3 4 8 6 2
6 4 3 8 5 2 7 1 9
8 1 2 6 7 9 4 5 3
```

Solution # 307
```
2 8 3 5 4 6 9 1 7
6 1 4 3 9 7 5 2 8
5 9 7 8 2 1 3 4 6
8 4 2 6 3 9 1 7 5
1 5 9 7 8 4 2 6 3
7 3 6 1 5 2 4 8 9
9 6 8 2 1 5 7 3 4
4 7 1 9 6 3 8 5 2
3 2 5 4 7 8 6 9 1
```

Solution # 308
```
7 9 4 2 1 3 5 8 6
1 3 6 5 4 8 9 2 7
8 5 2 9 7 6 4 3 1
5 4 8 7 2 9 1 6 3
6 2 9 4 3 1 7 5 8
3 1 7 6 8 5 2 4 9
9 7 5 3 6 4 8 1 2
2 8 3 1 5 7 6 9 4
4 6 1 8 9 2 3 7 5
```

Solution # 309
```
5 2 8 4 7 1 3 6 9
7 3 1 8 6 9 4 2 5
6 4 9 2 3 5 7 8 1
1 7 5 9 2 4 8 3 6
8 6 2 3 5 7 9 1 4
3 9 4 1 8 6 5 7 2
2 1 7 5 4 8 6 9 3
9 5 6 7 1 3 2 4 8
4 8 3 6 9 2 1 5 7
```

Solution # 310
```
6 8 3 7 5 1 4 2 9
4 9 7 2 6 8 1 3 5
2 5 1 9 3 4 7 8 6
7 2 8 1 4 6 9 5 3
5 6 4 3 8 9 2 1 7
1 3 9 5 7 2 6 4 8
8 4 2 6 9 5 3 7 1
3 1 6 8 2 7 5 9 4
9 7 5 4 1 3 8 6 2
```

Solution # 311
```
8 5 4 9 7 3 2 6 1
7 2 9 1 8 6 4 5 3
6 3 1 2 5 4 8 7 9
4 7 2 5 3 1 9 8 6
3 9 6 8 4 2 5 1 7
5 1 8 6 9 7 3 2 4
1 8 5 3 6 9 7 4 2
2 4 3 7 1 5 6 9 8
9 6 7 4 2 8 1 3 5
```

Solution # 312
```
9 7 5 6 1 4 2 3 8
4 2 1 3 8 5 9 7 6
3 8 6 2 9 7 5 4 1
1 9 4 7 5 8 6 2 3
7 6 2 4 3 9 1 8 5
5 3 8 1 6 2 7 9 4
8 1 7 9 4 6 3 5 2
6 5 9 8 2 3 4 1 7
2 4 3 5 7 1 8 6 9
```

Solution # 313
```
2 3 8 7 9 4 6 1 5
5 7 1 8 6 3 4 9 2
6 9 4 1 2 5 8 7 3
7 2 3 4 8 1 9 5 6
9 8 5 6 3 2 1 4 7
1 4 6 9 5 7 3 2 8
4 6 2 3 7 9 5 8 1
8 1 7 5 4 6 2 3 9
3 5 9 2 1 8 7 6 4
```

Solution # 314
```
9 2 3 4 5 1 6 8 7
8 7 1 2 9 6 3 4 5
4 5 6 7 3 8 1 9 2
7 1 8 6 2 3 9 5 4
5 6 9 8 1 4 7 2 3
3 4 2 9 7 5 8 6 1
2 3 5 9 8 7 4 1 6
6 9 7 1 4 2 5 3 8
1 8 4 3 6 5 2 7 9
```

Solution # 315
```
5 1 9 7 8 2 6 3 4
6 2 4 3 9 1 5 8 7
8 7 3 6 4 5 2 9 1
1 6 8 5 3 7 4 2 9
3 9 2 4 1 6 7 5 8
7 4 5 9 2 8 1 6 3
9 3 6 2 7 4 8 1 5
2 8 7 1 5 3 9 4 6
4 5 1 8 6 9 3 7 2
```

Solution # 316
```
3 7 1 8 6 4 2 9 5
6 2 5 3 7 9 4 8 1
8 4 9 1 2 5 3 7 6
1 8 6 9 4 7 5 2 3
2 5 3 6 1 8 9 4 7
7 9 4 2 5 3 1 6 8
9 1 2 5 8 6 7 3 4
5 6 7 4 3 2 8 1 9
4 3 8 7 9 1 6 5 2
```

Solution # 317
```
4 8 6 2 3 7 5 1 9
1 7 5 4 8 9 2 6 3
9 2 3 5 1 6 8 7 4
7 6 9 8 5 4 3 2 1
5 1 8 3 9 2 6 4 7
3 4 2 6 7 1 9 5 8
6 3 4 7 2 8 1 9 5
2 5 1 9 4 3 7 8 6
8 9 7 1 6 5 4 3 2
```

Solution # 318
```
2 3 6 9 5 7 1 8 4
4 9 8 6 1 3 7 5 2
1 5 7 2 4 8 9 6 3
7 2 9 4 3 5 8 1 6
3 8 5 1 7 6 4 2 9
6 4 1 8 2 9 3 7 5
8 6 2 3 4 1 5 9 7
9 7 3 5 6 8 2 4 1
5 1 4 7 9 2 6 3 8
```

Solution # 319
```
4 7 8 1 9 2 5 3 6
6 3 1 8 4 5 2 9 7
2 5 9 6 3 7 4 1 8
5 2 7 3 8 4 9 6 1
1 6 3 2 7 9 8 4 5
9 8 4 5 1 6 7 2 3
7 1 5 9 2 3 6 8 4
8 4 2 7 6 1 3 5 9
3 9 6 4 5 8 1 7 2
```

Solution # 320
```
4 7 9 5 6 3 1 8 2
1 8 5 7 2 9 3 6 4
3 6 2 4 8 1 7 5 9
2 1 3 6 4 5 8 9 7
6 9 4 8 1 7 2 3 5
8 5 7 9 3 2 6 4 1
7 4 8 1 9 6 5 2 3
5 3 6 2 7 4 9 1 8
9 2 1 3 5 8 4 7 6
```

Solution # 321
```
9 1 7 5 6 8 4 2 3
5 6 4 7 3 2 9 8 1
2 8 3 1 4 9 7 5 6
4 5 2 9 1 7 3 6 8
3 7 8 4 5 6 1 9 2
1 9 6 2 8 3 5 4 7
7 2 1 8 9 5 6 3 4
8 3 9 6 7 4 2 1 5
6 4 5 3 2 1 8 7 9
```

Solution # 322
```
9 1 4 5 7 2 3 6 8
2 6 3 4 8 1 5 7 9
8 7 5 9 3 6 2 4 1
5 3 9 2 4 7 8 1 6
7 4 2 1 6 8 9 5 3
1 8 6 3 5 9 7 2 4
6 9 7 8 1 5 4 3 2
3 5 8 6 2 4 1 9 7
4 2 1 7 9 3 6 8 5
```

Solution # 323
```
5 8 7 6 2 4 1 9 3
9 1 4 8 3 5 2 6 7
6 2 3 7 1 9 4 5 8
1 6 2 4 9 8 7 3 5
4 3 8 2 5 7 9 1 6
7 9 5 1 6 3 8 4 2
8 5 9 3 4 2 6 7 1
3 7 1 9 8 6 5 2 4
2 4 6 5 7 1 3 8 9
```

Solution # 324
```
6 7 9 1 5 8 2 4 3
4 3 5 7 6 2 8 9 1
1 2 8 4 3 9 5 6 7
7 8 1 6 4 3 9 5 2
9 4 2 5 8 1 7 3 6
5 6 3 2 9 7 4 1 8
3 9 7 8 1 4 6 2 5
2 1 6 9 7 5 3 8 4
8 5 4 3 2 6 1 7 9
```

Solution # 325
```
6 7 2 3 1 8 5 9 4
8 5 1 4 9 7 6 2 3
3 4 9 6 2 5 7 8 1
2 1 5 9 6 3 4 7 8
9 8 7 5 4 1 2 3 6
4 6 3 7 8 2 1 5 9
1 9 8 2 7 6 3 4 5
7 3 6 8 5 4 9 1 2
5 2 4 1 3 9 8 6 7
```

Solution # 326
```
8 1 4 3 2 7 6 5 9
7 9 6 8 1 5 4 2 3
3 5 2 4 9 6 1 7 8
5 7 1 9 8 3 2 6 4
6 4 3 1 5 2 8 9 7
9 2 8 6 7 4 5 3 1
4 3 9 2 6 8 7 1 5
1 6 7 5 4 9 3 8 2
2 8 5 7 3 1 9 4 6
```

Solution # 327
```
7 1 8 2 5 9 6 3 4
2 9 4 3 7 6 5 1 8
6 5 3 4 8 1 2 7 9
5 8 9 7 4 3 1 2 6
3 2 1 6 9 5 8 4 7
4 7 6 1 2 8 9 5 3
8 6 2 5 3 7 4 9 1
1 3 5 9 6 4 7 8 2
9 4 7 8 1 2 3 6 5
```

Solution # 328
```
8 9 6 1 7 4 2 3 5
7 2 1 8 5 3 9 6 4
4 5 3 2 6 9 8 7 1
3 4 5 7 2 1 6 8 9
2 8 9 6 4 5 3 1 7
1 6 7 3 9 8 5 4 2
9 1 2 4 3 6 7 5 8
6 7 4 5 8 2 1 9 3
5 3 8 9 1 7 4 2 6
```

Solution # 329
```
6 5 2 7 3 8 9 4 1
8 9 4 5 1 6 7 3 2
1 7 3 4 9 2 8 5 6
5 4 6 9 7 3 1 2 8
2 8 7 1 6 5 3 9 4
3 1 9 2 8 4 5 6 7
9 2 5 8 4 1 6 7 3
7 6 1 3 2 9 4 8 5
4 3 8 6 5 7 2 1 9
```

Solution # 330
```
3 5 2 6 1 8 4 9 7
4 6 9 7 5 3 8 2 1
7 8 1 2 9 4 5 3 6
1 2 6 9 8 7 3 5 4
5 9 4 1 3 2 6 7 8
8 3 7 4 6 5 9 1 2
2 1 8 5 4 9 7 6 3
9 7 3 8 2 6 1 4 5
6 4 5 3 7 1 2 8 9
```

Solution # 331
```
3 8 6 5 1 2 7 9 4
1 4 2 7 9 8 3 5 6
5 9 7 3 6 4 8 1 2
8 2 4 9 3 6 5 7 1
9 7 5 2 8 1 4 6 3
6 3 1 4 5 7 9 2 8
2 6 3 8 7 5 1 4 9
4 5 8 1 2 9 6 3 7
7 1 9 6 4 3 2 8 5
```

Solution # 332
```
3 7 8 5 4 9 1 2 6
5 2 6 8 3 1 7 9 4
9 4 1 7 2 6 5 3 8
2 8 7 6 1 5 3 4 9
4 5 3 9 7 2 8 6 1
6 1 9 4 8 3 2 5 7
7 3 2 1 9 4 6 8 5
8 6 4 3 5 7 9 1 2
1 9 5 2 6 8 4 7 3
```

Solution # 333
```
6 2 8 7 9 4 1 5 3
4 1 3 5 6 2 7 9 8
9 5 7 3 1 8 4 6 2
8 9 6 1 2 7 5 3 4
2 7 4 8 5 3 9 1 6
1 3 5 9 4 6 2 8 7
3 8 1 2 7 9 6 4 5
7 6 9 4 8 5 3 2 1
5 4 2 6 3 1 8 7 9
```

Solution # 334
```
1 2 8 4 9 7 6 3 5
3 6 5 2 1 8 4 9 7
7 4 9 6 3 5 1 2 8
4 8 2 9 5 6 3 7 1
6 7 1 3 8 2 5 4 9
5 9 3 7 4 1 8 6 2
9 1 6 8 7 3 2 5 4
2 5 7 1 6 4 9 8 3
8 3 4 5 2 9 7 1 6
```

Solution # 335
```
7 1 2 6 5 8 3 4 9
4 6 3 1 2 9 5 8 7
9 8 5 3 7 4 1 2 6
1 5 7 8 6 2 9 3 4
2 9 4 5 3 1 6 7 8
6 2 9 7 4 5 8 1 3
5 4 8 9 1 3 7 6 2
3 7 1 2 8 6 4 9 5
8 3 6 4 9 7 2 5 1
```

Solution # 336
```
5 2 3 1 8 9 6 7 4
9 7 6 4 3 5 2 1 8
4 1 8 7 2 6 5 3 9
1 3 4 2 5 8 9 6 7
6 5 7 9 1 4 8 2 3
2 8 9 3 6 7 4 5 1
8 4 2 5 7 3 1 9 6
7 6 1 8 9 2 3 4 5
3 9 5 6 4 1 7 8 2
```

Solution # 337
```
5 8 9 4 1 3 2 6 7
2 4 3 6 7 8 1 9 5
7 1 6 9 5 2 4 8 3
4 3 7 2 8 5 9 1 6
9 2 1 3 6 7 8 5 4
8 6 5 1 9 4 3 7 2
3 5 8 7 2 9 6 4 1
1 9 2 5 4 6 7 3 8
6 7 4 8 3 1 5 2 9
```

Solution # 338
```
4 9 2 3 1 5 6 8 7
7 5 1 4 6 8 9 2 3
6 8 3 2 7 9 4 5 1
9 1 6 5 3 7 8 4 2
8 3 4 6 9 2 1 7 5
2 7 5 1 8 4 3 9 6
5 6 9 8 2 1 7 3 4
1 2 8 7 4 3 5 6 9
3 4 7 9 5 6 2 1 8
```

Solution # 339
```
5 2 3 7 8 1 6 9 4
8 6 7 4 9 3 1 5 2
1 9 4 6 2 5 8 3 7
2 5 9 1 3 4 7 8 6
3 7 8 2 6 9 4 1 5
6 4 1 5 7 8 3 2 9
7 3 5 9 1 6 2 4 8
4 1 6 8 5 2 9 7 3
9 8 2 3 4 7 5 6 1
```

Solution # 340
```
1 7 3 9 6 2 4 8 5
2 5 9 4 8 3 1 7 6
6 8 4 5 7 1 2 9 3
8 4 5 1 3 7 6 2 9
7 9 2 8 4 6 3 5 1
3 1 6 2 9 5 8 4 7
9 3 8 6 5 4 7 1 2
4 2 7 3 1 9 5 6 8
5 6 1 7 2 8 9 3 4
```

Solution # 341
```
6 4 1 3 2 5 8 7 9
8 5 9 6 7 1 2 3 4
7 2 3 9 8 4 6 5 1
1 8 4 5 6 7 3 9 2
2 6 5 8 9 3 1 4 7
3 9 7 4 1 2 5 8 6
4 7 8 2 5 6 9 1 3
5 1 2 7 3 9 4 6 8
9 3 6 1 4 8 7 2 5
```

Solution # 342
```
9 1 3 4 5 7 6 8 2
7 8 6 1 9 2 4 5 3
4 2 5 8 3 6 9 1 7
5 3 1 9 6 4 7 2 8
8 4 2 3 7 5 1 9 6
6 9 7 2 8 1 5 3 4
1 5 4 7 2 3 8 6 9
3 7 8 6 1 9 2 4 5
2 6 9 5 4 8 3 7 1
```

Solution # 343
```
2 9 8 6 5 4 3 7 1
1 6 4 3 7 2 8 9 5
5 7 3 9 1 8 4 2 6
6 1 9 5 2 3 7 4 8
8 2 7 4 9 1 6 5 3
4 3 5 7 8 6 9 1 2
7 8 2 1 6 9 5 3 4
9 4 1 8 3 5 2 6 7
3 5 6 2 4 7 1 8 9
```

Solution # 344
```
8 4 2 6 1 5 9 7 3
7 6 5 9 8 3 4 2 1
9 1 3 4 7 2 5 6 8
6 3 1 8 4 7 2 5 9
2 8 4 3 5 9 6 1 7
5 7 9 1 2 6 3 8 4
4 5 6 7 9 8 1 3 2
3 9 8 2 6 1 7 4 5
1 2 7 5 3 4 8 9 6
```

Solution # 345
```
7 3 4 8 6 2 5 1 9
5 1 9 3 7 4 2 6 8
2 8 6 1 9 5 4 7 3
6 7 1 2 8 9 3 5 4
8 9 5 4 3 6 1 2 7
3 4 2 7 5 1 9 8 6
1 2 7 9 4 8 6 3 5
9 6 3 5 2 7 8 4 1
4 5 8 6 1 3 7 9 2
```

Solution # 346
```
1 2 3 7 6 4 5 9 8
4 9 5 2 3 8 1 6 7
6 7 8 9 1 5 4 3 2
8 3 1 4 5 2 6 7 9
2 4 7 6 9 1 3 8 5
9 5 6 3 8 7 2 1 4
3 1 2 8 4 9 7 5 6
5 8 4 1 7 6 9 2 3
7 6 9 5 2 3 8 4 1
```

Solution # 347
```
1 4 7 6 5 2 9 3 8
2 3 5 8 9 4 1 7 6
9 8 6 1 3 7 2 5 4
5 7 9 2 4 3 8 6 1
8 2 1 9 7 6 3 4 5
3 6 4 5 8 1 7 9 2
7 1 3 4 2 5 6 8 9
4 9 2 3 6 8 5 1 7
6 5 8 7 1 9 4 2 3
```

Solution # 348
```
9 6 7 5 2 8 4 3 1
3 8 1 9 4 7 6 2 5
2 4 5 6 3 1 9 8 7
5 2 3 8 1 9 7 6 4
4 9 8 2 7 6 5 1 3
1 7 6 3 5 4 2 9 8
7 1 9 4 8 2 3 5 6
6 3 4 1 9 5 8 7 2
8 5 2 7 6 3 1 4 9
```

Solution # 349
```
8 7 3 4 1 5 2 6 9
5 1 2 7 6 9 8 4 3
4 9 6 3 8 2 1 7 5
3 8 1 5 7 6 9 2 4
2 6 4 9 3 1 5 8 7
9 5 7 2 4 8 3 1 6
6 3 5 8 2 4 7 9 1
1 2 9 6 5 7 4 3 8
7 4 8 1 9 3 6 5 2
```

Solution # 350
```
6 9 8 1 3 2 4 7 5
7 4 2 5 6 9 1 3 8
3 5 1 4 8 7 6 2 9
8 7 4 6 9 3 2 5 1
2 1 6 8 7 5 3 9 4
9 3 5 2 4 1 8 6 7
1 6 7 9 2 4 5 8 3
5 8 9 3 1 6 7 4 2
4 2 3 7 5 8 9 1 6
```

Solution # 351
```
7 1 4 2 3 9 6 5 8
6 9 2 8 1 5 4 7 3
5 3 8 4 6 7 9 1 2
2 4 1 9 7 6 8 3 5
3 8 5 1 4 2 7 6 9
9 6 7 5 8 3 1 2 4
8 7 9 3 2 1 5 4 6
4 2 6 7 5 8 3 9 1
1 5 3 6 9 4 2 8 7
```

Solution # 352
```
5 8 9 1 7 2 6 3 4
7 1 3 6 4 5 2 9 8
6 2 4 3 9 8 5 7 1
8 6 7 5 3 1 4 2 9
3 9 2 4 8 6 1 5 7
1 4 5 9 2 7 8 6 3
2 7 1 8 5 3 9 4 6
9 3 6 2 1 4 7 8 5
4 5 8 7 6 9 3 1 2
```

Solution # 353
```
3 9 4 1 5 8 6 2 7
1 8 5 6 2 7 4 3 9
2 6 7 4 3 9 8 5 1
8 4 9 3 6 5 7 1 2
5 2 6 7 1 4 3 9 8
7 1 3 9 8 2 5 4 6
9 7 8 5 4 1 2 6 3
4 3 2 8 9 6 1 7 5
6 5 1 2 7 3 9 8 4
```

Solution # 354
```
7 8 4 6 1 9 2 5 3
6 9 2 3 8 5 4 1 7
3 1 5 2 7 4 9 8 6
1 4 7 8 6 3 5 9 2
9 5 3 4 2 1 7 6 8
2 6 8 9 5 7 1 3 4
5 3 6 7 9 2 8 4 1
8 7 9 1 4 6 3 2 5
4 2 1 5 3 8 6 7 9
```

Solution # 355
```
5 8 7 4 6 3 2 9 1
6 4 9 1 8 2 5 7 3
2 1 3 9 5 7 4 8 6
1 9 8 3 2 6 7 4 5
7 5 4 8 9 1 3 6 2
3 6 2 5 7 4 9 1 8
9 3 5 7 1 8 6 2 4
4 2 1 6 3 9 8 5 7
8 7 6 2 4 5 1 3 9
```

Solution # 356
```
6 5 1 3 8 9 7 2 4
3 2 7 4 1 6 9 5 8
4 8 9 5 2 7 1 6 3
2 9 6 8 3 4 5 1 7
5 4 8 7 6 1 3 9 2
1 7 3 9 5 2 8 4 6
8 1 2 6 9 3 4 7 5
9 3 4 2 7 5 6 8 1
7 6 5 1 4 8 2 3 9
```

Solution # 357
```
4 7 9 5 3 1 8 2 6
3 5 6 2 8 9 7 4 1
8 2 1 6 4 7 5 9 3
2 9 8 3 7 6 1 5 4
6 1 4 9 5 8 3 7 2
7 3 5 4 1 2 9 6 8
5 8 7 1 6 4 2 3 9
9 6 3 8 2 5 4 1 7
1 4 2 7 9 3 6 8 5
```

Solution # 358
```
9 5 1 6 3 4 2 7 8
3 7 8 5 9 2 4 6 1
2 4 6 7 8 1 9 5 3
4 1 7 3 2 5 8 9 6
5 3 9 4 6 8 1 2 7
8 6 2 1 7 9 5 3 4
6 8 5 2 1 3 7 4 9
7 9 4 8 5 6 3 1 2
1 2 3 9 4 7 6 8 5
```

Solution # 359
```
2 7 6 3 5 8 9 4 1
4 8 5 1 9 6 3 7 2
1 3 9 2 4 7 6 8 5
8 2 3 6 1 9 7 5 4
6 4 1 7 2 5 8 3 9
5 9 7 8 3 4 2 1 6
9 1 8 5 6 3 4 2 7
7 5 4 9 8 2 1 6 3
3 6 2 4 7 1 5 9 8
```

Solution # 360
```
4 2 7 8 9 5 3 1 6
3 8 5 1 6 2 9 7 4
1 6 9 7 4 3 2 5 8
7 5 8 3 2 9 6 4 1
9 1 3 4 8 6 5 7 2
2 4 6 5 1 7 8 3 9
8 3 1 6 5 4 7 9 2
6 7 2 9 3 1 4 8 5
5 9 4 2 7 8 1 6 3
```

Solution # 361
```
2 1 5 7 6 3 4 9 8
9 6 8 1 5 4 3 7 2
3 4 7 8 2 9 5 6 1
5 9 2 6 8 7 1 4 3
4 7 6 3 1 2 8 5 9
1 8 3 9 4 5 6 2 7
8 2 1 5 9 6 7 3 4
7 5 9 4 3 1 2 8 6
6 3 4 2 7 8 9 1 5
```

Solution # 362
```
3 1 8 5 9 2 4 7 6
6 2 4 3 8 7 1 5 9
7 9 5 1 4 6 2 3 8
1 6 2 7 5 8 9 4 3
5 4 9 2 3 1 8 6 7
8 7 3 4 6 9 5 1 2
9 8 1 6 7 4 3 2 5
4 5 6 8 2 3 7 9 1
2 3 7 9 1 5 6 8 4
```

Solution # 363
```
8 9 2 5 6 4 3 7 1
3 4 6 2 1 7 9 8 5
7 1 5 3 9 8 2 4 6
6 2 4 8 7 1 5 9 3
5 8 7 9 3 6 4 1 2
9 3 1 4 2 5 8 6 7
4 6 9 1 5 3 7 2 8
2 7 3 6 8 9 1 5 4
1 5 8 7 4 2 6 3 9
```

Solution # 364
```
9 5 8 6 1 4 3 2 7
7 1 6 3 9 2 8 4 5
2 3 4 8 5 7 9 6 1
1 4 5 9 2 3 6 7 8
6 2 9 5 7 8 4 1 3
3 8 7 1 4 6 2 5 9
4 7 3 2 8 1 5 9 6
5 6 2 7 3 9 1 8 4
8 9 1 4 6 5 7 3 2
```

Solution # 365
```
3 5 6 7 1 4 8 9 2
9 8 4 2 6 3 1 7 5
7 1 2 9 5 8 6 4 3
2 3 1 6 4 9 5 8 7
8 4 7 5 3 2 9 1 6
5 6 9 8 7 1 2 3 4
4 2 3 1 9 6 7 5 8
6 9 5 4 8 7 3 2 1
1 7 8 3 2 5 4 6 9
```

Solution # 366
```
6 4 2 3 9 7 5 8 1
9 7 5 1 8 4 2 6 3
8 3 1 5 2 6 7 9 4
2 6 7 8 3 1 4 5 9
5 1 3 6 4 9 8 7 2
4 9 8 7 5 2 3 1 6
3 8 4 9 6 5 1 2 7
7 5 9 2 1 3 6 4 8
1 2 6 4 7 8 9 3 5
```

Solution # 367
```
1 4 2 7 6 9 8 5 3
5 6 8 4 1 3 2 9 7
3 7 9 2 8 5 4 6 1
9 8 3 1 7 2 6 4 5
7 1 5 6 9 4 3 2 8
6 2 4 5 3 8 7 1 9
8 5 6 9 4 7 1 3 2
4 9 7 3 2 1 5 8 6
2 3 1 8 5 6 9 7 4
```

Solution # 368
```
1 7 9 6 2 8 3 5 4
5 8 4 7 1 3 2 9 6
2 6 3 5 9 4 1 7 8
8 1 2 9 4 5 7 6 3
4 9 6 1 3 7 5 8 2
7 3 5 2 8 6 9 4 1
6 4 1 3 5 9 8 2 7
3 5 8 4 7 2 6 1 9
9 2 7 8 6 1 4 3 5
```

Solution # 369
```
6 4 9 8 2 7 3 1 5
3 8 7 5 6 1 9 4 2
2 5 1 9 4 3 8 7 6
1 2 6 4 5 8 7 3 9
8 9 3 2 7 6 1 5 4
5 7 4 3 1 9 2 6 8
4 6 8 1 3 2 5 9 7
7 3 2 6 9 5 4 8 1
9 1 5 7 8 4 6 2 3
```

Solution # 370
```
7 4 5 6 3 9 8 2 1
1 6 3 2 8 7 9 4 5
8 2 9 5 4 1 3 6 7
6 9 4 1 7 8 2 5 3
3 7 2 4 5 6 1 8 9
5 8 1 3 9 2 6 7 4
4 5 8 9 6 3 7 1 2
2 3 7 8 1 4 5 9 6
9 1 6 7 2 5 4 3 8
```

Solution # 371
```
7 8 3 4 1 9 6 5 2
1 2 6 5 3 7 9 8 4
5 4 9 6 8 2 7 3 1
8 5 2 9 7 3 4 1 6
3 7 4 8 6 1 5 2 9
6 9 1 2 5 4 3 7 8
2 6 7 3 4 8 1 9 5
4 3 8 1 9 5 2 6 7
9 1 5 7 2 6 8 4 3
```

Solution # 372
```
5 8 3 7 6 9 2 4 1
2 4 6 1 8 5 9 3 7
7 1 9 2 3 4 5 8 6
9 2 7 6 4 3 1 5 8
3 6 8 5 1 7 4 9 2
1 5 4 9 2 8 7 6 3
4 3 2 8 5 1 6 7 9
6 7 5 3 9 2 8 1 4
8 9 1 4 7 6 3 2 5
```

Solution # 373
```
8 3 6 5 9 1 2 7 4
5 4 7 2 8 3 9 1 6
2 9 1 6 4 7 8 3 5
3 5 8 7 1 9 6 4 2
1 7 2 4 6 8 5 9 3
9 6 4 3 5 2 1 8 7
4 8 3 9 2 6 7 5 1
7 2 9 1 3 5 4 6 8
6 1 5 8 7 4 3 2 9
```

Solution # 374
```
9 2 6 5 4 3 7 8 1
3 7 5 1 2 8 9 4 6
8 1 4 6 7 9 5 2 3
4 5 8 2 6 7 3 1 9
6 9 2 8 3 1 4 7 5
1 3 7 4 9 5 2 6 8
5 6 3 7 1 2 8 9 4
2 8 1 9 5 4 6 3 7
7 4 9 3 8 6 1 5 2
```

Solution # 375
```
1 4 7 8 6 3 5 9 2
6 5 9 1 2 4 8 3 7
8 2 3 9 7 5 4 1 6
3 1 2 6 8 7 9 4 5
9 7 5 4 3 2 6 8 1
4 8 6 5 9 1 2 7 3
7 6 1 2 4 8 3 5 9
5 9 8 3 1 6 7 2 4
2 3 4 7 5 9 1 6 8
```

Solution # 376
```
1 7 6 2 4 8 9 5 3
3 4 2 5 6 9 7 8 1
9 8 5 3 1 7 6 4 2
8 9 1 4 5 3 2 7 6
7 5 4 6 9 2 3 1 8
2 6 3 7 8 1 4 9 5
6 1 7 9 2 5 8 3 4
4 3 8 1 7 6 5 2 9
5 2 9 8 3 4 1 6 7
```

Solution # 377
```
5 3 9 6 7 2 4 8 1
6 7 8 4 5 1 9 3 2
1 4 2 3 8 9 7 5 6
2 5 4 7 1 8 6 9 3
3 6 1 9 2 4 8 7 5
9 8 7 5 3 6 2 1 4
4 1 3 8 6 7 5 2 9
8 2 6 1 9 5 3 4 7
7 9 5 2 4 3 1 6 8
```

Solution # 378
```
9 3 5 1 8 6 7 2 4
8 4 1 7 9 2 5 3 6
2 6 7 4 3 5 8 9 1
5 2 9 3 1 7 4 6 8
3 8 6 9 5 4 1 7 2
7 1 4 2 6 8 3 5 9
1 5 8 6 7 9 2 4 3
6 7 2 8 4 3 9 1 5
4 9 3 5 2 1 6 8 7
```

Solution # 379
```
8 7 2 3 4 1 9 6 5
9 5 3 8 6 2 4 1 7
1 6 4 5 9 7 8 2 3
5 1 9 4 8 3 2 7 6
3 4 8 2 7 6 5 9 1
7 2 6 1 5 9 3 4 8
4 8 1 6 2 5 7 3 9
6 9 5 7 3 4 1 8 2
2 3 7 9 1 8 6 5 4
```

Solution # 380
```
1 2 5 6 8 3 9 4 7
9 6 4 5 1 7 2 8 3
8 3 7 2 4 9 5 6 1
3 7 8 4 9 6 1 2 5
2 4 9 7 5 1 8 3 6
5 1 6 3 2 8 7 9 4
4 8 2 1 3 5 6 7 9
7 5 3 9 6 2 4 1 8
6 9 1 8 7 4 3 5 2
```

Solution # 381
```
6 9 8 1 3 4 5 2 7
7 3 5 8 2 9 1 4 6
4 2 1 6 7 5 3 9 8
2 6 4 5 1 8 7 3 9
1 7 9 3 4 2 8 6 5
5 8 3 7 9 6 4 1 2
9 4 7 2 8 1 6 5 3
3 5 2 4 6 7 9 8 1
8 1 6 9 5 3 2 7 4
```

Solution # 382
```
8 9 6 1 2 7 4 3 5
3 4 7 6 9 5 8 1 2
2 1 5 3 4 8 6 7 9
9 8 2 7 1 6 5 4 3
6 5 1 9 3 4 2 8 7
4 7 3 5 8 2 9 6 1
5 6 9 8 7 1 3 2 4
7 2 8 4 5 3 1 9 6
1 3 4 2 6 9 7 5 8
```

Solution # 383
```
6 5 3 9 2 4 1 7 8
1 9 2 6 8 7 3 4 5
4 7 8 1 3 5 6 9 2
8 2 7 3 9 1 5 6 4
9 6 4 2 5 8 7 3 1
3 1 5 4 7 6 2 8 9
7 8 1 5 4 3 9 2 6
2 4 6 7 1 9 8 5 3
5 3 9 8 6 2 4 1 7
```

Solution # 384
```
4 5 1 6 2 7 8 3 9
3 2 6 9 1 8 4 7 5
8 9 7 3 5 4 6 2 1
9 1 4 8 3 2 7 5 6
5 8 2 7 6 1 9 4 3
2 3 8 1 7 6 5 9 4
6 7 3 5 4 9 1 8 2
1 4 9 2 8 5 3 6 7
7 6 5 4 9 3 2 1 8
```

Solution # 385
```
2 9 8 5 7 4 1 6 3
3 6 1 9 2 8 5 7 4
4 5 7 3 1 6 8 9 2
5 7 9 6 8 2 3 4 1
1 3 4 7 5 9 2 8 6
6 8 2 1 4 3 9 5 7
7 2 3 4 9 5 6 1 8
8 1 5 2 6 7 4 3 9
9 4 6 8 3 1 7 2 5
```

Solution # 386
```
9 5 6 7 8 3 4 1 2
1 2 3 6 9 4 5 8 7
4 8 7 5 2 1 9 3 6
2 1 8 4 3 7 6 9 5
3 6 9 2 5 8 7 4 1
5 7 4 1 6 9 3 2 8
6 3 1 8 4 5 2 7 9
8 9 2 3 7 6 1 5 4
7 4 5 9 1 2 8 6 3
```

Solution # 387
```
7 4 2 3 8 5 6 1 9
1 6 5 9 7 4 8 2 3
3 9 8 2 1 6 7 5 4
4 8 1 7 6 9 2 3 5
9 3 7 5 4 2 1 8 6
2 5 6 1 3 8 4 9 7
8 7 3 6 5 1 9 4 2
5 1 9 4 2 7 3 6 8
6 2 4 8 9 3 5 7 1
```

Solution # 388
```
2 4 9 3 6 5 8 7 1
8 6 7 4 1 2 9 3 5
5 3 1 8 7 9 6 4 2
4 5 2 1 9 3 7 6 8
1 7 8 2 4 6 5 9 3
3 9 6 7 5 8 2 1 4
9 8 4 5 3 7 1 2 6
6 1 5 9 2 4 3 8 7
7 2 3 6 8 1 4 5 9
```

Solution # 389
```
1 3 9 2 5 4 6 7 8
5 8 6 7 9 3 4 1 2
4 2 7 6 8 1 9 3 5
3 4 1 9 7 2 8 5 6
6 9 2 8 3 5 7 4 1
7 5 8 1 4 6 3 2 9
8 6 5 3 1 7 2 9 4
2 7 4 5 6 9 1 8 3
9 1 3 4 2 8 5 6 7
```

Solution # 390
```
4 1 5 2 8 6 9 7 3
9 2 8 3 7 5 1 6 4
7 6 3 4 1 9 5 2 8
6 5 9 8 4 2 3 1 7
8 4 1 7 6 3 2 5 9
3 7 2 9 5 1 4 8 6
2 9 7 5 3 8 6 4 1
5 8 6 1 9 4 7 3 2
1 3 4 6 2 7 8 9 5
```

Solution # 391
```
6 4 7 8 1 5 2 3 9
8 3 1 9 2 4 5 7 6
9 2 5 7 6 3 1 4 8
5 8 6 3 4 2 9 1 7
4 1 9 6 7 8 3 5 2
2 7 3 1 5 9 8 6 4
7 6 2 5 8 1 4 9 3
1 9 4 2 3 6 7 8 5
3 5 8 4 9 7 6 2 1
```

Solution # 392
```
3 6 1 5 7 9 8 2 4
8 9 5 4 6 2 3 7 1
4 7 2 3 8 1 9 6 5
6 1 4 8 2 3 5 9 7
9 5 3 6 4 7 2 1 8
7 2 8 9 1 5 4 3 6
1 3 7 2 5 8 6 4 9
2 8 6 7 9 4 1 5 3
5 4 9 1 3 6 7 8 2
```

Solution # 393
```
3 7 8 6 2 4 5 9 1
6 4 1 9 5 3 2 7 8
5 9 2 7 8 1 3 6 4
1 2 6 5 9 7 8 4 3
7 5 4 1 3 8 6 2 9
9 8 3 4 6 2 1 5 7
4 6 5 8 1 9 7 3 2
2 1 7 3 4 5 9 8 6
8 3 9 2 7 6 4 1 5
```

Solution # 394
```
1 9 4 8 3 7 5 6 2
3 8 5 1 6 2 7 4 9
2 6 7 4 5 9 1 8 3
5 4 8 6 9 1 2 3 7
7 2 3 5 8 4 6 9 1
6 1 9 7 2 3 4 5 8
4 7 6 9 1 8 3 2 5
8 5 2 3 7 6 9 1 4
9 3 1 2 4 5 8 7 6
```

Solution # 395
```
3 7 9 8 2 6 5 4 1
5 2 6 4 1 3 7 8 9
1 4 8 5 7 9 3 6 2
7 6 1 2 9 8 4 3 5
2 8 4 3 6 5 1 9 7
9 5 3 7 4 1 8 2 6
4 1 2 9 3 7 6 5 8
6 9 5 1 8 4 2 7 3
8 3 7 6 5 2 9 1 4
```

Solution # 396
```
1 5 6 8 9 4 3 2 7
7 2 8 3 6 1 5 4 9
9 4 3 7 5 2 6 8 1
4 8 7 1 2 3 9 6 5
5 1 2 9 8 6 4 7 3
6 3 9 4 7 5 2 1 8
8 6 4 5 1 9 7 3 2
2 7 5 6 3 8 1 9 4
3 9 1 2 4 7 8 5 6
```

Solution # 397
```
5 6 4 2 1 7 8 3 9
1 8 9 6 3 4 5 2 7
3 7 2 8 5 9 6 4 1
6 4 8 3 7 1 9 5 2
9 1 7 5 2 8 3 6 4
2 5 3 9 4 6 7 1 8
8 3 5 1 9 2 4 7 6
4 2 6 7 8 5 1 9 3
7 9 1 4 6 3 2 8 5
```

Solution # 398
```
2 6 8 4 1 9 3 7 5
1 5 7 3 8 6 9 2 4
4 3 9 7 5 2 1 8 6
5 7 4 8 9 1 2 6 3
8 9 3 6 2 4 5 1 7
6 1 2 5 3 7 8 4 9
9 2 6 1 7 3 4 5 8
7 8 1 9 4 5 6 3 2
3 4 5 2 6 8 7 9 1
```

Solution # 399
```
3 8 2 4 7 9 6 1 5
1 6 9 3 5 8 4 2 7
5 4 7 1 2 6 8 3 9
8 7 5 2 1 4 9 6 3
9 3 4 6 8 7 1 5 2
2 1 6 9 3 5 7 4 8
7 9 1 5 4 2 3 8 6
6 5 3 8 9 1 2 7 4
4 2 8 7 6 3 5 9 1
```

Solution # 400
```
7 6 3 2 4 1 8 9 5
4 5 9 8 6 3 7 2 1
1 8 2 5 9 7 6 3 4
6 1 7 4 3 9 5 8 2
3 2 4 6 8 5 1 7 9
8 9 5 1 7 2 4 6 3
2 7 1 3 5 6 9 4 8
5 4 6 9 2 8 3 1 7
9 3 8 7 1 4 2 5 6
```

Solution # 401
```
3 2 8 5 1 6 7 4 9
7 5 1 3 9 4 2 8 6
4 9 6 7 8 2 5 3 1
9 1 7 2 6 3 4 5 8
2 8 3 4 5 9 1 6 7
5 6 4 8 7 1 9 2 3
6 7 2 1 4 8 3 9 5
8 3 5 9 2 7 6 1 4
1 4 9 6 3 5 8 7 2
```

Solution # 402
```
6 1 5 9 7 3 4 2 8
9 2 8 6 1 4 7 3 5
4 7 3 5 2 8 9 6 1
1 5 4 7 9 6 2 8 3
3 6 7 1 8 2 5 9 4
2 8 9 3 4 5 6 1 7
7 9 6 4 3 1 8 5 2
8 4 1 2 5 9 3 7 6
5 3 2 8 6 7 1 4 9
```

Solution # 403
```
2 6 7 5 1 9 8 3 4
1 4 3 8 6 7 5 9 2
5 8 9 4 2 3 1 6 7
3 9 1 6 4 2 7 8 5
4 7 2 9 8 5 3 1 6
8 5 6 7 3 1 2 4 9
7 3 8 2 9 6 4 5 1
9 2 4 1 5 8 6 7 3
6 1 5 3 7 4 9 2 8
```

Solution # 404
```
4 1 5 3 6 7 9 2 8
7 9 8 4 2 5 6 1 3
3 6 2 9 8 1 5 7 4
2 8 3 6 5 9 1 4 7
9 4 7 2 1 8 3 5 6
6 5 1 7 4 3 8 9 2
5 7 6 8 9 4 2 3 1
8 3 9 1 7 2 4 6 5
1 2 4 5 3 6 7 8 9
```

Solution # 405
```
6 5 3 8 7 4 2 1 9
7 2 1 9 6 3 8 5 4
8 9 4 2 1 5 3 6 7
1 7 9 4 2 8 5 3 6
4 8 5 6 3 1 7 9 2
2 3 6 5 9 7 4 8 1
5 6 2 3 4 9 1 7 8
9 1 8 7 5 2 6 4 3
3 4 7 1 8 6 9 2 5
```

Solution # 406
```
3 6 5 9 1 8 4 2 7
1 8 7 4 2 3 9 5 6
9 2 4 6 5 7 3 8 1
6 9 2 5 8 4 7 1 3
4 1 3 2 7 9 5 6 8
7 5 8 1 3 6 2 4 9
5 4 9 3 6 1 8 7 2
2 7 1 8 9 5 6 3 4
8 3 6 7 4 2 1 9 5
```

Solution # 407
```
6 8 2 5 7 9 1 3 4
5 3 9 1 4 2 6 7 8
1 7 4 3 8 6 9 2 5
4 5 6 8 2 3 7 1 9
2 1 7 9 6 5 8 4 3
3 9 8 7 1 4 5 6 2
9 2 5 6 3 1 4 8 7
8 4 1 2 5 7 3 9 6
7 6 3 4 9 8 2 5 1
```

Solution # 408
```
1 6 2 5 8 3 4 7 9
7 3 8 1 4 9 5 2 6
9 5 4 2 6 7 1 8 3
8 9 1 4 2 5 6 3 7
3 7 5 6 9 1 8 4 2
4 2 6 7 3 8 9 1 5
6 4 9 3 1 2 7 5 8
2 1 7 8 5 6 3 9 4
5 8 3 9 7 4 2 6 1
```

Solution # 409
```
2 7 5 6 4 1 8 3 9
9 6 8 7 3 5 4 2 1
1 4 3 8 2 9 5 6 7
8 1 6 5 7 3 2 9 4
4 5 2 1 9 6 7 8 3
3 9 7 2 8 4 1 5 6
6 8 4 3 5 7 9 1 2
5 3 9 4 1 2 6 7 8
7 2 1 9 6 8 3 4 5
```

Solution # 410
```
2 1 3 5 6 8 4 7 9
4 8 7 1 9 2 3 5 6
5 9 6 7 4 3 8 1 2
1 3 2 8 7 9 5 6 4
7 6 8 4 2 5 1 9 3
9 4 5 6 3 1 7 2 8
8 7 9 2 5 4 6 3 1
6 2 4 3 1 7 9 8 5
3 5 1 9 8 6 2 4 7
```

Solution # 411
```
9 5 4 6 1 2 3 7 8
8 6 1 5 3 7 2 9 4
2 3 7 8 4 9 6 5 1
5 4 2 1 9 3 7 8 6
3 1 9 7 6 8 4 2 5
6 7 8 2 5 4 1 3 9
7 2 6 4 8 5 9 1 3
4 8 3 9 7 1 5 6 2
1 9 5 3 2 6 8 4 7
```

Solution # 412
```
7 3 2 1 6 9 4 5 8
1 4 6 5 3 8 9 2 7
5 8 9 2 4 7 1 3 6
9 5 4 8 2 1 7 6 3
8 1 3 4 7 6 2 9 5
6 2 7 3 9 5 8 4 1
3 7 1 9 5 2 6 8 4
2 6 5 7 8 4 3 1 9
4 9 8 6 1 3 5 7 2
```

Solution # 413
```
3 9 6 4 1 7 5 8 2
1 7 8 2 6 5 3 9 4
4 2 5 9 8 3 1 6 7
8 1 9 6 5 2 4 7 3
5 3 7 1 9 4 8 2 6
2 6 4 7 3 8 9 5 1
6 5 2 8 4 1 7 3 9
9 8 1 3 7 6 2 4 5
7 4 3 5 2 9 6 1 8
```

Solution # 414
```
1 7 3 5 9 2 4 6 8
2 6 8 4 3 1 7 9 5
5 9 4 6 8 7 1 3 2
9 2 5 8 7 6 3 1 4
4 1 7 3 2 5 9 8 6
8 3 6 9 1 4 2 5 7
7 5 1 2 6 9 8 4 3
3 4 9 7 5 8 6 2 1
6 8 2 1 4 3 5 7 9
```

Solution # 415
```
7 6 1 5 4 2 8 9 3
2 8 4 9 3 7 5 1 6
3 5 9 8 6 1 4 7 2
8 1 5 6 7 4 3 2 9
9 2 6 3 8 5 7 4 1
4 7 3 2 1 9 6 5 8
1 3 7 4 9 8 2 6 5
5 4 8 1 2 6 9 3 7
6 9 2 7 5 3 1 8 4
```

Solution # 416
```
4 7 6 2 9 3 1 8 5
2 8 5 4 1 6 7 9 3
9 1 3 5 8 7 6 2 4
3 5 4 1 6 2 9 7 8
1 2 9 7 4 8 5 3 6
8 6 7 3 5 9 2 4 1
7 9 1 6 3 4 8 5 2
6 4 8 9 2 5 3 1 7
5 3 2 8 7 1 4 6 9
```

Solution # 417
```
1 9 3 7 4 5 6 8 2
7 8 5 3 6 2 1 4 9
6 4 2 9 8 1 7 3 5
5 6 7 8 1 9 4 2 3
8 3 4 2 5 7 9 1 6
2 1 9 6 3 4 5 7 8
4 2 1 5 9 8 3 6 7
9 7 6 1 2 3 8 5 4
3 5 8 4 7 6 2 9 1
```

Solution # 418
```
4 5 1 6 9 3 7 2 8
3 2 6 7 8 5 4 9 1
9 8 7 4 2 1 5 3 6
1 7 8 9 3 4 2 6 5
5 9 2 8 6 7 1 4 3
8 6 4 1 7 9 3 5 2
2 1 5 3 4 8 6 7 9
7 3 9 2 5 6 8 1 4
6 4 3 5 1 2 9 8 7
```

Solution # 419
```
9 7 1 6 2 4 5 8 3
6 4 8 7 3 5 9 1 2
5 3 2 8 9 1 7 6 4
3 5 6 1 8 7 4 2 9
2 8 7 4 6 9 3 5 1
4 1 9 2 5 3 8 7 6
8 9 3 5 1 6 2 4 7
1 2 4 3 7 8 6 9 5
7 6 5 9 4 2 1 3 8
```

Solution # 420
```
8 7 4 2 9 3 5 6 1
2 3 9 6 5 1 8 4 7
1 5 6 8 4 7 9 2 3
9 8 7 5 1 2 6 3 4
6 1 5 4 3 9 7 8 2
4 2 3 7 6 8 1 9 5
7 4 1 9 2 6 3 5 8
3 6 2 1 8 5 4 7 9
5 9 8 3 7 4 2 1 6
```

Solution # 421
```
4 7 6 1 8 3 9 5 2
3 8 5 4 9 2 1 7 6
1 2 9 7 6 5 8 4 3
7 6 8 2 5 9 4 3 1
9 4 3 6 7 1 5 2 8
2 5 1 3 4 8 7 6 9
5 9 2 8 3 4 6 1 7
6 3 4 9 1 7 2 8 5
8 1 7 5 2 6 3 9 4
```

Solution # 422
```
2 3 6 5 9 1 7 8 4
1 4 7 6 8 3 9 5 2
9 8 5 2 7 4 1 6 3
5 6 8 9 4 7 2 3 1
4 2 3 1 5 6 8 7 9
7 9 1 8 3 2 5 4 6
6 7 9 4 1 5 3 2 8
8 5 2 3 6 9 4 1 7
3 1 4 7 2 8 6 9 5
```

Solution # 423
```
3 8 9 5 2 6 4 7 1
6 7 5 1 3 4 2 9 8
4 2 1 9 8 7 6 5 3
2 4 3 7 9 8 5 1 6
1 9 8 6 5 2 7 3 4
5 6 7 4 1 3 8 2 9
7 3 6 2 4 9 1 8 5
9 5 2 8 6 1 3 4 7
8 1 4 3 7 5 9 6 2
```

Solution # 424
```
3 9 8 6 5 7 2 1 4
2 6 5 4 3 1 8 7 9
4 7 1 8 9 2 6 3 5
5 1 4 3 2 8 7 9 6
9 8 6 5 7 4 3 2 1
7 3 2 1 6 9 5 4 8
1 4 3 2 8 6 9 5 7
8 2 9 7 4 5 1 6 3
6 5 7 9 1 3 4 8 2
```

Solution # 425
```
9 3 5 8 6 4 7 1 2
8 1 4 7 2 3 6 5 9
6 2 7 1 5 9 3 8 4
2 9 8 3 1 6 5 4 7
1 7 3 4 8 5 2 9 6
4 5 6 2 9 7 8 3 1
7 8 2 9 3 1 4 6 5
3 6 9 5 4 2 1 7 8
5 4 1 6 7 8 9 2 3
```

Solution # 426
```
1 4 5 8 3 9 6 7 2
3 8 9 6 7 2 1 5 4
7 6 2 4 5 1 8 9 3
9 3 4 1 2 5 7 8 6
2 1 8 7 4 6 9 3 5
6 5 7 9 8 3 2 4 1
4 7 1 5 6 8 3 2 9
8 2 6 3 9 4 5 1 7
5 9 3 2 1 7 4 6 8
```

Solution # 427
```
7 2 5 4 8 6 1 9 3
4 1 8 7 9 3 2 5 6
9 3 6 5 1 2 8 7 4
8 5 2 9 3 4 7 6 1
1 9 4 6 2 7 3 8 5
6 7 3 8 5 1 9 4 2
3 6 7 2 4 8 5 1 9
5 8 1 3 6 9 4 2 7
2 4 9 1 7 5 6 3 8
```

Solution # 428
```
7 2 5 1 3 8 4 9 6
1 8 4 9 6 2 3 7 5
9 3 6 7 5 4 1 8 2
4 1 3 6 8 9 2 5 7
6 9 2 5 7 1 8 3 4
5 7 8 2 4 3 6 1 9
2 5 7 3 1 6 9 4 8
8 6 1 4 9 5 7 2 3
3 4 9 8 2 7 5 6 1
```

Solution # 429
```
6 7 4 1 2 8 3 9 5
8 3 1 5 7 9 6 4 2
9 5 2 3 6 4 8 1 7
4 2 3 8 1 6 5 7 9
7 9 6 4 3 5 2 8 1
1 8 5 7 9 2 4 6 3
2 1 7 6 8 3 9 5 4
5 6 9 2 4 7 1 3 8
3 4 8 9 5 1 7 2 6
```

Solution # 430
```
6 1 7 3 4 9 8 2 5
9 8 4 5 2 7 1 6 3
5 3 2 1 6 8 9 7 4
8 5 6 9 3 4 2 1 7
3 7 9 8 1 2 4 5 6
2 4 1 7 5 6 3 9 8
1 9 5 6 8 3 7 4 2
7 2 8 4 9 5 6 3 1
4 6 3 2 7 1 5 8 9
```

Solution # 431
```
6 5 1 9 2 7 4 3 8
8 9 3 4 5 1 2 7 6
2 7 4 3 8 6 1 9 5
1 8 7 6 3 9 5 4 2
4 3 2 1 7 5 6 8 9
9 6 5 8 4 2 7 1 3
3 1 8 2 6 4 9 5 7
7 4 6 5 9 8 3 2 1
5 2 9 7 1 3 8 6 4
```

Solution # 432
```
7 3 4 2 6 5 8 9 1
2 9 5 8 1 7 6 3 4
6 1 8 4 9 3 7 5 2
1 5 7 9 3 2 4 8 6
3 8 2 5 4 6 9 1 7
9 4 6 1 7 8 3 2 5
4 6 1 3 2 9 5 7 8
8 2 3 7 5 4 1 6 9
5 7 9 6 8 1 2 4 3
```

Solution # 433
```
6 9 1 2 5 7 8 4 3
5 2 3 8 4 1 6 9 7
8 7 4 3 6 9 2 1 5
2 6 8 5 1 4 7 3 9
1 4 7 9 8 3 5 6 2
3 5 9 6 7 2 1 8 4
4 8 5 7 3 6 9 2 1
9 1 6 4 2 5 3 7 8
7 3 2 1 9 8 4 5 6
```

Solution # 434
```
8 2 5 9 1 6 3 4 7
9 6 7 4 3 2 1 8 5
4 3 1 5 8 7 6 9 2
3 5 8 1 2 4 9 7 6
6 1 9 7 5 3 8 2 4
7 4 2 6 9 8 5 1 3
1 9 6 2 4 5 7 3 8
5 8 4 3 7 9 2 6 1
2 7 3 8 6 1 4 5 9
```

Solution # 435
```
8 3 6 9 4 5 7 1 2
4 7 2 6 1 8 5 9 3
5 9 1 2 7 3 4 6 8
9 4 5 7 8 6 2 3 1
7 1 8 4 3 2 9 5 6
2 6 3 1 5 9 8 7 4
6 8 4 3 9 7 1 2 5
1 2 9 5 6 4 3 8 7
3 5 7 8 2 1 6 4 9
```

Solution # 436
```
4 2 1 8 6 9 7 5 3
3 9 8 7 5 4 1 6 2
5 7 6 1 3 2 4 8 9
9 8 2 5 1 6 3 4 7
1 3 7 9 4 8 5 2 6
6 5 4 3 2 7 9 1 8
2 4 9 6 7 1 8 3 5
8 1 5 2 9 3 6 7 4
7 6 3 4 8 5 2 9 1
```

Solution # 437
```
8 7 2 5 9 6 1 4 3
9 4 6 1 7 3 5 2 8
5 1 3 8 2 4 7 6 9
7 6 5 2 3 9 4 8 1
2 8 1 4 5 7 3 9 6
4 3 9 6 1 8 2 5 7
3 5 8 9 4 1 6 7 2
6 2 7 3 8 5 9 1 4
1 9 4 7 6 2 8 3 5
```

Solution # 438
```
5 2 1 6 3 9 4 7 8
9 3 7 5 4 8 2 1 6
8 4 6 1 7 2 5 9 3
4 7 9 2 8 6 1 3 5
3 5 2 7 9 1 6 8 4
6 1 8 3 5 4 9 2 7
2 9 4 8 6 7 3 5 1
7 6 3 9 1 5 8 4 2
1 8 5 4 2 3 7 6 9
```

Solution # 439
```
4 3 1 6 5 7 9 8 2
6 8 5 2 9 1 4 7 3
2 9 7 4 8 3 1 6 5
8 2 4 1 7 5 3 9 6
3 1 6 9 2 4 8 5 7
5 7 9 8 3 6 2 4 1
7 4 8 3 6 2 5 1 9
9 6 2 5 1 8 7 3 4
1 5 3 7 4 9 6 2 8
```

Solution # 440
```
7 9 2 8 6 3 4 1 5
8 4 1 2 5 9 7 3 6
3 6 5 1 7 4 8 9 2
5 8 4 6 3 1 2 7 9
1 7 6 4 9 2 5 8 3
9 2 3 5 8 7 1 6 4
6 5 7 3 4 8 9 2 1
4 1 9 7 2 6 3 5 8
2 3 8 9 1 5 6 4 7
```

Solution # 441
```
6 9 2 8 5 3 4 1 7
7 1 5 9 4 6 8 2 3
4 8 3 2 7 1 5 6 9
2 5 1 4 9 7 6 3 8
8 6 7 1 3 2 9 4 5
3 4 9 6 8 5 1 7 2
9 7 8 3 6 4 2 5 1
1 3 4 5 2 9 7 8 6
5 2 6 7 1 8 3 9 4
```

Solution # 442
```
7 4 6 3 5 8 9 1 2
3 2 8 7 1 9 4 6 5
5 9 1 2 4 6 3 7 8
8 5 4 1 9 3 7 2 6
6 7 3 5 8 2 1 9 4
9 1 2 6 7 4 5 8 3
1 8 9 4 2 5 6 3 7
2 3 5 9 6 7 8 4 1
4 6 7 8 3 1 2 5 9
```

Solution # 443
```
9 1 4 7 5 2 8 6 3
2 6 5 4 8 3 7 9 1
7 8 3 9 1 6 4 5 2
6 7 2 8 4 9 3 1 5
8 3 1 6 7 5 9 2 4
4 5 9 2 3 1 6 8 7
3 9 6 1 2 4 5 7 8
1 4 8 5 6 7 2 3 9
5 2 7 3 9 8 1 4 6
```

Solution # 444
```
2 8 4 1 7 6 9 5 3
6 1 7 5 3 9 2 8 4
9 3 5 2 8 4 1 7 6
1 4 6 3 5 7 8 2 9
5 7 3 9 2 8 4 6 1
8 9 2 4 6 1 7 3 5
3 2 1 8 4 5 6 9 7
4 6 8 7 9 3 5 1 2
7 5 9 6 1 2 3 4 8
```

Solution # 445
```
2 6 9 3 5 4 8 7 1
7 8 3 9 1 6 4 2 5
5 4 1 2 7 8 6 9 3
3 2 4 1 8 9 7 5 6
1 7 5 4 6 2 9 3 8
8 9 6 7 3 5 1 4 2
6 3 7 5 4 1 2 8 9
4 1 8 6 9 3 5 6 7
9 5 2 8 6 7 3 1 4
```

Solution # 446
```
6 3 9 7 8 2 1 5 4
7 2 4 6 5 1 9 8 3
1 5 8 3 4 9 7 2 6
8 4 7 1 9 6 2 3 5
2 1 3 5 7 8 6 4 9
5 9 6 2 3 4 8 7 1
4 7 1 8 6 3 5 9 2
9 8 2 4 1 5 3 6 7
3 6 5 9 2 7 4 1 8
```

Solution # 447
```
4 3 7 5 2 8 6 9 1
8 1 9 4 6 3 5 7 2
5 6 2 7 9 1 3 4 8
2 5 3 9 8 4 1 6 7
9 4 6 1 5 7 8 2 3
7 8 1 2 3 6 9 5 4
1 9 4 8 7 5 2 3 6
6 2 8 3 4 9 7 1 5
3 7 5 6 1 2 4 8 9
```

Solution # 448
```
2 8 7 3 9 4 6 1 5
3 9 5 7 1 6 2 8 4
1 4 6 5 8 2 7 9 3
7 6 8 2 3 5 1 4 9
9 5 2 1 4 7 3 6 8
4 3 1 8 6 9 5 2 7
5 2 4 6 7 8 9 3 1
8 7 3 9 2 1 4 5 6
6 1 9 4 5 3 8 7 2
```

Solution # 449
```
8 7 2 4 6 3 1 9 5
3 9 5 7 1 2 4 6 8
1 6 4 5 8 9 2 3 7
4 8 3 2 7 6 5 1 9
2 1 9 3 5 8 6 7 4
6 5 7 9 4 1 8 2 3
7 2 8 1 9 4 3 5 6
9 4 1 6 3 5 7 8 2
5 3 6 8 2 7 9 4 1
```

Solution # 450
```
9 7 8 2 3 5 6 1 4
4 2 5 8 6 1 9 3 7
1 6 3 7 4 9 8 2 5
8 1 4 9 7 3 2 5 6
7 9 6 5 1 2 3 4 8
5 3 2 6 8 4 1 7 9
6 8 1 4 2 7 5 9 3
2 4 9 3 5 6 7 8 1
3 5 7 1 9 8 4 6 2
```

Solution # 451
```
9 3 2 6 8 1 4 5 7
1 6 8 4 7 5 9 3 2
4 7 5 3 2 9 1 8 6
8 1 4 2 9 3 6 7 5
2 9 7 8 5 6 3 1 4
6 5 3 7 1 4 2 9 8
3 8 1 5 4 2 7 6 9
7 2 6 9 3 8 5 4 1
5 4 9 1 6 7 8 2 3
```

Solution # 452
```
9 8 7 4 2 5 1 3 6
3 4 6 8 1 7 9 2 5
1 5 2 6 9 3 7 4 8
6 2 5 7 8 9 4 1 3
8 9 1 5 3 4 2 6 7
7 3 4 1 6 2 5 8 9
4 6 8 9 5 1 3 7 2
5 7 3 2 4 6 8 9 1
2 1 9 3 7 8 6 5 4
```

Solution # 453
```
8 9 7 1 5 2 3 6 4
3 6 2 8 9 4 1 7 5
1 5 4 7 3 6 2 8 9
5 3 8 4 1 7 6 9 2
2 1 6 9 8 3 4 5 7
7 4 9 2 6 5 8 3 1
4 8 1 6 7 9 5 2 3
9 2 5 3 4 8 7 1 6
6 7 3 5 2 1 9 4 8
```

Solution # 454
```
9 5 3 1 8 2 7 6 4
2 8 7 4 5 6 9 3 1
6 1 4 9 3 7 2 5 8
4 6 9 8 7 3 5 1 2
1 7 5 2 6 4 3 8 9
3 2 8 5 1 9 6 4 7
5 9 2 6 4 1 8 7 3
7 4 6 3 9 8 1 2 5
8 3 1 7 2 5 4 9 6
```

Solution # 455
```
4 3 7 8 9 1 5 2 6
6 2 8 3 5 4 1 9 7
9 1 5 7 6 2 8 4 3
2 7 4 9 1 5 6 3 8
8 5 3 2 7 6 9 1 4
1 9 6 4 8 3 7 5 2
5 4 9 6 2 8 3 7 1
3 8 1 5 4 7 2 6 9
7 6 2 1 3 9 4 8 5
```

Solution # 456
```
3 9 2 4 6 5 7 1 8
1 6 7 8 3 2 4 9 5
4 5 8 1 7 9 3 2 6
8 7 4 2 1 3 5 6 9
2 1 9 5 4 6 8 7 3
6 3 5 9 8 7 2 4 1
7 8 6 3 9 4 1 5 2
5 4 1 6 2 8 9 3 7
9 2 3 7 5 1 6 8 4
```

Solution # 457
```
6 1 4 7 8 3 2 9 5
2 7 8 5 9 1 4 6 3
5 3 9 6 4 2 7 1 8
3 8 1 2 5 6 9 4 7
4 6 5 9 1 7 3 8 2
7 9 2 4 3 8 1 5 6
1 5 6 3 7 9 8 2 4
9 4 7 8 2 5 6 3 1
8 2 3 1 6 4 5 7 9
```

Solution # 458
```
8 3 5 9 1 4 7 6 2
7 2 9 8 6 3 4 5 1
4 6 1 5 7 2 9 8 3
9 8 7 3 2 1 5 4 6
2 5 6 7 4 9 3 1 8
1 4 3 6 5 8 2 9 7
3 7 4 1 5 6 8 2 9
6 9 2 4 3 8 1 7 5
5 1 8 2 9 7 6 3 4
```

Solution # 459
```
8 7 6 2 3 9 4 1 5
4 5 2 6 8 1 9 3 7
1 3 9 7 4 5 2 8 6
6 8 5 1 7 2 3 9 4
2 9 7 4 6 3 8 5 1
3 1 4 5 9 8 7 6 2
7 4 8 3 5 6 1 2 9
9 6 1 8 2 4 5 7 3
5 2 3 9 1 7 6 4 8
```

Solution # 460
```
7 4 8 3 2 5 1 6 9
3 1 9 8 4 6 5 7 2
5 2 6 7 1 9 8 4 3
4 3 2 6 5 7 9 8 1
9 6 1 4 3 8 2 5 7
8 7 5 1 9 2 6 3 4
2 9 4 5 6 3 7 1 8
1 5 7 9 8 4 3 2 6
6 8 3 2 7 1 4 9 5
```

Solution # 461
```
2 6 9 8 7 3 4 1 5
8 5 3 4 1 9 6 7 2
7 4 1 2 5 6 8 3 9
1 8 7 6 4 5 2 9 3
9 2 4 3 8 1 5 6 7
6 3 5 9 2 7 1 8 4
5 7 6 1 3 2 9 4 8
4 1 2 7 9 8 3 5 6
3 9 8 5 6 4 7 2 1
```

Solution # 462
```
4 7 2 8 5 3 9 1 6
1 3 6 9 4 2 8 5 7
9 8 5 7 1 6 4 3 2
7 1 3 6 2 8 5 9 4
2 6 9 5 3 4 1 7 8
5 4 8 1 9 7 2 6 3
3 5 4 2 7 1 6 8 9
8 2 1 3 6 9 7 4 5
6 9 7 4 8 5 3 2 1
```

Solution # 463
```
3 4 2 8 9 1 7 6 5
8 5 1 7 6 3 2 9 4
7 9 6 2 4 5 8 3 1
4 8 9 6 5 7 3 1 2
1 6 5 3 2 9 4 7 8
2 3 7 1 8 4 6 5 9
9 1 8 4 7 6 5 2 3
6 2 3 5 1 8 9 4 7
5 7 4 9 3 2 1 8 6
```

Solution # 464
```
1 9 8 5 3 6 4 7 2
5 2 7 9 4 8 1 3 6
6 4 3 2 7 1 5 8 9
7 1 5 4 2 9 3 6 8
9 8 4 3 6 5 2 1 7
2 3 6 1 8 7 9 5 4
8 5 1 6 9 2 7 4 3
4 7 2 8 5 3 6 9 1
3 6 9 7 1 4 8 2 5
```

Solution # 465
```
5 8 6 3 4 1 2 9 7
9 4 3 5 7 2 1 8 6
7 1 2 9 8 6 5 3 4
3 2 1 8 6 5 7 4 9
4 6 5 7 3 9 8 1 2
8 7 9 1 2 4 6 5 3
1 3 4 2 5 7 9 6 8
6 9 7 4 1 8 3 2 5
2 5 8 6 9 3 4 7 1
```

Solution # 466
```
5 4 2 8 6 9 3 1 7
3 6 8 7 5 1 4 9 2
1 7 9 3 2 4 6 5 8
2 1 5 4 7 3 8 6 9
8 9 4 2 1 6 7 3 5
6 3 7 9 8 5 2 4 1
7 5 3 1 4 2 9 8 6
4 8 6 5 9 7 1 2 3
9 2 1 6 3 8 5 7 4
```

Solution # 467
```
5 6 7 8 2 1 9 3 4
1 2 4 7 3 9 5 6 8
3 8 9 6 4 5 2 1 7
4 1 8 3 9 7 6 2 5
2 9 5 4 1 6 7 8 3
7 3 6 2 5 8 1 4 9
8 5 2 9 6 4 3 7 1
9 7 3 1 8 2 4 5 6
6 4 1 5 7 3 8 9 2
```

Solution # 468
```
3 1 6 9 4 7 5 2 8
5 2 9 1 6 8 7 3 4
8 7 4 3 5 2 9 6 1
9 5 2 8 3 1 6 4 7
4 8 3 6 7 9 2 1 5
1 6 7 4 2 5 3 8 9
6 9 8 7 1 3 4 5 2
7 3 5 2 8 4 1 9 6
2 4 1 5 9 6 8 7 3
```

Solution # 469
```
1 4 3 5 9 6 7 8 2
2 8 5 4 1 7 6 3 9
6 9 7 8 3 2 4 5 1
9 5 6 3 2 1 8 7 4
8 3 1 9 7 4 5 2 6
4 7 2 6 5 8 1 9 3
3 1 9 7 4 5 2 6 8
7 6 4 2 8 9 3 1 5
5 2 8 1 6 3 9 4 7
```

Solution # 470
```
1 7 6 8 3 9 2 5 4
2 3 9 4 5 1 8 6 7
5 4 8 7 6 2 9 3 1
3 9 4 6 7 8 5 1 2
8 2 5 3 1 4 6 7 9
7 6 1 9 2 5 4 8 3
6 8 7 2 4 3 1 9 5
4 5 3 1 9 6 7 2 8
9 1 2 5 8 7 3 4 6
```

Solution # 471
```
2 4 5 8 3 7 9 1 6
9 8 3 6 5 1 4 7 2
6 1 7 2 9 4 3 8 5
8 6 9 5 4 3 7 2 1
3 2 4 7 1 6 8 5 9
5 7 1 9 2 8 6 3 4
1 3 2 4 8 9 5 6 7
4 5 6 3 7 2 1 9 8
7 9 8 1 6 5 2 4 3
```

Solution # 472
```
8 6 2 1 9 7 3 4 5
5 1 9 2 4 3 6 7 8
3 7 4 5 8 6 1 2 9
9 8 1 3 7 2 4 5 6
6 2 5 4 1 8 7 9 3
7 4 3 6 5 9 8 1 2
1 3 6 7 2 5 9 8 4
2 9 7 8 6 4 5 3 1
4 5 8 9 3 1 2 6 7
```

Solution # 473
```
2 3 9 8 6 1 4 7 5
8 6 7 2 4 5 9 3 1
1 5 4 9 3 7 8 6 2
7 8 6 4 9 2 5 1 3
9 2 5 1 8 3 6 4 7
3 4 1 5 7 6 2 8 9
5 7 8 3 2 4 1 9 6
6 9 2 7 1 8 3 5 4
4 1 3 6 5 9 7 2 8
```

Solution # 474
```
7 5 1 6 8 4 2 9 3
2 3 6 9 7 1 4 8 5
8 9 4 5 2 3 1 6 7
1 4 8 7 6 9 3 5 2
9 6 2 1 3 5 8 7 4
3 7 5 8 4 2 9 1 6
6 2 7 3 1 8 5 4 9
4 1 9 2 5 6 7 3 8
5 8 3 4 9 7 6 2 1
```

Solution # 475
```
7 1 8 3 2 9 5 4 6
2 5 3 4 6 7 8 9 1
4 6 9 1 8 5 3 7 2
8 3 6 9 5 2 4 1 7
5 9 4 7 1 6 2 8 3
1 7 2 8 3 4 6 5 9
3 4 5 2 9 1 7 6 8
6 2 1 5 7 8 9 3 4
9 8 7 6 4 3 1 2 5
```

Solution # 476
```
8 3 6 2 9 4 5 7 1
5 7 2 3 8 1 6 4 9
1 4 9 5 6 7 8 2 3
7 6 1 8 5 9 2 3 4
2 9 5 6 4 3 1 8 7
3 8 4 7 1 2 9 6 5
9 1 8 4 7 6 3 5 2
4 5 3 1 2 8 7 9 6
6 2 7 9 3 5 4 1 8
```

Solution # 477
```
9 1 4 3 6 8 5 7 2
5 2 6 4 7 9 3 1 8
7 3 8 2 5 1 9 4 6
8 6 9 5 1 2 4 3 7
1 5 3 7 4 6 8 2 9
4 7 2 9 8 3 6 5 1
6 4 5 1 9 7 2 8 3
3 9 7 8 2 4 1 6 5
2 8 1 6 3 5 7 9 4
```

Solution # 478
```
4 3 5 8 2 9 1 6 7
1 8 6 3 7 5 2 9 4
9 2 7 1 6 4 3 8 5
2 6 3 5 4 7 9 1 8
5 4 1 9 8 6 7 3 2
7 9 8 2 3 1 5 4 6
8 1 4 7 9 2 6 5 3
3 5 2 6 1 8 4 7 9
6 7 9 4 5 3 8 2 1
```

Solution # 479
```
7 5 8 3 9 2 6 4 1
9 4 2 6 5 1 8 3 7
1 3 6 7 4 8 5 2 9
4 2 3 8 7 5 1 9 6
5 1 7 9 3 6 4 8 2
8 6 9 1 2 4 7 5 3
3 8 1 5 6 9 2 7 4
2 9 5 4 1 7 3 6 8
6 7 4 2 8 3 9 1 5
```

Solution # 480
```
6 2 3 4 7 1 9 8 5
5 7 1 9 8 3 6 4 2
4 8 9 2 5 6 1 3 7
1 4 6 7 3 9 2 5 8
2 3 8 1 4 5 7 9 6
9 5 7 6 2 8 3 1 4
3 9 2 5 6 4 8 7 1
7 1 4 8 9 2 5 6 3
8 6 5 3 1 7 4 2 9
```

Solution # 481
```
1 2 5 8 7 4 9 6 3
4 3 9 1 5 6 7 2 8
7 6 8 2 3 9 5 1 4
8 1 7 3 4 5 6 9 2
9 5 3 6 2 7 4 8 1
6 4 2 9 8 1 3 7 5
3 9 6 4 1 8 2 5 7
5 8 4 7 9 2 1 3 6
2 7 1 5 6 3 8 4 9
```

Solution # 482
```
9 4 7 1 5 6 8 2 3
8 1 2 4 3 7 9 6 5
5 6 3 8 2 9 1 7 4
2 3 9 7 1 8 4 5 6
1 5 4 6 9 2 3 8 7
6 7 8 3 4 5 2 1 9
4 8 5 9 6 1 7 3 2
7 9 6 2 8 3 5 4 1
3 2 1 5 7 4 6 9 8
```

Solution # 483
```
2 3 5 1 7 8 4 6 9
1 7 9 5 4 6 8 2 3
6 8 4 2 9 3 1 7 5
4 6 1 9 3 5 2 8 7
7 5 8 6 1 2 9 3 4
3 9 2 7 8 4 5 1 6
5 4 6 8 2 7 3 9 1
9 2 3 4 6 1 7 5 8
8 1 7 3 5 9 6 4 2
```

Solution # 484
```
8 6 7 2 3 5 1 4 9
2 3 1 9 4 7 8 5 6
5 9 4 8 1 6 7 2 3
9 2 5 1 6 4 3 8 7
4 8 6 7 9 3 2 1 5
7 1 3 5 2 8 9 6 4
6 4 8 3 7 1 5 9 2
1 7 9 4 5 2 6 3 8
3 5 2 6 8 9 4 7 1
```

Solution # 485
```
5 1 3 4 7 8 9 2 6
4 9 2 6 5 3 8 7 1
6 7 8 9 2 1 5 4 3
7 5 9 2 8 6 1 3 4
3 2 4 5 1 7 6 9 8
1 8 6 3 4 9 7 5 2
8 3 1 7 9 2 4 6 5
9 6 5 8 3 4 2 1 7
2 4 7 1 6 5 3 8 9
```

Solution # 486
```
4 9 3 2 6 7 5 8 1
2 8 6 3 5 1 7 9 4
7 1 5 4 8 9 2 3 6
9 4 7 1 2 8 6 5 3
8 5 2 6 4 3 9 1 7
3 6 1 7 9 5 8 4 2
5 3 4 8 7 2 1 6 9
6 2 8 9 1 4 3 7 5
1 7 9 5 3 6 4 2 8
```

Solution # 487
```
1 5 3 2 8 4 6 9 7
4 9 7 6 3 5 8 2 1
8 2 6 7 9 1 4 3 5
3 8 2 5 1 6 7 4 9
5 7 4 9 2 8 1 6 3
9 6 1 3 4 7 5 8 2
6 4 9 1 7 2 3 5 8
2 1 5 8 6 3 9 7 4
7 3 8 4 5 9 2 1 6
```

Solution # 488
```
1 6 3 9 4 8 7 2 5
8 4 5 7 3 2 1 9 6
9 2 7 1 6 5 3 4 8
6 7 4 5 9 1 8 3 2
3 8 9 6 2 7 5 1 4
2 5 1 3 8 4 6 7 9
7 9 6 2 5 3 4 8 1
4 3 2 8 1 6 9 5 7
5 1 8 4 7 9 2 6 3
```

Solution # 489
```
4 8 6 1 2 5 3 9 7
3 7 1 8 9 4 6 5 2
9 5 2 7 3 6 1 8 4
1 4 3 9 8 7 5 2 6
7 9 5 2 6 1 8 4 3
2 6 8 5 4 3 7 1 9
6 1 7 4 5 2 9 3 8
8 3 4 6 1 9 2 7 5
5 2 9 3 7 8 4 6 1
```

Solution # 490
```
7 9 3 4 6 1 2 8 5
6 8 2 5 7 3 1 4 9
1 4 5 8 9 2 7 6 3
3 7 1 9 2 8 6 5 4
4 2 8 6 3 5 9 1 7
9 5 6 7 1 4 3 2 8
8 1 9 3 5 6 4 7 2
5 6 7 2 4 9 8 3 1
2 3 4 1 8 7 5 9 6
```

Solution # 491
```
3 7 8 2 4 1 5 6 9
6 2 9 5 3 7 1 4 8
1 4 5 9 8 6 2 7 3
9 1 4 3 7 2 6 8 5
5 6 3 4 1 8 7 9 2
2 8 7 6 9 5 3 1 4
7 9 1 8 2 3 4 5 6
8 5 2 7 6 4 9 3 1
4 3 6 1 5 9 8 2 7
```

Solution # 492
```
2 3 4 8 1 6 9 5 7
7 8 6 5 3 9 1 4 2
1 5 9 4 2 7 8 6 3
8 1 3 9 5 2 6 7 4
5 4 7 1 6 3 2 8 9
9 6 2 7 8 4 3 1 5
4 7 8 3 9 1 5 2 6
3 2 1 6 7 5 4 9 8
6 9 5 2 4 8 7 3 1
```

Solution # 493
```
3 2 6 7 1 8 9 4 5
1 8 9 5 2 4 6 3 7
7 4 5 3 6 9 8 1 2
4 6 8 1 5 2 3 7 9
9 3 1 4 8 7 5 2 6
2 5 7 6 9 3 4 8 1
8 7 2 9 3 5 1 6 4
6 9 3 2 4 1 7 5 8
5 1 4 8 7 6 2 9 3
```

Solution # 494
```
5 4 7 1 6 3 9 8 2
3 1 6 2 8 9 7 4 5
9 2 8 4 5 7 1 6 3
1 6 2 7 9 4 3 5 8
8 9 3 5 2 6 4 1 7
4 7 5 8 3 1 2 9 6
7 3 9 6 4 8 5 2 1
2 8 1 9 7 5 6 3 4
6 5 4 3 1 2 8 7 9
```

Solution # 495
```
1 6 2 8 7 9 5 4 3
4 9 5 6 3 1 2 8 7
8 7 3 4 5 2 9 1 6
3 8 1 5 2 6 4 7 9
9 5 7 1 8 4 6 3 2
2 4 6 7 9 3 1 5 8
5 3 9 2 1 7 8 6 4
7 1 4 9 6 8 3 2 5
6 2 8 3 4 5 7 9 1
```

Solution # 496
```
4 5 9 6 7 8 1 3 2
1 6 2 4 3 9 5 8 7
7 3 8 1 5 2 6 4 9
2 1 6 8 4 7 3 9 5
9 7 4 3 1 5 8 2 6
3 8 5 9 2 6 7 1 4
8 2 1 7 6 4 9 5 3
6 4 3 5 9 1 2 7 8
5 9 7 2 8 3 4 6 1
```

Solution # 497
```
8 6 5 3 7 4 2 9 1
7 9 2 8 1 5 4 3 6
4 3 1 2 9 6 8 7 5
1 2 3 7 4 9 5 6 8
9 8 6 5 3 1 7 2 4
5 7 4 6 2 8 3 1 9
6 1 7 4 5 3 9 8 2
3 4 9 1 8 2 6 5 7
2 5 8 9 6 7 1 4 3
```

Solution # 498
```
6 1 8 5 7 4 9 2 3
3 4 5 9 1 2 8 7 6
2 7 9 8 3 6 1 5 4
1 5 3 2 4 9 6 8 7
8 2 7 1 6 5 3 4 9
9 6 4 7 8 3 5 1 2
4 9 1 3 2 8 7 6 5
7 3 6 4 5 1 2 9 8
5 8 2 6 9 7 4 3 1
```

Solution # 499
```
9 5 4 2 7 3 8 6 1
2 6 1 5 4 8 9 7 3
7 8 3 9 6 1 5 4 2
3 4 5 6 9 2 7 1 8
6 2 9 1 8 7 3 5 4
8 1 7 4 3 5 2 9 6
4 3 6 8 5 9 1 2 7
1 9 8 7 2 6 4 3 5
5 7 2 3 1 4 6 8 9
```

Solution # 500
```
7 4 1 2 8 9 5 6 3
8 5 6 3 1 7 4 9 2
3 9 2 4 5 6 8 7 1
2 7 5 6 9 8 1 3 4
6 8 4 1 2 3 7 5 9
1 3 9 7 4 5 6 2 8
5 2 3 8 7 4 9 1 6
9 6 8 5 3 1 2 4 7
4 1 7 9 6 2 3 8 5
```

Solution # 501
```
8 5 1 4 7 3 6 2 9
2 7 9 6 8 5 3 4 1
3 4 6 1 2 9 7 8 5
6 3 4 9 1 7 2 5 8
1 9 8 2 5 6 4 3 7
7 2 5 8 3 4 1 9 6
5 6 7 3 9 2 8 1 4
4 1 3 5 6 8 9 7 2
9 8 2 7 4 1 5 6 3
```

Solution # 502
```
8 6 5 4 7 1 3 9 2
4 7 9 2 6 3 5 8 1
1 3 2 5 8 9 6 4 7
9 5 8 6 2 4 1 7 3
2 4 7 1 3 8 9 5 6
6 1 3 9 5 7 8 2 4
3 2 6 8 4 5 7 1 9
7 8 1 3 9 2 4 6 5
5 9 4 7 1 6 2 3 8
```

Solution # 503
```
8 4 7 1 3 5 6 9 2
5 9 2 8 6 7 1 3 4
1 6 3 2 4 9 5 7 8
4 7 8 9 1 6 3 2 5
6 1 5 3 8 2 4 7 9
3 2 9 7 5 4 8 1 6
7 5 6 4 9 1 2 8 3
9 3 1 5 2 8 4 6 7
2 8 4 6 7 3 9 5 1
```

Solution # 504
```
7 2 3 9 5 4 1 6 8
9 5 8 1 3 6 2 7 4
1 4 6 7 8 2 3 5 9
3 6 9 2 4 8 7 1 5
2 8 1 6 7 5 9 4 3
4 7 5 3 9 1 8 2 6
6 3 4 8 2 7 5 9 1
5 9 2 4 1 3 6 8 7
8 1 7 5 6 9 4 3 2
```

Solution # 505
```
1 6 2 8 3 5 9 4 7
7 5 9 4 2 1 8 3 6
4 3 8 6 9 7 5 2 1
5 2 4 1 8 9 6 7 3
9 1 7 5 6 3 2 8 4
6 8 3 7 4 2 1 5 9
8 7 5 3 1 6 4 9 2
2 4 6 9 7 8 3 1 5
3 9 1 2 5 4 7 6 8
```

Solution # 506
```
1 2 5 7 6 9 8 4 3
4 3 6 8 1 5 9 2 7
8 7 9 4 3 2 6 1 5
5 6 2 1 9 8 7 3 4
9 4 8 2 7 3 5 6 1
7 1 3 5 4 6 2 9 8
3 9 7 6 5 4 1 8 2
2 5 4 9 8 1 3 7 6
6 8 1 3 2 7 4 5 9
```

Solution # 507
```
6 8 2 1 7 5 9 3 4
3 7 1 8 4 9 2 5 6
9 5 4 6 2 3 8 1 7
2 9 5 4 3 6 1 7 8
1 6 8 9 5 7 4 2 3
4 3 7 2 1 8 6 5 9
5 1 9 3 6 4 7 8 2
8 4 3 7 9 2 5 6 1
7 2 6 5 8 1 3 4 9
```

Solution # 508
```
5 8 1 2 3 9 7 6 4
9 4 7 8 6 5 1 2 3
2 3 6 4 1 7 5 8 9
8 1 4 5 9 2 6 3 7
7 9 2 3 8 6 4 1 5
6 5 3 7 4 1 8 9 2
1 7 5 6 2 3 9 4 8
4 2 9 1 7 8 3 5 6
3 6 8 9 5 4 2 7 1
```

Solution # 509
```
1 9 6 3 8 2 5 4 7
7 8 3 5 4 1 9 2 6
2 4 5 6 9 7 8 1 3
5 1 8 7 2 4 3 6 9
6 3 2 8 5 9 1 7 4
9 7 4 1 6 3 2 5 8
4 6 9 2 1 8 7 3 5
3 5 1 9 7 6 4 8 2
8 2 7 4 3 5 6 9 1
```

Solution # 510
```
9 7 8 3 2 4 5 1 6
3 6 4 1 5 7 2 9 8
5 1 2 9 8 6 4 7 3
1 3 9 6 4 8 7 2 5
8 4 7 5 1 2 6 3 9
6 2 5 7 3 9 1 8 4
4 8 3 2 6 1 9 5 7
7 5 1 4 9 3 8 6 2
2 9 6 8 7 5 3 4 1
```

Solution # 511
```
6 8 1 7 3 2 9 4 5
9 7 2 5 6 4 1 3 8
4 5 3 8 1 9 7 2 6
1 9 5 2 4 3 8 6 7
2 4 8 6 5 7 3 1 9
3 6 7 1 9 8 4 5 2
8 3 9 4 2 5 6 7 1
7 2 6 3 8 1 5 9 4
5 1 4 9 7 6 2 8 3
```

Solution # 512
```
4 9 8 1 3 2 6 7 5
1 3 7 6 5 9 8 4 2
6 2 5 8 4 7 3 9 1
5 4 9 2 1 8 7 3 6
7 8 3 9 6 5 1 2 4
2 1 6 3 7 4 5 8 9
8 5 2 7 9 6 4 1 3
3 7 4 5 2 1 9 6 8
9 6 1 4 8 3 2 5 7
```

Solution # 513
```
1 8 4 7 2 6 3 5 9
9 3 2 8 5 4 1 6 7
5 7 6 1 3 9 8 2 4
8 2 1 9 6 5 4 7 3
6 9 7 4 1 3 5 8 2
4 5 3 2 8 7 9 1 6
7 6 5 3 4 8 2 9 1
3 1 9 5 7 2 6 4 8
2 4 8 6 9 1 7 3 5
```

Solution # 514
```
2 7 4 8 9 5 1 6 3
8 5 6 1 7 3 2 4 9
9 1 3 6 4 2 8 5 7
6 2 9 4 3 7 5 1 8
5 3 7 2 1 8 6 9 4
1 4 8 9 5 6 3 7 2
7 8 2 5 6 4 9 3 1
4 6 1 3 8 9 7 2 5
3 9 5 7 2 1 4 8 6
```

Solution # 515
```
5 7 4 9 8 6 1 3 2
2 6 3 4 5 1 9 7 8
1 8 9 7 3 2 4 6 5
8 3 1 5 6 9 7 2 4
7 9 2 1 4 8 3 5 6
6 4 5 2 7 3 8 9 1
3 5 7 6 1 4 2 8 9
4 2 8 3 9 5 6 1 7
9 1 6 8 2 7 5 4 3
```

Solution # 516
```
5 7 3 2 6 1 8 9 4
6 9 1 5 8 4 3 7 2
2 8 4 9 3 7 1 5 6
3 1 8 6 7 5 4 2 9
9 5 7 1 4 2 6 8 3
4 6 2 3 9 8 7 1 5
7 2 9 4 1 3 5 6 8
8 3 5 7 2 6 9 4 1
1 4 6 8 5 9 2 3 7
```

Solution # 517
```
1 4 5 7 6 9 2 8 3
3 8 9 4 2 5 7 1 6
2 6 7 8 1 3 9 5 4
8 9 4 6 5 7 3 2 1
7 3 2 9 4 1 5 6 8
5 1 6 2 3 8 4 7 9
4 7 3 5 8 6 1 9 2
9 2 8 1 7 4 6 3 5
6 5 1 3 9 2 8 4 7
```

Solution # 518
```
9 1 4 2 7 8 6 3 5
2 7 5 1 3 6 8 9 4
8 6 3 9 4 5 7 2 1
1 2 7 6 8 4 9 5 3
5 8 9 3 1 7 4 6 2
3 4 6 5 9 2 1 8 7
7 3 8 4 2 9 5 1 6
4 5 1 8 6 3 2 7 9
6 9 2 7 5 1 3 4 8
```

Solution # 519
```
9 1 2 6 8 5 4 7 3
8 4 5 7 2 3 9 6 1
7 6 3 9 1 4 2 5 8
3 7 4 2 5 9 1 8 6
6 9 8 4 7 1 5 3 2
5 2 1 3 6 8 7 4 9
2 8 9 5 4 6 3 1 7
1 5 7 8 3 2 6 9 4
4 3 6 1 9 7 8 2 5
```

Solution # 520
```
9 7 1 6 8 3 4 5 2
4 6 2 1 5 9 3 8 7
8 3 5 2 7 4 9 1 6
2 4 9 7 1 8 5 6 3
7 8 6 9 3 5 1 2 4
1 5 3 4 2 6 8 7 9
3 1 7 5 4 2 6 9 8
5 9 4 8 6 7 2 3 1
6 2 8 3 9 1 7 4 5
```

Solution # 521
```
3 8 6 9 5 7 4 2 1
1 7 4 2 8 3 6 5 9
2 5 9 4 1 6 7 3 8
8 3 5 7 6 1 2 9 4
7 9 1 8 4 2 3 6 5
6 4 2 5 3 9 1 8 7
4 2 7 3 9 5 8 1 6
9 6 8 1 2 4 5 7 3
5 1 3 6 7 8 9 4 2
```

Solution # 522
```
9 4 1 2 6 7 3 8 5
5 6 3 4 9 8 1 7 2
2 7 8 5 1 3 4 9 6
3 9 6 7 4 2 5 1 8
7 2 4 1 8 5 6 3 9
8 1 5 9 3 6 2 4 7
4 5 9 6 7 1 8 2 3
6 8 7 3 2 4 9 5 1
1 3 2 8 5 9 7 6 4
```

Solution # 523
```
6 5 3 2 7 8 1 4 9
2 7 8 1 4 9 6 3 5
4 1 9 6 5 3 8 7 2
3 4 1 5 8 6 2 9 7
5 8 7 9 1 2 3 6 4
9 2 6 7 3 4 5 8 1
8 3 5 4 9 1 7 2 6
1 9 2 8 6 7 4 5 3
7 6 4 3 2 5 9 1 8
```

Solution # 524
```
9 8 4 5 3 6 7 2 1
6 2 3 4 1 7 5 9 8
5 7 1 2 9 8 4 3 6
1 5 8 3 6 2 9 7 4
7 3 2 9 8 4 1 6 5
4 6 9 1 7 5 3 8 2
2 9 7 6 4 1 8 5 3
8 1 5 7 2 3 6 4 9
3 4 6 8 5 9 2 1 7
```

Solution # 525
```
1 9 5 8 6 7 3 4 2
8 3 2 5 4 9 6 7 1
6 7 4 3 1 2 8 5 9
3 4 1 6 2 5 9 8 7
7 2 9 4 3 8 1 6 5
5 6 8 9 7 1 2 3 4
2 1 3 7 8 4 5 9 6
9 8 7 1 5 6 4 2 3
4 5 6 2 9 3 7 1 8
```

Solution # 526

```
9 4 2 7 1 3 6 5 8
8 5 1 4 6 9 2 3 7
6 3 7 8 2 5 4 1 9
3 9 8 2 5 1 7 4 6
2 1 6 9 7 4 5 8 3
4 7 5 3 8 6 1 9 2
1 6 3 5 9 7 8 2 4
7 2 9 1 4 8 3 6 5
5 8 4 6 3 2 9 7 1
```

Solution # 527

```
7 9 6 5 8 4 3 2 1
8 3 4 2 9 1 5 6 7
1 5 2 6 7 3 9 8 4
6 4 1 7 5 2 8 9 3
3 2 8 1 4 9 6 7 5
5 7 9 8 3 6 1 4 2
9 8 3 4 2 5 7 1 6
2 6 5 9 1 7 4 3 8
4 1 7 3 6 8 2 5 9
```

Solution # 528

```
3 6 5 8 1 7 9 2 4
2 4 8 6 5 9 7 1 3
9 1 7 3 4 2 6 8 5
6 7 1 5 9 3 8 4 2
8 3 9 4 2 6 1 5 7
5 2 4 1 7 8 3 6 9
1 9 2 7 8 4 5 3 6
4 8 6 9 3 5 2 7 1
7 5 3 2 6 1 4 9 8
```

Solution # 529

```
6 2 5 1 9 3 4 8 7
7 8 9 5 4 2 1 3 6
3 4 1 8 6 7 9 2 5
8 3 6 9 1 4 7 5 2
2 1 4 3 7 5 8 6 9
5 9 7 2 8 6 3 1 4
1 6 3 4 5 9 2 7 8
9 7 2 6 3 8 5 4 1
4 5 8 7 2 1 6 9 3
```

Solution # 530

```
1 7 2 4 5 9 6 3 8
5 6 9 7 3 8 4 1 2
8 3 4 1 6 2 7 9 5
2 1 6 3 8 4 9 5 7
4 9 7 2 1 5 8 6 3
3 8 5 9 7 6 2 4 1
9 5 8 6 2 1 3 7 4
6 2 3 5 4 7 1 8 9
7 4 1 8 9 3 5 2 6
```

Solution # 531

```
1 7 2 9 3 5 6 4 8
5 6 4 8 2 7 1 9 3
8 9 3 4 6 1 5 7 2
4 1 8 3 7 9 2 5 6
9 2 5 1 4 6 3 8 7
7 3 6 5 8 2 9 1 4
2 4 9 7 1 3 8 6 5
3 5 7 6 9 8 4 2 1
6 8 1 2 5 4 7 3 9
```

Solution # 532

```
9 6 4 8 7 5 2 1 3
2 1 7 9 4 3 6 8 5
8 5 3 2 1 6 9 4 7
6 3 9 1 2 8 7 5 4
5 4 8 3 6 7 1 2 9
7 2 1 4 5 9 8 3 6
3 8 2 7 9 4 5 6 1
1 9 5 6 3 2 4 7 8
4 7 6 5 8 1 3 9 2
```

Solution # 533

```
6 8 9 4 7 5 3 2 1
2 3 4 9 6 1 5 7 8
5 1 7 2 3 8 4 6 9
7 5 1 6 2 4 9 8 3
8 6 3 1 5 9 7 4 2
9 4 2 3 8 7 6 1 5
4 2 5 7 1 3 8 9 6
1 9 8 5 4 6 2 3 7
3 7 6 8 9 2 1 5 4
```

Solution # 534

```
2 5 7 1 8 3 9 4 6
3 4 8 9 6 2 7 5 1
9 6 1 4 7 5 2 8 3
8 2 9 3 5 7 1 6 4
4 1 5 6 2 9 3 7 8
7 3 6 8 1 4 5 2 9
1 7 4 2 9 6 8 3 5
5 9 3 7 4 8 6 1 2
6 8 2 5 3 1 4 9 7
```

Solution # 535

```
8 7 4 2 9 6 3 1 5
6 3 9 5 1 7 4 8 2
2 1 5 8 4 3 9 6 7
3 6 2 1 5 9 7 4 8
4 9 8 7 3 2 1 5 6
7 5 1 4 6 8 2 9 3
9 4 7 6 2 5 8 3 1
1 8 6 3 7 4 5 2 9
5 2 3 9 8 1 6 7 4
```

Solution # 536

```
6 9 7 2 1 5 8 3 4
8 2 5 4 6 3 1 9 7
1 3 4 8 9 7 2 5 6
2 7 1 5 3 4 9 6 8
9 8 3 6 7 2 4 1 5
4 5 6 1 8 9 7 2 3
5 4 8 3 2 1 6 7 9
7 6 2 9 5 8 3 4 1
3 1 9 7 4 6 5 8 2
```

Solution # 537

```
9 7 6 5 8 3 4 2 1
2 5 1 7 6 4 3 9 8
3 4 8 1 2 9 5 7 6
7 1 3 9 4 8 2 6 5
6 8 2 3 5 7 1 4 9
4 9 5 6 1 2 7 8 3
1 2 7 8 3 6 9 5 4
5 6 9 4 7 1 8 3 2
8 3 4 2 9 5 6 1 7
```

Solution # 538

```
1 2 6 5 9 7 3 4 8
4 8 9 3 1 2 6 5 7
5 3 7 4 6 8 1 2 9
3 5 8 6 2 9 4 7 1
9 6 1 7 4 5 8 3 2
7 4 2 8 3 1 5 9 6
2 9 3 1 8 4 7 6 5
6 1 5 2 7 3 9 8 4
8 7 4 9 5 6 2 1 3
```

Solution # 539

```
1 4 7 5 8 9 2 3 6
2 8 9 3 6 7 4 1 5
3 5 6 2 4 1 8 9 7
6 7 1 8 3 4 9 5 2
4 2 3 7 9 5 1 6 8
8 9 5 6 1 2 3 7 4
7 3 4 1 5 8 6 2 9
5 1 8 9 2 6 7 4 3
9 6 2 4 7 3 5 8 1
```

Solution # 540

```
9 5 7 3 4 8 1 2 6
4 6 2 1 5 9 8 7 3
8 3 1 7 6 2 5 4 9
1 8 6 9 7 4 2 3 5
2 4 9 5 3 6 7 1 8
3 7 5 2 8 1 9 6 4
7 1 3 6 9 5 4 8 2
6 9 8 4 2 7 3 5 1
5 2 4 8 1 3 6 9 7
```

Solution # 541

```
9 1 5 7 4 6 8 3 2
6 2 7 3 5 8 1 9 4
3 4 8 1 9 2 6 5 7
5 3 1 8 6 7 4 2 9
4 9 6 2 1 5 7 8 3
8 7 2 9 3 4 5 6 1
2 8 3 6 7 1 9 4 5
1 6 4 5 2 9 3 7 8
7 5 9 4 8 3 2 1 6
```

Solution # 542

```
7 9 2 8 4 5 3 6 1
8 1 3 2 9 6 5 4 7
5 6 4 1 3 7 8 9 2
3 5 6 9 1 4 7 2 8
9 7 8 6 5 2 4 1 3
2 4 1 7 8 3 6 5 9
4 2 5 3 7 9 1 8 6
1 3 9 4 6 8 2 7 5
6 8 7 5 2 1 9 3 4
```

Solution # 543

```
8 4 6 1 9 3 7 5 2
5 3 7 8 4 2 6 1 9
2 9 1 5 7 6 8 3 4
9 8 3 2 6 5 1 4 7
6 1 4 7 3 8 9 2 5
7 5 2 9 1 4 3 6 8
3 6 8 4 5 7 2 9 1
4 7 9 6 2 1 5 8 3
1 2 5 3 8 9 4 7 6
```

Solution # 544

```
2 7 3 1 6 9 5 4 8
8 9 6 4 3 5 7 2 1
4 5 1 8 7 2 9 3 6
3 6 9 5 1 7 2 8 4
7 4 8 6 2 3 1 9 5
1 2 5 9 4 8 6 7 3
6 1 7 3 9 4 8 5 2
5 3 2 7 8 6 4 1 9
9 8 4 2 5 1 3 6 7
```

Solution # 545

```
5 3 9 4 2 7 1 6 8
1 7 2 6 9 8 3 4 5
6 8 4 5 1 3 9 2 7
7 5 6 1 3 2 4 8 9
2 1 3 8 4 9 5 7 6
9 4 8 7 5 6 2 1 3
4 6 1 9 7 5 8 3 2
8 2 5 3 6 1 7 9 4
3 9 7 2 8 4 6 5 1
```

Solution # 546

```
8 6 5 1 3 2 4 9 7
3 2 7 9 4 8 5 6 1
9 1 4 7 6 5 2 3 8
1 8 9 4 2 6 3 7 5
5 3 2 8 9 7 6 1 4
7 4 6 5 1 3 8 2 9
4 7 3 6 5 9 1 8 2
2 9 1 3 8 4 7 5 6
6 5 8 2 7 1 9 4 3
```

Solution # 547

```
4 5 3 6 8 9 7 1 2
1 7 6 5 4 2 9 3 8
2 9 8 1 7 3 6 4 5
5 8 9 3 6 4 1 2 7
7 3 1 2 9 8 5 6 4
6 2 4 7 1 5 8 9 3
9 4 5 8 3 1 2 7 6
8 1 7 4 2 6 3 5 9
3 6 2 9 5 7 4 8 1
```

Solution # 548

```
9 4 3 7 1 2 8 6 5
8 2 6 9 4 5 1 3 7
5 1 7 3 6 8 9 2 4
6 9 4 1 8 7 3 5 2
7 3 1 2 5 6 4 8 9
2 5 8 4 3 9 7 1 6
4 6 5 8 7 1 2 9 3
3 8 9 5 2 4 6 7 1
1 7 2 6 9 3 5 4 8
```

Solution # 549

```
9 7 8 2 5 1 4 3 6
4 6 1 9 7 3 8 2 5
3 2 5 8 6 4 9 1 7
1 4 3 5 9 8 6 7 2
7 5 6 4 3 2 1 9 8
2 8 9 6 1 7 5 4 3
6 3 7 1 8 9 2 5 4
8 9 2 7 4 5 3 6 1
5 1 4 3 2 6 7 8 9
```

Solution # 550

```
1 5 4 2 6 7 9 3 8
9 6 7 8 5 3 1 2 4
3 2 8 4 1 9 5 6 7
5 1 2 7 3 8 4 9 6
8 3 9 6 4 5 7 1 2
7 4 6 1 9 2 8 5 3
6 7 3 9 8 1 2 4 5
2 9 5 3 7 4 6 8 1
4 8 1 5 2 6 3 7 9
```

Solution # 551

```
9 6 5 4 7 3 8 2 1
1 8 7 9 5 2 4 6 3
2 4 3 1 6 8 5 7 9
8 7 6 2 9 5 3 1 4
3 9 1 8 4 7 6 5 2
5 2 4 3 1 6 9 8 7
7 3 8 5 2 4 1 9 6
6 5 9 7 3 1 2 4 8
4 1 2 6 8 9 7 3 5
```

Solution # 552

```
7 2 8 1 5 6 3 4 9
1 4 3 7 2 9 6 5 8
9 6 5 4 3 8 1 2 7
8 1 2 3 9 4 7 6 5
4 5 6 8 7 1 9 3 2
3 7 9 2 6 5 8 1 4
2 9 7 5 1 3 4 8 6
6 8 1 9 4 2 5 7 3
5 3 4 6 8 7 2 9 1
```

Solution # 553

```
8 1 7 4 6 9 2 5 3
9 4 5 7 2 3 6 8 1
2 3 6 8 1 5 7 4 9
7 6 8 5 3 1 9 2 4
4 2 3 6 9 8 1 7 5
5 9 1 2 7 4 8 3 6
6 8 9 3 5 2 4 1 7
3 7 4 1 8 6 5 9 2
1 5 2 9 4 7 3 6 8
```

Solution # 554

```
1 7 4 8 9 5 3 2 6
9 6 5 1 3 2 7 8 4
2 8 3 7 4 6 9 5 1
8 9 1 4 2 3 6 7 5
5 2 6 9 7 1 4 3 8
4 3 7 5 6 8 1 9 2
3 4 2 6 8 9 5 1 7
7 5 8 3 1 4 2 6 9
6 1 9 2 5 7 8 4 3
```

Solution # 555

```
8 6 7 4 5 2 9 3 1
2 9 5 6 1 3 4 8 7
1 4 3 8 7 9 5 2 6
3 1 8 9 4 7 2 6 5
6 2 4 1 8 5 3 7 9
7 5 9 3 2 6 1 4 8
5 3 1 2 6 8 7 9 4
4 8 2 7 9 1 6 5 3
9 7 6 5 3 4 8 1 2
```

Solution # 556

```
9 6 5 8 4 1 7 2 3
3 4 8 5 2 7 9 6 1
2 1 7 6 9 3 5 8 4
7 3 6 1 8 9 2 4 5
5 9 4 3 6 2 8 1 7
8 2 1 7 5 4 6 3 9
4 5 9 2 1 6 3 7 8
1 7 2 9 3 8 4 5 6
6 8 3 4 7 5 1 9 2
```

Solution # 557

```
5 8 4 9 7 6 2 1 3
7 6 2 8 3 1 5 4 9
3 9 1 4 2 5 8 7 6
1 4 8 7 5 3 6 9 2
2 7 5 6 8 9 1 3 4
9 3 6 2 1 4 7 8 5
6 5 3 1 9 8 4 2 7
4 1 7 3 6 2 9 5 8
8 2 9 5 4 7 3 6 1
```

Solution # 558

```
9 1 8 4 5 2 7 6 3
6 5 7 9 3 8 1 2 4
3 2 4 1 6 7 8 9 5
5 3 9 6 2 1 4 7 8
4 7 1 3 8 9 2 5 6
8 6 2 7 4 5 3 1 9
7 4 5 2 9 3 6 8 1
2 9 3 8 1 6 5 4 7
1 8 6 5 7 4 9 3 2
```

Solution # 559

```
1 2 4 9 3 6 5 7 8
3 9 7 8 1 5 6 4 2
8 6 5 4 2 7 1 3 9
9 1 3 6 7 8 4 2 5
6 7 2 5 4 1 9 8 3
5 4 8 2 9 3 7 6 1
4 8 1 3 6 9 2 5 7
7 3 6 1 5 2 8 9 4
2 5 9 7 8 4 3 1 6
```

Solution # 560

```
5 7 6 8 9 3 1 2 4
2 1 9 6 4 7 5 3 8
8 4 3 2 5 1 7 6 9
9 5 1 4 8 2 6 7 3
4 6 2 3 7 5 9 8 1
3 8 7 9 1 6 4 5 2
1 3 4 7 6 8 2 9 5
6 9 8 5 2 4 3 1 7
7 2 5 1 3 9 8 4 6
```

Solution # 561

```
7 2 3 5 1 8 9 4 6
9 5 1 4 2 6 8 7 3
8 4 6 3 9 7 5 1 2
5 1 4 8 6 9 3 2 7
3 9 7 2 4 1 6 8 5
2 6 8 7 3 5 4 9 1
6 3 9 1 7 4 2 5 8
4 7 5 6 8 2 1 3 9
1 8 2 9 5 3 7 6 4
```

Solution # 562

```
9 1 7 8 3 4 6 5 2
8 3 5 2 6 1 7 4 9
4 2 6 9 5 7 3 8 1
2 5 8 7 9 6 4 1 3
3 7 1 4 2 5 8 9 6
6 4 9 1 8 3 5 2 7
5 9 3 6 1 8 2 7 4
1 8 4 3 7 2 9 6 5
7 6 2 5 4 9 1 3 8
```

Solution # 563

```
8 9 4 1 3 7 6 2 5
1 3 2 5 6 8 7 9 4
6 5 7 2 4 9 1 3 8
9 4 3 6 1 2 8 5 7
2 8 6 7 9 5 3 4 1
5 7 1 3 8 4 2 6 9
4 1 5 8 2 6 9 7 3
7 2 8 9 5 3 4 1 6
3 6 9 4 7 1 5 8 2
```

Solution # 564

```
4 2 1 9 3 8 6 7 5
9 5 8 4 6 7 2 3 1
7 3 6 1 5 2 9 8 4
8 9 3 6 1 4 7 5 2
6 4 2 7 8 5 3 1 9
1 7 5 3 2 9 8 4 6
2 8 7 5 4 6 1 9 3
3 6 4 8 9 1 5 2 7
5 1 9 2 7 3 4 6 8
```

Solution # 565

```
8 7 3 5 1 2 4 9 6
2 5 6 4 9 3 1 7 8
9 4 1 7 6 8 2 5 3
5 9 4 6 7 1 3 8 2
3 1 2 8 4 5 7 6 9
6 8 7 2 3 9 5 4 1
4 6 9 3 2 7 8 1 5
1 2 8 9 5 4 6 3 7
7 3 5 1 8 6 9 2 4
```

Solution # 566

```
1 2 9 8 5 6 4 7 3
6 5 4 3 7 2 1 9 8
8 7 3 4 1 9 2 6 5
9 1 2 6 8 5 7 3 4
5 4 7 2 3 1 6 8 9
3 6 8 9 4 7 5 1 2
2 9 5 1 6 8 3 4 7
7 3 6 5 9 4 8 2 1
4 8 1 7 2 3 9 5 6
```

Solution # 567

```
8 1 2 5 3 7 4 9 6
4 3 9 2 6 8 7 1 5
5 6 7 4 9 1 2 3 8
3 7 1 8 4 5 9 6 2
6 8 5 9 7 2 3 4 1
1 9 6 7 2 3 5 8 4
9 2 4 3 1 6 8 5 7
2 5 3 6 8 4 1 7 9
7 4 8 1 5 9 6 2 3
```

Solution # 568

```
1 3 9 4 8 5 2 6 7
6 8 7 9 3 2 4 5 1
2 4 5 1 7 6 8 9 3
3 7 4 8 5 1 9 2 6
8 5 6 3 2 9 1 7 4
9 2 1 7 6 4 5 3 8
4 6 2 5 1 7 3 8 9
5 1 8 6 9 3 7 4 2
7 9 3 2 4 8 6 1 5
```

Solution # 569

```
2 5 6 1 7 4 9 8 3
9 1 4 2 3 8 6 7 5
8 7 3 6 9 5 2 1 4
6 9 1 8 5 3 7 4 2
7 2 5 4 1 9 8 3 6
3 4 8 7 2 6 1 5 9
5 8 7 3 6 2 4 9 1
4 6 9 5 8 1 3 2 7
1 3 2 9 4 7 5 6 8
```

Solution # 570

```
2 7 8 4 5 3 6 9 1
3 4 6 9 1 8 7 5 2
9 5 1 2 6 7 4 8 3
4 1 5 7 9 2 3 6 8
8 3 7 6 4 5 2 1 9
6 9 2 8 3 1 5 7 4
5 8 4 1 2 6 9 3 7
7 6 9 3 8 4 1 2 5
1 2 3 5 7 9 8 4 6
```

Solution # 571

```
1 4 9 2 7 6 5 3 8
8 3 6 1 9 5 4 7 2
2 5 7 8 4 3 1 9 6
3 7 8 5 6 4 9 2 1
4 2 1 9 8 7 3 6 5
9 6 5 3 2 1 8 4 7
7 9 3 6 1 8 2 5 4
6 1 2 4 5 9 7 8 3
5 8 4 7 3 2 6 1 9
```

Solution # 572

```
9 2 1 5 8 7 3 6 4
8 6 3 4 2 1 9 7 5
4 5 7 6 3 9 1 8 2
6 7 4 3 5 8 2 9 1
3 1 5 9 7 2 6 4 8
2 9 8 1 4 6 7 5 3
1 8 2 7 6 5 4 3 9
7 4 9 8 1 3 5 2 6
5 3 6 2 9 4 8 1 7
```

Solution # 573

```
8 1 9 7 4 2 6 5 3
2 3 6 5 8 9 1 4 7
7 5 4 3 6 1 2 9 8
5 2 1 8 7 6 9 3 4
6 4 8 2 9 3 5 7 1
9 7 3 1 5 4 8 2 6
1 8 2 4 3 5 7 6 9
3 6 5 9 1 7 4 8 2
4 9 7 6 2 8 3 1 5
```

Solution # 574

```
2 8 1 5 9 7 4 6 3
4 5 3 8 1 6 7 2 9
6 9 7 4 3 2 8 5 1
5 7 6 9 2 3 1 8 4
9 2 8 1 7 4 5 3 6
3 1 4 6 8 5 2 9 7
8 4 5 7 6 1 9 3 2
7 3 9 2 4 8 6 1 5
1 6 2 3 5 8 9 7 4
```

Solution # 575

```
1 6 2 3 5 4 9 8 7
7 5 9 1 8 2 6 3 4
3 8 4 6 9 7 1 2 5
6 7 5 8 3 9 4 1 2
4 3 1 5 2 6 7 9 8
8 1 6 4 7 3 2 5 9
2 4 3 9 1 5 8 7 6
5 9 7 2 6 8 3 4 1
```

Solution # 576

```
6 9 8 5 7 1 4 3 2
4 5 7 9 2 3 1 6 8
3 1 2 8 4 6 5 9 7
1 8 3 6 5 4 7 2 9
5 7 4 3 9 2 8 1 6
2 6 9 1 8 7 3 4 5
9 2 5 4 3 8 6 7 1
8 4 1 7 6 9 2 5 3
7 3 6 2 1 5 9 8 4
```

Solution # 577

```
3 8 6 2 9 5 7 1 4
5 9 1 3 4 7 8 2 6
7 4 2 6 8 1 3 5 9
4 5 9 7 3 8 1 6 2
1 6 3 4 5 2 9 8 7
2 7 8 1 6 9 5 4 3
8 2 4 5 7 3 6 9 1
9 1 7 8 2 6 4 3 5
6 3 5 9 1 4 2 7 8
```

Solution # 578

```
6 9 7 5 1 4 2 8 3
5 8 4 2 7 3 6 9 1
3 2 1 8 9 6 4 5 7
2 1 5 6 4 7 8 3 9
9 4 6 3 8 5 7 1 2
8 7 3 9 2 1 5 6 4
7 3 9 4 5 8 1 2 6
1 6 8 7 3 2 9 4 5
4 5 2 1 6 9 3 7 8
```

Solution # 579

```
6 5 9 3 1 4 2 7 8
4 3 7 2 8 6 1 9 5
2 1 8 9 5 7 4 6 3
8 9 4 5 2 1 6 3 7
7 2 5 8 6 3 9 4 1
3 6 1 4 7 9 5 8 2
1 8 3 6 9 2 7 5 4
9 4 2 7 3 5 8 1 6
5 7 6 1 4 8 3 2 9
```

Solution # 580

```
6 3 8 7 2 1 4 5 9
4 2 1 5 9 3 8 6 7
7 9 5 8 4 6 1 2 3
8 5 2 9 3 7 6 1 4
9 1 6 4 5 8 7 3 2
3 7 4 6 1 2 5 9 8
2 8 7 1 6 9 3 4 5
1 4 9 3 7 5 2 8 6
5 6 3 2 8 4 9 7 1
```

Solution # 581

```
9 3 2 4 1 8 5 7 6
4 1 5 6 7 9 2 8 3
8 7 6 2 5 3 9 4 1
5 9 3 8 4 1 6 2 7
7 2 4 3 9 6 8 1 5
1 6 8 7 2 5 4 3 9
6 8 1 5 3 2 7 9 4
2 4 9 1 6 7 3 5 8
3 5 7 9 8 4 1 6 2
```

Solution # 582

```
5 6 4 2 1 7 3 8 9
8 1 7 9 4 3 5 2 6
3 9 2 5 6 8 4 1 7
6 8 1 3 9 5 2 7 4
7 5 9 8 2 4 1 6 3
4 2 3 1 7 6 8 9 5
9 4 8 6 3 1 7 5 2
2 3 5 7 8 9 6 4 1
1 7 6 4 5 2 9 3 8
```

Solution # 583

```
1 4 8 3 6 5 7 2 9
7 6 9 1 2 8 5 3 4
2 5 3 4 9 7 8 1 6
4 3 1 8 5 6 2 9 7
6 7 5 2 1 9 4 8 3
8 9 2 7 3 4 1 6 5
5 2 4 9 8 3 6 7 1
9 1 6 5 7 2 3 4 8
3 8 7 6 4 1 9 5 2
```

Solution # 584

```
8 1 7 4 3 5 2 6 9
9 2 4 7 6 8 1 3 5
6 3 5 1 9 2 4 8 7
7 9 8 3 2 6 5 1 4
5 6 1 9 7 4 3 2 8
2 4 3 8 5 1 7 9 6
3 5 6 2 4 9 8 7 1
1 7 9 5 8 3 6 4 2
4 8 2 6 1 7 9 5 3
```

Solution # 585

```
1 7 3 9 8 5 4 2 6
4 6 2 7 3 1 5 9 8
5 9 8 4 2 6 3 7 1
2 1 7 8 4 3 9 6 5
8 3 5 1 6 9 2 4 7
9 4 6 2 5 7 8 1 3
7 8 4 3 1 2 6 5 9
3 5 9 6 7 4 1 8 2
6 2 1 5 9 8 7 3 4
```

Solution # 586

```
1 9 7 3 4 6 2 8 5
2 4 3 5 7 8 6 1 9
8 6 5 1 9 2 7 4 3
4 1 6 7 8 9 5 3 2
7 2 9 4 3 5 8 6 1
5 3 8 2 6 1 9 7 4
3 5 2 8 1 7 4 9 6
9 8 1 6 2 4 3 5 7
6 7 4 9 5 3 1 2 8
```

Solution # 587

```
1 2 9 8 3 7 6 4 5
3 7 8 6 4 5 1 2 9
4 5 6 2 9 1 3 7 8
5 3 1 4 2 9 7 8 6
6 4 2 1 7 8 9 5 3
8 9 7 3 5 6 4 1 2
9 8 5 7 6 4 2 3 1
2 1 4 9 8 3 5 6 7
7 6 3 5 1 2 8 9 4
```

Solution # 588

```
1 3 8 4 6 2 9 5 7
5 6 4 7 9 1 8 3 2
9 7 2 5 8 3 1 4 6
6 9 7 3 1 5 4 2 8
2 1 5 9 4 8 6 7 3
4 8 3 6 2 7 5 9 1
7 2 6 1 5 9 3 8 4
8 5 1 2 3 4 7 6 9
3 4 9 8 7 6 2 1 5
```

Solution # 589

```
1 7 4 8 5 3 2 6 9
9 5 6 1 7 2 3 4 8
8 2 3 9 6 4 7 1 5
7 8 1 3 2 5 4 9 6
6 3 2 4 1 9 5 8 7
5 4 9 7 8 6 1 2 3
4 9 8 2 3 7 6 5 1
2 6 7 5 9 1 8 3 4
3 1 5 6 4 8 9 7 2
```

Solution # 590

```
9 4 7 2 8 5 6 3 1
1 5 2 3 9 6 7 8 4
3 6 8 4 1 7 9 5 2
4 7 1 6 5 8 3 2 9
5 2 3 9 4 1 8 6 7
6 8 9 7 3 2 1 4 5
7 3 4 8 2 9 5 1 6
2 9 5 1 6 3 4 7 8
8 1 6 5 7 4 2 9 3
```

Solution # 591

```
1 2 7 4 8 3 9 6 5
8 3 9 6 2 5 4 1 7
4 5 6 9 1 7 8 3 2
5 8 1 3 6 9 7 2 4
6 9 3 7 4 2 5 8 1
2 7 4 1 5 8 6 9 3
7 4 2 8 3 6 1 5 9
3 1 8 5 9 4 2 7 6
9 6 5 2 7 1 3 4 8
```

Solution # 592

```
1 2 6 4 5 3 8 7 9
5 4 9 2 8 7 3 6 1
3 8 7 9 1 6 5 2 4
9 7 5 8 2 1 4 3 6
4 6 1 7 3 5 9 8 2
8 3 2 6 4 9 1 5 7
7 9 4 3 6 8 2 1 5
6 1 3 5 9 2 7 4 8
2 5 8 1 7 4 6 9 3
```

Solution # 593

```
4 9 1 8 3 2 6 5 7
3 5 8 1 7 6 4 9 2
2 6 7 4 5 9 1 8 3
6 4 5 3 2 7 9 1 8
9 8 2 5 1 4 7 3 6
1 7 3 9 6 8 2 4 5
5 2 4 7 8 1 3 6 9
8 1 6 2 9 3 5 7 4
7 3 9 6 4 5 8 2 1
```

Solution # 594

```
1 9 5 2 8 6 7 4 3
2 6 3 4 9 7 1 8 5
7 4 8 3 5 1 6 2 9
9 7 6 8 4 5 2 3 1
8 5 1 7 3 2 9 6 4
4 3 2 1 6 9 5 7 8
3 2 7 9 1 8 4 5 6
5 1 4 6 2 3 8 9 7
6 8 9 5 7 4 3 1 2
```

Solution # 595

```
9 7 6 4 3 5 1 2 8
8 1 3 6 7 2 5 9 4
2 5 4 9 8 1 3 7 6
7 3 9 8 2 4 6 1 5
1 6 2 3 5 9 8 4 7
4 8 5 1 6 7 2 3 9
3 2 8 7 9 6 4 5 1
6 4 7 5 1 3 9 8 2
5 9 1 2 4 8 7 6 3
```

Solution # 596
```
1 8 7 3 4 5 9 2 6
3 2 5 8 9 6 7 1 4
6 9 4 7 1 2 5 8 3
4 1 6 9 2 7 8 3 5
9 5 2 4 8 3 1 6 7
8 7 3 6 5 1 2 4 9
7 3 1 5 6 8 4 9 2
5 4 8 2 3 9 6 7 1
2 6 9 1 7 4 3 5 8
```

Solution # 597
```
2 7 3 6 4 8 9 5 1
4 8 5 2 9 1 7 3 6
1 9 6 7 3 5 4 2 8
6 2 8 4 7 9 5 1 3
3 1 4 5 2 6 8 9 7
7 5 9 8 1 3 6 4 2
8 3 1 9 5 7 2 6 4
5 4 7 3 6 2 1 8 9
9 6 2 1 8 4 3 7 5
```

Solution # 598
```
6 2 9 1 4 3 7 5 8
5 3 7 8 2 6 1 9 4
1 8 4 7 5 9 2 3 6
7 1 2 3 8 4 9 6 5
4 6 8 2 9 5 3 7 1
3 9 5 6 7 1 8 4 2
2 5 6 9 1 7 4 8 3
8 7 3 4 6 2 5 1 9
9 4 1 5 3 8 6 2 7
```

Solution # 599
```
4 5 3 1 6 2 8 7 9
1 7 6 5 9 8 2 4 3
2 8 9 7 4 3 6 5 1
8 9 4 6 3 5 7 1 2
6 2 7 4 8 1 9 3 5
5 3 1 2 7 9 4 8 6
7 1 8 9 5 6 3 2 4
3 6 5 8 2 4 1 9 7
9 4 2 3 1 7 5 6 8
```

Solution # 600
```
7 3 9 6 1 5 2 8 4
8 2 5 7 4 3 6 1 9
6 1 4 8 9 2 3 7 5
4 8 7 2 6 9 1 5 3
2 5 1 3 8 4 7 9 6
9 6 3 1 5 7 8 4 2
1 4 8 5 3 6 9 2 7
5 7 6 9 2 1 4 3 8
3 9 2 4 7 8 5 6 1
```

Solution # 601
```
6 4 1 2 5 3 8 7 9
3 9 7 4 1 8 5 2 6
2 8 5 6 9 7 3 4 1
1 5 8 7 3 6 2 9 4
9 6 4 1 8 2 7 5 3
7 3 2 9 4 5 1 6 8
8 1 6 5 2 9 4 3 7
4 2 9 3 7 1 6 8 5
5 7 3 8 6 4 9 1 2
```

Solution # 602
```
5 6 9 1 4 7 8 2 3
3 7 4 9 8 2 6 5 1
1 2 8 6 3 5 9 4 7
4 8 3 2 7 6 5 1 9
2 9 6 5 1 4 7 3 8
7 5 1 3 9 8 4 6 2
6 1 5 8 2 9 3 7 4
9 4 2 7 6 3 1 8 5
8 3 7 4 5 1 2 9 6
```

Solution # 603
```
1 5 2 4 7 6 9 8 3
9 7 4 5 8 3 6 2 1
3 6 8 1 2 9 5 4 7
4 9 7 8 6 5 1 3 2
5 8 1 9 3 2 7 6 4
2 3 6 7 4 1 8 9 5
8 4 5 3 9 7 2 1 6
7 2 3 6 1 8 4 5 9
6 1 9 2 5 4 3 7 8
```

Solution # 604
```
9 2 1 5 3 4 7 6 8
6 8 4 2 9 7 1 5 3
7 5 3 8 6 1 9 2 4
5 6 2 1 4 8 3 9 7
1 9 8 7 5 3 6 4 2
3 4 7 6 2 9 5 8 1
2 7 9 4 1 6 8 3 5
4 1 6 3 8 5 2 7 9
8 3 5 9 7 2 4 1 6
```

Solution # 605
```
9 1 7 4 2 6 3 5 8
4 5 2 7 8 3 9 1 6
8 3 6 9 5 1 7 4 2
1 6 4 3 9 7 8 2 5
5 8 9 1 4 2 6 3 7
2 7 3 8 6 5 1 9 4
3 4 5 6 1 8 2 7 9
7 2 8 5 3 9 4 6 1
6 9 1 2 7 4 5 8 3
```

Solution # 606
```
1 4 2 7 6 9 8 5 3
3 5 9 8 1 4 7 6 2
6 7 8 3 5 2 4 9 1
8 9 4 5 2 3 6 1 7
5 6 1 9 8 7 3 2 4
2 3 7 1 4 6 9 8 5
7 8 5 6 3 1 2 4 9
4 1 3 2 9 8 5 7 6
9 2 6 4 7 5 1 3 8
```

Solution # 607
```
7 8 3 6 1 9 5 2 4
1 6 9 5 4 2 7 3 8
2 5 4 8 7 3 1 6 9
5 3 6 1 8 7 4 9 2
8 2 7 4 9 5 3 1 6
4 9 1 2 3 6 8 7 5
9 1 2 7 5 8 6 4 3
6 7 8 3 2 4 9 5 1
3 4 5 9 6 1 2 8 7
```

Solution # 608
```
2 1 3 6 4 8 7 9 5
5 8 7 9 3 2 6 4 1
6 4 9 7 5 1 8 2 3
4 3 5 1 8 9 2 7 6
8 2 1 5 7 6 4 3 9
7 9 6 4 2 3 5 1 8
9 6 8 2 1 7 3 5 4
3 7 4 8 9 5 1 6 2
1 5 2 3 6 4 9 8 7
```

Solution # 609
```
7 5 1 8 6 3 2 4 9
3 4 9 5 2 1 7 8 6
2 6 8 4 9 7 5 3 1
4 3 5 7 1 6 8 9 2
1 2 6 9 8 4 3 7 5
8 9 7 3 5 2 1 6 4
6 7 4 1 3 5 9 2 8
5 8 3 2 4 9 6 1 7
9 1 2 6 7 8 4 5 3
```

Solution # 610
```
5 2 1 9 7 4 6 8 3
3 8 6 2 5 1 9 7 4
4 7 9 8 3 6 2 1 5
2 4 8 7 6 9 5 3 1
1 5 7 4 2 3 8 6 9
9 6 3 1 8 5 4 2 7
7 9 5 6 1 8 3 4 2
8 3 2 5 4 7 1 9 6
6 1 4 3 9 8 7 5 2
```

Solution # 611
```
5 2 6 8 1 9 7 4 3
8 4 1 3 7 5 2 9 6
9 7 3 4 6 2 8 5 1
2 8 4 7 3 6 9 1 5
3 5 7 9 2 1 6 8 4
1 6 9 5 4 8 3 7 2
6 1 5 2 9 7 4 3 8
4 9 2 1 8 3 5 6 7
7 3 8 6 5 4 1 2 9
```

Solution # 612
```
7 6 8 9 5 1 3 2 4
3 2 9 4 6 8 7 5 1
1 4 5 2 7 3 8 9 6
4 9 2 5 1 7 6 8 3
8 1 7 6 3 2 5 4 9
6 5 3 8 9 4 1 7 2
2 3 4 7 8 6 9 1 5
9 7 1 3 2 5 4 6 8
5 8 6 1 4 9 2 3 7
```

Solution # 613
```
1 2 6 4 3 9 5 8 7
4 5 7 6 8 2 1 9 3
3 9 8 1 5 7 2 4 6
8 7 4 3 9 5 6 2 1
5 1 2 8 7 6 4 3 9
6 3 9 2 1 4 8 7 5
9 8 1 5 2 3 7 6 4
7 4 5 9 6 8 3 1 2
2 6 3 7 4 1 9 5 8
```

Solution # 614
```
4 9 1 2 6 5 8 3 7
5 3 2 9 7 8 6 1 4
8 6 7 1 4 3 5 9 2
7 5 9 3 1 4 2 8 6
3 4 8 6 5 2 9 7 1
1 2 6 8 9 7 3 4 5
9 1 4 5 3 6 7 2 8
6 8 3 7 2 1 4 5 9
2 7 5 4 8 9 1 6 3
```

Solution # 615
```
8 5 6 1 7 4 2 3 9
4 3 2 9 6 5 8 1 7
1 7 9 3 8 2 5 4 6
7 9 1 6 5 8 4 2 3
5 2 4 7 3 1 9 6 8
6 8 3 2 4 9 7 5 1
2 1 8 5 9 6 3 7 4
9 6 7 4 2 3 1 8 5
3 4 5 8 1 7 6 9 2
```

Solution # 616
```
1 2 9 7 3 4 5 8 6
5 4 3 8 6 1 9 7 2
8 6 7 5 9 2 4 1 3
6 5 1 4 8 7 2 3 9
3 9 8 2 5 6 1 4 7
4 7 2 9 1 3 6 5 8
7 8 6 1 2 5 3 9 4
2 1 4 3 7 9 8 6 5
9 3 5 6 4 8 7 2 1
```

Solution # 617
```
3 9 7 5 1 4 8 2 6
6 8 4 2 9 7 3 1 5
5 1 2 8 3 6 7 4 9
7 3 8 4 5 2 9 6 1
1 2 9 6 7 3 4 5 8
4 6 5 9 8 1 2 7 3
9 5 1 7 2 8 6 3 4
8 7 6 3 4 5 1 9 2
2 4 3 1 6 9 5 8 7
```

Solution # 618
```
9 4 1 2 7 8 3 6 5
8 6 2 4 3 5 1 9 7
7 3 5 6 1 9 8 4 2
2 1 6 8 5 3 4 7 9
4 7 8 1 9 6 5 2 3
3 5 9 7 2 4 6 8 1
6 2 3 5 8 7 9 1 4
5 8 7 9 4 1 2 3 6
1 9 4 3 6 2 7 5 8
```

Solution # 619
```
6 4 5 8 3 1 9 2 7
1 7 8 6 9 2 3 4 5
3 9 2 4 5 7 6 8 1
4 3 6 9 2 5 1 7 8
2 5 9 7 1 8 4 3 6
7 8 1 3 6 4 5 9 2
5 1 4 2 8 3 7 6 9
8 6 7 1 4 9 2 5 3
9 2 3 5 7 6 8 1 4
```

Solution # 620
```
4 6 9 8 7 5 2 1 3
3 1 2 4 6 9 7 5 8
8 5 7 1 3 2 9 6 4
2 4 6 7 9 3 1 8 5
9 8 5 2 4 1 3 7 6
7 3 1 5 8 6 4 9 2
1 2 4 9 5 8 6 3 7
6 9 8 3 2 7 5 4 1
5 7 3 6 1 4 8 2 9
```

Solution # 621
```
8 2 7 6 4 9 3 1 5
1 4 6 5 3 2 8 7 9
9 5 3 8 1 7 4 6 2
6 3 4 7 9 5 1 2 8
7 1 9 4 2 8 6 5 3
5 8 2 3 6 1 9 4 7
2 7 1 9 8 6 5 3 4
4 6 8 2 5 3 7 9 1
3 9 5 1 7 4 2 8 6
```

Solution # 622
```
9 6 7 5 1 8 3 4 2
5 3 1 6 2 4 9 8 7
4 2 8 9 7 3 1 6 5
6 5 2 3 4 1 8 7 9
1 9 4 8 5 7 2 3 6
7 8 3 2 6 9 5 1 4
8 4 6 1 9 5 7 2 3
3 7 5 4 8 2 6 9 1
2 1 9 7 3 6 4 5 8
```

Solution # 623
```
9 4 3 8 2 7 5 1 6
2 8 1 5 4 6 9 7 3
7 5 6 1 9 3 8 2 4
1 2 8 4 3 9 7 6 5
3 7 5 6 8 2 1 4 9
6 9 4 7 1 5 2 3 8
5 1 2 3 6 8 4 9 7
4 3 7 9 5 1 6 8 2
8 6 9 2 7 4 3 5 1
```

Solution # 624
```
6 2 5 9 1 4 8 3 7
9 3 4 8 6 7 1 2 5
8 1 7 3 2 5 4 6 9
4 8 1 7 3 2 5 9 6
2 9 3 4 5 6 7 1 8
7 5 6 1 8 9 3 4 2
5 4 8 2 9 1 6 7 3
1 6 9 5 7 3 2 8 4
3 7 2 6 4 8 9 5 1
```

Solution # 625
```
5 2 3 4 8 9 6 1 7
4 8 9 7 6 1 5 3 2
6 1 7 2 5 3 4 8 9
7 5 4 3 2 6 8 9 1
1 3 6 9 7 8 2 4 5
2 9 8 1 4 5 7 6 3
8 4 1 5 3 2 9 7 6
9 6 5 8 1 7 3 2 4
3 7 2 6 9 4 1 5 8
```

Solution # 626
```
7 1 4 9 6 8 2 3 5
5 2 9 1 4 3 6 8 7
3 8 6 2 5 7 1 4 9
4 9 7 3 1 6 8 5 2
6 5 8 4 2 9 7 1 3
2 3 1 7 8 5 9 6 4
1 7 2 8 3 4 5 9 6
8 4 5 6 9 2 3 7 1
9 6 3 5 7 1 4 2 8
```

Solution # 627
```
7 5 6 3 9 4 1 2 8
4 9 2 8 1 5 3 7 6
1 8 3 7 2 6 9 5 4
5 3 9 4 6 7 8 1 2
8 7 4 1 5 2 6 9 3
6 2 1 9 3 8 7 4 5
3 6 5 2 7 1 4 8 9
2 4 7 6 8 9 5 3 1
9 1 8 5 4 3 2 6 7
```

Solution # 628
```
4 3 8 9 6 5 7 2 1
1 5 6 7 2 3 4 9 8
7 9 2 4 8 1 6 5 3
9 4 3 1 7 2 8 6 5
6 2 5 3 4 8 9 1 7
8 1 7 6 5 9 3 4 2
2 8 4 5 1 6 9 3 7
5 6 1 8 9 7 2 4 3
3 7 9 2 3 4 5 8 4
```

Solution # 629
```
2 6 7 8 5 4 9 1 3
8 1 4 6 3 9 2 5 7
9 3 5 7 1 2 6 8 4
5 9 6 1 2 7 4 3 8
7 8 1 9 4 3 5 6 2
3 4 2 5 8 6 7 9 1
6 5 3 4 7 1 8 2 9
1 7 8 2 9 5 3 4 6
4 2 9 3 6 8 1 7 5
```

Solution # 630
```
6 4 5 8 7 2 3 1 9
9 7 8 4 3 1 5 6 2
2 1 3 6 5 9 8 7 4
8 5 1 2 6 3 9 4 7
3 6 7 1 9 4 2 5 8
4 2 9 5 8 7 1 3 6
5 8 2 3 4 6 7 9 1
1 9 4 7 2 5 6 8 3
7 3 6 9 1 8 4 2 5
```

Solution # 631
```
4 1 8 6 2 3 9 7 5
6 3 7 9 5 4 8 1 2
2 9 5 7 8 1 3 6 4
8 5 9 1 4 7 2 3 6
1 2 6 5 3 8 4 9 7
3 7 4 2 9 6 5 8 1
7 4 1 8 9 2 6 5 3
5 8 2 3 7 6 1 4 9
9 6 3 4 1 5 7 2 8
```

Solution # 632
```
2 3 8 1 9 6 4 5 7
9 6 5 4 7 8 2 3 1
7 1 4 5 3 2 9 6 8
1 4 3 9 6 7 5 8 2
5 2 7 8 4 3 6 1 9
8 9 6 2 5 1 7 4 3
4 8 9 3 2 5 1 7 6
6 5 1 7 8 9 3 2 4
3 7 2 6 1 4 8 9 5
```

Solution # 633
```
5 4 9 3 8 7 1 6 2
1 3 2 9 6 4 7 8 5
8 7 6 1 5 2 4 9 3
6 8 4 5 2 1 9 3 7
9 5 3 7 4 6 2 1 8
7 2 1 8 3 9 6 5 4
3 9 7 4 1 8 5 2 6
2 1 5 6 7 3 8 4 9
4 6 8 2 9 5 3 7 1
```

Solution # 634
```
9 4 2 8 6 7 1 5 3
1 6 7 3 5 2 9 4 8
3 5 8 1 4 9 2 6 7
7 1 5 2 9 4 8 3 6
4 2 3 5 8 6 7 9 1
6 8 9 7 3 1 4 2 5
2 3 4 6 1 8 5 7 9
8 9 6 4 7 5 3 1 2
5 7 1 9 2 3 6 8 4
```

Solution # 635
```
2 4 7 1 5 3 6 9 8
9 1 8 2 6 7 4 3 5
6 5 3 8 4 9 7 1 2
1 8 9 4 7 6 5 2 3
3 6 2 9 1 5 8 7 4
4 7 5 3 2 8 1 6 9
8 3 1 7 9 4 2 5 6
5 2 4 6 3 1 9 8 7
7 9 6 5 2 8 3 4 1
```

Solution # 636
```
6 2 4 8 1 9 5 3 7
3 8 7 2 5 4 6 9 1
9 5 1 3 7 6 4 2 8
1 3 9 7 4 8 2 5 6
4 7 5 6 9 2 8 1 3
8 6 2 1 3 5 7 4 9
2 4 3 9 8 7 1 6 5
5 1 8 4 6 3 9 7 2
7 9 6 5 2 1 3 8 4
```

Solution # 637
```
3 8 1 9 4 7 6 2 5
2 7 5 1 3 6 4 9 8
6 4 9 8 5 2 3 1 7
1 6 4 2 8 3 7 5 9
9 5 3 7 1 4 8 6 2
8 2 7 5 6 9 1 4 3
7 3 8 6 2 5 9 4 1
5 1 6 4 9 8 2 7 3
4 9 2 3 7 1 5 8 6
```

Solution # 638
```
7 5 8 2 6 3 9 4 1
4 9 6 7 1 8 3 2 5
1 2 3 9 4 5 7 8 6
8 6 7 3 9 2 5 1 4
3 1 2 8 5 4 6 9 7
5 4 9 6 7 1 8 3 2
9 7 4 1 3 6 2 5 8
6 8 1 5 2 9 4 7 3
2 3 5 4 8 7 1 6 9
```

Solution # 639
```
6 7 9 5 2 8 4 1 3
1 2 5 4 6 3 7 9 8
8 4 3 9 1 7 5 2 6
5 3 2 8 9 1 6 7 4
7 1 8 2 4 6 9 3 5
9 6 4 3 7 5 1 8 2
3 8 7 6 5 9 2 4 1
4 9 6 1 3 2 8 5 7
2 5 1 7 8 4 3 6 9
```

Solution # 640
```
3 2 9 8 7 5 4 1 6
5 7 8 6 4 1 9 2 3
6 1 4 9 3 2 8 5 7
8 3 6 5 2 9 7 4 1
2 9 1 7 6 4 5 3 8
4 5 7 1 8 3 2 6 9
9 6 3 2 5 7 1 8 4
7 4 2 3 1 8 6 9 5
1 8 5 4 9 6 3 7 2
```

Solution # 641
```
5 1 9 2 4 6 3 7 8
6 8 3 5 1 7 2 4 9
2 4 7 9 3 8 1 5 6
9 7 1 3 6 4 5 8 2
8 3 2 1 7 5 6 9 4
4 5 6 8 9 2 7 1 3
3 2 4 7 5 9 8 6 1
7 6 8 4 2 1 9 3 5
1 9 5 6 8 3 4 2 7
```

Solution # 642
```
1 3 7 9 5 6 2 4 8
2 6 4 7 1 8 9 5 3
8 5 9 2 4 3 6 7 1
9 4 5 6 3 1 8 2 7
7 1 6 8 9 2 5 3 4
3 8 2 4 7 5 1 9 6
4 7 1 5 8 9 3 6 2
5 2 8 3 6 4 7 1 9
6 9 3 1 2 7 4 8 5
```

Solution # 643
```
1 3 6 9 2 7 4 5 8
9 8 7 4 5 6 2 3 1
5 2 4 8 1 3 9 7 6
4 1 2 6 3 5 8 9 7
3 5 9 1 7 8 6 4 2
8 4 3 5 6 1 7 2 9
2 9 1 7 8 4 3 6 5
6 7 5 3 9 2 1 8 4
7 6 8 2 4 9 5 1 3
```

Solution # 644
```
6 3 9 2 4 5 7 8 1
7 8 2 9 6 1 3 4 5
5 4 1 3 7 8 2 9 6
1 5 3 7 8 4 9 6 2
8 9 6 5 2 3 4 1 7
4 2 7 6 1 9 8 5 3
2 7 8 1 9 6 5 3 4
3 6 4 8 5 2 1 7 9
9 1 5 4 3 7 6 2 8
```

Solution # 645
```
1 9 5 8 4 3 7 6 2
4 8 7 1 2 6 3 9 5
2 3 6 7 9 5 8 1 4
3 7 8 9 5 1 4 2 6
6 1 9 2 8 4 5 7 3
5 4 2 6 3 7 1 8 9
7 5 1 3 6 2 9 4 8
8 6 3 4 7 9 2 5 1
9 2 4 5 1 8 6 3 7
```

Solution # 646
```
9 4 3 1 2 7 5 6 8
2 7 5 8 4 6 9 3 1
6 8 1 5 9 3 7 4 2
7 1 2 4 3 9 6 8 5
3 5 9 6 8 2 4 1 7
4 6 8 7 1 5 3 2 9
8 9 6 3 5 1 2 7 4
1 2 7 9 6 4 8 5 3
5 3 4 2 7 8 1 9 6
```

Solution # 647
```
9 3 2 6 5 8 1 7 4
8 1 6 7 4 2 9 3 5
4 5 7 9 3 1 8 6 2
1 7 8 2 6 9 5 4 3
2 9 4 3 8 5 6 1 7
3 6 5 1 7 4 2 8 9
7 2 3 8 9 6 4 5 1
5 8 1 4 2 7 3 9 6
6 4 9 5 1 3 7 2 8
```

Solution # 648
```
4 1 5 6 3 7 8 2 9
2 6 8 5 4 9 7 1 3
9 7 3 2 1 8 4 6 5
8 4 2 7 9 3 1 5 6
6 3 1 8 2 5 9 4 7
5 9 7 4 6 1 3 8 2
7 8 9 1 5 2 6 3 4
1 5 4 3 7 6 2 9 8
3 2 6 9 8 4 5 7 1
```

Solution # 649
```
7 1 5 3 9 2 6 8 4
8 9 2 1 4 6 5 3 7
6 4 3 8 5 7 1 2 9
1 3 8 4 6 9 2 7 5
2 5 6 7 1 8 4 9 3
9 7 4 5 2 3 8 6 1
3 8 1 2 7 4 9 5 6
5 6 7 9 8 1 3 4 2
4 2 9 6 3 5 7 1 8
```

Solution # 650
```
7 5 6 4 9 2 3 1 8
9 3 2 5 1 8 7 6 4
4 8 1 6 3 7 2 5 9
1 7 4 9 2 5 6 8 3
8 2 9 7 6 3 1 4 5
5 6 3 8 4 1 9 2 7
6 1 7 3 8 4 5 9 2
3 9 8 2 5 6 4 7 1
2 4 5 1 7 9 8 3 6
```

Solution # 651
```
2 5 9 7 4 6 8 3 1
1 7 8 2 3 9 6 5 4
4 3 6 5 8 1 2 9 7
7 4 5 6 9 2 3 1 8
6 1 3 8 5 4 9 7 2
8 9 2 3 1 7 5 4 6
9 6 7 4 2 3 1 8 5
3 8 4 1 6 5 7 2 9
5 2 1 9 7 8 4 6 3
```

Solution # 652
```
3 4 5 9 2 1 8 6 7
6 2 8 4 3 7 9 5 1
1 7 9 8 5 6 3 2 4
2 8 4 3 6 5 7 1 9
7 5 3 1 9 8 2 4 6
9 6 1 7 4 2 5 3 8
8 9 2 5 1 3 6 7 4
4 3 6 2 7 9 1 8 5
5 1 7 6 8 4 3 9 2
```

Solution # 653
```
8 6 3 9 2 5 4 1 7
7 9 2 4 6 1 8 3 5
1 4 5 7 8 3 6 2 9
4 1 8 2 7 9 3 5 6
5 2 7 8 3 6 1 9 4
6 3 9 5 1 4 2 7 8
9 5 1 6 4 2 7 8 3
2 7 6 3 5 8 9 4 1
3 8 4 1 9 7 5 6 2
```

Solution # 654
```
2 1 4 9 5 7 8 3 6
6 7 8 3 4 2 1 5 9
9 5 3 1 8 6 2 4 7
1 8 5 2 7 3 9 6 4
4 6 9 8 1 5 7 2 3
3 2 7 6 9 4 5 1 8
8 4 2 5 6 1 3 9 7
7 9 1 4 3 8 6 7 5
5 3 6 7 2 9 4 8 1
```

Solution # 655
```
2 3 6 8 4 9 5 7 1
9 4 1 5 7 6 3 8 2
7 8 5 1 2 3 9 4 6
8 2 7 9 1 4 6 3 5
4 5 9 6 3 7 2 1 8
1 6 3 2 5 8 7 9 4
3 1 2 4 9 5 8 6 7
6 9 4 7 8 2 1 5 3
5 7 8 3 6 1 4 2 9
```

Solution # 656
```
7 8 6 5 4 3 1 9 2
3 1 9 6 2 7 4 8 5
2 4 5 1 8 9 7 3 6
4 9 1 3 7 5 2 6 8
8 5 2 9 6 4 3 7 1
6 3 7 2 1 8 9 5 4
1 7 3 4 5 6 8 2 9
5 2 8 7 9 1 6 4 3
9 6 4 8 3 2 5 1 7
```

Solution # 657
```
8 6 2 7 4 5 9 1 3
9 5 4 1 3 2 8 7 6
1 3 7 6 8 9 4 2 5
2 4 6 5 9 1 7 3 8
3 8 1 4 7 6 2 5 9
5 7 9 3 2 8 6 4 1
4 9 8 2 5 3 1 6 7
7 1 5 9 6 4 3 8 2
6 2 3 8 1 7 5 9 4
```

Solution # 658
```
9 7 6 8 1 5 2 4 3
3 4 8 2 6 7 1 5 9
1 2 5 3 4 9 7 8 6
8 5 1 7 3 6 9 2 4
2 3 7 9 8 4 6 1 5
4 6 9 1 5 2 8 3 7
6 1 3 5 7 8 4 9 2
5 9 4 6 2 1 3 7 8
7 8 2 4 9 3 5 6 1
```

Solution # 659
```
1 5 9 7 2 4 6 8 3
6 8 2 3 9 1 7 5 4
3 7 4 8 5 6 2 1 9
8 9 6 2 4 7 5 3 1
7 3 5 9 1 8 4 6 2
2 4 1 5 6 3 9 7 8
4 1 7 6 8 2 3 9 5
9 2 3 1 7 5 8 4 6
5 6 8 4 3 9 1 2 7
```

Solution # 660
```
7 3 8 5 9 1 6 2 4
9 4 1 2 7 6 8 5 3
6 5 2 4 3 8 9 7 1
4 8 7 6 5 9 1 3 2
1 2 9 3 8 7 4 6 5
3 6 5 1 4 2 7 8 9
5 1 3 8 6 4 2 9 7
8 7 4 9 2 5 3 1 6
2 9 6 7 1 3 5 4 8
```

Solution # 661
```
3 8 9 5 7 2 4 6 1
4 2 1 9 6 8 3 7 5
7 6 5 1 3 4 8 9 2
9 1 4 2 8 7 6 5 3
8 5 3 4 9 6 2 1 7
6 7 2 3 1 5 9 8 4
1 9 7 8 4 3 5 2 6
5 4 6 7 2 9 1 3 8
2 3 8 6 5 1 7 4 9
```

Solution # 662
```
3 2 4 5 7 6 8 1 9
6 8 7 4 9 1 3 2 5
1 5 9 2 8 3 7 6 4
8 9 6 7 1 5 2 4 3
4 7 1 8 3 2 9 5 6
5 3 2 9 6 4 1 7 8
7 6 5 3 2 8 4 9 1
2 4 8 1 5 9 6 3 7
9 1 3 6 4 7 5 8 2
```

Solution # 663
```
1 2 8 5 9 4 3 7 6
9 6 5 2 3 7 8 4 1
7 4 3 8 1 6 9 5 2
8 3 7 1 6 5 4 2 9
5 1 4 7 2 9 6 3 8
2 9 6 4 8 3 7 1 5
4 7 9 6 5 2 1 8 3
3 8 2 9 7 1 5 6 4
6 5 1 3 4 8 2 9 7
```

Solution # 664
```
9 3 1 7 2 6 5 8 4
4 5 7 1 8 9 6 3 2
8 2 6 3 4 5 7 1 9
7 9 8 4 5 2 1 6 3
2 1 5 6 7 3 4 9 8
6 4 3 8 9 1 2 7 5
3 6 9 2 1 4 8 5 7
1 8 4 5 3 7 9 2 6
5 7 2 9 6 8 3 4 1
```

Solution # 665
```
4 8 9 6 5 3 7 2 1
3 1 2 9 7 4 8 5 6
5 6 7 1 2 8 4 9 3
9 5 1 2 4 6 3 7 8
7 2 4 3 8 9 1 6 5
8 3 6 7 1 5 2 4 9
2 7 8 5 9 1 6 3 4
1 9 3 4 6 2 5 7 8
6 4 5 8 3 7 9 1 2
```

Solution # 666
```
7 1 9 6 2 5 8 4 3
2 5 8 4 1 3 6 9 7
6 3 4 7 9 8 5 2 1
8 6 5 3 4 2 1 7 9
9 4 7 8 6 1 3 5 2
3 2 1 5 7 9 4 6 8
4 9 3 2 8 6 7 1 5
1 8 6 9 5 7 2 3 4
5 7 2 1 3 4 9 8 6
```

Solution # 667
```
1 2 6 7 3 9 8 5 4
7 3 5 4 8 6 9 2 1
8 4 9 2 5 1 6 3 7
9 7 2 3 4 8 5 1 6
5 1 8 9 6 7 2 4 3
4 6 3 1 2 5 7 8 9
3 8 4 6 9 2 1 7 5
6 5 1 8 7 3 4 9 2
2 9 7 5 1 4 3 6 8
```

Solution # 668
```
6 5 1 9 2 8 4 3 7
8 3 9 4 7 1 5 2 6
2 4 7 3 5 6 8 9 1
4 1 5 2 6 7 3 8 9
9 7 6 8 3 4 2 1 5
3 2 8 5 1 9 6 7 4
7 8 2 6 9 5 1 4 3
1 6 4 7 8 3 9 5 2
5 9 3 1 4 2 7 6 8
```

Solution # 669
```
2 8 4 9 7 6 1 5 3
3 9 7 4 5 1 8 6 2
5 6 1 8 2 3 7 4 9
8 4 2 7 6 9 5 3 1
9 1 6 3 4 5 2 8 7
7 3 5 2 1 8 4 9 6
6 2 9 1 8 4 3 7 5
4 7 3 5 9 2 6 1 8
1 5 8 6 3 7 9 2 4
```

Solution # 670
```
6 2 1 8 5 4 9 7 3
8 9 7 2 1 3 5 4 6
4 5 3 7 6 9 1 8 2
3 4 2 9 7 8 6 1 5
5 1 9 6 4 2 8 3 7
7 6 8 1 3 5 2 9 4
9 8 5 3 2 7 4 6 1
1 7 4 5 9 6 3 2 8
2 3 6 4 8 1 7 5 9
```

Solution # 671
```
4 1 2 6 9 3 5 7 8
5 8 6 4 7 1 2 9 3
9 7 3 8 2 5 1 6 4
8 6 9 7 1 2 4 3 5
3 4 1 5 6 9 8 2 7
7 2 5 3 4 8 9 1 6
2 3 4 1 8 7 6 5 9
6 9 7 2 5 4 3 8 1
1 5 8 9 3 6 7 4 2
```

Solution # 672
```
3 2 7 5 8 1 9 4 6
9 8 1 4 6 7 3 2 5
6 4 5 9 2 3 7 8 1
7 1 2 6 9 8 4 5 3
4 3 6 2 1 5 8 9 7
8 5 9 3 7 4 6 1 2
1 9 4 7 5 6 2 3 8
5 6 3 8 4 2 1 7 9
2 7 8 1 3 9 5 6 4
```

Solution # 673
```
3 5 9 4 2 1 6 8 7
2 7 4 9 6 8 5 3 1
1 6 8 5 7 3 4 2 9
9 4 1 7 3 6 2 5 8
5 8 7 2 4 9 3 1 6
6 3 2 1 8 5 9 7 4
8 9 3 6 1 2 7 4 5
7 1 6 3 5 4 8 9 2
4 2 5 8 9 7 1 6 3
```

Solution # 674
```
4 7 9 8 5 2 3 6 1
6 2 5 3 7 1 4 9 8
8 1 3 6 9 4 5 2 7
1 3 4 9 2 6 7 8 5
5 8 6 4 1 7 2 3 9
2 9 7 5 8 3 1 6 4
9 5 2 7 4 8 6 1 3
3 4 8 1 6 5 9 7 2
7 6 1 2 3 9 8 5 4
```

Solution # 675
```
8 1 9 6 4 5 7 3 2
4 5 2 3 1 7 6 8 9
7 6 3 8 9 2 4 5 1
2 9 7 1 5 4 3 6 8
1 3 5 7 6 8 9 2 4
6 4 8 2 3 9 1 7 5
3 2 6 4 8 1 5 9 7
9 7 1 5 2 3 8 4 6
5 8 4 9 7 6 2 1 3
```

Solution # 676
```
4 6 3 9 2 7 8 5 1
7 2 8 4 5 1 9 3 6
9 5 1 8 6 3 7 2 4
1 4 6 2 3 8 5 7 9
2 8 9 7 1 5 6 4 3
5 3 7 6 9 4 2 1 8
8 1 2 5 4 9 3 6 7
3 7 5 1 8 6 4 9 2
6 9 4 3 7 2 1 8 5
```

Solution # 677
```
2 4 9 3 7 5 8 1 6
7 8 5 9 6 1 2 4 3
3 1 6 8 4 2 7 5 9
8 5 7 4 3 9 1 6 2
4 2 1 5 8 6 3 9 7
6 9 3 2 1 7 4 8 5
5 6 4 7 2 8 9 3 1
1 7 8 6 9 3 5 2 4
9 3 2 1 5 4 6 7 8
```

Solution # 678
```
2 6 8 7 1 9 5 4 3
1 5 7 4 3 2 8 6 9
9 4 3 5 6 8 2 1 7
5 1 4 3 8 7 9 2 6
8 9 6 1 2 5 7 3 4
3 7 2 9 4 6 1 8 5
7 8 1 2 4 6 3 9 5
4 3 5 9 7 1 6 8 2
6 2 9 8 5 3 4 7 1
```

Solution # 679
```
4 6 5 2 9 8 7 1 3
1 8 7 3 5 4 9 2 6
3 2 9 1 6 7 4 8 5
5 3 8 9 4 2 1 6 7
6 1 2 7 8 5 3 4 9
9 7 4 6 1 3 2 5 8
7 5 3 8 2 1 6 9 4
8 9 1 4 3 6 5 7 2
2 4 6 5 7 9 8 3 1
```

Solution # 680
```
4 3 6 8 5 9 1 7 2
8 1 2 6 7 3 9 5 4
7 5 9 2 1 4 3 6 8
1 8 7 9 3 5 4 2 6
3 9 4 7 6 2 8 1 5
2 6 5 1 4 8 7 3 9
5 2 8 3 9 1 6 4 7
9 7 3 4 2 6 5 8 1
6 4 1 5 8 7 2 9 3
```

Solution # 681
```
7 3 2 4 5 6 9 1 8
4 5 8 1 9 3 7 2 6
9 6 1 8 7 2 4 5 3
3 2 9 6 4 1 5 8 7
6 1 4 5 8 7 2 3 9
5 8 7 3 2 9 6 4 1
8 9 5 7 3 4 1 6 2
2 4 6 9 1 8 3 7 5
1 7 3 2 6 5 8 9 4
```

Solution # 682
```
7 4 5 3 8 6 1 9 2
6 8 1 7 9 2 3 5 4
3 9 2 5 1 4 6 7 8
8 7 6 4 2 5 9 3 1
1 5 3 8 6 9 2 4 7
4 2 9 1 3 7 8 6 5
2 1 4 6 5 3 7 8 9
5 6 8 9 7 1 4 2 3
9 3 7 2 4 8 5 1 6
```

Solution # 683
```
1 6 4 8 7 5 9 3 2
7 2 9 3 6 1 5 4 8
5 3 8 9 2 4 7 1 6
8 7 5 2 3 9 1 6 4
9 1 6 7 4 8 3 2 5
3 4 2 1 5 6 8 9 7
6 5 7 4 1 3 2 8 9
2 9 3 6 8 7 4 5 1
4 8 1 5 9 2 6 7 3
```

Solution # 684
```
4 6 8 2 1 5 7 9 3
7 5 9 3 8 4 1 6 2
3 2 1 9 6 7 8 5 4
8 1 7 6 4 9 3 2 5
6 3 2 5 7 8 4 1 9
9 4 5 1 3 2 6 8 7
2 7 4 8 5 1 9 3 6
5 8 6 7 9 3 2 4 1
1 9 3 4 2 6 5 7 8
```

Solution # 685
```
1 2 7 8 9 3 6 5 4
9 8 6 2 4 5 1 7 3
5 4 3 6 1 7 2 8 9
4 6 9 7 8 2 5 3 1
7 3 8 9 5 1 4 6 2
2 5 1 4 3 6 8 9 7
6 7 4 5 2 9 3 1 8
3 9 2 1 6 8 7 4 5
8 1 5 3 7 4 9 2 6
```

Solution # 686
```
7 6 9 8 5 2 3 4 1
3 5 2 9 1 4 6 8 7
1 4 8 7 6 3 9 5 2
2 8 3 1 4 9 7 6 5
4 7 5 6 3 8 2 1 9
9 1 6 5 2 7 4 3 8
6 9 7 3 8 1 5 2 4
8 3 4 2 9 5 1 7 6
5 2 1 4 7 6 8 9 3
```

Solution # 687
```
5 9 4 6 8 1 7 2 3
1 3 8 4 2 7 5 9 6
6 7 2 5 9 3 4 1 8
8 4 1 9 7 5 3 6 2
7 5 6 3 1 2 9 8 4
9 2 3 8 4 6 1 7 5
4 1 9 2 3 8 6 5 7
2 6 7 1 5 4 8 3 9
3 8 5 7 6 9 2 4 1
```

Solution # 688
```
8 7 2 9 6 1 3 5 4
6 4 5 2 7 3 1 8 9
1 9 3 5 4 8 6 7 2
2 8 9 7 3 5 4 6 1
5 3 1 4 9 6 8 2 7
7 6 4 1 8 2 5 9 3
3 1 6 8 2 7 9 4 5
4 2 8 3 5 9 7 1 6
9 5 7 6 1 4 2 3 8
```

Solution # 689
```
8 5 2 7 1 6 9 3 4
7 6 3 8 9 4 1 2 5
9 1 4 5 2 3 7 6 8
3 4 1 6 8 2 5 7 9
2 7 8 9 5 1 6 4 3
5 9 6 4 3 7 2 8 1
4 8 5 2 6 9 3 1 7
1 2 7 3 4 5 8 9 6
6 3 9 1 7 8 4 5 2
```

Solution # 690
```
4 8 2 9 7 3 6 1 5
7 3 5 2 1 6 9 4 8
6 9 1 8 4 5 2 7 3
9 2 4 7 6 8 5 3 1
5 6 8 1 3 9 7 2 4
3 1 7 5 2 4 8 9 6
1 5 9 3 8 2 4 6 7
2 7 6 4 5 1 3 8 9
8 4 3 6 9 7 1 5 2
```

Solution # 691
```
5 2 8 6 7 3 4 9 1
1 6 9 8 4 2 7 3 5
4 7 3 9 5 1 6 8 2
6 8 1 2 3 4 9 5 7
9 4 2 7 8 5 3 1 6
3 5 7 1 9 6 8 2 4
7 9 5 4 1 8 2 6 3
8 1 6 3 2 7 5 4 9
2 3 4 5 6 9 1 7 8
```

Solution # 692
```
2 7 9 3 1 8 4 6 5
4 8 1 6 9 5 2 7 3
3 5 6 2 4 7 8 1 9
7 1 4 9 5 6 3 8 2
5 6 8 4 3 2 7 9 1
9 3 2 7 8 1 5 4 6
8 2 7 1 6 3 9 5 4
6 4 5 8 2 9 1 3 7
1 9 3 5 7 4 6 2 8
```

Solution # 693
```
4 3 9 5 8 6 1 7 2
6 8 1 3 2 7 9 5 4
5 7 2 1 4 9 6 8 3
8 5 6 9 1 2 4 3 7
9 2 7 6 3 4 5 1 8
1 4 3 7 5 8 2 9 6
3 1 4 8 6 5 7 2 9
2 9 8 4 7 1 3 6 5
7 6 5 2 9 3 8 4 1
```

Solution # 694
```
5 8 4 9 2 1 7 6 3
3 6 9 4 7 8 1 5 2
2 7 1 5 3 6 8 9 4
1 4 3 6 8 9 2 7 5
8 2 6 7 4 5 9 3 1
7 9 5 3 1 2 4 8 6
4 5 8 1 9 3 6 2 7
9 3 7 2 6 4 5 1 8
6 1 2 8 5 7 3 4 9
```

Solution # 695
```
9 3 7 6 4 1 5 8 2
8 5 6 3 7 2 4 1 9
2 4 1 9 8 5 6 7 3
5 2 8 1 3 9 7 4 6
1 9 4 7 5 6 3 2 8
6 7 3 4 2 8 1 9 5
7 8 5 2 6 4 9 3 1
3 1 2 5 9 7 8 6 4
4 6 9 8 1 3 2 5 7
```

Solution # 696
```
2 9 6 7 1 3 8 4 5
5 4 7 8 2 9 6 3 1
8 3 1 5 4 6 7 9 2
9 7 4 3 6 5 1 2 8
6 2 5 4 8 1 3 7 9
1 8 3 2 9 7 4 5 6
7 6 9 1 5 4 2 8 3
3 5 8 6 7 2 9 1 4
4 1 2 9 3 8 5 6 7
```

Solution # 697
```
1 2 3 9 7 6 4 8 5
7 8 5 4 1 3 6 2 9
4 6 9 8 2 5 7 1 3
8 4 6 5 3 2 9 3 1
3 5 2 1 6 9 8 7 4
9 1 7 3 8 4 5 6 2
2 7 8 5 4 1 9 3 6
6 9 4 2 3 7 1 5 8
5 3 1 6 9 8 2 4 7
```

Solution # 698
```
1 4 6 3 9 7 8 5 2
2 3 9 5 8 4 1 6 7
5 7 8 6 2 1 3 9 4
6 1 7 8 4 3 9 2 5
8 2 3 4 1 9 5 6 1
9 5 4 2 1 6 7 8 3
3 9 5 1 6 2 4 7 8
7 8 2 4 3 9 5 1 6
4 6 1 7 5 8 2 3 9
```

Solution # 699
```
5 6 8 1 9 7 3 2 4
9 4 3 5 2 6 7 8 1
1 2 7 3 4 8 5 9 6
3 8 2 6 5 1 9 4 7
4 1 6 7 8 9 2 3 5
7 9 5 2 3 4 6 1 8
8 7 4 9 6 2 1 5 3
6 3 9 8 1 5 4 7 2
2 5 1 4 7 3 8 6 9
```

Solution # 700
```
3 4 9 1 2 5 8 6 7
8 5 2 7 4 6 9 1 3
7 6 1 3 9 8 2 4 5
2 8 7 6 3 4 5 9 1
1 9 4 5 8 7 6 3 2
6 3 5 9 1 2 7 8 4
5 1 3 8 7 9 4 2 6
4 7 8 2 6 1 3 5 9
9 2 6 4 5 3 1 7 8
```

Solution # 701

```
8 4 5 6 1 3 2 9 7
1 7 9 2 4 5 6 8 3
2 3 6 7 9 8 1 4 5
3 2 8 4 5 6 9 7 1
7 6 4 1 3 9 8 5 2
9 5 1 8 2 7 3 6 4
6 8 2 5 7 1 4 3 9
5 1 3 9 8 4 7 2 6
4 9 7 3 6 2 5 1 8
```

Solution # 702

```
5 1 4 9 2 3 8 7 6
7 9 8 6 5 4 1 3 2
2 6 3 7 1 8 5 9 4
1 8 2 4 6 9 3 5 7
4 7 9 8 3 5 2 6 1
3 5 6 1 7 2 9 4 8
8 2 5 3 4 6 7 1 9
6 3 7 2 9 1 4 8 5
9 4 1 5 8 7 6 2 3
```

Solution # 703

```
1 6 5 3 4 8 7 9 2
9 3 7 5 1 2 8 6 4
2 4 8 6 7 9 5 1 3
5 9 3 8 2 4 1 7 6
7 1 4 9 6 5 2 3 8
8 2 6 7 3 1 9 4 5
6 8 1 4 5 7 3 2 9
3 5 2 1 9 6 4 8 7
4 7 9 2 8 3 6 5 1
```

Solution # 704

```
8 9 4 1 6 3 2 5 7
5 1 6 2 8 7 3 9 4
7 3 2 4 5 9 8 6 1
1 6 8 3 7 4 9 2 5
4 2 7 6 9 5 1 8 3
3 5 9 8 1 2 7 4 6
6 4 1 9 3 8 5 7 2
9 7 3 5 2 6 4 1 8
2 8 5 7 4 1 6 3 9
```

Solution # 705

```
7 1 3 2 8 9 4 6 5
6 8 9 5 1 4 2 7 3
4 5 2 7 3 6 9 8 1
3 9 6 1 4 5 7 2 8
8 2 7 6 9 3 1 5 4
5 4 1 8 7 2 6 3 9
2 7 8 9 5 1 3 4 6
1 3 5 4 6 7 8 9 2
9 6 4 3 2 8 5 1 7
```

Solution # 706

```
8 5 2 4 9 3 1 6 7
1 6 7 8 5 2 3 4 9
4 9 3 6 7 1 5 8 2
9 8 6 3 1 4 2 7 5
3 1 4 5 2 7 6 9 8
7 2 5 9 6 8 4 1 3
6 7 1 2 3 9 8 5 4
5 3 8 7 4 6 9 2 1
2 4 9 1 8 5 7 3 6
```

Solution # 707

```
4 5 6 7 2 3 9 8 1
9 7 3 1 5 8 4 2 6
8 2 1 9 4 6 7 5 3
5 9 4 3 1 2 6 7 8
2 6 8 4 9 7 1 3 5
3 1 7 8 6 5 2 9 4
1 4 5 2 3 9 8 6 7
7 3 2 6 8 4 5 1 9
6 8 9 5 7 1 3 4 2
```

Solution # 708

```
3 6 5 7 1 9 2 4 8
4 8 7 5 2 3 6 9 1
1 2 9 4 8 6 5 3 7
7 9 4 2 6 1 3 8 5
2 5 1 3 7 8 4 6 9
8 3 6 9 4 5 7 1 2
5 7 3 1 9 4 8 2 6
6 1 2 8 3 7 9 5 4
9 4 8 6 5 2 1 7 3
```

Solution # 709

```
9 6 1 7 5 4 8 2 3
7 8 5 1 2 3 9 6 4
3 4 2 9 6 8 1 7 5
2 5 7 6 4 9 3 1 8
8 9 4 3 7 1 6 5 2
6 1 3 5 8 2 4 9 7
4 7 9 2 3 6 5 8 1
5 3 6 8 1 7 2 4 9
1 2 8 4 9 5 7 3 6
```

Solution # 710

```
6 3 9 4 1 5 2 8 7
8 1 5 6 2 7 9 3 4
7 4 2 8 3 9 5 6 1
3 9 8 1 5 2 4 7 6
1 7 4 3 9 6 8 5 2
5 2 6 7 4 8 1 9 3
9 5 1 2 7 3 6 4 8
2 6 7 9 8 4 3 1 5
4 8 3 5 6 1 7 2 9
```

Solution # 711

```
7 3 4 6 2 8 1 5 9
1 6 9 5 4 7 2 3 8
2 5 8 1 3 9 6 4 7
9 8 5 3 6 2 4 7 1
4 7 3 8 9 1 5 6 2
6 2 1 4 7 5 9 8 3
3 4 7 9 1 6 8 2 5
8 9 2 7 5 4 3 1 6
5 1 6 2 8 3 7 9 4
```

Solution # 712

```
1 9 7 4 6 2 5 8 3
8 4 3 9 7 5 1 2 6
6 2 5 3 8 1 4 9 7
3 1 8 5 2 7 6 4 9
2 7 6 1 4 9 3 5 8
4 5 9 6 3 8 7 1 2
7 3 1 8 9 4 2 6 5
9 6 4 2 5 3 8 7 1
5 8 2 7 1 6 9 3 4
```

Solution # 713

```
1 2 7 8 6 4 5 3 9
5 8 6 3 9 1 7 2 4
3 9 4 5 7 2 1 6 8
9 3 8 4 2 7 6 1 5
6 7 5 1 8 3 9 4 2
2 4 1 6 5 9 8 7 3
8 1 2 7 3 5 4 9 6
7 5 3 9 4 6 2 8 1
4 6 9 2 1 8 3 5 7
```

Solution # 714

```
8 6 1 3 5 9 7 4 2
2 9 4 6 7 1 8 3 5
3 7 5 4 2 8 6 1 9
6 4 3 8 1 5 2 9 7
1 5 2 9 3 7 4 8 6
7 8 9 2 6 4 1 5 3
4 2 8 5 9 6 3 7 1
9 3 7 1 8 2 5 6 4
5 1 6 7 4 3 9 2 8
```

Solution # 715

```
3 6 5 8 4 9 1 7 2
8 7 1 5 3 2 4 9 6
9 2 4 6 7 1 8 3 5
1 8 2 4 9 6 7 5 3
7 5 9 2 8 3 6 4 1
6 4 3 7 1 5 2 8 9
2 9 7 3 6 8 5 1 4
4 3 6 1 5 7 9 2 8
5 1 8 9 2 4 3 6 7
```

Solution # 716

```
1 3 8 6 5 4 7 9 2
7 6 9 8 1 2 3 4 5
4 5 2 9 3 7 8 6 1
5 7 4 3 2 9 6 1 8
2 1 3 4 6 8 9 5 7
8 9 6 1 7 5 2 3 4
6 4 5 7 8 3 1 2 9
9 8 1 2 4 6 5 7 3
3 2 7 5 9 1 4 8 6
```

Solution # 717

```
9 4 7 6 3 8 2 5 1
6 1 5 4 7 2 9 8 3
2 3 8 9 5 1 7 4 6
8 2 9 5 6 7 3 1 4
3 7 6 1 2 4 8 9 5
4 5 1 3 8 9 6 7 2
7 9 3 2 4 5 1 6 8
1 6 4 8 9 3 5 2 7
5 8 2 7 1 6 4 3 9
```

Solution # 718

```
8 9 4 1 3 6 5 2 7
1 2 5 9 7 4 3 8 6
7 6 3 2 5 8 1 4 9
3 1 8 6 4 2 7 9 5
6 5 9 7 8 3 4 1 2
4 7 2 5 9 1 8 6 3
2 3 1 4 6 7 9 5 8
5 8 6 3 1 9 2 7 4
9 4 7 8 2 5 6 3 1
```

Solution # 719

```
3 4 2 7 1 5 9 8 6
9 8 1 4 2 6 3 5 7
5 7 6 8 9 3 1 4 2
1 5 9 6 8 2 7 3 4
7 2 3 5 4 9 6 1 8
8 6 4 3 7 1 2 9 5
2 3 5 9 6 4 8 7 1
4 1 8 2 3 7 5 6 9
6 9 7 1 5 8 4 2 3
```

Solution # 720

```
7 2 5 9 3 6 4 1 8
4 9 8 1 7 2 6 3 5
6 3 1 4 5 8 9 7 2
1 7 4 2 9 5 3 8 6
3 5 9 8 6 4 7 2 1
2 8 6 3 1 7 5 9 4
5 1 7 6 8 3 2 4 9
8 4 3 5 2 9 1 6 7
9 6 2 7 4 1 8 5 3
```

Solution # 721

```
1 5 6 7 9 8 3 2 4
7 9 2 6 4 3 5 1 8
4 8 3 5 1 2 7 9 6
2 7 8 3 5 9 4 6 1
5 4 1 2 7 6 8 3 9
3 6 9 1 8 4 2 5 7
9 1 4 8 2 5 6 7 3
6 2 7 4 3 1 9 8 5
8 3 5 9 6 7 1 4 2
```

Solution # 722

```
3 4 8 7 5 6 2 9 1
1 6 7 4 9 2 3 8 5
9 5 2 3 8 1 4 6 7
8 3 1 9 7 4 6 5 2
6 7 9 8 2 5 1 4 3
4 2 5 1 6 3 8 7 9
7 1 4 5 3 8 9 2 6
2 9 3 6 4 7 5 1 8
5 8 6 2 1 9 7 3 4
```

Solution # 723

```
7 2 5 8 9 6 1 4 3
9 6 4 3 1 2 8 7 5
3 1 8 5 7 4 9 2 6
5 8 7 9 4 1 6 3 2
6 4 2 7 8 3 5 1 9
1 9 3 6 2 5 7 8 4
8 5 1 4 3 9 2 6 7
2 3 9 1 6 7 4 5 8
4 7 6 2 5 8 3 9 1
```

Solution # 724

```
7 8 4 5 6 2 1 9 3
2 1 6 3 7 9 4 8 5
3 5 9 1 8 4 2 6 7
8 9 1 2 3 6 7 5 4
5 6 7 8 4 1 9 3 2
4 3 2 7 9 5 8 1 6
9 7 3 4 5 8 6 2 1
6 2 5 9 1 7 3 4 8
1 4 8 6 2 3 5 7 9
```

Solution # 725

```
5 7 8 6 9 4 3 1 2
9 3 6 2 1 5 4 8 7
2 1 4 8 7 3 6 9 5
7 9 3 1 4 8 5 2 6
1 8 2 7 5 6 9 4 3
6 4 5 3 2 9 1 7 8
4 2 1 5 3 7 8 6 9
8 5 9 4 6 2 7 3 1
3 6 7 9 8 1 2 5 4
```

Solution # 726

```
5 6 8 4 7 2 9 1 3
4 7 9 3 5 1 6 2 8
2 1 3 9 8 6 4 7 5
8 4 7 6 9 5 2 3 1
1 2 6 7 4 3 5 8 9
3 9 5 1 2 8 7 4 6
9 3 2 8 6 4 1 5 7
6 5 1 2 3 7 8 9 4
7 8 4 5 1 9 3 6 2
```

Solution # 727

```
8 7 9 2 5 1 4 6 3
2 4 1 6 7 3 8 9 5
3 5 6 9 8 4 1 2 7
7 8 5 4 2 6 3 1 9
1 6 4 7 3 9 5 8 2
9 3 2 8 1 5 7 4 6
6 9 3 5 4 8 2 7 1
4 1 7 3 9 2 6 5 8
5 2 8 1 6 7 9 3 4
```

Solution # 728

```
7 1 8 6 5 3 9 2 4
6 2 9 8 1 4 5 7 3
4 5 3 2 9 7 1 6 8
1 6 4 5 7 2 3 8 9
5 9 7 3 8 6 4 1 2
3 8 2 1 4 9 7 5 6
9 4 1 7 2 8 6 3 5
2 3 5 4 6 1 8 9 7
8 7 6 9 3 5 2 4 1
```

Solution # 729

```
3 4 1 7 5 9 6 2 8
6 7 5 8 2 1 4 9 3
8 9 2 3 6 4 5 1 7
5 1 9 2 4 3 8 7 6
4 2 8 6 9 7 1 3 5
7 6 3 5 1 8 9 4 2
1 8 6 4 3 2 7 5 9
9 3 7 1 8 5 2 6 4
2 5 4 9 7 6 3 8 1
```

Solution # 730

```
3 9 2 5 8 4 6 7 1
5 8 1 6 2 7 4 9 3
4 6 7 1 9 3 8 5 2
8 3 4 7 5 6 2 1 9
7 2 9 4 1 8 3 6 5
1 5 6 2 3 9 7 8 4
9 4 3 8 7 5 1 2 6
2 7 5 3 6 1 9 4 8
6 1 8 9 4 2 5 3 7
```

Solution # 731

```
9 1 7 4 8 2 5 6 3
4 6 8 3 5 7 9 2 1
3 2 5 9 1 6 7 8 4
5 9 1 7 6 8 3 4 2
8 4 6 2 3 9 1 7 5
7 3 2 1 4 5 6 9 8
1 7 4 6 2 3 8 5 9
6 5 3 8 9 4 2 1 7
2 8 9 5 7 1 4 3 6
```

Solution # 732

```
9 5 3 6 4 2 8 7 1
7 6 2 5 1 8 4 9 3
8 1 4 7 9 3 5 2 6
5 9 8 1 7 4 6 3 2
2 4 1 8 3 6 7 5 9
6 3 7 9 2 5 1 8 4
3 7 6 2 8 1 9 4 5
4 8 5 3 6 9 2 1 7
1 2 9 4 5 7 3 6 8
```

Solution # 733

```
7 2 3 8 6 4 5 1 9
9 5 6 7 1 2 4 8 3
1 8 4 5 9 3 2 7 6
8 9 2 3 4 7 6 5 1
3 1 7 6 2 5 8 9 4
4 6 5 1 8 9 7 3 2
6 3 8 2 5 1 9 4 7
2 4 1 9 7 8 3 6 5
5 7 9 4 3 6 1 2 8
```

Solution # 734

```
5 3 2 9 1 6 7 8 4
6 1 8 3 7 4 5 9 2
7 9 4 5 8 2 1 6 3
1 8 7 4 6 5 3 2 9
4 5 3 8 2 9 6 7 1
9 2 6 1 3 7 8 4 5
2 6 1 7 4 3 9 5 8
3 4 5 6 9 8 2 1 7
8 7 9 2 5 1 4 3 6
```

Solution # 735

```
8 7 3 9 2 5 6 1 4
2 5 4 7 1 6 8 3 9
9 1 6 8 4 3 2 7 5
4 6 9 5 3 2 1 8 7
3 2 7 1 9 8 4 5 6
5 8 1 6 7 4 3 9 2
7 9 8 2 6 1 5 4 3
6 3 5 4 8 9 7 2 1
1 4 2 3 5 7 9 6 8
```

```
9 3 7 5 1 2 6 8 4
4 8 2 6 3 9 1 7 5
5 1 6 8 7 4 9 2 3
7 5 1 4 2 6 8 3 9
2 6 8 9 5 3 7 4 1
3 4 9 1 8 7 5 6 2
8 9 3 2 6 5 4 1 7
1 2 5 7 4 8 3 9 6
6 7 4 3 9 1 2 5 8
```

Solution # 737

```
3 5 2 9 1 8 7 4 6
1 7 4 3 2 6 9 8 5
9 8 6 5 4 7 2 1 3
7 1 5 4 9 3 8 6 2
8 4 9 1 6 2 5 3 7
6 2 3 8 7 5 1 9 4
4 3 8 2 5 9 6 7 1
5 9 7 6 3 1 4 2 8
2 6 1 7 8 4 3 5 9
```

Solution # 738

```
2 4 3 8 1 9 6 7 5
5 7 1 3 6 2 4 8 9
8 6 9 7 4 5 3 2 1
3 5 8 4 2 7 9 1 6
7 1 4 9 3 6 8 5 2
9 2 6 5 8 1 7 4 3
1 3 5 6 7 4 2 9 8
4 8 2 1 9 3 5 6 7
6 9 7 2 5 8 1 3 4
```

Solution # 739

```
9 7 5 1 6 3 8 4 2
2 6 4 8 9 5 7 3 1
8 3 1 4 2 7 9 6 5
3 5 8 2 4 1 6 9 7
4 2 6 5 7 9 3 1 8
7 1 9 6 3 8 5 2 4
6 8 3 7 1 4 2 5 9
5 4 2 9 8 6 1 7 3
1 9 7 3 5 2 4 8 6
```

Solution # 740

```
8 2 6 9 1 3 4 5 7
4 9 7 6 5 2 3 1 8
5 3 1 8 7 4 6 9 2
2 4 8 3 9 1 5 7 6
9 7 5 4 6 8 1 2 3
1 6 3 7 2 5 8 4 9
3 1 2 5 8 7 9 6 4
6 5 4 2 3 9 7 8 1
7 8 9 1 4 6 2 3 5
```

Solution # 741

```
4 6 7 5 2 1 3 9 8
9 8 1 6 4 3 5 2 7
5 2 3 9 8 7 1 4 6
1 9 4 3 5 6 8 7 2
8 5 6 2 7 9 4 3 1
3 7 2 4 1 8 6 5 9
2 3 9 1 6 5 7 8 4
6 4 8 7 3 2 9 1 5
7 1 5 8 9 4 2 6 3
```

Solution # 742

```
6 7 5 1 9 2 8 4 3
8 1 4 6 7 3 5 2 9
9 2 3 4 5 8 7 1 6
3 5 6 2 8 1 4 9 7
1 4 9 7 3 5 2 6 8
7 8 2 9 6 4 1 3 5
5 9 1 8 4 6 3 7 2
2 3 7 5 1 9 6 8 4
4 6 8 3 2 7 9 5 1
```

Solution # 743

```
9 5 8 3 1 4 6 2 7
6 7 3 8 2 9 5 4 1
4 2 1 6 7 5 3 8 9
8 1 9 5 4 2 7 6 3
5 6 7 1 8 3 4 9 2
2 3 4 9 6 7 1 5 8
1 4 5 7 9 8 2 3 6
3 8 6 2 5 1 9 7 4
7 9 2 4 3 6 8 1 5
```

Solution # 744

```
5 7 6 4 8 3 1 9 2
1 9 2 6 5 7 8 4 3
3 8 4 2 9 1 7 5 6
7 6 3 8 1 4 9 2 5
9 5 1 7 6 2 4 3 8
2 4 8 9 3 5 6 1 7
8 2 9 3 4 6 5 7 1
4 1 7 5 2 8 3 6 9
6 3 5 1 7 9 2 8 4
```

Solution # 745

```
1 6 9 3 5 2 7 4 8
8 2 5 7 4 9 1 3 6
4 7 3 8 6 1 5 9 2
2 5 6 4 3 7 8 1 9
3 1 4 2 9 8 6 5 7
9 8 7 5 1 6 4 2 3
6 4 2 1 8 3 9 7 5
7 9 1 6 2 5 3 8 4
5 3 8 9 7 4 2 6 1
```

Solution # 746

```
9 7 8 5 2 3 6 1 4
1 6 3 4 9 7 5 2 8
5 4 2 1 8 6 9 3 7
4 2 9 3 1 5 8 7 6
6 3 5 7 4 8 1 9 2
7 8 1 2 6 9 4 5 3
3 1 7 6 5 4 2 8 9
2 9 4 8 3 1 7 6 5
8 5 6 9 7 2 3 4 1
```

Solution # 747

```
9 7 8 1 5 3 4 2 6
3 6 2 4 9 8 7 1 5
1 4 5 6 2 7 3 8 9
4 2 3 8 6 1 9 5 7
7 1 9 5 4 2 8 6 3
5 8 6 7 3 9 1 4 2
2 3 4 9 8 5 6 7 1
6 9 7 2 1 4 5 3 8
8 5 1 3 7 6 2 9 4
```

Solution # 748

```
9 6 3 2 7 1 8 4 5
4 7 1 8 5 9 6 3 2
5 8 2 3 4 6 1 7 9
6 4 8 9 1 5 7 2 3
3 9 7 4 6 2 5 1 8
1 2 5 7 3 8 4 9 6
8 3 4 6 2 7 9 5 1
2 5 6 1 9 4 3 8 7
7 1 9 5 8 3 2 6 4
```

Solution # 749

```
2 8 3 4 1 7 6 9 5
4 7 6 5 9 2 1 8 3
1 9 5 3 8 6 7 4 2
8 4 2 9 6 3 5 1 7
5 6 7 8 4 1 2 3 9
9 3 1 7 2 5 8 6 4
7 2 9 1 3 8 4 5 6
3 5 8 6 7 4 9 2 1
6 1 4 2 5 9 3 7 8
```

Solution # 750

```
2 7 6 8 1 5 4 3 9
8 1 9 6 4 3 2 7 5
3 5 4 2 9 7 1 8 6
7 3 1 9 5 6 8 4 2
4 9 2 3 7 8 5 6 1
5 6 8 1 2 4 3 9 7
1 2 3 4 6 9 7 5 8
9 4 5 7 8 1 6 2 3
6 8 7 5 3 2 9 1 4
```

Solution # 751

```
9 4 1 7 2 3 6 5 8
6 8 7 4 1 5 3 2 9
5 2 3 9 8 6 1 4 7
8 6 5 3 9 1 2 7 4
7 1 4 8 5 2 9 6 3
2 3 9 6 7 4 8 1 5
3 7 6 2 4 8 5 9 1
1 9 8 5 6 7 4 3 2
4 5 2 1 3 9 7 8 6
```

Solution # 752

```
9 6 8 5 1 4 2 7 3
7 5 3 2 8 6 1 4 9
1 4 2 3 9 7 5 6 8
8 3 1 4 5 2 7 9 6
4 2 7 1 6 9 3 8 5
6 9 5 8 7 3 4 1 2
5 8 6 7 3 1 9 2 4
3 1 4 9 2 8 6 5 7
2 7 9 6 4 5 8 3 1
```

Solution # 753

```
7 4 3 1 9 5 6 2 8
9 8 2 7 6 3 1 4 5
6 5 1 4 2 8 9 7 3
8 7 4 6 1 9 5 3 2
3 9 6 2 5 7 8 1 4
2 1 5 8 3 4 7 9 6
5 2 7 3 8 1 4 6 9
1 3 8 9 4 6 2 5 7
4 6 9 5 7 2 3 8 1
```

Solution # 754

```
8 6 3 1 7 5 4 2 9
2 4 7 8 9 3 5 1 6
1 9 5 4 2 6 8 7 3
5 3 6 2 1 8 7 9 4
7 1 4 3 5 9 2 6 8
9 8 2 7 6 4 1 3 5
4 7 8 6 3 1 9 5 2
6 5 1 9 8 2 3 4 7
3 2 9 5 4 7 6 8 1
```

Solution # 755

```
4 9 8 3 1 5 6 2 7
5 7 2 6 8 9 1 4 3
1 6 3 2 7 4 9 8 5
3 2 6 7 9 8 5 1 4
7 4 1 5 3 2 8 6 9
9 8 5 1 4 6 3 7 2
8 3 4 9 2 1 7 5 6
6 1 9 4 5 7 2 3 8
2 5 7 8 6 3 4 9 1
```

Solution # 756

```
8 2 6 5 3 9 4 7 1
3 9 7 1 8 4 6 2 5
1 5 4 7 6 2 8 9 3
4 3 1 6 2 8 7 5 9
2 8 5 9 7 3 1 6 4
7 6 9 4 5 1 3 8 2
9 7 8 3 4 5 2 1 6
5 4 2 8 1 6 9 3 7
6 1 3 2 9 7 5 4 8
```

Solution # 757

```
7 4 5 1 3 6 2 9 8
8 2 6 7 5 9 1 3 4
9 1 3 8 4 2 7 5 6
5 8 9 3 6 7 4 2 1
6 7 2 4 9 1 3 8 5
1 3 4 5 2 8 9 6 7
4 9 7 6 8 3 5 1 2
2 6 1 9 7 5 8 4 3
3 5 8 2 1 4 6 7 9
```

Solution # 758

```
9 7 5 8 1 2 6 4 3
1 8 6 3 7 4 9 5 2
4 3 2 6 9 5 1 8 7
3 5 8 1 2 9 7 6 4
2 4 9 7 8 6 5 3 1
7 6 1 4 5 3 2 9 8
5 9 3 2 4 1 8 7 6
8 2 4 9 6 7 3 1 5
6 1 7 5 3 8 4 2 9
```

Solution # 759

```
6 5 8 1 9 4 3 2 7
2 3 4 8 7 5 6 1 9
9 7 1 2 3 6 8 5 4
3 9 7 6 1 2 4 8 5
1 8 6 5 4 9 7 3 2
5 4 2 7 8 3 9 6 1
4 2 5 3 6 7 1 9 8
8 6 9 4 5 1 2 7 3
7 1 3 9 2 8 5 4 6
```

Solution # 760

```
8 2 9 1 6 7 4 3 5
4 7 6 9 3 5 1 2 8
3 1 5 8 2 4 7 6 9
7 9 3 4 1 8 2 5 6
2 5 8 6 7 3 9 4 1
6 4 1 5 9 2 8 7 3
1 6 2 3 4 9 5 8 7
5 3 4 7 8 1 6 9 2
9 8 7 2 5 6 3 1 4
```

Solution # 761

```
7 8 1 3 9 6 5 4 2
4 9 5 8 1 2 3 7 6
6 3 2 7 5 4 9 8 1
1 2 8 6 4 9 7 5 3
5 6 7 1 8 3 2 9 4
9 4 3 2 7 5 6 1 8
2 1 4 5 6 7 8 3 9
3 7 9 4 2 8 1 6 5
8 5 6 9 3 1 4 2 7
```

Solution # 762

```
5 3 1 8 6 2 4 9 7
8 9 2 4 5 7 6 1 3
4 6 7 3 1 9 8 2 5
7 2 8 6 9 3 1 5 4
3 5 9 1 2 4 7 6 8
1 4 6 7 8 5 9 3 2
9 8 3 2 7 6 5 4 1
2 7 5 9 4 1 3 8 6
6 1 4 5 3 8 2 7 9
```

Solution # 763

```
1 9 7 8 3 5 2 4 6
5 8 6 9 4 2 7 1 3
4 2 3 1 7 6 8 9 5
2 5 9 7 8 3 1 6 4
7 6 1 4 2 9 3 5 8
3 4 8 5 6 1 9 2 7
8 1 2 3 5 4 6 7 9
9 3 4 6 1 7 5 8 2
6 7 5 2 9 8 4 3 1
```

Solution # 764

```
4 8 3 7 9 6 5 2 1
6 2 1 3 4 5 8 7 9
7 9 5 8 2 1 6 4 3
3 5 9 4 8 2 1 6 7
8 6 2 5 1 7 9 3 4
1 7 4 9 6 3 2 8 5
2 3 6 1 7 4 9 5 8
5 4 8 2 3 9 7 1 6
9 1 7 6 5 8 4 3 2
```

Solution # 765

```
9 1 3 7 6 4 8 2 5
6 2 8 5 9 1 3 4 7
5 7 4 8 2 3 9 6 1
4 6 5 2 7 8 1 9 3
3 9 1 6 4 5 2 7 8
7 8 2 1 3 9 6 5 4
8 3 9 4 5 6 7 1 2
2 4 6 3 1 7 5 8 9
1 5 7 9 8 2 4 3 6
```

Solution # 766

```
8 7 1 4 6 3 9 5 2
6 9 5 1 7 2 4 8 3
3 4 2 8 9 5 1 7 6
9 3 4 6 1 8 7 2 5
5 8 7 2 4 9 6 3 1
1 2 6 3 5 7 8 4 9
4 5 8 9 2 6 3 1 7
2 6 3 7 8 1 5 9 4
7 1 9 5 3 4 2 6 8
```

Solution # 767

```
3 8 5 9 6 7 2 1 4
6 2 7 4 1 5 9 3 8
9 4 1 3 8 2 5 7 6
5 1 6 8 9 4 3 2 7
8 9 3 1 7 6 4 5 2
7 6 2 5 3 8 1 4 9
4 3 8 7 2 1 6 9 5
1 5 9 6 4 3 7 8 2
2 7 4 2 5 9 8 6 3
```

Solution # 768

```
7 3 4 1 2 6 5 9 8
8 2 6 5 4 9 7 1 3
9 5 1 8 7 3 6 2 4
1 6 2 4 9 5 3 8 7
3 8 9 7 6 1 4 5 2
5 4 7 3 8 2 9 6 1
4 1 5 9 3 8 2 7 6
2 9 3 6 1 7 8 4 5
6 7 8 2 5 4 1 3 9
```

Solution # 769

```
9 2 7 5 8 4 3 6 1
5 1 6 3 2 9 4 8 7
3 8 4 7 1 6 5 9 2
1 5 8 2 6 3 7 4 9
4 9 3 1 7 5 8 2 6
6 7 2 9 4 8 1 3 5
8 6 1 4 5 2 9 7 3
7 4 9 6 3 1 2 5 8
2 3 5 8 9 7 6 1 4
```

Solution # 770

```
9 7 6 2 8 5 1 4 3
4 3 2 1 9 7 8 6 5
1 8 5 3 6 4 7 9 2
2 6 8 4 7 9 5 3 1
7 9 4 5 3 1 2 8 6
3 5 1 8 2 6 4 7 9
6 2 9 7 5 8 3 1 4
5 1 7 9 4 3 6 2 8
8 4 3 6 1 2 9 5 7
```

Solution # 771

```
8 9 7 2 4 1 5 3 6
4 3 1 5 6 8 2 7 9
5 6 2 9 7 3 8 1 4
6 4 8 7 1 5 9 2 3
1 2 5 4 3 9 7 6 8
3 7 9 8 2 6 1 4 5
9 1 4 3 5 7 6 8 2
7 5 3 6 8 2 4 9 1
2 8 6 1 9 4 3 5 7
```

Solution # 772

```
2 3 5 8 1 4 6 7 9
6 7 9 3 2 5 8 1 4
1 4 8 9 7 6 3 2 5
3 1 6 7 5 2 4 9 8
7 9 2 4 8 3 1 5 6
8 5 4 1 6 9 7 3 2
4 6 7 5 9 1 2 8 3
9 8 3 2 4 7 5 6 1
5 2 1 6 3 8 9 4 7
```

Solution # 773

```
9 5 7 2 3 8 4 6 1
2 3 1 6 9 4 7 8 5
6 8 4 1 7 5 2 9 3
1 4 9 7 8 3 6 5 2
8 6 5 4 1 2 9 3 7
3 7 2 9 5 6 8 1 4
7 9 6 3 2 1 5 4 8
5 2 3 8 4 9 1 7 6
4 1 8 5 6 7 3 2 9
```

Solution # 774

```
7 4 3 9 5 2 8 6 1
2 1 5 8 6 7 3 9 4
9 6 8 3 4 1 5 2 7
1 9 6 5 3 8 4 7 2
4 3 2 7 1 6 9 8 5
5 8 7 2 9 4 1 3 6
6 7 9 4 8 5 2 1 3
8 2 4 1 7 3 6 5 9
3 5 1 6 2 9 7 4 8
```

Solution # 775

```
7 5 1 8 2 3 6 9 4
6 8 3 4 5 9 1 2 7
4 2 9 7 1 6 5 8 3
9 6 8 2 7 5 3 4 1
1 7 2 3 8 4 9 6 5
3 4 5 9 6 1 2 7 8
8 1 4 5 9 2 7 3 6
5 9 7 6 3 8 4 1 2
2 3 6 1 4 7 8 5 9
```

Solution # 776

```
6 7 4 2 5 1 8 9 3
8 3 2 7 6 9 4 1 5
9 1 5 3 8 4 2 7 6
5 4 1 8 7 3 9 6 2
7 9 6 1 4 2 5 3 8
2 8 3 6 9 5 1 4 7
3 5 9 4 2 6 7 8 1
4 6 8 5 1 7 3 2 9
1 2 7 9 3 8 6 5 4
```

Solution # 777

```
1 3 7 6 5 9 8 2 4
9 5 4 2 8 3 1 7 6
8 6 2 7 4 1 9 5 3
4 2 9 5 1 6 7 3 8
5 8 1 4 3 7 6 9 2
6 7 3 8 9 2 5 4 1
2 1 6 9 7 4 3 8 5
7 4 8 3 6 5 2 1 9
3 9 5 1 2 8 4 6 7
```

Solution # 778

```
4 1 3 5 7 6 2 9 8
7 9 2 8 1 3 5 6 4
8 6 5 4 9 2 7 1 3
9 2 8 7 4 1 6 3 5
1 5 7 3 6 9 8 4 2
3 4 6 2 5 8 1 7 9
6 3 4 1 2 5 9 8 7
5 8 1 9 3 7 4 2 6
2 7 9 6 8 4 3 5 1
```

Solution # 779

```
5 7 2 8 9 3 1 6 4
3 9 4 6 7 1 5 2 8
6 8 1 5 2 4 3 9 7
9 4 6 3 1 8 2 7 5
7 2 8 9 5 6 4 1 3
1 3 5 2 4 7 9 8 6
4 6 3 1 8 9 7 5 2
8 5 9 7 3 2 6 4 1
2 1 7 4 6 5 8 3 9
```

Solution # 780

```
7 6 2 5 1 3 8 9 4
1 8 4 2 9 6 5 3 7
9 5 3 8 7 4 6 2 1
4 1 8 6 3 2 7 5 9
2 9 6 7 5 1 4 8 3
3 7 5 4 8 9 1 6 2
6 4 7 3 2 5 9 1 8
5 3 1 9 4 8 2 7 6
8 2 9 1 6 7 3 4 5
```

Solution # 781

```
1 4 6 9 7 8 5 2 3
3 5 7 1 4 2 8 9 6
8 2 9 3 5 6 4 1 7
9 8 5 7 6 4 2 3 1
4 6 3 2 8 1 9 7 5
2 7 1 5 3 9 6 4 8
5 9 2 8 1 3 7 6 4
7 1 4 6 9 5 3 8 2
6 3 8 4 2 7 1 5 9
```

Solution # 782

```
9 7 4 3 1 2 6 5 8
3 8 1 7 5 6 2 4 9
6 5 2 4 8 9 7 3 1
4 3 6 9 7 8 5 1 2
5 1 9 2 6 4 3 8 7
8 2 7 1 3 5 4 9 6
1 4 5 8 2 7 9 6 3
2 9 8 6 4 3 1 7 5
7 6 3 5 9 1 8 2 4
```

Solution # 783

```
5 1 2 7 3 9 4 8 6
7 3 9 6 4 8 2 1 5
8 4 6 1 5 2 9 3 7
4 8 7 5 2 1 3 6 9
3 2 1 9 6 4 7 5 8
6 9 5 8 7 3 1 4 2
9 7 8 3 1 5 6 2 4
1 6 4 2 8 7 5 9 3
2 5 3 4 9 6 8 7 1
```

Solution # 784

```
4 7 2 6 3 5 8 9 1
6 9 5 2 8 1 3 7 4
1 3 8 4 9 7 6 5 2
5 2 7 8 4 6 1 3 9
9 4 6 5 1 3 2 8 7
3 8 1 9 7 2 4 6 5
7 5 3 1 6 4 9 2 8
2 1 9 3 5 8 7 4 6
8 6 4 7 2 9 5 1 3
```

Solution # 785

```
7 4 3 1 8 2 6 5 9
1 8 9 6 5 7 2 3 4
2 6 5 3 4 9 7 8 1
3 9 8 2 7 5 4 1 6
6 7 1 4 3 8 5 9 2
4 5 2 9 1 6 3 7 8
8 2 7 5 9 4 1 6 3
5 1 4 8 6 3 9 2 7
9 3 6 7 2 1 8 4 5
```

Solution # 786

```
3 4 6 1 8 9 7 2 5
1 2 9 6 7 5 4 8 3
5 8 7 4 3 2 1 6 9
7 6 3 5 1 4 8 9 2
2 9 1 3 6 8 5 4 7
8 5 4 9 2 7 3 1 6
9 3 8 2 5 1 6 7 4
4 1 5 7 9 6 2 3 8
6 7 2 8 4 3 9 5 1
```

Solution # 787

```
5 6 4 2 7 9 1 3 8
8 2 7 1 5 3 4 9 6
1 3 9 4 6 8 7 2 5
2 1 3 8 9 4 5 6 7
6 9 5 7 3 1 8 4 2
4 7 8 5 2 6 9 1 3
3 8 2 9 4 5 6 7 1
7 4 1 6 8 2 3 5 9
9 5 6 3 1 7 2 8 4
```

Solution # 788

```
8 9 5 1 6 7 4 2 3
4 3 1 8 2 5 9 6 7
6 7 2 9 3 4 5 8 1
5 8 6 7 4 1 3 9 2
3 4 7 6 9 2 1 5 8
2 1 9 5 8 3 7 4 6
7 5 4 2 1 8 6 3 9
1 6 8 3 5 9 2 7 4
9 2 3 4 7 6 8 1 5
```

Solution # 789

```
9 7 8 6 5 2 4 1 3
6 4 1 8 3 9 5 7 2
5 2 3 7 4 1 6 8 9
3 6 2 4 1 8 9 5 7
8 9 4 3 7 5 2 6 1
7 1 5 2 9 6 8 3 4
2 5 9 1 8 7 3 4 6
1 3 6 5 2 4 7 9 8
4 8 7 9 6 3 1 2 5
```

Solution # 790

```
9 1 4 8 7 5 3 6 2
8 6 2 1 9 3 4 5 7
5 7 3 4 2 6 1 8 9
4 3 9 2 5 1 6 7 8
1 8 5 6 3 7 2 9 4
7 2 6 9 8 4 5 1 3
2 4 7 5 1 9 8 3 6
3 5 8 7 6 2 9 4 1
6 9 1 3 4 8 7 2 5
```

Solution # 791

```
9 4 2 3 5 8 6 1 7
3 1 6 9 4 7 8 2 5
7 8 5 6 1 2 4 9 3
4 7 1 5 8 9 2 3 6
2 5 9 4 3 6 1 7 8
6 3 8 7 2 1 5 4 9
1 2 3 8 7 5 9 6 4
5 6 7 1 9 4 3 8 2
8 9 4 2 6 3 7 5 1
```

Solution # 792

```
3 4 6 8 2 1 5 7 9
1 2 5 6 9 7 3 8 4
7 9 8 3 4 5 1 6 2
4 8 3 7 6 9 2 1 5
5 6 7 1 3 2 9 4 8
9 1 2 4 5 8 6 3 7
2 3 4 5 8 6 7 9 1
6 5 1 9 7 4 8 2 3
8 7 9 2 1 3 4 5 6
```

Solution # 793

```
8 7 2 4 3 6 9 1 5
6 3 5 9 1 2 8 7 4
4 1 9 5 7 8 2 6 3
9 4 1 6 8 5 7 3 2
7 6 8 2 9 3 4 5 1
5 2 3 7 4 1 6 9 8
2 9 4 1 5 7 3 8 6
1 8 7 3 6 4 5 2 9
3 5 6 8 2 9 1 4 7
```

Solution # 794

```
6 8 7 1 3 9 5 2 4
2 3 1 7 5 4 9 6 8
4 9 5 8 2 6 3 1 7
7 5 3 6 8 1 4 9 2
9 6 8 5 4 2 1 7 3
1 4 2 3 9 7 8 5 6
8 2 6 4 1 5 7 3 9
3 1 9 2 7 8 6 4 5
5 7 4 9 6 3 2 8 1
```

Solution # 795

```
9 3 4 2 1 7 6 8 5
2 6 7 8 4 5 9 1 3
8 5 1 3 6 9 4 7 2
3 2 8 5 7 4 1 6 9
5 1 9 6 8 2 7 3 4
4 7 6 9 3 1 2 5 8
7 8 5 4 2 6 3 9 1
6 4 3 1 9 8 5 2 7
1 9 2 7 5 3 8 4 6
```

Solution # 796

```
7 9 5 8 6 3 1 2 4
6 4 3 2 7 1 9 5 8
1 8 2 4 5 9 7 3 6
5 2 7 6 1 8 4 9 3
3 6 8 9 4 7 5 1 2
4 1 9 3 2 5 8 6 7
8 7 6 1 9 2 3 4 5
2 3 1 5 8 4 6 7 9
9 5 4 7 3 6 2 8 1
```

Solution # 797

```
2 7 8 4 9 5 3 1 6
9 3 1 2 7 6 4 8 5
4 5 6 8 1 3 7 2 9
8 6 9 7 5 1 2 4 3
5 1 7 3 2 4 6 9 8
3 4 2 9 6 8 1 5 7
7 9 5 1 3 2 8 6 4
1 8 3 6 4 9 5 7 2
6 2 4 5 8 7 9 3 1
```

Solution # 798

```
3 8 1 7 9 4 6 5 2
5 9 7 6 3 2 1 4 8
6 2 4 8 5 1 9 3 7
2 1 9 5 8 6 3 7 4
8 6 3 4 2 7 5 1 9
4 7 5 9 1 3 8 2 6
7 5 8 1 4 9 2 6 3
1 4 2 3 6 8 7 9 5
9 3 6 2 7 5 4 8 1
```

Solution # 799

```
8 7 5 2 6 9 1 3 4
4 3 6 1 5 7 8 9 2
9 2 1 3 4 8 5 6 7
7 4 8 6 9 3 2 5 1
1 6 2 5 8 4 9 7 3
5 9 3 7 1 2 6 4 8
2 1 9 4 3 5 7 8 6
6 8 4 9 7 1 3 2 5
3 5 7 8 2 6 4 1 9
```

Solution # 800

```
6 2 7 5 8 3 1 4 9
1 5 9 7 2 4 8 6 3
8 3 4 9 6 1 2 7 5
3 9 8 2 1 7 6 5 4
2 6 5 4 9 8 7 3 1
4 7 1 6 3 5 9 8 2
5 8 6 1 4 2 3 9 7
7 1 3 8 5 9 4 2 6
9 4 2 3 7 6 5 1 8
```

Solution # 801

```
9 6 3 4 7 8 2 1 5
2 8 5 3 1 9 4 6 7
7 1 4 2 6 5 3 9 8
4 9 2 6 8 3 5 7 1
3 7 6 5 2 1 8 4 9
1 5 8 9 4 7 6 3 2
6 2 1 8 9 4 7 5 3
5 4 9 7 3 2 1 8 6
8 3 7 1 5 6 9 2 4
```

Solution # 802

```
8 5 4 1 6 3 7 9 2
1 7 9 8 2 4 3 5 6
6 2 3 9 7 5 1 4 8
4 6 2 3 5 7 9 8 1
7 1 5 4 8 9 2 6 3
3 9 8 6 1 2 4 7 5
2 4 7 5 3 8 6 1 9
9 8 6 2 4 1 5 3 7
5 3 1 7 9 6 8 2 4
```

Solution # 803

```
3 5 7 4 2 9 1 8 6
8 4 9 6 5 1 7 2 3
6 2 1 8 3 7 4 9 5
9 1 4 3 8 5 6 7 2
5 8 2 7 4 6 9 3 1
7 6 3 1 9 2 8 5 4
1 9 6 5 7 3 2 4 8
2 3 8 9 6 4 5 1 7
4 7 5 2 1 8 3 6 9
```

Solution # 804

```
7 6 3 9 4 8 1 5 2
8 2 5 7 1 3 6 4 9
1 9 4 6 5 2 8 7 3
9 3 1 4 7 5 2 8 6
4 5 2 8 9 6 7 3 1
6 8 7 3 2 1 4 9 5
2 7 6 5 8 9 3 1 4
3 4 9 1 6 7 5 2 8
5 1 8 2 3 4 9 6 7
```

Solution # 805

```
5 3 7 2 1 6 8 4 9
9 8 6 3 7 4 1 2 5
2 1 4 5 8 9 7 6 3
7 4 2 1 6 3 5 9 8
6 5 1 9 2 8 4 3 7
3 9 8 7 4 5 2 1 6
8 6 5 4 3 1 9 7 2
1 2 9 6 5 7 3 8 4
4 7 3 8 9 2 6 5 1
```

Solution # 806
```
1 6 4 8 7 5 3 9 2
2 7 5 9 3 6 8 4 1
9 8 3 1 4 2 6 5 7
6 5 9 2 8 7 4 1 3
4 1 8 6 9 3 2 7 5
7 3 2 5 1 4 9 6 8
8 2 1 4 5 9 7 3 6
3 9 6 7 2 1 5 8 4
5 4 7 3 6 8 1 2 9
```

Solution # 807
```
3 1 4 7 2 5 8 9 6
8 2 5 9 3 6 7 1 4
7 6 9 1 4 8 3 2 5
2 9 1 4 8 7 6 5 3
6 8 3 5 9 2 1 4 7
5 4 7 6 1 3 9 8 2
9 7 6 8 5 4 2 3 1
4 3 8 2 7 1 5 6 9
1 5 2 3 6 9 4 7 8
```

Solution # 808
```
3 6 1 4 5 2 9 7 8
5 8 7 9 1 6 3 2 4
4 2 9 3 8 7 1 5 6
6 7 2 1 9 3 4 8 5
1 9 4 8 2 5 6 3 7
8 3 5 6 7 4 2 1 9
7 4 6 2 3 8 5 9 1
9 5 3 7 4 1 8 6 2
2 1 8 5 6 9 7 4 3
```

Solution # 809
```
4 7 2 8 9 1 6 3 5
5 3 9 4 6 2 8 7 1
6 1 8 5 3 7 4 2 9
3 4 5 7 1 6 9 8 2
1 2 6 9 4 8 7 5 3
9 8 7 2 5 3 1 4 6
8 5 1 3 7 9 2 6 4
2 9 3 6 8 4 5 1 7
7 6 4 1 2 5 3 9 8
```

Solution # 810
```
4 1 2 8 7 3 6 5 9
7 9 8 4 6 5 1 2 3
5 6 3 2 9 1 8 7 4
2 7 6 5 8 9 3 4 1
9 3 4 1 2 6 7 8 5
8 5 1 7 3 4 9 6 2
3 4 9 6 5 8 2 1 7
1 8 7 9 4 2 5 3 6
6 2 5 3 1 7 4 9 8
```

Solution # 811
```
6 3 1 7 4 9 2 5 8
5 7 4 3 2 8 1 9 6
9 2 8 1 5 6 4 7 3
8 5 7 2 1 4 6 3 9
3 9 2 8 6 5 7 4 1
4 1 6 9 3 7 8 2 5
7 6 3 5 8 2 9 1 4
2 4 5 6 9 1 3 8 7
1 8 9 4 7 3 5 6 2
```

Solution # 812
```
7 8 4 2 3 5 6 9 1
3 6 5 9 1 8 7 2 4
2 9 1 7 4 6 5 8 3
4 7 2 1 5 3 9 6 8
6 1 3 8 9 7 4 5 2
8 5 9 4 6 2 1 3 7
5 4 6 3 8 1 2 7 9
9 2 8 6 7 4 3 1 5
1 3 7 5 2 9 8 4 6
```

Solution # 813
```
8 4 1 2 9 6 7 5 3
5 2 6 3 8 7 4 1 9
3 7 9 4 1 5 2 6 8
9 6 4 8 2 1 3 7 5
7 8 3 5 6 4 1 9 2
2 1 5 9 7 3 8 4 6
1 9 2 6 4 8 5 3 7
4 5 7 1 3 9 8 2 6
6 3 8 7 5 2 9 4 1
```

Solution # 814
```
9 2 1 3 5 6 7 8 4
4 7 5 8 2 9 6 1 3
8 3 6 7 4 1 9 5 2
1 6 4 9 8 7 3 2 5
3 5 9 4 6 2 8 7 1
2 8 7 1 3 5 4 9 6
7 1 2 6 9 4 5 3 8
5 4 8 2 7 3 1 6 9
6 9 3 5 1 8 2 4 7
```

Solution # 815
```
2 5 7 9 3 8 1 4 6
1 3 4 7 5 6 8 9 2
9 8 6 4 1 2 3 7 5
4 7 9 6 8 1 2 5 3
8 1 5 2 7 3 4 6 9
6 2 3 5 9 4 7 1 8
5 9 2 1 4 7 6 8 3
3 4 1 8 6 5 9 2 7
7 6 8 1 2 9 5 3 4
```

Solution # 816
```
6 1 4 8 7 9 2 5 3
8 7 3 1 5 2 9 4 6
9 2 5 3 4 6 8 7 1
5 9 7 2 3 1 4 6 8
4 3 8 6 9 5 7 1 2
2 6 1 4 8 7 5 3 9
1 5 9 7 6 8 3 2 4
7 4 6 9 2 3 1 8 5
3 8 2 5 1 4 6 9 7
```

Solution # 817
```
6 5 7 8 3 2 4 9 1
4 9 2 5 1 7 6 8 3
1 3 8 6 4 9 7 5 2
7 4 3 1 5 6 9 2 8
9 8 5 7 2 3 1 4 6
2 6 1 9 8 4 5 3 7
8 2 9 4 7 1 3 6 5
3 7 4 2 6 5 8 1 9
5 1 6 3 9 8 2 7 4
```

Solution # 818
```
2 4 8 7 1 5 6 9 3
9 5 1 3 6 4 8 7 2
3 7 6 9 2 8 5 1 4
7 2 9 8 4 6 1 3 5
8 1 5 2 7 3 9 4 6
6 3 4 5 9 1 7 2 8
4 6 2 1 5 7 3 8 9
1 9 3 6 8 2 4 5 7
5 8 7 4 3 9 2 6 1
```

Solution # 819
```
1 6 7 5 8 9 4 3 2
8 4 5 3 2 1 7 6 9
2 9 3 6 7 4 8 1 5
3 2 4 1 5 7 9 8 6
9 7 6 8 4 3 5 2 1
5 8 1 9 6 2 3 7 4
6 1 9 7 3 5 2 4 8
7 5 2 4 1 8 6 9 3
4 3 8 2 9 6 1 5 7
```

Solution # 820
```
8 3 2 5 9 7 6 4 1
7 5 1 8 6 4 9 2 3
4 6 9 1 3 2 8 5 7
1 9 8 2 5 6 3 7 4
6 7 3 4 1 9 5 8 2
2 4 5 7 8 3 1 9 6
9 8 4 6 2 1 7 3 5
3 2 6 9 7 5 4 1 8
5 1 7 3 4 8 2 6 9
```

Solution # 821
```
2 7 8 1 5 9 6 4 3
5 4 6 8 3 7 2 1 9
9 3 1 6 4 2 5 7 8
4 8 7 3 9 5 1 6 2
1 5 3 4 2 6 9 8 7
6 9 2 7 1 8 4 3 5
8 1 5 2 6 3 7 9 4
3 6 9 5 7 4 8 2 1
7 2 4 9 8 1 3 5 6
```

Solution # 822
```
1 7 6 9 8 3 2 5 4
4 3 9 7 5 2 1 6 8
5 2 8 1 4 6 7 9 3
8 5 7 3 2 4 9 1 6
9 4 1 5 6 7 3 8 2
3 6 2 8 1 9 4 7 5
2 1 5 4 9 8 6 3 7
7 9 4 6 3 5 8 2 1
6 8 3 2 7 1 5 4 9
```

Solution # 823
```
6 8 3 5 1 4 9 2 7
1 4 2 7 9 6 3 8 5
5 9 7 8 2 3 1 6 4
2 1 8 3 4 7 6 5 9
3 5 6 9 8 1 4 7 2
4 7 9 2 6 5 8 1 3
7 2 1 4 3 8 5 9 6
8 3 5 6 7 9 2 4 1
9 6 4 1 5 2 7 3 8
```

Solution # 824
```
6 4 5 3 7 2 1 9 8
7 9 3 1 8 6 4 5 2
1 2 8 5 4 9 7 3 6
4 1 7 6 9 8 5 2 3
9 3 6 7 2 5 8 4 1
5 8 2 4 3 1 6 7 9
3 6 1 9 5 4 2 8 7
8 7 4 2 1 3 9 6 5
2 5 9 8 6 7 3 1 4
```

Solution # 825
```
5 4 6 8 3 1 2 9 7
2 9 8 6 4 7 1 3 5
3 1 7 2 9 5 8 6 4
9 3 1 4 5 2 6 7 8
6 5 4 3 7 8 9 2 1
7 8 2 9 1 6 4 5 3
8 7 5 1 6 9 3 4 2
4 2 9 7 8 3 5 1 6
1 6 3 5 2 4 7 8 9
```

Solution # 826
```
2 5 6 9 1 8 7 4 3
1 9 8 3 4 7 5 6 2
4 3 7 6 2 5 1 9 8
6 8 5 4 7 1 2 3 9
9 1 4 2 8 3 6 7 5
7 2 3 5 6 9 8 1 4
8 4 2 7 3 6 9 5 1
5 6 1 8 3 4 9 2 7
3 7 9 1 5 2 4 8 6
```

Solution # 827
```
3 1 4 6 5 7 8 9 2
7 2 5 1 9 8 6 4 3
6 8 9 2 3 4 5 7 1
1 7 8 4 6 3 9 2 5
2 4 6 9 1 5 3 8 7
5 9 3 7 8 2 1 6 4
4 3 1 8 2 9 7 5 6
9 6 2 5 7 1 4 3 8
8 5 7 3 4 6 2 1 9
```

Solution # 828
```
9 1 2 4 3 6 8 7 5
4 7 8 1 5 9 2 3 6
6 3 5 8 7 2 9 4 1
8 4 1 5 9 7 3 6 2
3 5 6 2 8 4 7 1 9
2 9 7 3 6 1 4 5 8
1 6 9 7 4 8 5 2 3
7 8 3 6 2 5 1 9 4
5 2 4 9 1 3 6 8 7
```

Solution # 829
```
7 5 3 1 8 9 6 2 4
8 2 1 5 6 4 9 3 7
4 9 6 2 3 7 5 8 1
1 3 5 9 7 8 2 4 6
6 8 2 4 5 1 3 7 9
9 7 4 6 2 3 8 1 5
2 1 9 3 4 5 7 6 8
5 6 8 7 1 2 4 9 3
3 4 7 8 9 6 1 5 2
```

Solution # 830
```
9 4 8 3 2 7 5 6 1
5 3 1 4 8 6 2 9 7
2 6 7 9 1 5 4 3 8
8 7 4 6 5 1 3 2 9
3 2 9 8 7 4 6 1 5
1 5 6 2 9 3 8 7 4
4 1 2 7 3 8 9 5 6
7 8 3 5 6 9 1 4 2
6 9 5 1 4 2 7 8 3
```

Solution # 831
```
9 7 6 2 8 5 1 4 3
3 8 2 1 6 4 7 9 5
4 5 1 7 9 3 6 8 2
8 2 9 4 3 6 5 7 1
1 6 7 9 5 2 8 3 4
5 3 4 8 7 1 9 2 6
7 1 3 6 4 9 2 5 8
2 4 8 5 1 7 3 6 9
6 9 5 3 2 8 4 1 7
```

Solution # 832
```
8 2 5 9 3 7 1 6 4
9 6 4 1 2 5 8 7 3
1 3 7 6 8 4 2 5 9
7 1 6 2 4 9 3 8 5
2 8 9 7 5 3 4 1 6
4 5 3 8 6 1 9 2 7
3 4 1 5 7 2 6 9 8
5 9 8 4 1 6 7 3 2
6 7 2 3 9 8 5 4 1
```

Solution # 833
```
5 8 7 1 9 6 4 3 2
3 6 2 4 5 7 9 1 8
9 4 1 8 3 2 6 5 7
1 7 4 6 2 8 3 9 5
8 3 5 9 1 4 7 2 6
2 9 6 3 7 5 8 4 1
6 2 8 5 4 3 1 7 9
4 5 9 7 6 1 2 8 3
7 1 3 2 8 9 5 6 4
```

Solution # 834
```
6 1 7 8 3 5 4 2 9
8 3 2 9 4 1 7 6 5
4 9 5 7 6 2 8 1 3
9 2 6 1 8 3 5 7 4
7 5 3 4 2 9 6 8 1
1 8 4 5 7 6 3 9 2
3 4 9 6 1 8 2 5 7
5 7 8 2 9 4 1 3 6
2 6 1 3 5 7 9 4 8
```

Solution # 835
```
3 4 2 5 1 8 7 9 6
1 5 9 7 3 6 2 8 4
8 7 6 9 2 4 5 3 1
2 9 4 1 7 5 8 6 3
6 1 7 4 8 3 9 5 2
5 3 8 6 9 2 1 4 7
7 6 5 2 4 9 3 1 8
9 8 1 3 6 7 4 2 5
4 2 3 8 5 1 6 7 9
```

Solution # 836
```
8 3 2 9 1 6 7 5 4
9 4 7 2 5 8 3 1 6
1 5 6 4 7 3 2 9 8
7 9 1 8 3 5 4 6 2
6 8 3 1 4 2 9 7 5
4 2 5 7 6 9 8 3 1
3 1 4 5 8 7 6 2 9
2 6 8 3 9 1 5 4 7
5 7 9 6 2 4 1 8 3
```

Solution # 837
```
2 4 5 3 1 8 6 9 7
1 7 6 5 9 2 3 8 4
9 3 8 6 4 7 5 2 1
8 5 4 2 6 9 7 1 3
6 9 1 7 8 3 4 5 2
3 2 7 4 5 1 8 6 9
7 8 2 9 3 5 1 4 6
5 6 9 1 7 4 2 3 8
4 1 3 8 2 6 9 7 5
```

Solution # 838
```
4 3 9 1 8 7 6 5 2
2 7 6 5 3 9 1 4 8
5 8 1 4 2 6 3 9 7
3 4 8 9 6 1 7 2 5
1 6 7 8 5 2 4 3 9
9 2 5 7 4 3 8 6 1
7 1 4 3 9 5 2 8 6
8 9 2 6 1 4 5 7 3
6 5 3 2 7 8 9 1 4
```

Solution # 839
```
6 5 8 1 3 9 4 7 2
7 9 4 6 2 8 5 1 3
1 2 3 4 7 5 8 6 9
4 7 1 9 6 2 3 8 5
8 6 5 7 4 3 2 9 1
2 3 9 5 8 1 6 4 7
3 4 7 2 1 6 9 5 8
9 1 2 8 5 4 7 3 6
5 8 6 3 9 7 1 2 4
```

Solution # 840
```
4 2 1 6 3 9 7 5 8
6 5 8 7 1 2 3 9 4
9 7 3 4 8 5 1 6 2
1 4 7 9 5 8 2 3 6
8 9 5 3 2 6 4 1 7
3 6 2 1 4 7 9 8 5
2 8 9 5 7 3 6 4 1
7 3 4 8 6 1 5 2 9
5 1 6 2 9 4 8 7 3
```

Solution # 841
```
6 7 3 5 1 4 8 9 2
5 9 2 7 3 8 1 4 6
1 4 8 9 2 6 3 7 5
2 3 7 8 4 1 5 6 9
4 5 1 2 6 9 7 8 3
8 6 9 3 7 5 4 2 1
3 2 4 1 9 7 6 5 8
9 8 6 4 5 3 2 1 7
7 1 5 6 8 2 9 3 4
```

Solution # 842
```
4 3 5 7 1 9 8 2 6
9 7 2 5 6 8 1 4 3
6 8 1 3 4 2 7 5 9
1 4 3 8 9 6 2 7 5
8 2 9 4 5 7 3 6 1
7 5 6 1 2 3 4 9 8
2 1 8 9 7 5 6 3 4
5 6 4 2 3 1 9 8 7
3 9 7 6 8 4 5 1 2
```

Solution # 843
```
4 9 6 8 2 1 5 7 3
7 8 3 9 4 5 6 1 2
5 2 1 3 6 7 9 8 4
9 7 8 1 3 6 4 2 5
1 3 5 4 8 2 7 6 9
2 6 4 7 5 9 8 3 1
6 1 9 5 7 3 2 4 8
3 4 7 2 9 8 1 5 6
8 5 2 6 1 4 3 9 7
```

Solution # 844
```
2 6 9 8 5 7 4 3 1
5 7 1 9 3 4 8 6 2
3 8 4 6 1 2 9 7 5
1 9 6 5 8 3 7 2 4
4 5 2 1 7 9 3 8 6
7 3 8 4 2 6 5 1 9
6 1 7 3 9 5 2 4 8
9 4 3 2 6 8 1 5 7
8 2 5 7 4 1 6 9 3
```

Solution # 845
```
9 4 8 6 5 2 7 1 3
3 5 2 1 7 9 8 4 6
7 6 1 4 3 8 5 2 9
2 8 3 7 9 1 4 6 5
4 1 9 5 6 3 2 7 8
6 7 5 8 2 4 3 9 1
5 2 7 3 1 6 9 8 4
8 9 6 2 4 5 1 3 7
1 3 4 9 8 7 6 5 2
```

Solution # 846
```
9 2 6 1 8 4 7 3 5
1 7 4 3 9 5 2 8 6
5 3 8 2 7 6 4 1 9
2 9 1 7 4 8 5 6 3
3 4 5 6 2 1 8 9 7
6 8 7 9 5 3 1 2 4
7 6 3 5 1 2 9 4 8
8 5 2 4 6 9 3 7 1
4 1 9 8 3 7 6 5 2
```

Solution # 847
```
8 6 2 3 4 5 1 7 9
9 3 4 8 7 1 5 6 2
7 5 1 2 6 9 4 3 8
6 2 9 1 3 8 7 4 5
4 8 5 6 9 7 2 1 3
3 1 7 5 2 4 8 9 6
2 9 8 4 1 3 6 5 7
5 4 3 7 8 6 9 2 1
1 7 6 9 5 2 3 8 4
```

Solution # 848
```
4 5 2 6 9 1 8 7 3
9 1 7 2 3 8 4 5 6
8 6 3 4 7 5 1 2 9
5 7 4 3 1 6 2 9 8
2 9 6 8 5 4 3 1 7
3 8 1 9 2 7 6 4 5
1 4 8 7 6 9 5 3 2
6 2 9 5 4 3 7 8 1
7 3 5 1 8 2 9 6 4
```

Solution # 849
```
4 1 3 8 2 6 7 5 9
6 7 9 3 4 5 2 8 1
8 5 2 9 1 7 3 6 4
1 2 8 6 7 9 5 4 3
5 9 7 4 3 8 1 2 6
3 4 6 1 5 2 8 9 7
2 6 1 5 9 3 4 7 8
9 3 5 7 8 4 6 1 2
7 8 4 2 6 1 9 3 5
```

Solution # 850
```
1 8 2 5 6 9 4 7 3
6 7 4 8 1 3 5 9 2
5 9 3 4 7 2 8 6 1
2 6 1 7 3 4 9 8 5
9 5 7 2 8 1 6 3 4
4 3 8 9 5 6 2 1 7
7 1 9 6 2 5 3 4 8
3 2 6 1 4 8 7 5 9
8 4 5 3 9 7 2 1 6
```

Solution # 851
```
2 8 5 1 7 9 4 3 6
6 4 9 5 2 3 1 8 7
1 7 3 8 6 4 5 9 2
7 5 1 4 3 8 6 2 9
3 6 4 9 5 2 7 1 8
9 2 8 7 1 6 3 4 5
8 1 6 2 4 7 9 5 3
4 9 7 3 8 5 2 6 1
5 3 2 6 9 1 8 7 4
```

Solution # 852
```
5 2 9 8 4 6 1 7 3
7 6 3 5 1 9 8 4 2
4 1 8 3 7 2 6 5 9
8 5 4 2 3 1 7 9 6
2 7 1 9 6 8 4 3 5
6 4 5 7 2 3 9 1 8
1 8 7 6 9 5 3 2 4
3 9 2 1 8 4 5 6 7
9 3 6 4 5 7 2 8 1
```

Solution # 853
```
5 8 1 3 6 2 7 4 9
4 2 6 8 7 9 5 1 3
3 7 9 4 1 5 2 6 8
2 3 5 7 8 6 1 9 4
9 4 8 5 2 1 3 7 6
6 1 7 9 3 4 8 5 2
7 6 3 1 9 8 4 2 5
1 5 2 6 4 3 9 8 7
8 9 4 2 5 7 6 3 1
```

Solution # 854
```
5 8 6 7 9 3 1 4 2
7 1 9 2 4 5 8 6 3
4 3 2 8 1 6 5 7 9
9 4 7 6 8 2 3 5 1
1 5 8 3 7 9 4 2 6
2 6 3 4 5 1 9 8 7
8 9 4 1 2 7 6 3 5
3 2 1 5 6 8 7 9 4
6 7 5 9 3 4 2 1 8
```

Solution # 855
```
8 1 4 6 2 5 3 9 7
3 2 5 9 7 1 8 4 6
9 7 6 4 8 3 1 2 5
2 6 1 7 5 4 9 3 8
5 8 9 1 3 2 7 6 4
7 4 3 8 6 9 5 1 2
1 5 7 3 4 6 2 8 9
6 3 2 5 9 8 4 7 1
4 9 8 2 1 7 6 5 3
```

Solution # 856
```
5 7 2 1 4 6 9 8 3
9 8 6 3 5 2 1 4 7
3 1 4 7 9 8 5 6 2
2 9 5 8 6 1 3 7 4
4 6 8 5 7 3 2 9 1
7 3 1 4 2 9 8 5 6
1 2 7 9 8 4 6 3 5
8 5 3 6 1 7 4 2 9
6 4 9 2 3 5 7 1 8
```

Solution # 857
```
5 2 8 7 1 9 3 4 6
3 1 6 8 4 5 2 7 9
9 7 4 3 2 6 5 8 1
4 5 3 1 6 7 8 9 2
7 6 9 5 8 2 1 3 4
2 8 1 4 9 3 6 5 7
6 3 5 9 7 1 4 2 8
1 4 7 2 3 8 9 6 5
8 9 2 6 5 4 7 1 3
```

Solution # 858
```
9 6 5 2 7 4 3 1 8
8 7 4 1 3 6 2 5 9
2 1 3 8 9 5 6 4 7
1 4 6 5 8 2 7 9 3
7 3 8 6 4 9 1 2 5
5 2 9 7 1 3 8 6 4
4 9 2 3 6 7 5 8 1
6 8 7 4 5 1 9 3 2
3 5 1 9 2 8 4 7 6
```

Solution # 859
```
1 2 7 8 3 4 9 6 5
8 4 6 9 5 7 1 2 3
5 3 9 2 1 6 4 7 8
9 6 2 1 8 3 5 4 7
7 5 4 6 9 2 3 8 1
3 1 8 7 4 5 6 9 2
4 7 3 5 6 8 2 1 9
6 8 1 3 2 9 7 5 4
2 9 5 4 7 1 8 3 6
```

Solution # 860
```
9 1 4 5 3 2 8 6 7
3 7 8 6 9 4 5 2 1
6 5 2 1 7 8 9 3 4
8 4 6 3 2 1 7 9 5
2 9 7 4 8 5 6 1 3
1 3 5 7 6 9 4 8 2
4 8 3 9 1 7 2 5 6
5 6 9 2 4 3 1 7 8
7 2 1 8 5 6 3 4 9
```

Solution # 861
```
2 5 3 9 8 1 7 4 6
1 9 4 7 6 3 2 5 8
6 7 8 4 2 5 3 1 9
5 8 1 2 3 9 6 7 4
3 6 7 8 1 4 9 2 5
9 4 2 6 5 7 8 3 1
4 1 6 3 7 8 5 9 2
7 2 9 5 4 6 1 8 3
8 3 5 1 9 2 4 6 7
```

Solution # 862
```
9 2 4 8 7 1 6 5 3
7 5 6 4 3 2 1 9 8
3 8 1 6 5 9 4 7 2
6 7 2 1 8 5 9 3 4
4 3 9 7 2 6 8 1 5
5 1 8 9 4 3 7 2 6
1 9 5 2 6 4 3 8 7
8 4 3 5 9 7 2 6 1
2 6 7 3 1 8 5 4 9
```

Solution # 863
```
1 5 4 3 7 2 8 9 6
9 8 6 5 1 4 7 2 3
3 7 2 9 8 6 4 1 5
8 1 5 6 4 9 2 3 7
7 4 3 8 2 1 6 5 9
2 6 9 7 5 3 1 8 4
6 9 7 2 3 8 5 4 1
4 3 8 1 6 5 9 7 2
5 2 1 4 9 7 3 6 8
```

Solution # 864
```
7 1 6 4 3 5 2 9 8
2 5 8 6 7 9 3 1 4
3 9 4 1 2 8 7 5 6
4 2 1 7 6 3 5 8 9
5 3 7 8 9 1 4 6 2
6 8 9 2 5 4 1 3 7
1 4 5 9 8 2 6 7 3
8 7 2 3 1 6 9 4 5
9 6 3 5 4 7 8 2 1
```

Solution # 865
```
1 8 5 3 4 7 9 2 6
7 6 4 2 9 1 3 8 5
3 2 9 8 6 5 7 1 4
5 4 2 1 7 9 8 6 3
8 7 1 5 3 6 2 4 9
9 3 6 4 8 2 1 5 7
6 5 8 7 1 3 4 9 2
4 9 7 6 2 8 5 3 1
2 1 3 9 5 4 6 7 8
```

Solution # 866
```
6 8 7 1 4 2 9 3 5
5 2 9 6 3 8 1 4 7
3 4 1 9 7 5 8 2 6
8 3 2 4 6 1 5 7 9
4 1 5 7 2 9 6 8 3
7 9 6 8 5 3 4 1 2
9 7 4 3 1 6 2 5 8
1 5 8 2 9 7 3 6 4
2 6 3 5 8 4 7 9 1
```

Solution # 867
```
9 3 6 8 2 1 5 4 7
8 2 4 6 5 7 3 1 9
7 1 5 3 9 4 8 2 6
4 9 2 5 3 6 7 8 1
1 8 3 7 4 2 6 9 5
6 5 7 9 1 8 2 3 4
2 7 8 1 6 9 4 5 3
5 6 1 4 8 3 9 7 2
3 4 9 2 7 5 1 6 8
```

Solution # 868
```
3 5 7 6 1 8 4 2 9
2 1 8 4 9 7 6 5 3
6 4 9 2 5 3 7 1 8
8 9 6 1 2 4 5 3 7
1 3 5 7 6 9 2 8 4
4 7 2 3 8 5 1 9 6
5 6 3 9 4 1 8 7 2
9 8 4 5 7 2 3 6 1
7 2 1 8 3 6 9 4 5
```

Solution # 869
```
8 3 7 9 6 1 2 4 5
4 1 5 7 2 8 9 3 6
2 6 9 4 3 5 1 8 7
1 9 8 6 5 2 3 7 4
7 2 3 8 9 4 6 5 1
6 5 4 1 7 3 8 2 9
9 8 1 3 4 7 5 6 2
3 4 2 5 1 6 7 9 8
5 7 6 2 8 9 4 1 3
```

Solution # 870
```
9 2 6 8 1 4 7 5 3
7 1 8 3 2 5 4 9 6
4 3 5 7 9 6 8 2 1
5 7 2 9 8 1 3 6 4
1 6 3 5 4 7 2 8 9
8 4 9 2 6 3 1 7 5
2 5 1 6 3 8 9 4 7
3 9 7 4 5 2 6 1 8
6 8 4 1 7 9 5 3 2
```

Solution # 871
```
8 1 4 5 2 3 7 6 9
5 3 7 8 9 6 1 2 4
2 6 9 1 7 4 3 5 8
4 8 5 2 3 1 9 7 6
3 9 2 7 6 8 4 1 5
6 7 1 4 5 9 8 3 2
1 4 6 3 8 5 2 9 7
9 2 8 6 1 7 5 4 3
7 5 3 9 4 2 6 8 1
```

Solution # 872
```
7 8 1 4 5 9 2 6 3
6 4 5 7 2 3 9 1 8
2 3 9 1 8 6 4 7 5
8 7 4 2 6 1 5 3 9
9 5 2 3 7 4 6 8 1
3 1 6 5 9 8 7 2 4
4 9 8 6 1 2 3 5 7
1 2 7 9 3 5 8 4 6
5 6 3 8 4 7 1 9 2
```

Solution # 873
```
1 3 5 4 2 7 6 9 8
6 2 7 5 8 9 1 4 3
8 9 4 6 3 1 7 5 2
7 1 9 3 4 8 5 2 6
5 8 2 9 7 6 3 1 4
3 4 6 2 1 5 8 7 9
2 6 1 8 5 4 9 3 7
4 5 8 7 9 3 2 6 1
9 7 3 1 6 2 4 8 5
```

Solution # 874
```
1 9 3 4 2 5 8 7 6
6 5 2 7 9 8 1 4 3
8 4 7 1 6 3 5 9 2
2 7 6 9 4 1 3 5 8
3 8 4 5 7 2 9 6 1
5 1 9 3 8 6 7 2 4
4 2 5 8 3 7 6 1 9
7 6 8 2 1 9 4 3 5
9 3 1 6 5 4 2 8 7
```

Solution # 875
```
6 9 7 5 8 1 2 4 3
5 8 2 7 4 3 1 6 9
4 3 1 2 6 9 7 5 8
9 1 6 4 5 7 8 3 2
3 5 8 1 9 2 6 7 4
7 2 4 6 3 8 9 1 5
1 7 9 3 2 5 4 8 6
2 6 5 8 1 4 3 9 7
8 4 3 9 7 6 5 2 1
```

Solution # 876

```
4 1 3 7 2 9 5 8 6
7 2 6 3 8 5 9 4 1
8 5 9 6 4 1 3 7 2
5 4 8 9 7 6 1 2 3
3 9 1 2 5 8 7 6 4
6 7 2 4 1 3 8 5 9
1 6 7 5 9 4 2 3 8
2 8 4 1 3 7 6 9 5
9 3 5 8 6 2 4 1 7
```

Solution # 877

```
7 5 4 8 6 3 1 2 9
2 6 3 5 9 1 8 4 7
8 9 1 7 4 2 3 5 6
4 2 8 1 3 7 6 9 5
5 1 6 2 8 9 7 3 4
9 3 7 4 5 6 2 8 1
6 8 2 9 1 5 4 7 3
3 7 9 6 2 4 5 1 8
1 4 5 3 7 8 9 6 2
```

Solution # 878

```
9 7 8 5 2 1 4 6 3
6 2 4 8 9 3 7 1 5
1 3 5 7 6 4 2 8 9
4 8 1 3 5 2 6 9 7
5 9 2 6 1 7 8 3 4
7 6 3 4 8 9 1 5 2
2 5 6 9 4 8 3 7 1
3 4 9 1 7 6 5 2 8
8 1 7 2 3 5 9 4 6
```

Solution # 879

```
7 1 8 3 6 9 4 5 2
6 4 2 8 5 1 7 9 3
9 5 3 2 7 4 8 1 6
5 3 7 4 1 2 9 6 8
1 6 4 9 8 7 2 3 5
8 2 9 5 3 6 1 4 7
2 7 6 1 9 3 5 8 4
3 8 1 7 4 5 6 2 9
4 9 5 6 2 8 3 7 1
```

Solution # 880

```
2 9 6 1 3 4 8 5 7
1 8 5 9 6 7 4 3 2
4 3 7 8 5 2 6 1 9
7 5 1 4 9 8 3 2 6
3 2 4 6 7 1 5 9 8
9 6 8 5 2 3 1 7 4
8 4 2 3 1 9 7 6 5
6 1 9 7 8 5 2 4 3
5 7 3 2 4 6 9 8 1
```

Solution # 881

```
4 6 7 3 2 1 5 8 9
2 8 9 4 5 7 3 6 1
1 5 3 9 8 6 4 7 2
9 4 2 7 6 5 8 1 3
6 1 5 8 4 3 9 2 7
7 3 8 2 1 9 6 5 4
8 7 1 6 9 4 2 3 5
5 2 4 1 3 8 7 9 6
3 9 6 5 7 2 1 4 8
```

Solution # 882

```
6 8 1 3 2 4 7 5 9
9 4 3 8 7 5 2 6 1
5 7 2 6 1 9 8 4 3
8 3 7 5 6 2 9 1 4
1 6 9 4 8 7 5 3 2
2 5 4 9 3 1 6 8 7
3 2 5 1 9 8 4 7 6
4 9 6 7 5 3 1 2 8
7 1 8 2 4 6 3 9 5
```

Solution # 883

```
8 6 2 5 4 7 9 1 3
3 5 4 1 6 9 8 2 7
9 1 7 2 3 8 6 4 5
2 8 6 7 9 1 3 5 4
1 3 5 4 8 6 2 7 9
7 4 9 3 5 2 1 8 6
5 2 1 8 7 3 4 9 6
4 9 8 6 1 5 7 3 2
6 7 3 9 2 4 5 8 1
```

Solution # 884

```
1 4 6 7 2 5 3 8 9
8 9 5 4 6 3 1 7 2
2 3 7 9 1 8 6 4 5
9 5 1 2 8 7 4 3 6
7 2 4 6 3 9 8 5 1
6 8 3 1 5 4 2 9 7
3 1 8 5 9 2 7 6 4
4 6 9 3 7 1 5 2 8
5 7 2 8 4 6 9 1 3
```

Solution # 885

```
8 4 9 1 6 3 7 5 2
3 7 5 4 2 8 9 1 6
1 6 2 9 7 5 8 3 4
4 1 8 7 3 9 2 6 5
9 2 6 8 5 1 4 7 3
7 5 3 6 1 2 4 9 8
6 3 1 2 4 7 5 8 9
2 8 7 5 9 6 3 4 1
5 9 4 3 8 1 6 2 7
```

Solution # 886

```
8 3 6 9 7 4 2 1 5
5 9 2 6 8 1 7 3 4
7 4 1 3 5 2 8 9 6
9 2 7 8 6 3 4 5 1
3 1 5 2 4 9 6 7 8
6 8 4 5 1 7 9 2 3
1 7 3 4 9 6 5 8 2
4 5 9 1 2 8 3 6 7
2 6 8 7 3 5 1 4 9
```

Solution # 887

```
4 3 5 1 8 6 7 2 9
6 1 9 7 2 4 8 5 3
7 8 2 5 9 3 1 6 4
5 4 3 9 7 8 2 1 6
1 7 8 3 6 2 4 9 5
2 9 6 4 1 5 3 8 7
8 2 4 6 3 9 5 7 1
3 6 7 8 5 1 9 4 2
9 5 1 2 4 7 6 3 8
```

Solution # 888

```
3 1 7 9 2 5 8 6 4
6 5 9 8 7 4 1 2 3
2 4 8 6 1 3 9 5 7
9 8 5 3 4 1 6 7 2
7 3 4 2 9 6 5 8 1
1 6 2 5 8 7 4 3 9
8 9 1 7 6 2 3 4 5
5 2 6 4 3 9 7 1 8
4 7 3 1 5 8 2 9 6
```

Solution # 889

```
7 5 4 1 9 3 6 8 2
9 2 6 5 8 7 4 1 3
3 8 1 4 2 6 9 5 7
5 1 8 7 6 4 2 3 9
6 7 3 9 1 2 8 4 5
4 9 2 3 5 8 7 6 1
8 3 7 2 4 1 5 9 6
2 6 5 8 3 9 1 7 4
1 4 9 6 7 5 3 2 8
```

Solution # 890

```
5 9 6 7 2 8 4 1 3
7 2 4 1 3 6 9 8 5
1 3 8 4 9 5 2 6 7
2 7 9 6 5 4 8 3 1
6 4 3 2 8 1 7 5 9
8 1 5 3 7 9 6 4 2
9 8 7 5 6 3 1 2 4
3 6 2 9 1 7 5 7 8
4 5 1 8 4 2 3 9 6
```

Solution # 891

```
5 9 2 1 4 8 6 7 3
4 1 6 7 3 2 9 8 5
7 8 3 5 6 9 2 4 1
8 2 4 9 5 1 7 3 6
6 7 9 3 2 4 5 1 8
1 3 5 8 7 6 4 9 2
9 5 8 2 1 7 3 6 4
3 4 7 6 8 5 1 2 9
2 6 1 4 9 3 8 5 7
```

Solution # 892

```
7 6 4 8 9 2 3 1 5
1 2 5 7 3 4 9 6 8
3 9 8 6 1 5 7 4 2
2 4 3 9 8 7 1 5 6
9 5 7 1 2 6 8 3 4
6 8 1 4 5 3 2 7 9
5 7 2 3 6 8 4 9 1
8 3 9 5 4 1 6 2 7
4 1 6 2 7 9 5 8 3
```

Solution # 893

```
8 1 3 5 6 2 4 7 9
9 4 6 8 1 7 3 5 2
5 7 2 3 9 4 1 8 6
4 9 1 6 7 3 5 2 8
7 3 8 9 2 5 6 4 1
2 6 5 1 4 8 7 9 3
3 8 7 2 5 1 9 6 4
1 5 9 4 8 6 2 3 7
6 2 4 7 3 9 8 1 5
```

Solution # 894

```
3 8 7 4 2 9 1 6 5
1 9 5 8 6 7 4 2 3
2 4 6 3 1 5 9 8 7
4 5 1 7 8 6 2 3 9
8 7 2 1 9 3 6 5 4
9 6 3 5 4 2 8 7 1
6 3 8 9 7 1 5 4 2
7 2 9 6 5 4 3 1 8
5 1 4 2 3 8 7 9 6
```

Solution # 895

```
5 7 6 2 1 4 9 3 8
9 8 2 3 7 6 4 1 5
3 4 1 8 5 9 2 6 7
1 9 7 5 4 3 8 2 6
8 3 4 1 6 2 5 7 9
6 2 5 7 9 8 3 4 1
2 5 8 6 3 1 7 9 4
7 1 9 4 2 5 6 8 3
4 6 3 9 8 7 1 5 2
```

Solution # 896

```
5 1 3 4 8 9 7 2 6
2 4 9 3 6 7 8 5 1
8 7 6 5 1 2 4 3 9
3 2 1 8 7 6 5 9 4
7 6 8 9 5 4 2 1 3
9 5 4 2 3 1 6 7 8
4 8 5 7 9 3 1 6 2
6 3 7 1 2 8 9 4 5
1 9 2 6 4 5 3 8 7
```

Solution # 897

```
1 8 7 4 3 5 9 6 2
4 6 3 9 2 1 8 7 5
2 9 5 6 7 8 4 1 3
3 4 2 7 8 6 5 9 1
8 7 9 5 1 3 6 2 4
5 1 6 2 9 4 7 3 8
6 2 1 8 5 7 3 4 9
9 5 4 3 6 2 1 8 7
7 3 8 1 4 9 2 5 6
```

Solution # 898

```
1 8 7 3 2 4 9 6 5
9 6 3 1 7 5 2 8 4
4 5 2 6 9 8 7 3 1
5 4 6 9 8 2 1 7 3
7 3 8 5 6 1 4 9 2
2 9 1 4 3 7 8 5 6
3 1 5 7 4 9 6 2 8
8 7 4 2 5 6 3 1 9
6 2 9 8 1 3 5 4 7
```

Solution # 899

```
2 3 6 9 7 5 8 4 1
7 4 9 1 8 6 5 2 3
8 1 5 4 2 3 7 9 6
4 8 1 7 5 9 6 3 2
5 9 3 6 4 2 1 8 7
6 7 2 8 3 1 9 5 4
3 5 7 2 6 8 4 1 9
9 2 4 5 1 7 3 6 8
1 6 8 3 9 4 2 7 5
```

Solution # 900

```
6 1 9 5 7 2 3 4 8
7 5 8 4 9 3 1 2 6
3 4 2 6 1 8 7 9 5
1 2 7 3 8 6 4 5 9
9 8 3 1 5 4 6 7 2
4 6 5 7 2 9 8 1 3
2 9 1 8 6 7 5 3 4
5 3 6 2 4 1 9 8 7
8 7 4 9 3 5 2 6 1
```

Solution # 901

```
9 8 2 5 1 7 4 6 3
4 1 5 2 3 6 8 9 7
6 3 7 8 4 9 2 5 1
3 4 1 6 5 8 7 2 9
8 7 6 9 2 1 3 4 5
5 2 9 4 7 3 1 8 6
2 6 3 7 9 4 5 1 8
7 5 8 1 6 2 9 3 4
1 9 4 3 8 5 6 7 2
```

Solution # 902

```
2 3 7 8 1 9 4 5 6
9 6 1 5 4 3 7 2 8
5 8 4 7 6 2 3 1 9
7 4 8 9 3 5 2 6 1
6 1 2 4 8 7 9 3 5
3 5 9 6 2 1 8 7 4
1 9 5 3 7 8 6 4 2
8 7 6 2 5 4 1 9 3
4 2 3 1 9 6 5 8 7
```

Solution # 903

```
6 7 1 9 5 3 4 2 8
3 2 9 7 8 4 6 5 1
8 5 4 1 2 6 7 3 9
1 3 7 5 6 8 9 4 2
4 8 6 2 1 9 3 7 5
2 9 5 4 3 7 8 1 6
9 1 8 3 7 5 2 6 4
5 6 3 8 4 2 1 9 7
7 4 2 6 9 1 5 8 3
```

Solution # 904

```
4 5 9 1 6 2 3 8 7
7 6 2 3 8 4 1 9 5
3 1 8 7 9 5 2 6 4
6 4 1 2 3 7 9 5 8
5 8 3 4 1 9 6 7 2
2 9 7 6 5 8 4 1 3
9 7 4 8 2 6 5 3 1
1 2 6 5 7 3 8 4 9
8 3 5 9 4 1 7 2 6
```

Solution # 905

```
3 6 7 1 8 5 9 2 4
4 1 9 7 2 6 8 5 3
8 2 5 3 4 9 7 1 6
2 5 8 4 6 7 1 3 9
9 4 1 8 5 3 6 7 2
7 3 6 9 1 2 4 8 5
6 9 3 5 7 8 2 4 1
1 7 2 6 3 4 5 9 8
5 8 4 2 9 1 3 6 7
```

Solution # 906

```
9 1 7 5 8 4 2 6 3
3 5 6 2 1 9 4 7 8
8 4 2 7 6 3 9 5 1
2 8 1 6 4 5 7 3 9
5 7 9 3 2 8 6 1 4
6 3 4 9 7 1 8 2 5
1 2 8 4 5 7 3 9 6
7 9 4 1 3 6 5 8 2
4 6 3 8 9 2 1 5 7
```

Solution # 907

```
8 3 4 1 5 9 6 7 2
9 7 6 3 4 2 1 8 5
5 2 1 6 8 7 3 9 4
6 8 2 7 3 1 4 5 9
4 1 5 9 2 8 7 3 6
3 9 7 4 6 5 2 1 8
2 4 9 5 1 3 8 6 7
7 6 3 8 9 4 5 2 1
1 5 8 2 7 6 9 4 3
```

Solution # 908

```
3 5 6 7 9 4 8 2 1
2 4 7 1 8 3 9 6 5
9 8 1 5 6 2 4 3 7
7 6 9 4 2 1 5 8 3
5 1 4 6 3 8 2 7 9
8 3 2 9 7 5 6 1 4
1 2 5 8 4 7 3 9 6
6 7 8 3 5 9 1 4 2
4 9 3 2 1 6 7 5 8
```

Solution # 909

```
7 4 5 3 6 8 2 1 9
9 8 1 5 7 2 6 3 4
6 3 2 9 1 4 8 5 7
3 9 7 6 8 5 1 4 2
1 5 8 2 4 9 7 6 3
2 6 4 7 3 1 9 8 5
4 2 9 8 5 6 3 7 1
8 1 3 4 9 7 5 2 6
5 7 6 1 2 3 4 9 8
```

Solution # 910

```
2 1 3 4 5 9 7 6 8
9 4 6 7 8 1 3 5 2
7 8 5 3 2 6 4 1 9
4 6 1 5 3 8 9 2 7
8 7 9 1 4 2 5 6 3
5 3 2 6 9 7 8 4 1
3 9 8 2 6 5 1 7 4
1 2 4 8 7 3 6 9 5
6 5 7 9 1 4 2 8 3
```

Solution # 911
```
8 1 3 2 4 7 5 6 9
4 6 5 8 9 1 2 7 3
2 9 7 3 6 5 8 1 4
5 3 8 6 7 2 4 9 1
1 4 6 9 3 8 7 2 5
7 2 9 5 1 4 3 8 6
9 5 1 7 2 3 6 4 8
3 7 4 1 8 6 9 5 2
6 8 2 4 5 9 1 3 7
```

Solution # 912
```
9 7 3 8 6 1 4 5 2
8 2 6 4 5 7 3 9 1
1 5 4 3 9 2 6 8 7
4 8 7 1 2 3 5 6 9
6 1 9 7 4 5 8 2 3
5 3 2 6 8 9 7 1 4
7 6 8 9 1 4 2 3 5
3 9 5 2 7 6 1 4 8
2 4 1 5 3 8 9 7 6
```

Solution # 913
```
6 4 2 9 8 5 1 7 3
1 5 9 6 3 7 2 8 4
7 8 3 2 4 1 6 9 5
9 6 8 7 1 3 4 5 2
4 7 1 5 2 8 9 3 6
2 3 5 4 6 9 8 1 7
5 2 7 8 9 4 3 6 1
8 1 6 3 7 2 5 4 9
3 9 4 1 5 6 7 2 8
```

Solution # 914
```
6 5 3 1 7 2 4 9 8
1 8 9 4 3 6 5 2 7
7 2 4 9 5 8 1 3 6
3 9 1 6 8 4 7 5 2
8 4 5 7 2 9 6 1 3
2 6 7 3 1 5 8 4 9
5 3 6 2 4 7 9 8 1
4 7 2 8 9 1 3 6 5
9 1 8 5 6 3 2 7 4
```

Solution # 915
```
2 1 7 9 3 5 8 6 4
8 9 4 7 2 6 3 5 1
5 6 3 1 4 8 9 2 7
9 4 6 8 5 3 7 1 2
1 3 5 2 9 7 4 8 6
7 2 8 6 1 4 5 3 9
4 8 9 5 6 2 1 7 3
3 7 2 4 8 1 6 9 5
6 5 1 3 7 9 2 4 8
```

Solution # 916
```
2 9 7 4 1 3 8 6 5
4 8 3 7 5 6 1 2 9
5 6 1 9 8 2 7 4 3
1 4 8 5 3 7 6 9 2
9 7 6 1 2 4 3 5 8
3 5 2 6 9 8 4 1 7
6 2 4 8 7 9 5 3 1
7 1 9 3 4 5 2 8 6
8 3 5 2 6 1 9 7 4
```

Solution # 917
```
1 9 6 5 8 2 4 7 3
3 2 5 7 1 4 8 6 9
8 7 4 9 6 3 2 5 1
7 5 8 4 2 9 1 3 6
6 4 2 3 7 1 9 8 5
9 3 1 8 5 6 7 4 2
2 1 3 6 4 7 5 9 8
5 6 7 1 9 8 3 2 4
4 8 9 2 3 5 6 1 7
```

Solution # 918
```
9 1 8 3 6 2 5 7 4
3 5 6 8 7 4 1 2 9
7 4 2 9 1 5 3 6 8
4 2 9 1 5 3 6 8 7
5 6 3 4 8 7 2 9 1
8 7 1 2 9 6 4 3 5
1 8 4 6 2 9 7 5 3
2 3 7 5 4 8 9 1 6
6 9 5 7 3 1 8 4 2
```

Solution # 919
```
8 4 2 3 5 6 9 7 1
9 5 7 1 4 2 8 3 6
6 1 3 9 8 7 4 2 5
5 3 8 7 2 1 6 9 4
1 7 4 8 6 9 2 5 3
2 6 9 5 3 4 7 1 8
4 8 1 2 9 5 3 6 7
7 9 6 4 1 3 5 8 2
3 2 5 6 7 8 1 4 9
```

Solution # 920
```
5 2 8 7 9 4 3 1 6
9 4 6 1 3 5 8 7 2
7 1 3 6 8 2 5 9 4
8 6 7 2 4 3 9 5 1
4 3 9 5 1 7 2 6 8
1 5 2 8 6 9 4 3 7
6 7 4 3 5 8 1 2 9
3 8 1 9 2 6 7 4 5
2 9 5 4 7 1 6 8 3
```

Solution # 921
```
9 8 6 4 1 2 3 5 7
1 4 3 8 7 5 6 2 9
7 2 5 9 3 6 4 1 8
8 7 4 5 9 1 2 6 3
6 3 1 2 8 7 5 9 4
2 5 9 6 4 3 8 7 1
3 1 2 7 5 8 9 4 6
4 6 8 1 2 9 7 3 5
5 9 7 3 6 4 1 8 2
```

Solution # 922
```
2 6 4 8 1 7 5 9 3
8 5 7 2 3 9 4 6 1
1 9 3 5 6 4 7 2 8
5 3 1 9 4 6 8 7 2
6 7 8 3 5 2 9 1 4
4 2 9 7 8 1 6 3 5
9 4 6 1 2 5 3 8 7
7 8 2 4 9 3 1 5 6
3 1 5 6 7 8 2 4 9
```

Solution # 923
```
7 4 1 2 5 9 6 8 3
5 9 8 3 6 7 2 4 1
2 3 6 1 4 8 9 5 7
4 8 7 5 3 6 1 9 2
9 6 5 8 1 2 7 3 4
1 2 3 7 9 4 8 6 5
8 5 4 9 2 1 3 7 6
6 1 9 4 7 3 5 2 8
3 7 2 6 8 5 4 1 9
```

Solution # 924
```
8 7 4 9 6 1 2 5 3
1 9 3 8 5 2 7 4 6
5 2 6 3 7 4 1 8 9
9 8 7 1 3 5 4 6 2
3 5 1 4 2 6 8 9 7
6 4 2 7 9 8 5 3 1
7 6 8 2 4 9 3 1 5
4 3 5 6 1 7 9 2 8
2 1 9 5 8 3 6 7 4
```

Solution # 925
```
4 8 1 7 2 9 6 3 5
3 9 5 6 8 1 2 4 7
2 6 7 4 5 3 1 9 8
9 7 4 8 1 2 5 6 3
1 3 2 5 4 6 8 7 9
6 5 8 3 9 7 4 1 2
5 1 3 9 6 8 7 2 4
7 4 6 2 3 5 9 8 1
8 2 9 1 7 4 3 5 6
```

Solution # 926
```
1 8 7 9 5 3 2 6 4
5 2 6 8 1 4 3 7 9
9 3 4 2 6 7 1 8 5
8 4 1 5 9 6 7 2 3
2 6 3 4 7 8 9 5 1
7 9 5 1 3 2 8 4 6
6 7 2 3 4 9 5 1 8
3 5 8 6 2 1 4 9 7
4 1 9 7 8 5 6 3 2
```

Solution # 927
```
3 9 6 7 1 4 5 2 8
4 1 2 8 3 5 7 9 6
5 7 8 9 6 2 1 4 3
9 2 7 3 8 6 4 1 5
6 3 4 2 5 1 9 8 7
8 5 1 4 9 7 6 3 2
2 6 9 5 4 3 8 7 1
7 8 5 1 2 9 3 6 4
1 4 3 6 7 8 2 5 9
```

Solution # 928
```
6 9 8 3 2 5 1 4 7
7 1 2 4 9 6 8 3 5
4 3 5 8 7 1 2 9 6
2 7 6 5 4 9 3 1 8
9 8 1 7 6 3 5 2 4
5 4 3 2 1 8 6 7 9
8 2 4 6 3 7 9 5 1
3 5 9 1 8 4 7 6 2
1 6 7 9 5 2 4 8 3
```

Solution # 929
```
5 1 7 4 9 8 6 2 3
8 4 6 2 7 3 1 5 9
3 2 9 6 1 5 8 4 7
9 7 4 1 3 6 2 8 5
6 5 3 8 2 9 4 7 1
2 8 1 5 4 7 9 3 6
7 3 8 9 6 2 5 1 4
1 9 2 7 5 4 3 6 8
4 6 5 3 8 1 7 9 2
```

Solution # 930
```
2 7 5 3 6 4 1 9 8
8 1 3 7 9 2 4 5 6
4 6 9 8 5 1 3 7 2
1 9 2 4 3 6 5 8 7
5 4 6 1 7 8 2 3 9
7 3 8 5 2 9 6 1 4
3 8 4 2 1 7 9 6 5
9 5 7 6 4 3 8 2 1
6 2 1 9 8 5 7 4 3
```

Solution # 931
```
5 4 3 9 7 2 6 1 8
8 7 2 4 6 1 9 5 3
9 1 6 8 5 3 4 2 7
3 6 5 2 4 9 7 8 1
7 2 1 6 3 8 5 9 4
4 9 8 7 1 5 3 6 2
6 5 4 1 8 7 2 3 9
2 8 7 3 9 6 1 4 5
1 3 9 5 2 4 8 7 6
```

Solution # 932
```
6 9 7 3 5 1 4 8 2
5 4 8 9 7 2 6 3 1
3 1 2 8 4 6 7 9 5
7 6 1 4 3 8 5 2 9
4 8 9 7 2 5 3 1 6
2 3 5 6 1 9 8 7 4
9 2 3 5 8 4 1 6 7
8 5 6 1 9 7 2 4 3
1 7 4 2 6 3 9 5 8
```

Solution # 933
```
4 6 1 2 5 9 3 7 8
8 3 2 1 4 7 6 9 5
9 7 5 6 8 3 1 4 2
7 4 3 8 2 5 9 6 1
1 5 6 9 3 4 2 8 7
2 9 8 7 1 6 4 5 3
6 1 9 5 7 2 8 3 4
3 8 7 4 9 1 5 2 6
5 2 4 3 6 8 7 1 9
```

Solution # 934
```
3 1 4 5 8 9 7 2 6
5 7 9 3 2 6 8 4 1
6 8 2 4 7 1 9 3 5
9 4 6 8 1 5 3 7 2
1 5 7 2 9 3 4 6 8
8 2 3 7 6 4 5 1 9
7 6 8 9 3 2 1 5 4
4 9 1 6 5 7 2 8 3
2 3 5 1 4 8 6 9 7
```

Solution # 935
```
1 2 8 3 4 7 9 5 6
9 4 5 6 8 2 7 1 3
3 7 6 9 1 5 4 2 8
7 6 4 2 9 8 1 3 5
2 5 3 1 7 6 8 9 4
8 1 9 4 5 3 2 6 7
6 9 1 7 3 4 5 8 2
4 8 2 5 6 9 3 7 1
5 3 7 8 2 1 6 4 9
```

Solution # 936
```
9 2 6 8 4 7 1 3 5
4 7 3 9 1 5 8 6 2
1 8 5 6 2 3 7 4 9
8 3 1 7 9 4 2 5 6
6 9 7 1 5 2 3 8 4
7 1 8 5 6 9 4 2 3
5 4 9 2 3 8 6 1 7
2 6 4 3 7 1 5 9 8
3 5 2 4 8 6 9 7 1
```

Solution # 937
```
5 9 7 8 4 6 3 2 1
8 4 3 7 2 1 6 5 9
1 6 2 5 3 9 4 7 8
9 8 5 4 6 3 2 1 7
7 3 4 2 1 5 9 8 6
2 1 6 9 7 8 5 3 4
3 5 1 6 8 4 7 9 2
6 7 8 3 9 2 1 4 5
4 2 9 1 5 7 8 6 3
```

Solution # 938
```
8 4 9 5 1 2 3 6 7
3 6 5 7 8 9 4 1 2
1 2 7 3 6 4 9 5 8
6 5 8 9 7 1 2 4 3
7 1 3 4 2 6 5 8 9
2 9 4 8 3 5 1 7 6
5 3 6 2 4 8 7 9 1
9 8 2 1 5 7 6 3 4
4 7 1 6 9 3 8 2 5
```

Solution # 939
```
9 6 4 8 1 3 5 7 2
1 5 2 7 6 4 3 9 8
3 7 8 2 9 5 4 1 6
7 1 5 9 4 8 6 2 3
4 3 9 6 2 7 8 5 1
8 2 6 3 5 1 9 4 7
2 4 3 1 8 9 7 6 5
6 9 7 5 3 2 1 8 4
5 8 1 4 7 6 2 3 9
```

Solution # 940
```
8 5 2 4 1 7 6 3 9
1 9 4 8 6 3 5 7 2
7 3 6 2 5 9 1 8 4
4 6 8 5 3 2 9 1 7
5 1 7 9 4 8 2 6 3
3 2 9 6 7 1 4 5 8
2 7 1 3 9 5 8 4 6
9 4 5 7 8 6 3 2 1
6 8 3 1 2 4 7 9 5
```

Solution # 941
```
7 8 2 3 9 1 5 6 4
3 6 5 8 7 4 9 2 1
9 1 4 5 6 2 7 3 8
2 7 1 9 5 3 8 4 6
4 9 8 2 1 6 3 7 5
6 5 3 7 4 8 1 9 2
1 3 6 4 8 9 2 5 7
8 2 7 6 3 5 4 1 9
5 4 9 1 2 7 6 8 3
```

Solution # 942
```
1 9 6 2 5 3 8 7 4
2 3 7 4 6 8 1 9 5
4 8 5 1 7 9 2 3 6
8 5 3 6 1 7 9 4 2
9 1 2 5 8 4 7 6 3
7 6 4 3 9 2 5 8 1
5 7 1 8 3 6 4 2 9
6 4 9 8 2 5 3 1 7
3 2 8 7 4 1 6 5 8
```

Solution # 943
```
8 9 6 1 3 2 4 7 5
2 1 3 5 7 4 8 6 9
4 7 5 6 8 9 3 1 2
6 4 1 8 5 3 9 2 7
3 2 9 4 1 7 5 8 6
5 8 7 2 9 6 1 3 4
7 5 4 3 6 8 2 9 1
1 6 8 9 2 5 7 4 3
9 3 2 7 4 1 6 5 8
```

Solution # 944
```
7 8 5 6 3 2 1 9 4
4 6 3 1 9 7 8 5 2
9 2 1 8 4 5 6 7 3
2 1 7 9 5 8 3 4 6
3 4 9 2 6 1 7 8 5
8 5 6 3 7 4 2 1 9
5 9 2 7 8 6 4 3 1
6 7 4 5 1 3 9 2 8
1 3 8 4 2 9 5 6 7
```

Solution # 945
```
2 9 3 8 4 6 7 1 5
6 4 5 7 1 3 8 9 2
1 8 7 5 2 9 4 6 3
8 5 6 4 3 1 9 2 7
7 1 4 2 9 5 3 8 6
9 3 2 6 8 7 5 4 1
3 6 9 1 5 4 2 7 8
5 2 8 9 7 6 1 3 4
4 7 1 3 6 2 5 9 8
```

Solution # 946
```
1 5 8 3 4 6 2 7 9
7 3 2 5 9 8 1 4 6
6 9 4 7 1 2 5 3 8
4 6 5 8 7 9 3 2 1
2 1 3 4 6 5 8 9 7
9 8 7 1 2 3 4 6 5
3 7 9 2 8 1 6 5 4
5 4 1 6 3 7 9 8 2
8 2 6 9 5 4 7 1 3
```

Solution # 947
```
8 6 5 1 9 7 4 2 3
1 3 4 6 2 8 9 5 7
7 2 9 4 5 3 8 1 6
3 5 2 8 1 6 7 4 9
6 9 1 5 7 4 2 3 8
4 7 8 2 3 9 5 6 1
9 1 7 3 8 2 6 5 4
5 8 6 7 4 1 3 9 2
2 4 3 9 6 5 1 8 7
```

Solution # 948
```
8 4 2 3 7 9 1 6 5
6 5 9 1 2 8 7 3 4
7 3 1 4 6 5 9 2 8
4 8 3 9 1 6 5 7 2
1 9 5 7 4 2 3 8 6
2 6 7 8 5 3 4 1 9
5 1 4 2 8 7 6 9 3
3 2 6 5 9 1 8 4 7
9 7 8 6 3 4 2 5 1
```

Solution # 949
```
1 9 4 8 5 2 6 7 3
8 6 3 9 1 7 4 5 2
7 2 5 4 3 6 1 9 8
2 4 7 1 9 3 8 6 5
5 8 1 6 7 4 2 3 9
6 3 9 2 8 5 7 1 4
3 7 8 5 4 1 9 2 6
4 1 6 3 2 9 5 8 7
9 5 2 7 6 8 3 4 1
```

Solution # 950
```
7 1 8 3 4 2 5 9 6
3 2 9 5 1 6 4 8 7
4 6 5 9 8 7 1 2 3
1 9 4 8 7 3 6 5 2
2 8 3 4 6 5 9 7 1
5 7 6 2 9 1 8 3 4
9 5 1 7 2 4 3 6 8
6 3 2 1 5 8 7 4 9
8 4 7 6 3 9 2 1 5
```

Solution # 951
```
3 9 1 8 6 2 5 4 7
2 6 5 1 7 4 8 3 9
4 7 8 9 5 3 2 6 1
7 4 2 3 8 5 9 1 6
5 1 9 7 2 6 4 8 3
6 8 3 4 1 9 7 5 2
9 5 7 6 3 8 1 2 4
8 3 4 2 9 1 6 7 5
1 2 6 5 4 7 3 9 8
```

Solution # 952
```
5 3 8 6 1 9 7 2 4
6 9 4 8 7 2 5 1 3
2 1 7 5 4 3 9 8 6
7 4 3 1 8 5 2 6 9
8 5 9 3 2 6 1 4 7
1 6 2 7 9 4 8 3 5
9 8 1 4 6 7 3 5 2
4 2 5 9 3 8 6 7 1
3 7 6 2 5 1 4 9 8
```

Solution # 953
```
5 7 1 2 4 3 8 6 9
3 9 8 6 5 1 7 2 4
2 6 4 8 7 9 3 1 5
1 2 6 3 8 4 5 9 7
7 8 5 1 9 2 6 4 3
9 4 3 7 6 5 2 8 1
8 1 7 9 3 6 4 5 2
4 3 9 5 2 8 1 7 6
6 5 2 4 1 7 9 3 8
```

Solution # 954
```
8 7 2 4 1 3 6 9 5
3 6 4 5 9 8 2 7 1
5 1 9 2 6 7 8 3 4
1 9 8 6 7 2 4 5 3
6 4 5 8 3 9 7 1 2
2 3 7 1 5 4 9 8 6
4 8 3 7 2 1 5 6 9
7 5 1 9 4 6 3 2 8
9 2 6 3 8 5 1 4 7
```

Solution # 955
```
6 5 9 7 8 1 2 3 4
2 7 1 4 5 3 9 8 6
3 4 8 6 2 9 7 5 1
8 2 6 9 4 5 3 1 7
4 1 7 2 3 8 6 9 5
5 9 3 1 7 6 4 2 8
1 6 4 5 9 2 8 7 3
7 3 2 8 1 4 5 6 9
9 8 5 3 6 7 1 4 2
```

Solution # 956
```
7 6 5 8 9 3 1 4 2
8 1 4 5 2 6 7 9 3
3 9 2 1 7 4 5 6 8
2 8 6 9 4 5 3 1 7
9 7 3 2 6 1 8 5 4
5 4 1 3 8 7 6 2 9
4 2 7 6 1 8 9 3 5
1 3 8 4 5 9 2 7 6
6 5 9 7 3 2 4 8 1
```

Solution # 957
```
1 2 4 9 3 7 6 5 8
5 9 3 4 6 8 7 2 1
8 7 6 2 5 1 4 9 3
4 3 7 6 1 2 9 8 5
9 6 5 8 7 3 2 1 4
2 1 8 5 9 4 3 7 6
6 8 2 7 4 5 1 3 9
7 4 1 3 8 9 5 6 2
3 5 9 1 2 6 8 4 7
```

Solution # 958
```
1 5 7 6 9 2 4 3 8
6 4 2 1 3 8 7 9 5
9 8 3 7 4 5 6 2 1
4 6 5 3 2 7 8 1 9
7 3 1 9 8 4 5 6 2
2 9 8 5 1 6 3 7 4
8 2 9 4 7 3 1 5 6
3 1 6 8 5 9 2 4 7
5 7 4 2 6 1 9 8 3
```

Solution # 959
```
6 3 1 4 8 7 5 2 9
5 2 8 3 6 9 1 4 7
7 9 4 1 2 5 6 3 8
3 4 7 6 1 8 2 9 5
1 6 5 2 9 3 8 7 4
2 8 9 5 7 4 3 1 6
8 7 6 9 3 1 4 5 2
4 1 2 7 5 6 9 8 3
9 5 3 8 4 2 7 6 1
```

Solution # 960
```
7 9 5 6 8 4 3 1 2
6 3 4 1 2 9 7 8 5
1 8 2 7 5 3 4 9 6
8 2 7 4 3 6 9 5 1
4 5 6 9 1 8 2 3 7
9 1 3 5 7 2 6 4 8
2 7 9 8 4 1 5 6 3
3 4 1 2 6 5 8 7 9
5 6 8 3 9 7 1 2 4
```

Solution # 961
```
3 9 5 6 2 8 4 7 1
6 4 7 5 1 3 9 2 8
2 1 8 7 9 4 6 5 3
1 5 9 8 4 6 7 3 2
7 6 2 3 5 1 8 4 9
8 3 4 2 7 9 1 6 5
5 2 1 4 8 7 3 9 6
9 7 3 1 6 2 5 8 4
4 8 6 9 3 5 2 1 7
```

Solution # 962
```
5 3 1 8 4 7 6 2 9
2 9 7 5 3 6 8 1 4
8 6 4 9 1 2 7 3 5
9 1 5 6 8 3 4 7 2
6 7 8 4 2 9 1 5 3
3 4 2 7 5 1 9 8 6
7 2 3 1 6 4 5 9 8
1 8 6 3 9 5 2 4 7
4 5 9 2 7 8 3 6 1
```

Solution # 963
```
5 6 1 4 9 8 7 2 3
4 7 2 1 5 3 9 8 6
9 8 3 7 2 6 1 5 4
6 1 9 3 8 5 4 7 2
2 5 7 6 1 4 3 9 8
3 4 8 2 7 9 6 1 5
1 2 6 8 3 7 5 4 9
8 3 5 9 4 1 2 6 7
7 9 4 5 6 2 8 3 1
```

Solution # 964
```
8 1 6 9 2 7 5 3 4
3 9 2 4 6 5 8 7 1
7 4 5 8 3 1 6 9 2
6 7 4 2 1 3 9 5 8
5 2 8 6 4 9 7 1 3
9 3 1 7 5 8 4 2 6
1 5 9 3 8 6 2 4 7
2 6 7 1 9 4 3 8 5
4 8 3 5 7 2 1 6 9
```

Solution # 965
```
8 6 1 5 9 3 4 2 7
7 9 5 8 4 2 3 6 1
4 2 3 1 6 7 8 5 9
3 4 2 9 8 5 1 7 6
5 1 8 4 7 6 2 9 3
6 7 9 2 3 1 5 4 8
9 3 4 6 5 8 7 1 2
1 8 6 7 2 4 9 3 5
2 5 7 3 1 9 6 8 4
```

Solution # 966
```
6 3 7 9 2 1 4 5 8
9 2 8 5 4 7 1 6 3
1 5 4 6 3 8 2 7 9
5 9 3 2 7 6 8 1 4
4 6 1 8 5 9 7 3 2
7 8 2 3 1 4 6 9 5
2 1 9 7 8 5 3 4 6
3 7 6 4 9 2 5 8 1
8 4 5 1 6 3 9 2 7
```

Solution # 967
```
7 8 3 1 4 5 9 2 6
9 2 4 3 8 6 1 5 7
6 1 5 2 7 9 8 4 3
2 5 1 7 6 4 3 9 8
4 7 8 5 9 3 6 1 2
3 9 6 8 1 2 5 7 4
5 4 7 9 3 8 2 6 1
1 3 9 6 2 7 4 8 5
8 6 2 4 5 1 7 3 9
```

Solution # 968
```
7 6 1 5 3 4 8 2 9
5 8 3 9 7 2 4 1 6
4 2 9 6 1 8 7 5 3
8 7 6 2 5 3 9 4 1
3 5 4 7 9 1 6 8 2
9 1 2 8 4 6 3 7 5
6 9 8 1 2 7 5 3 4
1 4 7 3 6 5 2 9 8
2 3 5 4 8 9 1 6 7
```

Solution # 969
```
3 5 9 4 1 7 8 2 6
8 1 2 6 3 9 5 7 4
7 4 6 8 5 2 1 3 9
9 8 5 1 2 4 3 6 7
4 6 1 7 8 3 2 9 5
2 3 7 9 6 5 4 1 8
5 2 4 3 7 6 9 8 1
1 7 3 5 9 8 6 4 2
6 9 8 2 4 1 7 5 3
```

Solution # 970
```
6 7 2 1 8 4 5 3 9
8 4 9 7 3 5 1 2 6
5 3 1 2 6 9 4 8 7
1 6 8 5 4 7 3 9 2
4 2 3 8 9 6 7 1 5
7 9 5 3 1 2 6 4 8
2 1 6 4 5 8 9 7 3
9 8 4 6 7 3 2 5 1
3 5 7 9 2 1 8 6 4
```

Solution # 971
```
3 1 6 5 4 7 8 9 2
5 2 8 1 9 6 4 7 3
7 9 4 3 2 8 6 5 1
6 3 1 4 7 5 2 8 9
2 7 9 6 8 3 1 4 5
4 8 5 9 1 2 3 6 7
9 4 3 8 5 1 7 2 6
1 5 7 2 6 4 9 3 8
8 6 2 7 3 9 5 1 4
```

Solution # 972
```
5 2 8 6 4 9 3 1 7
1 6 3 2 5 7 4 8 9
4 7 9 8 3 1 5 2 6
2 1 6 5 8 3 9 7 4
7 9 4 1 2 6 8 3 5
8 3 5 9 7 4 1 6 2
6 4 1 3 9 2 7 5 8
9 8 2 7 1 5 6 4 3
3 5 7 4 6 8 2 9 1
```

Solution # 973
```
7 6 2 4 8 9 1 3 5
3 5 4 2 1 6 8 7 9
1 9 8 3 7 5 6 2 4
4 1 9 5 3 7 2 6 8
5 2 6 1 9 8 3 4 7
8 3 7 6 2 4 5 9 1
2 8 1 7 4 3 9 5 6
6 4 3 9 5 1 7 8 2
9 7 5 8 6 2 4 1 3
```

Solution # 974
```
8 5 6 7 9 4 2 1 3
3 7 2 8 6 1 5 9 4
9 1 4 3 2 5 6 7 8
5 2 3 9 1 6 4 8 7
6 9 1 4 7 8 3 2 5
7 4 8 2 5 3 1 6 9
1 6 9 5 3 7 8 4 2
4 3 7 6 8 2 9 5 1
2 8 5 1 4 9 7 3 6
```

Solution # 975
```
7 8 2 3 6 5 9 4 1
6 4 1 9 7 2 5 8 3
5 9 3 1 8 4 6 2 7
3 1 7 2 9 8 4 6 5
2 5 9 4 3 6 7 1 8
8 6 4 5 1 7 3 9 2
9 7 8 6 2 3 1 5 4
1 3 5 8 4 9 2 7 6
4 2 6 7 5 1 8 3 9
```

Solution # 976
```
7 5 3 9 1 8 2 4 6
4 6 9 5 2 7 3 8 1
2 8 1 4 6 3 9 7 5
8 3 5 7 9 1 4 6 2
1 7 4 6 3 2 8 5 9
9 2 6 8 4 5 7 1 3
5 4 2 1 7 9 6 3 8
3 1 7 2 8 6 5 9 4
6 9 8 3 5 4 1 2 7
```

Solution # 977
```
7 6 9 1 8 2 5 3 4
1 8 2 3 4 5 9 6 7
3 5 4 9 6 7 8 2 1
8 1 5 4 2 3 7 9 6
6 9 7 5 1 8 3 4 2
2 4 3 7 9 6 1 8 5
4 3 1 6 7 9 2 5 8
5 7 8 2 3 4 6 1 9
9 2 6 8 5 1 4 7 3
```

Solution # 978
```
3 5 2 4 8 6 7 1 9
9 7 1 3 2 5 8 4 6
4 6 8 9 1 7 5 2 3
6 4 7 5 3 8 2 9 1
5 1 9 6 7 2 3 8 4
2 8 3 1 4 9 6 7 5
1 2 5 7 9 3 4 6 8
8 3 4 2 6 1 9 5 7
7 9 6 8 5 4 1 3 2
```

Solution # 979
```
3 2 6 4 8 9 5 1 7
9 5 1 7 2 3 8 6 4
4 7 8 5 1 6 2 3 9
7 8 4 6 9 5 1 2 3
1 3 9 8 4 2 6 7 5
2 6 5 1 3 7 4 9 8
5 4 2 9 7 1 3 8 6
8 9 3 2 6 4 7 5 1
6 1 7 3 5 8 9 4 2
```

Solution # 980
```
5 3 1 2 4 7 6 8 9
8 6 2 3 9 5 1 4 7
9 4 7 1 6 8 3 5 2
4 7 6 5 2 3 9 1 8
1 8 3 9 7 4 2 6 5
2 5 9 6 8 1 4 7 3
6 1 5 8 3 2 7 9 4
7 2 8 4 1 9 5 3 6
3 9 4 7 5 6 8 2 1
```

Solution # 981
```
4 8 9 6 1 2 3 5 7
7 1 3 8 9 5 2 4 6
2 5 6 3 4 7 9 1 8
8 7 4 5 2 9 1 6 3
6 9 1 4 8 3 5 7 2
3 2 5 7 6 1 8 9 4
5 4 7 9 3 8 6 2 1
1 6 8 2 5 4 7 3 9
9 3 2 1 7 6 4 8 5
```

Solution # 982
```
3 5 6 1 4 9 8 2 7
1 2 4 8 7 3 6 5 9
9 7 8 5 6 2 3 4 1
8 4 9 2 1 5 7 6 3
7 1 2 6 3 8 4 9 5
5 6 3 7 9 4 2 1 8
2 3 5 4 8 1 9 7 6
4 9 7 3 5 6 1 8 2
6 8 1 9 2 7 5 3 4
```

Solution # 983
```
8 9 4 1 5 2 7 6 3
7 1 6 4 9 3 5 2 8
3 2 5 6 7 8 1 4 9
2 4 1 7 8 5 3 9 6
6 8 3 2 1 9 4 7 5
9 5 7 3 4 6 8 1 2
1 3 9 5 2 7 6 8 4
5 7 8 9 6 4 2 3 1
4 6 2 8 3 1 9 5 7
```

Solution # 984
```
9 8 7 6 4 5 3 2 1
6 2 4 7 3 1 9 8 5
5 3 1 9 2 8 6 7 4
3 5 9 4 1 2 8 6 7
2 1 6 8 9 7 4 5 3
7 4 8 5 6 3 1 9 2
8 6 5 3 7 4 2 1 9
1 9 3 2 5 6 7 4 8
4 7 2 1 8 9 5 3 6
```

Solution # 985
```
2 8 4 1 6 3 7 5 9
3 6 5 7 8 9 1 2 4
9 7 1 4 2 5 8 3 6
4 3 9 5 1 8 2 6 7
5 2 7 9 4 6 3 8 1
8 1 6 3 7 2 4 9 5
6 4 3 2 9 1 5 7 8
7 5 8 6 3 4 9 1 2
1 9 2 8 5 7 6 4 3
```

Solution # 986
```
5 2 6 7 9 3 1 4 8
4 8 3 2 6 1 5 7 9
9 1 7 4 8 5 2 3 6
1 5 2 9 3 7 8 6 4
3 6 9 8 5 4 7 1 2
8 7 4 1 2 6 9 5 3
7 9 1 3 4 2 6 8 5
2 3 5 6 7 8 4 9 1
6 4 8 5 1 9 3 2 7
```

Solution # 987
```
6 4 8 2 7 3 1 5 9
1 7 2 6 9 5 8 3 4
3 9 5 1 4 8 7 6 2
8 1 9 3 2 7 5 4 6
7 2 3 4 5 6 9 1 8
5 6 4 8 1 9 2 7 3
9 8 1 7 6 4 3 2 5
4 3 7 5 8 2 6 9 1
2 5 6 9 3 1 4 8 7
```

Solution # 988
```
9 2 1 8 3 4 5 6 7
6 8 5 9 7 2 1 4 3
4 3 7 6 1 5 8 2 9
2 5 8 3 6 7 9 1 4
7 6 9 4 5 1 2 3 8
1 4 3 2 9 8 6 7 5
8 7 6 1 4 9 3 5 2
5 1 2 7 8 3 4 9 6
3 9 4 5 2 6 7 8 1
```

Solution # 989
```
4 7 1 8 6 9 5 2 3
6 8 2 5 3 4 7 9 1
9 5 3 7 2 1 4 8 6
3 4 7 2 9 8 1 6 5
8 1 6 3 4 5 9 7 2
2 9 5 6 1 7 8 3 4
5 3 4 9 8 6 2 1 7
1 2 8 4 7 3 6 5 9
7 6 9 1 5 2 3 4 8
```

Solution # 990
```
8 9 1 7 3 5 4 2 6
3 6 7 4 2 1 8 9 5
5 4 2 8 9 6 3 7 1
6 8 4 2 5 9 1 3 7
2 7 5 1 8 3 6 4 9
1 3 9 6 4 7 5 8 2
4 1 8 5 7 2 9 6 3
9 2 6 3 1 4 7 5 8
7 5 3 9 6 8 2 1 4
```

Solution # 991
```
9 6 2 7 8 3 5 1 4
1 7 3 4 5 6 2 9 8
8 4 5 2 1 9 6 3 7
4 8 1 9 2 5 7 6 3
3 2 6 1 4 7 9 8 5
7 5 9 3 6 8 1 4 2
2 1 7 8 9 4 3 5 6
6 3 8 5 7 1 4 2 9
5 9 4 6 3 2 8 7 1
```

Solution # 992
```
2 8 5 3 9 1 6 7 4
7 4 1 2 8 6 9 3 5
9 3 6 5 7 4 1 8 2
5 1 4 7 6 3 8 2 9
8 7 9 4 5 2 3 6 1
3 6 2 8 1 9 4 5 7
1 5 7 9 3 8 2 4 6
4 9 3 6 2 5 7 1 8
6 2 8 1 4 7 5 9 3
```

Solution # 993
```
3 2 5 9 1 4 7 6 8
1 4 7 6 8 2 9 5 3
6 8 9 3 5 7 1 2 4
5 6 4 8 7 3 2 1 9
7 9 3 1 2 6 8 4 5
8 1 2 4 9 5 3 7 6
9 5 1 2 4 8 6 3 7
4 3 8 7 6 1 5 9 2
2 7 6 5 3 9 4 8 1
```

Solution # 994
```
6 7 2 9 5 8 4 1 3
9 5 1 4 7 3 8 2 6
3 4 8 2 1 6 5 7 9
1 3 6 5 8 7 9 4 2
4 8 7 3 2 9 1 6 5
2 9 5 1 6 4 3 8 7
5 1 4 7 3 2 6 9 8
8 2 9 6 4 5 7 3 1
7 6 3 8 9 1 2 5 4
```

Solution # 995
```
4 5 8 9 6 1 2 3 7
1 2 7 5 3 8 6 4 9
9 6 3 7 4 2 8 5 1
7 8 9 6 1 3 5 2 4
2 1 5 8 9 4 3 7 6
3 4 6 2 5 7 9 1 8
8 3 1 4 2 6 7 9 5
6 9 2 1 7 5 4 8 3
5 7 4 3 8 9 1 6 2
```

Solution # 996
```
9 7 1 8 6 3 2 5 4
6 5 4 1 2 7 9 3 8
2 3 8 4 9 5 6 7 1
8 6 9 7 1 2 5 4 3
4 1 5 9 3 8 7 6 2
7 2 3 6 5 4 1 8 9
3 4 6 2 7 9 8 1 5
5 9 7 3 8 1 4 2 6
1 8 2 5 4 6 3 9 7
```

Solution # 997
```
5 6 7 3 1 9 8 2 4
3 8 4 7 2 5 6 1 9
9 1 2 4 8 6 3 5 7
2 4 8 1 6 3 9 7 5
1 7 3 5 9 2 4 6 8
6 9 5 8 7 4 1 3 2
7 3 6 9 5 8 2 4 1
4 5 9 2 3 1 7 8 6
8 2 1 6 4 7 5 9 3
```

Solution # 998
```
9 5 8 2 6 1 3 4 7
1 3 6 7 4 8 5 9 2
2 4 7 9 5 3 6 8 1
5 2 9 3 8 7 4 1 6
8 1 4 6 2 9 7 3 5
7 6 3 5 1 4 8 2 9
3 9 1 8 7 6 2 5 4
4 7 5 1 3 2 9 6 8
6 8 2 4 9 5 1 7 3
```

Solution # 999
```
8 2 4 1 3 5 6 9 7
1 7 6 4 9 8 5 2 3
9 3 5 2 7 6 8 4 1
2 5 1 8 6 9 7 3 4
7 6 3 5 2 4 1 8 9
4 9 8 3 1 7 2 6 5
3 8 9 6 5 1 4 7 2
6 1 7 9 4 2 3 5 8
5 4 2 7 8 3 9 1 6
```

Solution # 1000
```
1 6 7 4 5 9 2 8 3
2 4 8 6 7 3 1 9 5
3 5 9 8 2 1 4 7 6
4 3 2 7 1 8 6 5 9
5 9 6 3 4 2 7 1 8
7 8 1 5 9 6 3 4 2
6 2 4 9 8 7 5 3 1
8 7 3 1 6 5 9 4 2
9 1 5 2 3 4 8 6 7
```

Solution # 1001
```
3 8 6 2 5 9 7 4 1
1 7 9 8 3 4 6 2 5
4 2 5 6 1 7 3 9 8
5 3 2 4 6 8 1 7 9
8 1 7 9 2 5 4 3 6
9 6 4 1 7 3 8 5 2
6 4 8 3 9 2 5 1 7
7 9 3 5 8 1 2 6 4
2 5 1 7 4 6 9 8 3
```

Solution # 1002
```
1 4 2 7 6 9 8 3 5
8 7 3 5 1 2 9 4 6
9 5 6 4 3 8 1 7 2
4 6 1 8 9 3 5 2 7
2 8 7 1 5 4 6 9 3
5 3 9 2 7 6 4 8 1
7 9 5 3 4 1 2 6 8
3 2 4 6 8 5 7 1 9
6 1 8 9 2 7 3 5 4
```

Solution # 1003
```
4 6 2 1 8 5 9 7 3
5 9 3 4 2 7 6 8 1
1 7 8 6 9 3 2 4 5
2 4 9 8 6 1 5 3 7
6 1 7 3 5 2 4 9 8
8 3 5 7 4 9 1 2 6
3 5 4 9 7 6 8 1 2
9 2 1 5 3 8 7 6 4
7 8 6 2 1 4 3 5 9
```

Solution # 1004
```
7 3 6 2 1 5 4 9 8
1 4 9 8 7 6 3 5 2
2 8 5 4 3 9 1 6 7
5 7 8 3 9 2 6 1 4
4 2 1 6 5 8 9 7 3
6 9 3 7 4 1 8 2 5
3 6 4 9 2 7 5 8 1
9 1 7 5 8 3 2 4 6
8 5 2 1 6 4 7 3 9
```

Solution # 1005
```
4 5 6 3 1 7 9 8 2
3 2 9 5 4 8 6 1 7
1 8 7 6 9 2 3 4 5
7 6 3 4 8 9 5 2 1
2 9 8 1 5 3 7 6 4
5 1 4 2 7 6 8 3 9
6 4 1 7 3 5 2 9 8
8 7 2 9 6 4 1 5 3
9 3 5 8 2 1 4 7 6
```

Solution # 1006
```
4 3 2 8 1 7 6 5 9
6 8 5 2 3 9 7 1 4
9 1 7 6 4 5 3 8 2
7 4 8 9 6 1 5 2 3
5 9 6 3 8 2 1 4 7
1 2 3 7 5 4 8 9 6
8 7 1 4 2 3 9 6 5
3 6 4 5 9 8 2 7 1
2 5 9 1 7 6 4 3 8
```

Solution # 1007
```
7 5 4 8 6 3 1 2 9
8 2 1 4 9 5 7 6 3
6 3 9 1 7 2 8 5 4
3 9 7 6 5 4 2 1 8
2 1 6 7 3 8 9 4 5
4 8 5 2 1 9 3 7 6
1 4 2 3 8 6 5 9 7
9 7 8 5 4 1 6 3 2
5 6 3 9 2 7 4 8 1
```

Solution # 1008
```
3 7 5 8 9 2 4 1 6
2 8 1 4 6 5 9 7 3
4 9 6 1 7 3 8 2 5
9 2 4 6 3 7 5 8 1
7 6 8 5 4 1 3 9 2
5 1 3 2 8 9 6 4 7
8 3 7 9 1 6 2 5 4
1 4 2 3 5 8 7 6 9
6 5 9 7 2 4 1 3 8
```

Solution # 1009
```
9 2 4 3 6 1 7 5 8
8 6 3 5 2 7 1 9 4
1 5 7 9 8 4 3 2 6
2 7 9 1 4 5 6 8 3
4 3 8 6 7 2 5 1 9
5 1 6 8 3 9 4 7 2
3 4 5 7 9 8 2 6 1
7 9 2 4 1 6 8 3 5
6 8 1 2 5 3 9 4 7
```

Solution # 1010
```
7 9 6 2 3 1 8 5 4
1 4 5 8 9 6 7 2 3
8 2 3 7 5 4 1 6 9
4 3 1 6 7 8 5 9 2
9 8 2 1 4 5 6 3 7
5 6 7 9 2 3 4 8 1
2 5 8 3 1 7 9 4 6
6 7 9 4 8 2 3 1 5
3 1 4 5 6 9 2 7 8
```

Solution # 1011
```
8 9 1 2 7 4 3 6 5
7 3 5 1 6 9 4 8 2
2 6 4 8 5 3 9 1 7
1 2 3 7 4 6 8 5 9
4 7 6 9 8 5 1 2 3
9 5 8 3 2 1 7 4 6
3 8 7 5 1 2 6 9 4
5 4 9 6 3 8 2 7 1
6 1 2 4 9 7 5 3 8
```

Solution # 1012
```
9 6 5 4 2 3 1 7 8
7 8 2 5 6 1 3 9 4
3 1 4 8 9 7 5 2 6
4 7 1 3 5 8 9 6 2
5 2 9 6 1 4 7 8 3
6 3 8 2 7 9 4 1 5
8 9 6 1 4 5 2 3 7
2 5 7 9 3 6 8 4 1
1 4 3 7 8 2 6 5 9
```

Solution # 1013
```
9 3 6 2 5 4 8 1 7
2 1 8 7 6 9 5 4 3
7 4 5 8 1 3 2 6 9
4 8 7 9 2 6 3 5 1
6 9 1 3 8 5 7 2 4
5 2 3 4 7 1 9 8 6
8 6 2 1 9 7 4 3 5
1 7 4 5 3 8 6 9 2
3 5 9 6 4 2 1 7 8
```

Solution # 1014
```
5 4 8 7 3 9 1 6 2
6 3 1 8 5 2 4 7 9
2 9 7 4 6 1 8 5 3
3 6 4 1 2 7 9 8 5
8 7 2 9 4 5 3 1 6
1 5 9 3 8 6 2 4 7
4 2 6 5 1 3 7 9 8
7 1 5 2 9 8 6 3 4
9 8 3 6 7 4 5 2 1
```

Solution # 1015
```
8 1 9 4 5 2 6 7 3
3 4 6 9 7 1 5 2 8
5 7 2 8 3 6 4 1 9
6 8 7 1 9 4 2 3 5
9 5 1 2 6 3 7 8 4
2 3 4 7 8 5 1 9 6
4 9 8 6 1 7 3 5 2
1 2 5 3 4 9 8 6 7
7 6 3 5 2 8 9 4 1
```

Solution # 1016
```
1 9 4 6 8 5 2 7 3
8 3 7 1 4 2 5 9 6
6 5 2 9 3 7 1 8 4
5 1 6 3 7 8 9 4 2
9 2 8 4 6 1 3 5 7
4 7 3 5 2 9 6 1 8
2 4 1 7 9 6 8 3 5
7 6 9 8 5 3 4 2 1
3 8 5 2 1 4 7 6 9
```

Solution # 1017
```
7 6 5 2 9 1 4 8 3
9 4 8 6 5 3 2 7 1
1 2 3 8 7 4 5 6 9
4 9 6 3 1 5 8 2 7
3 1 7 4 8 2 9 5 6
5 8 2 9 6 7 3 1 4
6 5 9 7 4 8 1 3 2
2 7 1 5 3 9 6 4 8
8 3 4 1 2 6 7 9 5
```

Solution # 1018
```
5 6 4 1 3 7 2 8 9
3 8 7 9 5 2 1 4 6
9 1 2 4 8 6 7 5 3
6 2 5 7 9 3 4 1 8
4 7 9 5 1 8 3 6 2
1 3 8 2 6 4 5 9 7
7 9 3 6 4 5 8 2 1
2 4 6 8 7 1 9 3 5
8 5 1 3 2 9 6 7 4
```

Solution # 1019
```
9 8 2 1 6 3 5 7 4
6 4 5 9 2 7 1 8 3
1 3 7 4 8 5 9 6 2
8 7 3 6 5 9 2 4 1
4 6 9 8 1 2 3 5 7
5 2 1 7 3 4 8 9 6
2 1 6 5 7 8 4 3 9
3 9 8 2 4 6 7 1 5
7 5 4 3 9 1 6 2 8
```

Solution # 1020
```
4 3 2 9 8 6 1 7 5
7 9 8 1 5 4 2 3 6
5 1 6 2 3 7 9 4 8
2 4 5 3 6 1 8 9 7
1 8 3 5 7 9 4 6 2
9 6 7 4 2 8 3 5 1
6 2 4 8 9 5 7 1 3
8 7 1 6 4 3 5 2 9
3 5 9 7 1 2 6 8 4
```

Solution # 1021
```
7 9 4 6 2 3 8 1 5
6 2 5 1 4 8 9 3 7
1 3 8 9 7 5 2 4 6
4 5 1 3 8 2 7 6 9
8 6 3 4 9 7 1 5 2
2 7 9 5 6 1 3 8 4
9 4 2 8 1 6 5 7 3
5 1 7 2 3 4 6 9 8
3 8 6 7 5 9 4 2 1
```

Solution # 1022
```
1 7 6 5 3 9 4 8 2
8 9 3 6 2 4 5 7 1
5 4 2 8 7 1 3 9 6
4 8 1 9 5 6 7 2 3
7 3 9 1 4 2 6 5 8
2 6 5 3 8 7 1 4 9
6 5 4 2 9 3 8 1 7
9 1 8 7 6 5 2 3 4
3 2 7 4 1 8 9 6 5
```

Solution # 1023
```
3 2 7 6 8 1 5 4 9
4 8 1 9 7 5 6 3 2
5 9 6 4 2 3 1 7 8
1 3 9 8 5 4 7 2 6
7 4 8 2 1 6 3 9 5
2 6 5 7 3 9 4 8 1
8 5 2 3 6 7 9 1 4
6 7 4 1 9 8 2 5 3
9 1 3 5 4 2 8 6 7
```

Solution # 1024
```
4 5 8 1 7 9 3 6 2
1 7 6 2 5 3 9 8 4
3 9 2 8 6 4 7 1 5
8 6 7 9 4 5 2 3 1
5 2 3 7 1 6 8 4 9
9 1 4 3 8 2 6 5 7
6 3 5 4 2 7 1 9 8
2 8 9 5 3 1 4 7 6
7 4 1 6 9 8 5 2 3
```

Solution # 1025
```
2 8 7 6 4 1 3 9 5
9 1 3 7 2 5 6 4 8
4 5 6 8 9 3 7 2 1
6 7 2 3 1 9 5 8 4
3 9 1 5 8 4 2 7 6
8 4 5 2 6 7 1 3 9
7 6 8 4 5 2 9 1 3
5 2 9 1 3 8 4 6 7
1 3 4 9 7 6 8 5 2
```

Solution # 1026
```
7 8 6 1 3 9 4 5 2
3 5 9 8 2 4 7 1 6
4 1 2 5 6 7 8 9 3
1 6 4 9 7 8 3 2 5
8 2 7 3 5 6 1 4 9
5 9 3 4 1 2 6 7 8
2 4 5 6 8 1 9 3 7
9 3 8 7 4 5 2 6 1
6 7 1 2 9 3 5 8 4
```

Solution # 1027
```
6 7 2 9 4 3 8 5 1
3 8 1 5 6 2 4 7 9
4 9 5 1 8 7 2 6 3
5 1 9 4 2 8 6 3 7
8 4 7 3 1 6 9 2 5
2 6 3 7 5 9 1 4 8
7 2 6 8 9 5 3 1 4
1 3 8 2 7 4 5 9 6
9 5 4 6 3 1 7 8 2
```

Solution # 1028
```
8 7 2 4 6 1 5 9 3
4 9 3 2 7 5 8 1 6
1 6 5 9 3 8 2 7 4
5 8 7 1 2 4 6 3 9
2 4 9 3 5 6 1 8 7
3 1 6 8 9 7 4 5 2
6 5 8 7 4 9 3 2 1
7 2 4 5 1 3 9 6 8
9 3 1 6 8 2 7 4 5
```

Solution # 1029
```
9 6 3 7 8 4 2 1 5
4 7 1 2 3 5 6 9 8
2 5 8 6 9 1 4 3 7
8 3 7 4 5 6 1 2 9
5 2 4 8 1 9 7 6 3
1 9 6 3 2 7 8 5 4
7 4 2 9 6 3 5 8 1
3 8 5 1 7 2 9 4 6
6 1 9 5 4 8 3 7 2
```

Solution # 1030
```
4 5 1 2 6 9 8 3 7
9 6 7 4 8 3 5 1 2
3 8 2 1 7 5 9 4 6
7 4 6 8 5 1 2 9 3
8 2 9 7 3 4 6 5 1
1 3 5 9 2 6 7 8 4
5 1 4 6 9 7 3 2 8
2 7 3 5 4 8 1 6 9
6 9 8 3 1 2 4 7 5
```

Solution # 1031
```
8 2 7 5 9 3 6 4 1
9 5 4 1 8 6 3 7 2
1 6 3 2 4 7 5 8 9
3 7 6 9 2 1 8 5 4
4 1 2 8 3 5 7 9 6
5 8 9 7 6 4 2 1 3
7 4 1 6 5 2 9 3 8
2 9 5 3 1 8 4 6 7
6 3 8 4 7 9 1 2 5
```

Solution # 1032
```
4 5 3 8 6 1 2 9 7
2 8 6 5 7 9 4 3 1
7 1 9 2 3 4 8 6 5
6 4 1 7 2 5 9 8 3
3 2 7 9 8 6 1 5 4
5 9 8 4 1 3 7 2 6
1 3 4 6 9 8 5 7 2
8 6 2 1 5 7 3 4 9
9 7 5 3 4 2 6 1 8
```

Solution # 1033
```
4 1 8 7 9 5 2 6 3
7 3 2 8 4 6 1 5 9
9 5 6 1 3 2 8 7 4
2 6 7 5 8 4 9 3 1
1 8 4 3 7 9 6 2 5
3 9 5 6 2 1 4 8 7
8 2 1 9 6 7 5 4 6
6 7 3 4 1 8 5 9 2
5 4 9 2 3 6 7 1 8
```

Solution # 1034
```
6 8 3 5 4 7 9 2 1
5 2 1 6 9 8 3 4 7
9 7 4 1 2 3 8 5 6
1 5 8 7 6 9 2 3 4
7 9 6 4 3 2 5 1 8
3 4 2 8 5 1 6 7 9
4 6 9 2 1 5 7 8 3
2 1 7 3 8 4 1 6 5
8 1 5 3 7 6 4 9 2
```

Solution # 1035
```
1 9 2 7 6 8 4 3 5
3 8 5 1 2 4 6 9 7
7 6 4 3 9 5 8 1 2
8 7 9 6 4 1 2 5 3
6 2 3 5 7 9 1 4 8
5 4 1 8 3 2 7 6 9
9 3 6 4 8 7 5 2 1
2 5 7 9 1 6 3 8 4
4 1 8 2 5 3 9 7 6
```

Solution # 1036
```
3 2 9 7 6 1 8 5 4
8 4 1 9 5 2 6 3 7
6 5 7 8 4 3 2 1 9
7 1 8 2 3 5 9 4 6
4 6 3 1 7 9 5 2 8
2 9 5 6 8 4 1 7 3
9 8 4 5 1 7 3 6 2
5 7 2 3 9 6 4 8 1
1 3 6 4 2 8 7 9 5
```

Solution # 1037
```
9 6 7 4 5 3 1 2 8
5 2 1 7 8 6 4 9 3
3 4 8 1 9 2 7 5 6
1 5 9 8 2 4 6 3 7
6 8 4 9 3 7 5 1 2
2 7 3 6 1 5 8 4 9
7 3 2 5 4 8 9 6 1
4 9 6 3 7 1 2 8 5
8 1 5 2 6 9 3 7 4
```

Solution # 1038
```
1 5 4 6 2 3 8 9 7
2 6 3 8 9 7 4 5 1
7 8 9 4 1 5 2 3 6
4 2 8 3 5 6 7 1 9
3 7 5 9 8 1 6 4 2
6 9 1 2 7 4 3 8 5
9 1 6 7 4 8 5 2 3
8 3 2 5 6 9 1 7 4
5 4 7 1 3 2 9 6 8
```

Solution # 1039
```
7 1 9 6 4 8 5 2 3
5 4 6 9 3 2 7 1 8
3 8 2 1 5 7 9 4 6
2 5 1 3 9 6 4 8 7
6 9 8 7 1 4 2 3 5
4 7 3 2 8 5 1 6 9
9 6 4 8 7 1 3 5 2
1 2 7 5 6 3 8 9 4
8 3 5 4 2 9 6 7 1
```

Solution # 1040
```
4 7 9 5 6 8 3 1 2
1 2 5 7 3 9 8 6 4
8 6 3 2 4 1 7 9 5
3 5 4 9 1 7 6 2 8
6 9 1 8 2 3 4 5 7
7 8 2 4 5 6 1 3 9
5 3 7 1 9 4 2 8 6
9 1 8 6 7 2 5 4 3
2 4 6 3 8 5 9 7 1
```

Solution # 1041
```
6 3 8 9 4 5 7 2 1
4 2 7 1 8 3 5 9 6
9 1 5 2 6 7 3 8 4
8 7 9 6 5 2 1 4 3
3 6 4 7 9 1 2 5 8
1 5 2 8 3 4 9 6 7
7 8 3 5 2 6 4 1 9
2 9 1 4 7 8 6 3 5
5 4 6 3 1 9 8 7 2
```

Solution # 1042
```
6 9 4 8 1 3 5 7 2
5 7 8 2 6 9 3 4 1
2 1 3 7 5 4 9 8 6
7 2 5 6 3 1 8 9 4
3 4 6 5 9 8 2 1 7
1 8 9 4 2 7 6 5 3
9 5 7 3 4 2 1 6 8
4 3 2 1 8 5 7 6 9
8 6 1 9 7 6 2 4 3
```

Solution # 1043
```
5 8 2 4 1 3 9 6 7
4 1 7 5 6 9 3 8 2
9 6 3 8 7 2 5 1 4
1 3 9 7 2 8 6 4 5
2 4 6 1 3 5 8 7 9
7 5 8 6 9 4 1 2 3
3 9 1 2 8 7 4 5 6
8 7 4 3 5 6 2 9 1
6 2 5 9 4 1 7 3 8
```

Solution # 1044
```
6 1 5 8 9 4 7 3 2
8 3 4 7 2 6 9 5 1
7 9 2 1 3 5 4 8 6
3 5 6 9 8 1 2 4 7
2 4 9 5 7 3 6 1 8
1 8 7 4 6 2 3 9 5
9 6 8 3 5 7 1 2 4
4 7 1 2 6 8 5 6 9
5 2 3 6 1 9 8 7 4
```

Solution # 1045
```
3 1 4 5 6 8 2 7 9
5 7 8 3 2 9 6 4 1
9 6 2 7 4 1 3 8 5
4 8 7 2 9 3 5 1 6
6 3 9 4 1 5 7 2 8
2 5 1 8 7 6 4 9 3
1 4 3 6 8 7 9 5 2
7 9 5 1 3 2 8 6 4
8 2 6 9 5 4 1 3 7
```

Solution # 1046
```
9 5 3 6 7 8 1 2 4
1 2 6 3 9 4 5 8 7
4 8 7 1 5 2 9 6 3
6 7 9 5 4 3 8 1 2
5 4 1 8 2 7 6 3 9
2 3 8 9 1 6 4 7 5
8 9 5 7 3 1 2 4 6
3 6 4 2 8 5 7 9 1
7 1 2 4 6 9 3 5 8
```

Solution # 1047
```
9 6 3 2 7 5 4 1 8
8 2 5 4 9 1 7 6 3
7 1 4 8 6 3 2 5 9
6 4 2 5 3 9 1 8 7
5 9 7 1 2 8 3 4 6
1 3 8 7 4 6 5 9 2
2 8 9 3 5 4 6 7 1
4 7 1 6 8 2 9 3 5
3 5 6 9 1 7 8 2 4
```

Solution # 1048
```
3 7 1 5 6 4 9 2 8
5 6 9 8 7 2 4 1 3
8 2 4 3 1 9 6 5 7
6 4 7 1 8 5 2 3 9
2 5 3 6 9 7 1 8 4
1 9 8 2 4 3 7 6 5
7 1 5 4 2 8 3 9 6
9 8 2 7 3 6 5 4 1
4 3 6 9 5 1 8 7 2
```

Solution # 1049
```
9 4 2 7 5 8 1 6 3
3 5 6 1 4 9 8 7 2
1 8 7 2 3 6 4 5 9
6 3 9 4 8 2 7 1 5
2 7 8 5 6 1 3 9 4
5 1 4 9 7 3 6 2 8
8 6 1 3 9 5 2 4 7
7 2 5 8 1 4 9 3 6
4 9 3 6 2 7 5 8 1
```

Solution # 1050
```
4 9 7 2 1 8 6 5 3
8 6 2 4 5 3 1 9 7
5 3 1 6 7 9 2 4 8
9 4 6 8 3 2 5 7 1
2 7 8 5 6 1 9 3 4
1 5 3 7 9 4 8 6 2
6 1 4 9 2 7 3 8 5
3 8 9 1 4 5 7 2 6
7 2 5 3 8 6 4 1 9
```

Solution # 1051
```
8 7 9 3 6 2 1 5 4
2 6 1 4 7 5 8 3 9
5 4 3 1 9 8 6 2 7
3 1 7 5 2 4 9 8 6
6 5 8 7 1 9 3 4 2
4 9 2 8 3 6 7 1 5
7 3 5 9 4 1 2 6 8
9 2 4 6 8 3 5 7 1
1 8 6 2 5 7 4 9 3
```

Solution # 1052
```
9 6 4 1 3 8 5 7 2
1 8 7 5 9 2 6 3 4
3 2 5 7 6 4 8 9 1
5 4 8 9 1 7 3 2 6
2 1 9 3 8 6 7 4 5
7 3 6 2 4 5 9 1 8
4 9 3 6 5 1 2 8 7
6 7 1 8 2 3 4 5 9
8 5 2 4 7 9 1 6 3
```

Solution # 1053
```
7 9 8 6 1 5 3 4 2
3 4 2 7 9 8 1 6 5
6 1 5 2 4 3 7 8 9
4 5 3 1 8 7 9 2 6
9 6 1 4 3 2 5 7 8
8 2 7 5 6 9 4 1 3
5 8 4 9 2 1 6 3 7
1 3 9 8 7 6 2 5 4
2 7 6 3 5 4 8 9 1
```

Solution # 1054
```
1 5 4 8 6 7 9 3 2
9 8 7 3 5 2 6 1 4
6 2 3 4 9 1 5 7 8
8 3 9 5 1 6 4 2 7
4 1 6 7 2 3 8 9 5
5 7 2 9 4 8 1 6 3
2 4 5 6 7 9 3 8 1
7 6 8 1 3 4 2 5 9
3 9 1 2 8 5 7 4 6
```

Solution # 1055
```
6 2 3 1 9 7 4 8 5
4 8 1 2 6 5 3 7 9
9 7 5 8 4 3 1 6 2
1 5 7 4 3 9 8 2 6
2 4 8 7 1 6 9 5 3
3 9 6 5 8 2 7 4 1
5 3 2 9 7 4 6 1 8
8 6 4 3 2 1 5 9 7
7 1 9 6 5 8 2 3 4
```

Solution # 1056
```
7 9 8 5 1 6 4 3 2
4 3 6 8 9 2 1 5 7
5 1 2 4 3 7 8 6 9
8 4 1 6 2 9 3 7 5
6 2 3 7 5 8 9 4 1
9 5 7 3 4 1 2 8 6
3 8 9 2 7 5 6 1 4
1 7 4 9 6 3 5 2 8
2 6 5 1 8 4 7 9 3
```

Solution # 1057
```
8 9 3 1 6 2 4 7 5
4 7 6 3 8 5 1 9 2
5 1 2 9 4 7 8 6 3
9 6 8 5 1 4 2 3 7
1 2 5 6 7 3 9 4 8
3 4 7 2 9 8 6 5 1
7 8 1 4 3 9 5 2 6
6 5 4 7 2 1 3 8 9
2 3 9 8 5 6 7 1 4
```

Solution # 1058
```
1 6 5 8 4 9 3 7 2
4 2 3 6 7 1 5 8 9
8 7 9 3 2 5 6 1 4
6 8 2 5 1 7 4 9 3
9 1 4 2 3 6 8 5 7
5 3 7 9 8 4 1 2 6
2 9 1 4 6 8 7 3 5
7 5 6 1 9 3 2 4 8
3 4 8 7 5 2 9 6 1
```

Solution # 1059
```
5 4 2 3 1 9 7 8 6
7 9 1 8 6 2 3 4 5
3 6 8 4 7 5 1 9 2
9 5 4 7 8 6 2 1 3
1 2 7 5 9 3 4 6 8
8 3 6 2 4 1 9 5 7
2 8 9 1 5 7 6 3 4
6 7 5 9 3 4 8 2 1
4 1 3 6 2 8 5 7 9
```

Solution # 1060
```
7 2 1 5 9 4 3 8 6
8 5 3 7 6 2 9 1 4
9 6 4 8 1 3 2 5 7
5 7 2 4 3 9 1 6 8
4 9 8 1 5 6 7 3 2
1 3 6 2 8 7 5 4 9
6 1 7 3 2 8 4 9 5
2 8 5 9 4 1 6 7 3
3 4 9 6 7 5 8 2 1
```

Solution # 1061
```
6 9 4 3 2 1 5 7 8
7 1 5 6 8 9 2 3 4
3 2 8 5 7 4 9 6 1
5 4 3 9 6 8 1 2 7
2 6 7 1 4 5 8 9 3
1 8 9 7 3 2 4 5 6
8 7 1 2 5 3 6 4 9
9 5 6 4 1 7 3 8 2
4 3 2 8 9 6 7 1 5
```

Solution # 1062
```
7 6 2 9 1 5 8 3 4
4 5 8 6 3 2 7 9 1
3 1 9 7 8 4 6 2 5
8 3 5 1 2 6 4 7 9
1 9 6 3 4 7 5 8 2
2 7 4 5 9 8 1 6 3
9 2 7 4 6 1 3 5 8
5 8 1 2 7 3 9 4 6
6 4 3 8 5 9 2 1 7
```

Solution # 1063
```
9 6 4 5 7 8 2 1 3
2 8 1 4 6 3 7 5 9
7 5 3 1 9 2 6 4 8
5 9 8 6 2 7 1 3 4
4 2 7 3 8 1 5 9 6
3 1 6 9 4 5 8 2 7
6 3 2 8 5 9 4 7 1
1 4 5 7 3 6 9 8 2
8 7 9 2 1 4 3 6 5
```

Solution # 1064
```
3 2 7 8 4 6 1 9 5
6 8 1 9 5 3 7 4 2
5 4 9 1 2 7 6 3 8
4 6 5 3 7 8 9 2 1
1 7 2 6 9 5 3 8 4
8 9 3 4 1 2 5 7 6
9 1 6 7 8 4 2 5 3
7 5 8 2 3 1 4 6 9
2 3 4 5 6 9 8 1 7
```

Solution # 1065
```
2 9 6 8 4 7 1 3 5
7 8 3 5 1 9 2 4 6
1 4 5 6 3 2 7 9 8
4 7 2 1 9 6 8 5 3
9 3 8 2 5 4 6 7 1
6 5 1 7 8 3 4 2 9
5 1 4 3 2 8 9 6 7
8 2 7 9 6 5 3 1 4
3 6 9 4 7 1 5 8 2
```

Solution # 1066
```
1 5 9 2 6 4 7 8 3
4 8 2 9 7 3 5 1 6
3 7 6 1 8 5 9 4 2
9 4 7 3 2 8 6 5 1
6 3 1 7 5 9 4 2 8
8 2 5 6 4 1 3 7 9
7 1 8 4 9 6 2 3 5
5 9 4 8 3 2 1 6 7
2 6 3 5 1 7 8 9 4
```

Solution # 1067
```
6 3 1 5 7 2 9 4 8
7 9 8 6 4 3 2 1 5
2 4 5 8 9 1 6 7 3
5 2 9 4 3 7 1 8 6
8 6 7 9 1 5 4 3 2
4 1 3 2 6 8 7 5 9
9 8 4 7 5 6 3 2 1
3 5 6 1 2 4 8 9 7
1 7 2 3 8 9 5 6 4
```

Solution # 1068
```
6 2 8 1 7 9 5 3 4
7 4 9 3 5 2 8 6 1
3 5 1 4 8 6 7 9 2
5 3 2 9 1 8 6 4 7
4 1 6 7 3 5 2 8 9
8 9 7 6 2 4 3 1 5
2 7 4 8 9 3 1 5 6
8 6 5 2 4 1 9 7 3
1 9 3 5 6 7 4 2 8
```

Solution # 1069
```
6 3 4 8 7 1 5 2 9
1 7 2 9 5 6 8 3 4
5 9 8 2 4 3 1 7 6
2 4 5 1 8 7 9 6 3
9 1 3 5 6 2 4 8 7
8 6 7 4 3 9 2 1 5
3 5 9 6 2 8 7 4 1
7 8 1 3 9 4 6 5 2
4 2 6 7 1 5 3 9 8
```

Solution # 1070
```
5 2 9 4 1 3 8 7 6
4 6 3 8 7 9 2 5 1
8 1 7 5 2 6 4 9 3
1 4 8 9 5 7 3 6 2
3 9 5 6 4 2 1 8 7
6 7 2 3 8 1 5 4 9
2 3 4 7 9 8 6 1 5
7 5 6 1 3 4 9 2 8
9 8 1 2 6 5 7 3 4
```

Solution # 1071
```
8 1 7 4 9 5 6 2 3
5 6 9 3 7 2 8 1 4
4 2 3 1 6 8 7 9 5
2 7 8 6 4 1 5 3 9
6 3 4 5 8 9 1 7 2
9 5 1 2 3 7 4 8 6
1 9 6 7 5 3 2 4 8
7 8 5 9 2 4 3 6 1
3 4 2 8 1 6 9 5 7
```

Solution # 1072
```
6 1 9 8 5 7 3 2 4
7 3 5 2 4 9 8 1 6
2 8 4 3 6 1 5 7 9
5 4 8 9 7 3 1 6 2
3 9 7 6 1 2 4 5 8
1 2 6 5 8 4 9 3 7
4 7 3 1 2 8 6 9 5
8 5 1 7 9 6 2 4 3
9 6 2 4 3 5 7 8 1
```

Solution # 1073
```
3 1 6 4 2 7 5 8 9
9 8 2 3 6 5 1 4 7
4 7 5 1 8 9 6 3 2
7 9 1 6 5 3 4 2 8
5 4 8 7 9 2 3 1 6
2 6 3 8 4 1 7 9 5
1 2 9 5 7 4 8 6 3
8 5 4 9 3 6 2 7 1
6 3 7 2 1 8 9 5 4
```

Solution # 1074
```
4 7 1 9 3 2 8 6 5
2 3 8 5 6 4 9 7 1
9 6 5 7 8 1 3 2 4
3 9 7 2 5 8 1 4 6
1 5 4 6 7 9 2 8 3
6 8 2 4 1 3 5 9 7
5 4 9 1 2 6 7 3 8
7 2 3 8 4 5 6 1 9
8 1 6 3 9 7 4 5 2
```

Solution # 1075
```
6 1 9 7 5 2 4 8 3
2 8 4 1 3 9 7 6 5
5 7 3 8 6 4 1 9 2
4 5 2 9 8 1 3 7 6
8 6 7 3 4 5 9 2 1
9 3 1 6 2 7 8 5 4
1 9 5 2 7 3 6 4 8
7 2 8 4 1 6 5 3 9
3 4 6 5 9 8 2 1 7
```

Solution # 1076
```
1 6 9 4 2 3 7 5 8
7 4 2 6 5 8 9 3 1
5 8 3 1 9 7 4 6 2
9 3 4 7 1 6 8 2 5
8 1 5 3 4 2 6 7 9
2 7 6 5 8 9 1 4 3
4 9 1 2 7 5 3 8 6
3 5 7 8 6 1 2 9 4
6 2 8 9 3 4 5 1 7
```

Solution # 1077
```
9 8 2 1 5 6 7 3 4
4 5 6 7 3 8 9 2 1
7 3 1 2 4 9 5 6 8
6 7 4 9 1 5 2 8 3
1 9 5 8 2 3 6 4 7
3 2 8 6 7 4 1 5 9
5 6 9 3 8 1 4 7 2
8 4 7 5 9 2 3 1 6
2 1 3 4 6 7 8 9 5
```

Solution # 1078
```
2 4 9 8 3 1 7 5 6
8 6 7 4 5 9 1 2 3
1 3 5 2 7 6 8 9 4
7 1 3 5 8 2 6 4 9
9 8 2 1 6 4 3 7 5
6 5 4 7 9 3 2 1 8
4 9 6 3 2 7 5 8 1
3 7 8 9 1 5 4 6 2
5 2 1 6 4 8 9 3 7
```

Solution # 1079
```
4 9 6 7 8 3 1 2 5
5 8 7 1 9 2 6 3 4
2 1 3 6 4 5 9 8 7
1 6 8 5 3 9 4 7 2
3 2 9 4 7 1 5 6 8
7 5 4 2 6 8 3 9 1
9 3 5 8 1 7 2 4 6
8 4 1 9 2 6 7 5 3
6 7 2 3 5 4 8 1 9
```

Solution # 1080
```
9 2 6 3 7 8 1 4 5
5 1 3 9 2 4 8 7 6
8 7 4 1 6 5 2 9 3
7 9 1 8 4 3 5 6 2
3 4 8 2 5 6 9 1 7
2 6 5 7 9 1 4 3 8
4 8 7 6 1 2 3 5 9
6 5 2 4 3 9 7 8 1
1 3 9 5 8 7 6 2 4
```

Solution # 1081
```
8 1 5 6 3 4 7 9 2
7 6 4 8 9 2 5 1 3
3 2 9 7 1 5 8 4 6
6 3 8 5 4 7 1 2 9
5 9 2 1 6 8 3 7 4
4 7 1 3 2 9 6 5 8
1 4 6 2 5 3 9 8 7
2 5 7 9 8 6 4 3 1
9 8 3 4 7 1 2 6 5
```

Solution # 1082
```
7 2 8 4 5 6 1 3 9
6 3 5 1 8 9 2 4 7
1 9 4 2 7 3 8 5 6
8 4 6 5 1 7 3 9 2
5 7 9 8 3 2 4 6 1
3 1 2 6 9 4 7 8 5
9 8 1 3 2 5 6 7 4
4 5 3 7 6 1 9 2 8
2 6 7 9 4 8 5 1 3
```

Solution # 1083
```
5 1 8 7 9 6 4 2 3
3 7 4 1 8 2 5 9 6
9 2 6 4 5 3 1 8 7
6 3 9 8 4 5 7 1 2
4 8 1 9 2 7 6 5 3
7 5 2 3 6 1 8 4 9
2 4 7 5 1 9 3 6 8
8 6 3 2 7 4 9 5 1
1 9 5 6 3 8 2 7 4
```

Solution # 1084
```
2 1 9 8 6 5 7 4 3
6 4 5 3 1 7 9 8 2
7 3 8 9 2 4 1 6 5
9 8 1 7 3 2 4 5 6
3 5 6 1 4 8 2 7 9
4 2 7 6 5 9 8 3 1
5 9 4 2 7 6 3 1 8
1 7 2 5 8 3 6 9 4
8 6 3 4 9 1 5 2 7
```

Solution # 1085
```
8 6 2 4 3 9 5 1 7
3 5 1 6 7 2 4 9 8
9 7 4 1 8 5 6 3 2
4 9 8 5 2 1 3 7 6
7 1 6 8 4 3 9 2 5
5 2 3 9 6 7 1 8 4
1 4 7 3 5 8 2 6 9
2 3 5 7 9 6 8 4 1
6 8 9 2 1 4 7 5 3
```

Solution # 1086
```
8 3 7 9 5 2 6 1 4
9 2 1 6 4 3 5 8 7
4 5 6 8 7 1 3 9 2
3 4 9 7 6 8 1 2 5
2 1 8 3 9 5 7 4 6
7 6 5 1 2 4 9 3 8
6 7 2 4 1 9 8 5 3
5 9 3 2 8 7 4 6 1
1 8 4 5 3 6 2 7 9
```

Solution # 1087
```
6 2 3 7 8 5 9 4 1
8 5 9 4 1 2 6 3 7
1 7 4 3 9 6 2 8 5
7 8 6 1 5 3 4 2 9
3 4 2 9 6 7 5 1 8
5 9 1 2 4 8 3 7 6
9 3 5 8 7 4 1 6 2
2 1 7 6 3 9 8 5 4
4 6 8 5 2 1 7 9 3
```

Solution # 1088
```
7 5 6 2 4 9 3 8 1
1 4 3 5 6 8 9 2 7
2 9 8 3 7 1 4 6 5
3 8 4 1 2 6 7 5 9
6 2 7 9 3 5 1 4 8
5 1 9 7 8 4 2 3 6
9 3 2 6 5 7 8 1 4
8 7 5 4 1 3 6 9 2
4 6 1 8 9 2 5 7 3
```

Solution # 1089
```
6 4 7 8 1 5 3 2 9
8 5 3 2 4 9 1 7 6
2 1 9 7 3 6 8 5 4
3 6 5 4 7 1 2 9 8
1 7 2 6 9 8 4 3 5
4 9 8 5 2 3 6 1 7
9 8 6 1 5 2 7 4 3
7 3 1 9 8 4 5 6 2
5 2 4 3 6 7 9 8 1
```

Solution # 1090
```
8 3 5 1 7 2 9 6 4
1 6 9 8 5 4 7 2 3
2 4 7 3 9 6 8 5 1
9 8 4 7 2 1 6 3 5
7 1 3 9 6 5 4 8 2
6 5 2 4 8 3 1 7 9
4 2 6 5 1 8 3 9 7
3 7 8 2 4 9 5 1 6
5 9 1 6 3 7 2 4 8
```

Solution # 1091
```
6 4 9 3 1 2 7 5 8
7 8 3 4 5 6 2 1 9
2 5 1 9 8 7 3 6 4
3 9 5 6 7 1 8 4 2
1 6 2 8 3 4 9 7 5
4 7 8 2 9 5 1 3 6
5 3 4 7 2 8 6 9 1
8 1 7 5 6 9 4 2 3
9 2 6 1 4 3 5 8 7
```

Solution # 1092
```
8 1 9 2 4 6 5 7 3
7 4 5 1 9 3 2 6 8
3 6 2 8 5 7 1 4 9
6 9 1 5 3 8 4 2 7
4 8 7 6 2 1 9 3 5
5 2 3 9 7 4 6 8 1
9 7 8 4 6 5 3 1 2
1 5 4 3 8 2 7 9 6
2 3 6 7 1 9 8 5 4
```

Solution # 1093
```
7 4 1 8 5 9 3 2 6
5 9 6 3 7 2 1 8 4
2 3 8 4 1 6 9 5 7
4 2 9 6 3 7 8 1 5
3 1 5 9 4 8 6 7 2
8 6 7 1 2 5 4 3 9
6 5 4 7 8 3 2 9 1
9 8 2 5 6 1 7 4 3
1 7 3 2 9 4 5 6 8
```

Solution # 1094
```
6 2 5 7 1 3 4 8 9
3 8 7 9 4 5 6 2 1
4 1 9 8 2 6 3 7 5
9 3 2 5 6 7 8 1 4
1 6 8 2 9 4 5 3 7
5 7 4 1 3 8 9 6 2
8 4 1 6 7 9 2 5 3
2 9 6 3 5 1 7 4 8
7 5 3 4 8 2 1 9 6
```

Solution # 1095
```
1 8 5 3 2 6 7 9 4
7 2 9 4 5 1 8 6 3
4 3 6 9 7 8 1 5 2
8 7 1 5 4 9 3 2 6
6 5 3 7 1 2 4 8 9
9 4 2 8 6 3 5 7 1
2 6 4 1 8 7 9 3 5
3 1 8 2 9 5 6 4 7
5 9 7 6 3 4 2 1 8
```

Solution # 1096
```
5 8 4 2 1 3 9 7 6
3 1 6 9 4 7 2 8 5
7 2 9 8 6 5 4 3 1
1 5 2 3 7 4 8 6 9
4 9 7 6 5 8 1 2 3
6 3 8 1 9 2 5 4 7
9 6 3 4 8 1 7 5 2
2 4 5 7 3 9 6 1 8
8 7 1 5 2 6 3 9 4
```

Solution # 1097
```
5 7 8 6 2 3 4 1 9
2 9 3 1 4 5 7 8 6
6 4 1 8 7 9 3 2 5
4 3 9 2 5 7 8 6 1
7 8 5 9 6 1 2 4 3
1 6 2 4 3 8 5 9 7
3 1 4 7 9 2 6 5 8
8 2 7 5 1 6 9 3 4
9 5 6 3 8 4 1 7 2
```

Solution # 1098
```
3 5 9 4 1 6 7 8 2
8 6 4 7 2 5 1 3 9
7 2 1 9 8 3 4 5 6
5 9 7 2 6 8 3 1 4
4 8 3 1 9 7 2 6 5
6 1 2 3 5 4 9 7 8
1 3 6 8 4 9 5 2 7
2 4 8 5 7 1 6 9 3
9 7 5 6 3 2 8 4 1
```

Solution # 1099
```
1 6 2 4 9 7 5 8 3
7 9 5 1 8 3 4 6 2
8 4 3 2 6 5 1 7 9
5 2 7 8 3 6 9 1 4
6 3 4 9 7 1 8 2 5
9 1 8 5 2 4 6 3 7
2 8 6 3 4 9 7 5 1
3 5 9 7 1 8 2 4 6
4 7 1 6 5 2 3 9 8
```

Solution # 1100
```
1 7 8 6 3 2 4 5 9
9 4 2 1 5 8 6 7 3
6 5 3 7 9 4 2 8 1
8 9 4 2 6 7 3 1 5
3 1 6 9 4 5 8 2 7
7 2 5 3 8 1 9 4 6
2 3 7 8 1 6 5 9 4
5 8 9 4 7 3 1 6 2
4 6 1 5 2 9 7 3 8
```

Solution # 1101
```
1 4 7 5 6 2 9 8 3
3 5 9 4 1 8 2 7 6
2 6 8 9 3 7 4 1 5
5 9 4 6 7 3 1 2 8
7 8 1 2 4 5 6 3 9
6 3 2 8 9 1 5 4 7
9 7 3 1 2 6 8 5 4
8 1 6 3 5 4 7 9 2
4 2 5 7 8 9 3 6 1
```

Solution # 1102
```
8 2 5 9 7 4 3 1 6
7 9 6 3 5 1 8 2 4
3 4 1 2 8 6 9 7 5
9 8 7 5 4 3 2 6 1
2 5 3 1 6 7 4 9 8
6 1 4 8 9 2 5 3 7
5 6 8 7 3 9 1 4 2
4 3 2 6 1 5 7 8 9
1 7 9 4 2 8 6 5 3
```

Solution # 1103
```
5 8 6 9 4 3 7 1 2
7 9 4 2 1 5 8 3 6
2 3 1 6 8 7 4 5 9
4 7 9 1 3 8 6 2 5
8 1 5 4 2 6 3 9 7
6 2 3 5 7 9 1 4 8
9 5 8 3 6 1 2 7 4
3 4 7 8 5 2 9 6 1
1 6 2 7 9 4 5 8 3
```

Solution # 1104
```
5 1 4 2 6 8 7 3 9
7 8 2 9 3 1 5 6 4
9 6 3 5 7 4 1 8 2
8 3 7 6 1 9 4 2 5
6 9 1 4 2 5 8 7 3
4 2 5 7 8 3 6 9 1
1 7 6 3 4 2 9 5 8
2 4 9 8 5 6 3 1 7
3 5 8 1 9 7 2 4 6
```

Solution # 1105
```
2 4 7 5 6 1 9 8 3
8 3 9 4 2 7 6 1 5
1 6 5 3 8 9 4 7 2
6 8 1 9 5 2 7 3 4
7 9 3 6 4 8 2 5 1
4 5 2 7 1 3 8 9 6
9 7 4 1 3 6 5 2 8
5 1 8 2 7 4 3 6 9
3 2 6 8 9 5 1 4 7
```

Solution # 1106
```
4 9 5 1 8 2 7 6 3
7 6 8 3 4 5 2 1 9
3 1 2 6 7 9 5 8 4
5 7 6 8 9 1 3 4 2
1 2 9 4 5 3 8 7 6
8 4 3 2 6 7 9 5 1
2 8 7 9 1 6 4 3 5
6 3 4 5 2 8 1 9 7
9 5 1 7 3 4 6 2 8
```

Solution # 1107
```
4 1 8 6 7 3 5 2 9
6 3 9 5 1 2 7 4 8
7 5 2 4 8 9 3 6 1
9 7 4 1 2 8 6 5 3
1 2 6 7 3 5 9 8 4
3 8 5 9 4 6 1 7 2
5 6 3 2 9 4 8 1 7
2 9 1 8 6 7 4 3 5
8 4 7 3 5 1 2 9 6
```

Solution # 1108
```
4 9 2 7 3 6 1 5 8
7 1 3 5 9 8 4 2 6
8 6 5 4 2 1 7 9 3
2 8 7 3 1 4 5 6 9
6 3 1 2 5 9 8 7 4
5 4 9 6 8 7 3 1 2
3 7 4 9 6 5 2 8 1
9 2 8 1 7 3 6 4 5
1 5 6 8 4 2 9 3 7
```

Solution # 1109
```
4 2 6 7 9 8 5 3 1
3 1 9 4 5 6 8 2 7
5 8 7 3 1 2 9 6 4
8 7 5 1 6 4 2 9 3
2 3 1 5 7 9 6 4 8
6 9 4 8 2 3 1 7 5
1 6 8 2 3 7 4 5 9
7 5 2 9 4 1 3 8 6
9 4 3 6 8 5 7 1 2
```

Solution # 1110
```
7 4 3 9 1 2 5 8 6
9 8 1 4 6 5 7 2 3
6 2 5 7 8 3 1 9 4
2 5 9 1 4 6 3 7 8
8 3 7 5 2 9 6 4 1
1 6 4 8 3 7 2 5 9
3 7 6 2 9 8 4 1 5
4 9 2 3 5 1 8 6 7
5 1 8 6 7 4 9 3 2
```

Solution # 1111
```
5 7 3 9 4 8 1 2 6
6 1 4 5 7 2 3 8 9
8 9 2 1 6 3 7 4 5
9 2 8 7 1 6 4 5 3
1 4 6 3 9 5 8 7 2
3 5 7 8 2 4 6 9 1
7 6 1 4 5 9 2 3 8
2 3 5 6 8 7 9 1 4
4 8 9 2 3 1 5 6 7
```

Solution # 1112
```
3 6 1 4 5 9 7 8 2
2 9 4 1 8 7 3 6 5
8 5 7 6 2 3 1 4 9
7 8 6 9 1 2 4 5 3
4 2 3 8 7 5 6 9 1
9 1 5 3 4 6 8 2 7
5 3 2 7 6 4 9 1 8
1 4 9 5 3 8 2 7 6
6 7 8 2 9 1 5 3 4
```

Solution # 1113
```
8 5 9 4 1 3 6 2 7
1 2 3 9 6 7 4 8 5
4 6 7 5 2 8 1 9 3
7 1 5 2 3 9 8 4 6
9 3 6 8 4 5 7 1 2
2 8 4 1 7 6 5 3 9
6 7 2 3 8 1 9 5 4
5 4 1 6 9 2 3 7 8
3 9 8 7 5 4 2 6 1
```

Solution # 1114
```
9 1 4 5 8 2 3 6 7
2 8 3 7 4 6 1 5 9
6 5 7 3 9 1 2 4 8
4 2 1 8 3 5 7 9 6
7 6 8 2 1 9 4 3 5
5 3 9 4 6 7 8 1 2
1 7 5 6 2 4 9 8 3
8 9 2 1 5 3 6 7 4
3 4 6 9 7 8 5 2 1
```

Solution # 1115
```
2 1 9 6 4 3 8 7 5
6 7 4 8 5 1 9 3 2
8 5 3 7 2 9 1 4 6
9 6 1 3 7 4 2 5 8
5 4 8 9 6 2 3 1 7
7 3 2 1 8 5 4 6 9
3 9 7 5 1 8 6 2 4
1 2 5 4 9 6 7 8 3
4 8 6 2 3 7 5 9 1
```

Solution # 1116
```
4 2 3 7 1 9 8 6 5
6 7 5 2 4 8 9 3 1
8 9 1 6 5 3 7 4 2
1 8 7 3 9 2 4 5 6
2 5 9 4 8 6 1 7 3
3 4 6 5 7 1 2 9 8
7 6 4 8 2 5 3 1 9
9 3 2 1 6 7 5 8 4
5 1 8 9 3 4 6 2 7
```

Solution # 1117
```
7 1 5 3 4 9 6 8 2
9 2 6 1 5 8 3 4 7
3 8 4 6 7 2 9 1 5
1 3 8 2 6 4 5 7 9
2 6 7 9 1 5 4 3 8
4 5 9 8 3 7 1 2 6
6 4 2 7 9 3 8 5 1
5 7 1 4 8 6 2 9 3
8 9 3 5 2 1 7 6 4
```

Solution # 1118
```
3 8 6 1 7 4 5 9 2
5 2 9 8 6 3 7 1 4
4 7 1 5 2 9 3 8 6
9 6 7 3 1 2 4 5 8
1 4 5 7 8 6 2 3 9
2 3 8 9 4 5 6 7 1
7 9 4 6 3 1 8 2 5
8 1 2 4 5 7 9 6 3
6 5 3 2 9 8 1 4 7
```

Solution # 1119
```
7 1 2 6 4 9 3 5 8
4 6 5 1 8 3 9 2 7
3 9 8 5 7 2 6 4 1
6 3 7 8 9 4 5 1 2
2 5 9 7 6 1 4 8 3
1 8 4 3 2 5 7 9 6
8 4 3 2 5 6 1 7 9
5 7 1 9 3 8 2 6 4
9 2 6 4 1 7 8 3 5
```

Solution # 1120
```
2 5 7 3 8 6 4 9 1
1 6 4 5 2 9 8 3 7
9 8 3 7 1 4 5 2 6
5 4 8 2 9 7 1 6 3
6 2 9 8 3 1 7 5 4
7 3 1 6 4 5 9 8 2
3 1 2 9 7 8 6 4 5
4 9 5 1 6 3 2 7 8
8 7 6 4 5 2 3 1 9
```

Solution # 1121
```
8 2 4 6 9 3 5 7 1
9 6 1 7 8 5 2 3 4
7 3 5 4 1 2 9 6 8
3 5 2 9 4 7 8 1 6
1 8 7 3 5 6 4 9 2
6 4 9 8 2 1 7 5 3
2 7 3 5 6 8 1 4 9
5 9 8 1 3 4 6 2 7
4 1 6 2 7 9 3 8 5
```

Solution # 1122
```
2 5 4 3 8 6 1 9 7
1 8 9 2 7 5 3 6 4
6 3 7 1 4 9 8 5 2
8 9 3 4 1 7 6 2 5
5 1 6 9 3 2 4 7 8
4 7 2 6 5 8 9 3 1
7 2 1 8 9 3 5 4 6
9 4 5 7 6 1 2 8 3
3 6 8 5 2 4 7 1 9
```

Solution # 1123
```
3 7 4 2 6 1 9 5 8
1 5 6 3 8 9 2 7 4
8 9 2 4 7 5 1 6 3
6 4 3 8 9 2 5 1 7
5 8 9 7 1 6 4 3 2
2 1 7 5 3 4 8 9 6
9 3 8 1 4 7 6 2 5
7 6 5 9 2 8 3 4 1
4 2 1 6 5 3 7 8 9
```

Solution # 1124
```
9 1 4 7 5 3 6 2 8
2 3 7 6 4 8 9 1 5
8 6 5 9 1 2 4 7 3
4 5 9 8 2 7 3 6 1
3 8 2 1 6 4 5 9 7
1 7 6 5 3 9 8 4 2
6 2 1 3 9 5 7 8 4
5 9 8 4 7 1 2 3 6
7 4 3 2 8 6 1 5 9
```

Solution # 1125
```
4 5 3 9 7 8 6 1 2
7 9 6 4 1 2 8 3 5
1 8 2 6 5 3 4 9 7
6 1 5 2 8 4 3 7 9
2 4 7 5 3 9 1 8 6
9 3 8 7 6 1 2 5 4
5 2 1 8 4 7 9 6 3
3 6 4 1 9 5 7 2 8
8 7 9 3 2 6 5 4 1
```

Solution # 1126
```
8 4 2 5 6 9 7 3 1
6 1 7 4 3 8 5 2 9
3 9 5 1 2 7 6 4 8
1 8 4 3 5 6 9 7 2
2 3 6 7 9 1 8 5 4
7 5 9 2 8 4 1 6 3
4 2 1 8 7 5 3 9 6
5 6 8 9 4 3 2 1 7
9 7 3 6 1 2 4 8 5
```

Solution # 1127
```
5 7 3 2 8 6 4 9 1
8 2 1 7 4 9 3 6 5
4 9 6 1 5 3 2 8 7
1 8 2 4 9 5 6 7 3
7 3 4 6 1 8 5 2 9
9 6 5 3 2 7 1 4 8
3 5 7 9 6 2 8 1 4
6 4 8 5 7 1 9 3 2
2 1 9 8 3 4 7 5 6
```

Solution # 1128
```
4 9 8 3 5 2 6 7 1
7 1 5 9 6 4 8 3 2
6 2 3 1 8 7 9 5 4
8 5 6 7 2 9 4 1 3
2 4 1 8 3 5 7 9 6
3 7 9 4 1 6 5 2 8
5 8 4 2 9 3 1 6 7
9 3 7 6 4 1 2 8 5
1 6 2 5 7 8 3 4 9
```

Solution # 1129
```
9 8 1 5 7 3 2 6 4
5 4 6 9 1 2 8 7 3
3 2 7 8 6 4 1 5 9
7 1 5 4 8 6 3 9 2
4 3 8 2 5 9 7 1 6
2 6 9 1 3 7 4 8 5
6 9 2 7 4 1 5 3 8
1 5 3 6 2 8 9 4 7
8 7 4 3 9 5 6 2 1
```

Solution # 1130
```
9 7 3 6 1 4 8 2 5
5 1 2 8 3 7 4 6 9
6 8 4 2 9 5 1 3 7
1 6 9 5 4 3 7 8 2
2 5 7 9 8 1 6 4 3
3 4 8 7 6 2 9 5 1
4 2 6 3 7 9 5 1 8
7 3 1 4 5 8 2 9 6
8 9 5 1 2 6 3 7 4
```

Solution # 1131
```
6 9 8 5 4 2 7 1 3
7 2 5 1 6 3 4 8 9
4 3 1 9 8 7 5 6 2
5 1 6 3 2 4 9 7 8
9 7 4 8 5 6 2 3 1
3 8 2 7 9 1 6 5 4
8 6 9 4 1 5 3 2 7
1 5 3 2 7 9 8 4 6
2 4 7 6 3 8 1 9 5
```

Solution # 1132
```
8 6 4 9 7 2 3 1 5
9 5 7 6 1 3 2 8 4
3 1 2 4 5 8 7 6 9
2 9 5 7 8 6 1 4 3
7 4 1 2 3 9 8 5 6
6 3 8 1 4 5 9 7 2
5 7 9 8 2 4 6 3 1
4 8 6 3 9 1 5 2 7
1 2 3 5 6 7 4 9 8
```

Solution # 1133
```
2 5 1 9 3 8 7 6 4
8 3 7 4 6 5 1 9 2
4 9 6 7 1 2 5 3 8
5 1 8 2 9 6 3 4 7
6 4 9 3 8 7 2 1 5
7 2 3 1 5 4 9 8 6
3 7 4 8 2 9 6 5 1
1 6 2 5 4 3 8 7 9
9 8 5 6 7 1 4 2 3
```

Solution # 1134
```
6 1 4 9 8 3 5 7 2
2 8 9 1 5 7 4 3 6
7 3 5 6 2 4 1 9 8
5 9 8 3 4 2 6 1 7
1 4 7 8 6 5 3 2 9
3 6 2 7 9 1 8 4 5
4 5 3 2 7 6 9 8 1
9 2 6 4 1 8 7 5 3
8 7 1 5 3 9 2 6 4
```

Solution # 1135
```
2 6 5 1 8 4 7 3 9
8 4 3 2 7 9 6 1 5
1 9 7 5 6 3 4 2 8
4 7 1 9 2 8 5 6 3
6 2 8 3 4 5 9 7 1
3 5 9 6 1 7 8 4 2
7 3 2 8 9 6 1 5 4
9 1 6 4 5 2 3 8 7
5 8 4 7 3 1 2 9 6
```

Solution # 1136
```
2 4 1 8 5 3 7 9 6
6 8 5 7 2 9 3 1 4
7 3 9 1 4 6 5 8 2
1 7 3 9 6 4 8 2 5
4 5 2 3 8 7 1 6 9
8 9 6 5 1 2 4 7 3
9 1 8 2 3 5 6 4 7
3 2 4 6 7 1 9 5 8
5 6 7 4 9 8 2 3 1
```

Solution # 1137
```
8 9 3 1 2 6 4 5 7
7 5 2 4 9 3 6 8 1
6 1 4 7 5 8 2 3 9
5 8 7 2 3 4 9 1 6
4 2 9 5 6 1 3 7 8
3 6 1 9 8 7 5 2 4
1 4 6 3 7 2 8 9 5
2 7 5 8 4 9 1 6 3
9 3 8 6 1 5 7 4 2
```

Solution # 1138
```
4 8 6 7 2 9 5 3 1
5 7 9 6 3 1 2 8 4
1 2 3 8 5 4 6 9 7
8 1 5 3 6 2 4 7 9
3 6 7 9 4 8 1 5 2
2 9 4 1 7 5 8 6 3
7 4 2 5 9 6 3 1 8
6 3 8 4 1 7 9 2 5
9 5 1 2 8 3 7 4 6
```

Solution # 1139
```
3 5 8 4 1 7 2 9 6
7 9 2 6 5 8 1 4 3
4 1 6 3 2 9 5 8 7
6 8 5 9 4 1 3 7 2
1 7 3 2 8 6 4 5 9
9 4 7 5 6 3 8 2 1
5 6 1 8 9 3 7 2 4
2 3 4 1 7 2 8 6 5
8 2 7 5 6 4 9 3 1
```

Solution # 1140
```
8 1 9 3 5 4 7 6 2
3 5 4 6 2 7 8 9 1
7 6 2 9 8 1 4 5 3
1 9 7 5 4 6 2 3 8
4 3 8 1 9 2 5 7 6
6 2 5 8 7 3 9 1 4
9 7 6 2 3 8 1 4 5
5 8 1 4 6 9 3 2 7
2 4 3 7 1 5 6 8 9
```

Solution # 1141
```
7 6 3 2 1 5 9 8 4
5 2 1 8 9 4 6 7 3
9 4 8 3 7 6 1 2 5
8 5 6 7 3 1 2 4 9
3 7 9 6 4 2 8 5 1
2 1 4 9 5 8 7 3 6
1 3 2 5 8 9 4 6 7
4 8 5 1 6 7 3 9 2
6 9 7 4 2 3 5 1 8
```

Solution # 1142
```
9 2 3 6 8 1 7 5 4
6 8 5 7 2 4 9 3 1
7 1 4 5 9 3 8 6 2
1 9 8 4 3 7 5 2 6
4 7 2 8 6 5 1 9 3
5 3 6 2 1 9 4 8 7
2 6 7 9 4 8 3 1 5
3 4 9 1 5 6 2 7 8
8 5 1 3 7 2 6 4 9
```

Solution # 1143
```
8 2 5 6 4 3 7 1 9
1 4 6 8 7 9 2 3 5
3 7 9 1 5 2 8 6 4
7 5 1 2 8 4 3 9 6
2 3 8 9 6 5 4 7 1
9 6 4 3 1 7 5 8 2
5 9 7 4 3 1 6 2 8
4 8 2 7 9 6 1 5 3
6 1 3 5 2 8 9 4 7
```

Solution # 1144
```
1 4 6 7 8 5 9 3 2
2 8 7 3 9 6 1 5 4
3 9 5 4 1 2 7 8 6
4 7 1 2 5 8 6 9 3
6 5 9 1 7 3 4 2 8
8 2 3 6 4 9 5 1 7
9 3 4 8 6 1 2 7 5
7 1 8 5 2 4 3 6 9
5 6 2 9 3 7 8 4 1
```

Solution # 1145
```
3 6 1 4 7 9 2 5 8
4 9 7 8 2 5 3 1 6
8 2 5 1 6 3 7 9 4
1 7 2 3 5 4 8 6 9
9 3 8 7 1 6 5 4 2
5 4 6 9 8 2 1 7 3
2 1 3 6 9 7 4 8 5
7 5 9 2 4 8 6 3 1
6 8 4 5 3 1 9 2 7
```

Solution # 1146
```
3 6 1 2 5 8 9 4 7
5 8 9 4 7 1 6 2 3
2 4 7 9 6 3 5 1 8
1 5 6 8 3 4 2 7 9
9 7 3 1 2 5 4 8 6
4 2 8 7 9 6 1 3 5
8 9 5 3 1 2 7 6 4
7 3 2 6 4 9 8 5 1
6 1 4 5 8 7 3 9 2
```

Solution # 1147
```
8 3 4 6 2 7 9 1 5
1 7 9 4 5 3 2 6 8
2 6 5 1 8 9 4 7 3
5 1 3 9 4 2 7 8 6
4 9 8 7 1 6 5 3 2
7 2 6 5 3 8 1 9 4
6 4 1 3 7 5 8 2 9
3 5 2 8 9 1 6 4 7
9 8 7 2 6 4 3 5 1
```

Solution # 1148
```
4 7 8 6 1 3 5 2 9
5 3 2 8 7 9 6 1 4
9 1 6 4 5 2 7 8 3
8 6 5 1 3 4 2 9 7
1 4 9 7 2 5 8 3 6
3 2 7 9 8 6 1 4 5
2 8 3 5 9 7 4 6 1
6 5 1 3 4 8 9 7 2
7 9 4 2 6 1 3 5 8
```

Solution # 1149
```
8 6 9 7 5 4 1 2 3
7 2 1 6 9 3 5 4 8
3 4 5 1 2 8 7 6 9
6 8 3 2 7 1 9 5 4
9 7 4 8 6 5 3 1 2
1 5 2 3 4 9 8 7 6
4 1 8 5 3 2 6 9 7
5 9 6 4 8 7 2 3 1
2 3 7 9 1 6 4 8 5
```

Solution # 1150
```
7 1 9 4 5 2 6 8 3
3 4 6 7 9 8 1 2 5
2 5 8 1 6 3 7 4 9
1 8 4 6 2 5 9 3 7
5 7 3 8 1 9 4 6 2
9 6 2 3 7 4 8 5 1
8 3 7 5 4 1 2 9 6
4 9 1 2 3 6 5 7 8
6 2 5 9 8 7 3 1 4
```

Solution # 1151
```
2 5 1 9 6 3 8 7 4
9 7 6 4 5 8 3 1 2
4 8 3 2 7 1 9 6 5
3 4 5 7 8 9 1 2 6
7 2 8 6 1 5 4 3 9
1 6 9 3 2 4 5 8 7
5 3 7 8 9 6 2 4 1
6 9 4 1 3 2 7 5 8
8 1 2 5 4 7 6 9 3
```

Solution # 1152
```
7 2 5 1 8 3 4 9 6
1 9 4 2 5 6 8 3 7
8 3 6 4 9 7 1 2 5
4 1 9 8 7 2 6 5 3
6 7 8 3 4 5 2 1 9
2 5 3 6 1 9 7 8 4
9 6 1 7 3 8 5 4 2
5 8 2 9 6 4 3 7 1
3 4 7 5 2 1 9 6 8
```

Solution # 1153
```
2 8 4 7 1 9 6 3 5
5 9 6 3 8 2 1 7 4
1 3 7 5 4 6 9 8 2
9 1 8 6 5 4 3 2 7
6 5 2 1 3 7 4 9 8
7 4 3 2 9 8 5 6 1
8 7 5 4 6 3 2 1 9
3 2 1 9 7 5 8 4 6
4 6 9 8 2 1 7 5 3
```

Solution # 1154
```
8 2 6 4 5 9 1 7 3
9 1 3 2 7 6 8 5 4
5 7 4 8 3 1 6 2 9
2 4 1 3 8 7 5 9 6
3 6 8 1 9 5 2 4 7
7 9 5 6 2 4 3 8 1
6 3 9 5 4 8 7 1 2
1 8 7 9 6 2 4 3 5
4 5 2 7 1 3 9 6 8
```

Solution # 1155
```
4 7 6 8 3 9 5 1 2
9 1 3 6 5 2 8 4 7
5 2 8 4 1 7 6 3 9
6 3 5 1 7 4 9 2 8
2 8 7 3 9 5 4 6 1
1 4 9 2 8 6 7 5 3
3 5 1 7 6 8 2 9 4
7 6 4 9 2 3 1 8 5
8 9 2 5 4 1 3 7 6
```

Solution # 1156
```
9 7 4 1 6 2 3 5 8
5 6 1 3 4 8 7 2 9
8 3 2 9 5 7 6 1 4
4 1 5 7 8 6 2 9 3
3 2 7 4 1 9 5 8 6
6 9 8 5 2 3 1 4 7
1 5 3 8 7 4 9 6 2
2 4 9 6 3 1 8 7 5
7 8 6 2 9 5 4 3 1
```

Solution # 1157
```
9 6 8 3 7 2 1 4 5
7 1 4 5 6 9 2 3 8
3 2 5 4 1 8 7 6 9
6 9 7 1 4 3 8 5 2
5 4 2 7 8 6 3 9 1
8 3 1 9 2 5 6 7 4
1 7 3 8 9 4 5 2 6
2 5 9 6 3 1 4 8 7
4 8 6 2 5 7 9 1 3
```

Solution # 1158
```
5 4 8 1 7 6 9 2 3
6 1 7 9 2 3 5 8 4
3 2 9 5 4 8 1 7 6
8 7 4 3 5 9 2 6 1
9 3 6 2 8 1 4 5 7
2 5 1 7 6 4 8 3 9
1 9 2 8 3 7 6 4 5
7 6 5 4 1 2 3 9 8
4 8 3 6 9 5 7 1 2
```

Solution # 1159
```
4 9 8 1 6 5 3 2 7
7 6 1 9 3 2 4 8 5
2 5 3 7 8 4 9 6 1
1 2 9 8 4 6 7 5 3
6 3 5 2 7 1 8 4 9
8 4 7 5 9 3 2 1 6
3 8 6 4 1 9 5 7 2
9 7 2 6 5 8 1 3 4
5 1 4 3 2 7 6 9 8
```

Solution # 1160
```
7 3 9 4 8 5 6 2 1
1 6 4 7 2 3 9 5 8
5 2 8 1 9 6 4 7 3
2 7 6 3 4 1 8 9 5
4 8 1 2 5 9 7 3 6
9 5 3 6 7 8 1 4 2
3 9 5 8 6 4 2 1 7
8 4 7 5 1 2 3 6 9
6 1 2 9 3 7 5 8 4
```

Solution # 1161
```
5 6 9 1 7 3 8 2 4
4 1 8 5 2 9 7 3 6
7 2 3 4 8 6 9 5 1
8 3 4 6 9 5 2 1 7
1 5 2 3 4 7 6 8 9
9 7 6 8 1 2 5 4 3
6 8 5 7 3 4 1 9 2
2 4 7 9 5 1 3 6 8
3 9 1 2 6 8 4 7 5
```

Solution # 1162
```
1 3 4 2 7 6 5 8 9
8 2 9 1 5 4 7 3 6
5 7 6 8 9 3 4 2 1
2 4 7 6 8 5 1 9 3
3 9 8 4 2 1 6 5 7
6 5 1 9 3 7 2 4 8
7 1 2 3 4 9 8 6 5
4 6 3 5 1 8 9 7 2
9 8 5 7 6 2 3 1 4
```

Solution # 1163
```
5 7 6 1 9 2 3 8 4
2 9 1 8 3 4 5 6 7
4 8 3 7 6 5 9 2 1
9 5 8 3 4 6 7 1 2
1 4 7 2 8 9 6 3 5
3 6 2 5 1 7 4 9 8
6 2 9 4 7 8 1 5 3
8 3 4 6 5 1 2 7 9
7 1 5 9 2 3 8 4 6
```

Solution # 1164
```
3 8 4 5 7 6 1 2 9
9 2 7 1 8 3 4 6 5
1 5 6 9 2 4 8 3 7
4 9 1 3 5 8 6 7 2
8 7 3 2 6 1 9 5 4
2 6 5 4 9 7 3 1 8
5 1 9 6 4 2 7 8 3
6 4 8 7 3 5 2 9 1
7 3 2 8 1 9 5 4 6
```

Solution # 1165
```
1 8 4 7 5 9 3 6 2
3 9 7 6 2 1 8 5 4
2 5 6 8 4 3 1 9 7
8 7 1 2 9 5 6 4 3
4 2 9 3 1 6 7 8 5
6 3 5 4 8 7 2 1 9
5 6 3 9 7 8 4 2 1
7 1 2 5 6 4 9 3 8
9 4 8 1 3 2 5 7 6
```

Solution # 1166
```
4 1 7 2 9 3 5 6 8
9 2 8 5 6 7 3 1 4
6 3 5 1 4 8 2 9 7
1 5 2 7 3 9 4 8 6
7 4 9 8 2 6 1 5 3
3 8 6 4 5 1 7 2 9
5 9 1 3 8 4 6 7 2
8 7 3 6 1 2 9 4 5
2 6 4 9 7 5 8 3 1
```

Solution # 1167
```
4 5 9 3 2 7 6 8 1
8 2 7 6 1 9 5 3 4
3 6 1 8 5 4 9 7 2
5 1 4 7 9 6 8 2 3
6 8 2 1 3 5 7 4 9
9 7 3 2 4 8 1 6 5
2 4 8 5 6 1 3 9 7
1 3 6 9 7 2 4 5 8
7 9 5 4 8 3 2 1 6
```

Solution # 1168
```
8 6 1 4 2 5 7 9 3
4 9 7 1 3 6 5 2 8
3 5 2 7 9 8 1 4 6
5 8 6 2 7 1 9 3 4
7 1 3 8 4 9 6 5 2
9 2 4 5 6 3 8 7 1
2 3 5 6 1 7 4 8 9
1 4 8 9 5 2 3 6 7
6 7 9 3 8 4 2 1 5
```

Solution # 1169
```
7 8 9 6 4 2 5 3 1
1 5 2 8 7 3 6 9 4
3 4 6 5 1 9 8 2 7
6 3 1 9 2 4 7 8 5
8 9 5 7 3 6 4 1 2
4 2 7 1 8 5 9 6 3
5 7 8 2 6 1 3 4 9
9 1 3 4 5 8 2 7 6
2 6 4 3 9 7 1 5 8
```

Solution # 1170
```
2 1 9 7 5 3 6 4 8
7 8 3 1 6 4 9 2 5
6 5 4 9 2 8 1 3 7
3 6 1 2 8 9 5 7 4
8 9 7 4 1 5 3 6 2
4 2 5 6 3 7 8 9 1
5 4 8 3 9 2 7 1 6
9 7 6 8 4 1 2 5 3
1 3 2 5 7 6 4 8 9
```

Solution # 1171
```
1 6 8 4 3 9 7 5 2
7 9 5 6 2 1 8 4 3
4 3 2 5 8 7 9 6 1
3 1 7 9 4 2 6 8 5
8 2 6 7 5 3 4 1 9
5 4 9 1 6 8 2 3 7
6 7 4 3 9 5 1 2 8
2 5 1 8 7 6 3 9 4
9 8 3 2 1 4 5 7 6
```

Solution # 1172
```
2 4 6 1 8 9 3 7 5
7 3 9 6 4 5 8 1 2
5 1 8 7 2 3 4 6 9
4 6 1 8 7 2 5 9 3
9 2 3 4 5 1 6 8 7
8 5 7 3 9 6 2 4 1
1 9 4 2 3 8 7 5 6
3 8 5 9 6 7 1 2 4
6 7 2 5 1 4 9 3 8
```

Solution # 1173
```
5 3 7 9 8 1 4 6 2
1 4 8 6 2 5 9 3 7
2 9 6 7 4 3 8 1 5
9 8 2 4 3 7 1 5 6
4 7 1 5 6 8 3 2 9
6 5 3 1 9 2 7 4 8
8 6 4 2 1 9 5 7 3
7 2 9 3 5 4 6 8 1
3 1 5 8 7 6 2 9 4
```

Solution # 1174
```
1 7 3 9 2 4 5 8 6
5 2 6 8 1 3 4 7 9
9 8 4 5 7 6 1 2 3
7 6 9 1 8 5 2 3 4
4 1 8 7 3 2 9 6 5
2 3 5 4 6 9 7 1 8
3 5 2 6 9 1 8 4 7
8 9 1 3 4 7 6 5 2
6 4 7 2 5 8 3 9 1
```

Solution # 1175
```
1 5 9 3 2 7 6 4 8
8 3 6 1 4 5 9 2 7
2 7 4 6 8 9 5 1 3
9 2 3 7 6 8 4 5 1
5 1 8 2 9 4 7 3 6
4 6 7 5 3 1 8 9 2
7 4 5 8 1 2 3 6 9
3 8 2 9 5 6 1 7 4
6 9 1 4 7 3 2 8 5
```

Solution # 1176
```
1 4 9 5 6 7 8 2 3
7 3 5 8 2 4 1 6 9
8 6 2 3 9 1 5 7 4
4 7 3 1 8 6 9 5 2
6 9 1 4 5 2 3 8 7
5 2 8 7 3 9 4 1 6
3 5 4 6 7 8 2 9 1
2 8 6 9 1 3 7 4 5
9 1 7 2 4 5 6 3 8
```

Solution # 1177
```
4 6 8 9 7 5 1 3 2
9 2 7 3 1 6 8 5 4
3 5 1 8 2 4 6 9 7
8 9 4 6 3 7 5 2 1
2 3 5 4 8 1 7 6 9
1 7 6 2 5 9 4 8 3
7 8 3 5 4 2 9 1 6
6 4 2 1 9 8 3 7 5
5 1 9 7 6 3 2 4 8
```

Solution # 1178
```
3 6 7 5 8 1 9 2 4
2 1 5 4 7 9 8 6 3
4 9 8 3 2 6 7 5 1
6 5 4 9 1 2 3 7 8
8 3 1 7 5 4 2 9 6
9 7 2 6 3 8 1 4 5
7 4 9 1 6 3 5 8 2
5 8 3 2 4 7 6 1 9
1 2 6 8 9 5 4 3 7
```

Solution # 1179
```
9 5 7 6 1 3 8 2 4
2 3 1 8 4 7 6 9 5
6 8 4 5 9 2 3 7 1
8 7 6 4 2 9 5 1 3
5 1 2 3 8 6 9 4 7
4 9 3 7 5 1 2 8 6
3 4 8 2 7 5 1 6 9
7 6 9 1 3 8 4 5 2
1 2 5 9 6 4 7 3 8
```

Solution # 1180
```
7 2 1 3 9 8 6 4 5
9 5 8 2 6 4 7 3 1
3 4 6 1 5 7 2 9 8
2 6 4 8 1 3 9 5 7
5 1 3 6 7 9 4 8 2
8 7 9 4 2 5 1 6 3
6 3 7 9 8 2 5 1 4
4 9 2 5 3 1 8 7 6
1 8 5 7 4 6 3 2 9
```

Solution # 1181
```
9 8 7 3 2 6 4 1 5
3 6 4 1 5 9 7 8 2
2 5 1 4 7 8 3 9 6
7 4 2 8 6 1 9 5 3
6 9 3 2 4 5 8 7 1
8 1 5 9 3 7 6 2 4
4 2 9 7 1 3 5 6 8
5 3 8 6 9 2 1 4 7
1 7 6 5 8 4 2 3 9
```

Solution # 1182
```
4 1 9 5 7 2 6 3 8
5 3 6 4 1 8 9 7 2
2 7 8 9 6 3 5 4 1
9 4 1 7 2 5 3 8 6
8 5 7 3 4 6 1 2 9
3 6 2 8 9 1 4 5 7
7 9 3 6 8 4 2 1 5
6 2 5 1 3 7 8 9 4
1 8 4 2 5 9 7 6 3
```

Solution # 1183
```
6 8 3 9 4 1 7 5 2
9 7 5 3 2 8 1 6 4
2 1 4 7 5 6 9 3 8
3 2 9 6 1 5 8 4 7
1 6 8 4 3 7 5 2 9
5 4 7 2 8 9 6 1 3
4 9 6 1 7 3 2 8 5
8 3 1 5 9 2 4 7 6
7 5 2 8 6 4 3 9 1
```

Solution # 1184
```
5 3 6 8 4 7 2 1 9
2 1 7 3 9 6 4 5 8
4 9 8 5 2 1 7 6 3
1 5 2 9 7 3 6 8 4
9 6 4 2 1 8 5 3 7
7 8 3 4 6 5 1 9 2
3 4 5 6 8 2 9 7 1
8 2 1 7 5 9 3 4 6
6 7 9 1 3 4 8 2 5
```

Solution # 1185
```
5 7 8 1 3 6 9 2 4
2 3 6 8 9 4 1 7 5
4 1 9 7 5 2 8 6 3
6 8 7 2 1 3 5 4 9
1 5 3 4 7 9 2 8 6
9 4 2 6 8 5 3 1 7
8 9 4 3 6 1 7 5 2
3 6 1 5 2 7 4 9 8
7 2 5 9 4 8 6 3 1
```

Solution # 1186
```
2 5 6 9 3 8 4 1 7
8 3 1 4 6 7 5 9 2
9 4 7 2 5 1 8 6 3
4 1 8 7 9 5 3 2 6
6 7 3 8 4 2 9 5 1
5 2 9 6 1 3 7 8 4
3 8 2 1 7 9 6 4 5
7 9 4 5 2 6 1 3 8
1 6 5 3 8 4 2 7 9
```

Solution # 1187
```
1 8 4 7 9 2 5 6 3
3 5 9 4 6 1 2 7 8
7 6 2 8 3 5 4 9 1
4 3 1 2 5 9 6 8 7
6 9 5 3 7 8 1 2 4
8 2 7 1 4 6 9 3 5
9 4 8 5 2 7 3 1 6
2 7 3 6 1 4 8 5 9
5 1 6 9 8 3 7 4 2
```

Solution # 1188
```
5 9 3 7 8 6 1 2 4
1 7 6 4 2 5 8 9 3
4 8 2 1 3 9 6 5 7
7 6 5 2 4 1 9 3 8
2 4 1 3 9 8 7 6 5
8 1 7 9 5 2 3 4 6
6 5 4 8 1 3 2 7 9
3 2 9 6 7 4 5 8 1
9 3 8 5 6 7 4 1 2
```

Solution # 1189
```
9 8 6 5 1 4 2 7 3
3 5 2 6 9 7 1 4 8
1 4 7 3 2 8 6 5 9
8 3 9 4 7 6 5 2 1
7 2 4 1 8 5 9 3 6
6 1 5 9 3 2 4 8 7
4 9 8 2 6 3 7 1 5
2 6 3 7 4 1 8 9 4
2 1 5 7 8 9 3 6 4
```

Solution # 1190
```
9 3 5 2 6 8 7 1 4
1 6 8 7 4 3 9 2 5
2 4 7 1 5 9 6 3 8
4 7 6 8 1 2 3 5 9
5 1 3 6 9 7 4 8 2
8 9 2 4 3 5 1 6 7
3 8 9 5 7 6 2 4 1
6 2 1 9 8 4 5 7 3
7 5 4 3 2 1 8 9 6
```

Solution # 1191
```
5 9 1 6 7 3 8 4 2
4 7 3 8 5 2 9 6 1
6 8 2 9 1 4 5 3 7
7 4 8 2 9 5 6 1 3
9 3 6 4 8 1 2 7 5
2 1 5 3 6 7 4 9 8
3 6 4 7 2 8 1 5 9
1 2 7 5 4 9 3 8 6
8 5 9 1 3 6 7 2 4
```

Solution # 1192
```
6 8 4 3 2 1 7 9 5
2 1 9 8 7 5 4 6 3
7 5 3 6 4 9 1 8 2
5 4 1 9 8 2 6 3 7
3 6 8 1 5 7 2 4 9
9 7 2 4 3 6 5 1 8
8 2 6 7 9 4 3 5 1
1 9 7 5 6 3 8 2 4
4 3 5 2 1 8 9 7 6
```

Solution # 1193
```
7 2 8 9 1 6 4 5 3
1 6 4 3 5 2 8 9 7
3 5 9 4 7 8 1 6 2
8 4 1 6 9 3 2 7 5
9 7 2 8 4 5 3 1 6
5 3 6 7 2 1 9 8 4
2 1 3 5 8 7 6 4 9
6 9 5 1 3 4 7 2 8
4 8 7 2 6 9 5 3 1
```

Solution # 1194
```
3 5 4 2 9 1 8 6 7
7 2 8 3 5 6 4 1 9
1 6 9 4 7 8 5 2 3
5 4 2 8 6 9 3 7 1
9 3 6 1 4 7 2 8 5
8 7 1 5 2 3 6 9 4
6 9 5 7 3 2 1 4 8
2 1 3 9 8 4 7 5 6
4 8 7 6 1 5 9 3 2
```

Solution # 1195
```
7 2 3 1 5 6 8 9 4
9 8 4 3 2 7 5 6 1
5 1 6 8 4 9 3 2 7
6 3 2 7 9 1 4 5 8
8 7 5 6 3 4 9 1 2
4 9 1 2 8 5 6 7 3
3 6 8 9 7 2 1 4 5
2 5 9 4 1 8 7 3 6
1 4 7 5 6 3 2 8 9
```

Solution # 1196
```
7 1 5 8 3 6 9 2 4
6 4 8 2 7 9 1 3 5
9 2 3 5 4 1 6 7 8
1 8 7 6 5 2 3 4 9
5 3 2 1 9 4 8 6 7
4 6 9 3 8 7 5 1 2
8 5 4 7 1 3 2 9 6
3 9 6 4 2 5 7 8 1
2 7 1 9 6 8 4 5 3
```

Solution # 1197
```
1 9 5 4 8 2 6 3 7
3 8 2 1 6 7 4 9 5
4 7 6 5 3 9 2 8 1
5 3 8 7 1 4 9 6 2
9 6 1 8 2 3 5 7 4
2 4 7 9 5 6 8 1 3
7 2 3 6 4 8 1 5 9
6 5 4 3 9 1 7 2 8
8 1 9 2 7 5 3 4 6
```

Solution # 1198
```
6 1 8 7 2 5 3 4 9
9 4 2 6 3 1 8 5 7
3 5 7 8 4 9 1 6 2
5 8 3 1 7 4 9 2 6
7 2 1 9 6 3 5 8 4
4 9 6 5 8 2 7 1 3
8 7 9 4 5 6 2 3 1
2 6 5 3 1 7 4 9 8
1 3 4 2 9 8 6 5 7
```

Solution # 1199
```
2 1 4 5 6 7 8 9 3
9 8 7 1 4 3 2 5 6
6 3 5 2 8 9 1 7 4
8 6 1 3 7 5 4 2 9
7 5 3 9 2 4 6 1 8
4 2 9 8 1 6 7 3 5
1 9 6 7 3 8 5 4 2
3 7 8 4 5 2 9 6 1
5 4 2 6 9 1 3 8 7
```

Solution # 1200
```
5 9 4 7 6 8 1 3 2
8 2 7 4 1 3 6 5 9
3 1 6 9 5 2 8 7 4
7 6 9 8 4 1 5 2 3
4 8 3 2 9 5 7 1 6
1 5 2 3 7 6 4 9 8
2 7 1 6 3 4 9 8 5
6 3 5 1 8 9 2 4 7
9 4 8 5 2 7 3 6 1
```

Solution # 1201
```
9 8 3 6 7 4 5 1 2
7 1 4 2 8 5 6 3 9
5 2 6 9 3 1 8 4 7
8 7 1 3 5 2 4 9 6
6 9 5 1 4 7 2 8 3
3 4 2 8 9 6 1 7 5
2 6 7 4 1 9 3 5 8
4 5 8 7 2 3 9 6 1
1 3 9 5 6 8 7 2 4
```

Solution # 1202
```
3 6 2 1 5 4 8 9 7
7 5 8 9 2 3 1 6 4
4 9 1 8 7 6 5 3 2
9 1 4 2 3 5 7 8 6
6 8 3 4 9 7 2 1 5
5 2 7 6 1 8 9 4 3
1 7 5 3 4 9 6 2 8
2 4 6 7 8 1 3 5 9
8 3 9 5 6 2 4 7 1
```

Solution # 1203
```
1 7 9 3 5 6 4 8 2
3 6 4 2 7 8 9 1 5
5 2 8 9 1 4 3 6 7
6 5 2 8 4 9 1 7 3
8 4 1 6 3 7 5 2 9
7 9 3 1 2 5 8 4 6
9 8 7 5 6 1 2 3 4
4 3 5 7 8 2 6 9 1
2 1 6 4 9 3 7 5 8
```

Solution # 1204
```
8 6 3 1 4 9 2 5 7
4 9 2 5 7 6 8 1 3
7 1 5 8 2 3 4 9 6
1 4 9 6 5 2 7 3 8
2 5 7 3 1 8 6 4 9
3 8 6 7 9 4 5 2 1
6 3 4 2 8 1 9 7 5
9 7 1 4 6 5 3 8 2
5 2 8 9 3 7 1 6 4
```

Solution # 1205
```
1 9 6 4 5 3 2 7 8
5 8 2 7 9 6 1 3 4
7 3 4 8 2 1 5 6 9
8 6 5 1 4 2 7 9 3
3 2 7 6 8 9 4 1 5
4 1 9 3 7 5 8 2 6
2 4 1 9 3 8 6 5 7
6 7 3 5 1 4 9 8 2
9 5 8 2 6 7 3 4 1
```

Solution # 1206
```
1 4 6 5 8 7 9 3 2
7 9 2 3 6 1 8 5 4
3 5 8 9 4 2 7 6 1
6 1 9 2 3 8 5 4 7
8 2 5 4 7 9 3 1 6
4 3 7 6 1 5 2 8 9
2 6 1 8 9 3 4 7 5
9 8 4 7 5 6 1 2 3
5 7 3 1 2 4 6 9 8
```

Solution # 1207
```
3 9 2 4 7 1 8 5 6
6 7 8 2 5 9 1 4 3
5 1 4 6 8 3 9 2 7
4 3 1 7 9 8 2 6 5
7 8 6 5 1 2 3 9 4
9 2 5 3 6 4 7 8 1
8 4 9 1 3 6 5 7 2
1 6 7 9 2 5 4 3 8
2 5 3 8 4 7 6 1 9
```

Solution # 1208
```
8 4 1 2 9 7 6 5 3
7 2 5 4 6 3 9 8 1
9 6 3 1 5 8 2 7 4
2 1 8 6 3 5 7 4 9
5 3 9 7 2 4 1 6 8
6 7 4 8 1 9 3 2 5
4 9 2 5 7 1 8 3 6
3 8 7 9 4 6 5 1 2
1 5 6 3 8 2 4 9 7
```

Solution # 1209
```
7 6 4 8 9 1 5 2 3
8 5 1 2 3 7 9 6 4
9 3 2 5 6 4 8 1 7
3 8 6 4 2 9 1 7 5
1 4 9 6 7 5 2 3 8
5 2 7 3 1 8 6 4 9
2 1 8 7 5 3 4 9 6
4 9 3 1 8 6 7 5 2
6 7 5 9 4 2 3 8 1
```

Solution # 1210
```
9 2 5 8 7 3 4 1 6
6 8 7 1 9 4 3 5 2
3 1 4 6 2 5 9 7 8
4 7 3 5 1 2 6 8 9
5 6 1 9 4 8 7 2 3
8 9 2 7 3 6 5 4 1
7 5 8 2 6 9 1 3 4
1 4 6 3 8 7 2 9 5
2 3 9 4 5 1 8 6 7
```

Solution # 1211
```
7 3 9 4 2 8 5 1 6
5 2 6 9 3 1 4 8 7
1 8 4 7 6 5 9 2 3
4 1 2 5 8 7 3 6 9
9 5 3 2 4 6 1 7 8
8 6 7 3 1 9 2 5 4
6 9 8 1 5 3 7 4 2
3 4 5 8 7 2 6 9 1
2 7 1 6 9 4 8 3 5
```

Solution # 1212
```
2 9 5 8 6 4 7 1 3
8 1 6 7 3 9 4 5 2
4 3 7 1 2 5 9 6 8
1 8 9 5 4 2 6 3 7
7 4 2 6 1 3 5 8 9
5 6 3 9 7 8 1 2 4
3 7 8 4 5 6 2 9 1
6 2 4 3 9 1 8 7 5
9 5 1 2 8 7 3 4 6
```

Solution # 1213
```
7 4 5 1 2 8 3 9 6
1 2 9 3 7 6 5 4 8
3 8 6 4 5 9 2 1 7
5 3 4 8 1 2 6 7 9
2 9 8 7 6 3 1 5 4
6 1 7 9 4 5 8 3 2
9 5 2 6 3 4 7 8 1
4 6 1 5 8 7 9 2 3
8 7 3 2 9 1 4 6 5
```

Solution # 1214
```
8 6 2 7 1 4 9 5 3
1 3 7 2 9 5 8 6 4
5 9 4 8 3 6 1 7 2
7 5 9 3 8 2 4 1 6
6 8 1 4 7 9 2 3 5
3 2 5 6 4 1 7 9 8
4 1 8 9 6 3 5 2 7
9 7 6 5 2 8 3 4 1
2 4 3 1 5 7 6 8 9
```

Solution # 1215
```
8 7 6 1 9 2 3 4 5
2 4 9 7 5 3 8 6 1
3 1 5 4 8 6 9 7 2
9 5 8 2 6 1 7 3 4
4 6 2 9 3 7 1 5 8
7 3 1 8 4 5 2 9 6
1 2 3 5 7 4 6 8 9
5 8 7 6 1 9 4 2 3
6 9 4 3 2 8 5 1 7
```

Solution # 1216
```
9 3 8 5 4 2 7 1 6
1 5 6 8 7 3 4 9 2
7 2 4 9 1 6 5 3 8
4 1 9 3 2 5 8 6 7
3 7 5 6 8 1 9 2 4
8 6 2 4 9 7 1 5 3
5 9 7 2 6 8 3 4 1
6 4 1 7 3 9 2 8 5
2 8 3 1 5 4 6 7 9
```

Solution # 1217
```
4 2 5 9 6 8 7 1 3
9 7 3 4 2 1 6 5 8
8 6 1 7 3 5 4 9 2
5 9 4 2 8 6 1 3 7
7 3 8 1 5 9 2 4 6
2 1 6 3 4 7 9 8 5
3 8 2 6 1 4 5 7 9
1 5 7 8 9 3 6 2 4
6 4 9 5 7 2 3 8 1
```

Solution # 1218
```
4 2 3 9 5 8 6 1 7
5 9 8 6 1 7 3 2 4
1 7 6 3 2 4 8 5 9
2 1 9 8 4 3 7 6 5
3 8 4 7 6 5 1 9 2
6 5 7 2 9 1 4 3 8
8 6 1 5 7 9 2 4 3
7 4 5 1 3 2 9 8 6
9 3 2 4 8 6 5 7 1
```

Solution # 1219
```
6 8 9 4 1 2 3 7 5
4 5 1 7 3 8 6 9 2
2 3 7 6 5 9 1 4 8
7 1 3 9 2 6 5 8 4
5 6 4 8 7 3 9 2 1
8 9 2 1 4 5 7 6 3
9 2 6 3 8 1 4 5 7
1 7 5 2 9 4 8 3 6
3 4 8 5 6 7 2 1 9
```

Solution # 1220
```
5 2 1 4 3 7 9 8 6
7 8 4 1 9 6 2 5 3
6 9 3 8 5 2 1 4 7
1 5 9 2 6 3 8 7 4
3 4 7 9 1 8 5 6 2
2 6 8 5 7 4 3 9 1
8 1 2 7 4 9 6 3 5
9 7 6 3 2 5 4 1 8
4 3 5 6 8 1 7 2 9
```

Solution # 1221
```
9 1 8 2 4 5 3 6 7
5 4 3 7 6 8 1 9 2
6 7 2 1 3 9 5 4 8
7 3 5 6 1 4 8 2 9
8 6 1 3 9 2 4 7 5
4 2 9 5 8 7 6 1 3
3 5 7 4 2 6 9 8 1
1 8 4 9 7 3 2 5 6
2 9 6 8 5 1 7 3 4
```

Solution # 1222
```
4 8 5 3 6 1 2 7 9
7 3 9 4 8 2 1 5 6
6 2 1 5 9 7 4 8 3
1 9 6 8 7 4 3 2 5
2 4 8 6 3 5 9 1 7
5 7 3 2 1 9 6 4 8
9 5 2 7 4 6 8 3 1
3 6 4 1 5 8 7 9 2
8 1 7 9 2 3 5 6 4
```

Solution # 1223
```
4 6 3 9 2 8 5 7 1
2 5 7 3 1 4 6 9 8
1 8 9 7 6 5 4 3 2
6 1 8 4 5 7 9 2 3
9 7 5 8 3 2 1 6 4
3 4 2 1 9 6 8 5 7
7 3 1 6 4 9 2 8 5
8 2 6 5 7 1 3 4 9
5 9 4 2 8 3 7 1 6
```

Solution # 1224
```
5 3 2 4 6 7 1 8 9
6 7 1 9 5 8 2 3 4
4 8 9 1 2 3 6 7 5
2 5 4 7 9 1 3 6 8
8 1 7 6 3 5 9 4 2
3 9 6 8 4 2 7 5 1
1 2 8 5 7 6 4 9 3
9 6 5 3 1 4 8 2 7
7 4 3 2 8 9 5 1 6
```